ULRICH SCHWEINFURTH (ED.)

NEUE FORSCHUNGEN IM HIMALAYA

ERDKUNDLICHES WISSEN

SCHRIFTENREIHE FÜR FORSCHUNG UND PRAXIS
BEGRÜNDET VON EMIL MEYNEN
HERAUSGEGEBEN VON GERD KOHLHEPP
IN VERBINDUNG MIT ADOLF LEIDLMAIR UND FRED SCHOLZ

HEFT 112

FRANZ STEINER VERLAG STUTTGART
1993

ULRICH SCHWEINFURTH (ED.)

NEUE FORSCHUNGEN IM HIMALAYA

MIT BEITRÄGEN VON

E. GRÖTZBACH, S. VON DER HEIDE, K. JETTMAR,
CHR. KLEINERT, H. KREUTZMANN, J. MARTENS,
G. MIEHE, D. SCHMIDT-VOGT,
P. SNOY, U. SCHWEINFURTH

MIT 17 KARTEN, 36 ABBILDUNGEN UND 39 PHOTOS

FRANZ STEINER VERLAG STUTTGART
1993

VERFASSER:
GRÖTZBACH, Prof. Dr. Erwin: Lehrstuhl für Kulturgeographie, Katholische Universität Eichstätt, Ostenstr. 26, 85072 Eichstätt.
von der HEIDE, Dr. Susanne: Museumsdienst, Museen der Stadt Köln, Richartzstr. 2–4, 50667 Köln.
JETTMAR, Prof. Dr. Karl: Heidelberger Akademie der Wissenschaften, Forschungsstelle Felsbilder und Inschriften am Karakorum Highway, Karlstr. 4, 69117 Heidelberg.
KLEINERT, Priv.Doz. Dr. Christian: Zur Höhe 35, 58091 Hagen.
KREUTZMANN, Dr. Hermann: Geographische Institute der Universität Bonn, Meckenheimer Allee 166, 53115 Bonn 1.
MARTENS, Prof. Dr. Jochen: Institut für Zoologie, Universität Mainz, Saarstr. 21, 55099 Mainz.
MIEHE, Prof. Dr. Georg: Fachbereich Geographie, Philipps-Universität Marburg, Deutschhausstr. 10, 35032 Marburg (Lahn).
SCHMIDT-VOGT, Dr. Dietrich: Geographie am Südasien-Institut, Universität Heidelberg, Im Neuenheimer Feld 330, 69120 Heidelberg.
SNOY, Dr. Peter: Südasien-Institut, Lehrstuhl für Ethnologie, Universität Heidelberg, Im Neuenheimer Feld 330, 69120 Heidelberg.
SCHWEINFURTH, Prof. Dr. Ulrich: Geographie am Südasien-Institut, Universität Heidelberg, Im Neuenheimer Feld 330, 69120 Heidelberg.

KARTOGRAPHIE: Verfasser und
NISCHK, Helga, Dipl.-Ing.: Geographie am Südasien-Institut, Universität Heidelberg, Im Neuenheimer Feld 330, 69120 Heidelberg.

SCHRIFTLEITUNG FÜR DIESEN BAND:
LIESS, Tilmann, Dipl.-Geogr., Geographie am Südasien-Institut, Universität Heidelberg, Im Neuenheimer Feld 330, 69120 Heidelberg.

Inv.-Nr. A 23757

Die Deutsche Bibliothek - CIP Einheitsaufnahme
Neue Forschungen im Himalaya / Ulrich Schweinfurth (ed.)
Mit Beitr. von E. Grötzbach ... - Stuttgart : Steiner, 1993
  (Erdkundliches Wissen ; H. 112)
  ISBN 3-515-06263-7
NE: Schweinfurth, Ulrich [Hrsg.]; Grötzbach, Erwin; GT

Jede Verwertung des Werkes außerhalb der Grenzen des Urheberrechtsgesetzes ist unzulässig und strafbar. Dies gilt insbesondere für Übersetzung, Nachdruck, Mikroverfilmung oder vergleichbare Verfahren sowie für die Speicherung in Datenverarbeitungsanlagen. © 1993 by Franz Steiner Verlag Wiesbaden GmbH, Sitz Stuttgart.
Druck: Druckerei Proff. Eurasburg.
Printed in Germany

Inhaltsübersicht

Einführung (SCHWEINFURTH, U.) 7

SCHWEINFURTH, U.: Vegetation and Himalaya-Forschung. 11

JETTMAR, K.: Voraussetzungen, Verlauf und Erfolg menschlicher Anpassung
    im nordwestlichen Himalaya mit Karakorum. 31

SNOY, P.: Alpwirtschaft im Hindukusch und Karakorum. 49

KREUTZMANN, H.: Sozio-ökonomische Transformation und Haushalts-
    reproduktion in Hunza (Karakorum). 75

GRÖTZBACH, E.: Tourismus und Umwelt in den Gebirgen Nordpakistans. 99

KLEINERT, Chr.: Tradition und Wandel der Haus- und Siedlungsformen im
    Tal des Kali Gandaki in Zentralnepal. 113

HEIDE, S. von der : Die Thakali des Thak Khola, Zentralnepal, und ihr
    Wanderungsverhalten. 129

MIEHE, G.: Vegetationskundliche Beiträge zur Klimageographie im Hoch-
    gebirge am Beispiel des Langtang Himal (Nepal). 155

SCHMIDT-VOGT, D.: Die Gebirgsweidewirtschaft in den Vorbergen des
    Jugal Himal (Nepal). 191

MARTENS, J.: Bodenlebende Arthropoden im zentralen Himalaya:
    Bestandsaufnahme, Wege zur Vielfalt und ökologische Nischen. 231

SCHWEINFURTH, U.: „Nordwest" und „Nordost":
    ein Beitrag zur Politischen Geographie des Himalaya. 251

Ulrich SCHWEINFURTH:

Einführung

Der Himalaya bildet seit Gründung der Geographie am Südasien-Institut (1964) einen Schwerpunkt der Arbeit dieses Institutes. Inzwischen besteht bereits die Tradition von über einem Vierteljahrhundert, die sich in den angesammelten Materialien widerspiegelt. Dieser Tatbestand erleichtert es, Himalaya-Interessenten anzuziehen. Auf dieser Grundlage war es dann auch möglich, ein auf den Himalaya ausgerichtetes Semester-Programm zusammenzustellen.

Der vorliegende Band verdankt seine Entstehung einem von der Geographie am Südasien-Institut der Universität Heidelberg im Wintersemester 1989/1990 durchgeführten Seminar „Neue Forschungen im Himalaya". Entsprechend den in der Geographie am Südasien-Institut entwickelten Unterrichtsmethoden wird versucht, semesterweise stets einen bestimmten Teilbereich des südasiatischen Raumes in Vorlesung, Seminar und Literaturcolloquium zu behandeln bzw. vorzustellen. Das Seminar über „Neue Forschungen" repräsentiert in diesem Zusammenhange den Höhepunkt der Wochenarbeit. Ein solches Programm anzubieten, ist nur möglich bei entsprechender Bereitschaft der angesprochenen Collegen, sich der zusätzlichen Mühen zu unterziehen bzw. beim Vorhandensein der notwendigen Mittel: beides war bisher stets vorhanden, was hier einmal mehr dankbar anerkannt wird.

Inhaltsübersicht bzw. Kartenskizze zeigen klar zwei Bereiche im gesamten Gebirgssystem, in dem sich Forschung z.Zt. conzentriert – oder, more to the point, wo sich wissenschaftliche Forschung im Raum heute betätigen kann: das ist der Nordwesten, speziell der heute pakistanische Bereich, und Nepal. In Feldarbeit nicht berücksichtigt erscheinen der weitere Nordwesten nach Afghanistan zu und der Nordosten des Gebirgssystems. Die Gründe dafür sind hinreichend bekannt – sie werden in dem abschliessenden Beitrag zur Politischen Geographie des Himalaya im besonderen herausgestellt.

Sachlich wird zunächst von der Vegetationskarte des Himalaya (1957)[1] in einem Überblicksbeitrag ausgegangen, geleitet von der Grundauffassung, dass im Falle eines so complizierten Raumes, wie des Gebirgssystems des Himalaya, einzig die Vegetationsanalyse eine erste Erkenntnis der landschaftlichen Zusammenhänge ermöglicht, die zugleich das weitere Eindringen in die Gegebenheiten des Standortes, des Lebensraumes eröffnen mag. Der einleitende Beitrag ist somit der Entwicklung unserer Kenntnis des Pflanzenkleides des Himalaya in diesem Sinne, und das heisst in erster Linie: im Hinblick auf die Complettierung der Vegetationskarte von 1957, gewidmet.

Zwei weitere Beiträge behandeln räumlich und sachlich speziellere ökologische Themen – der eine floristisch-vegetationskundlich im Hinblick auf einen Beitrag zur Klimageographie des speziellen Raumes (MIEHE: Langtang Himal), der andere

---

1   SCHWEINFURTH, U.: Die horizontale und vertikale Verbreitung der Vegetation im Himalaya. Bonner Geogr. Abh. 20, 1957.

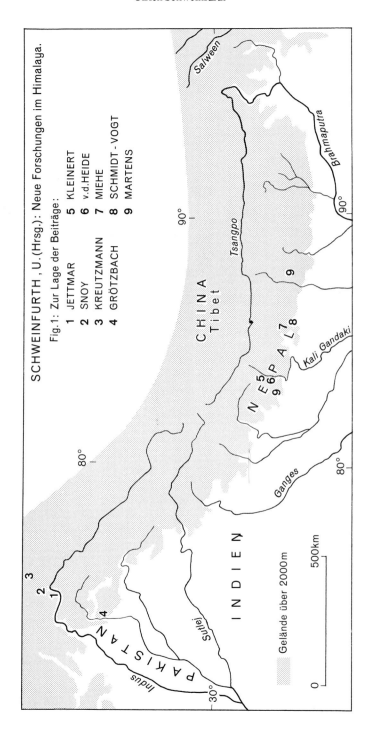

SCHWEINFURTH, U. (Hrsg.): Neue Forschungen im Himalaya.

Fig.1: Zur Lage der Beiträge:

1 JETTMAR   5 KLEINERT
2 SNOY   6 v.d.HEIDE
3 KREUTZMANN 7 MIEHE
4 GRÖTZBACH 8 SCHMIDT-VOGT
           9 MARTENS

faunistisch, um am Beispiel von bodenlebenden Arthropoden Vielfalt und Nutzung ökologischer Nischen anzudeuten (MARTENS). Fragen der Weidewirtschaft in verschiedenen Gebirgsräumen werden aus dem Hindukusch – Karakorum (SNOY), sowie dem Jugal Himal (SCHMIDT-VOGT) vorgeführt. ‚Entwicklung' mag als die Überschrift für eine weitere Gruppe von Beiträgen gelten – so die Einführung des Tourismus in den pakistanischen Teil des Gebirgssystems (GRÖTZBACH), die Auswirkungen des Karakorum Highway auf die Lebens- und Wirtschaftsverhältnisse im Hunza-Tal (KREUTZMANN), oder der durch politisch-geschichtliche Notwendigkeit angeregte Wandel, Standortverlagerungen der Thakali im Thak Khola (Kali Gandaki) (VON DER HEIDE), schliesslich ein Beitrag über die in der kurzen Zeit von rund 20 Jahren feststellbaren Veränderungen im Kali Gandaki- Tal (KLEINERT).

Aufgrund seiner langjährigen Forschungen im Bereich des Indus- Durchbruch greift JETTMAR die Frage nach Voraussetzungen, Verlauf und Erfolg menschlicher Anpassung im nordwestlichen Himalaya und Karakorum auf, woran sich ein abschliessender Beitrag zur Politischen Geographie des Gebirgssystems, mit dem Blick insbesondere auf „Nordwest" und „Nordost", den Band nochmals zusammenfassend anschliesst. Die Zusammenstellung folgt, bis auf die beiden übergreifenden Beiträge, der räumlichen Anordnung von Nordwest nach Südost.

Es bedarf kaum besonderer Erwähnung, dass es sich sowohl bei Zusammenstellung des Seminarprogrammes, wie danach in Folge in diesem Sammelband zwangsläufig um eine gewisse, um nicht zu sagen: willkürliche Auswahl handelt – diktiert von der Verfügbarkeit der Referenten, der jeweiligen zeitlichen Möglichkeiten – und immer gerade in diesem Falle auch in Konkurrenz zu der ständig präsenten Versuchung weiterer Geländearbeit im Himalaya.

Insofern spiegelt auch dieser Band aus der Natur der Dinge heraus wider, dass „alles Stückwerk" ist, und es darf nochmals an das Beispiel der Vegetationskarte erinnert werden, die seit 1957 vorliegt, zwar bedeutende Fortschritte in Richtung auf Vervollständigung erfahren hat in Nepal, aber noch weit davon entfernt ist, ein vollständiges Bild der Vegetationsverbreitung, damit des landschaftlichen Aufbaus, damit des Lebensraumes im höchsten Gebirge der Erde zu bieten – die Gründe dafür sind in dem abschliessenden Beitrag zur Politischen Geographie des Gebirgssystems herausgestellt. Das – nach wie vor – Bruchstückhafte unseres Wissens über dieses faszinierendste Gebirgssystem der Erde aber wird auch weiterhin die stärkste Triebkraft zur weiteren Erforschung des Himalaya sein.

Es bleibt, den Dank an alle Beteiligten zu bekunden – für Mitarbeit in Vortrag und schriftlicher Ausarbeitung und für grosse Geduld angesichts der Zusammenstellung eines solchen Sammelbandes, die sich notwendigerweise nach den jeweiligen zeitlichen Verhältnissen der einzelnen Mitarbeiter zu richten hat.

Im Rahmen des Institutes gilt der Dank Dipl.-Ing. H. NISCHK für die kartographische Betreuung, J. JOSSÉ für die Hilfe bei den Schreibarbeiten, Dipl.-Geogr. T. LIESS für die redaktionelle Betreuung.

Den Herausgebern und dem Steiner-Verlag gebührt unser Dank, dass nach drei Bänden Ceylon-Forschung (1971, 1981, 1989) nun auch dieser Band über Forschungen im Himalaya in die Reihe „Erdkundliches Wissen" aufgenommen worden ist.

Ulrich SCHWEINFURTH:

Vegetation und Himalaya-Forschung

Einführung

Vegetation ist das sichtbare Ergebnis des Zusammenwirkens aller, in einem gegebenen Raume wirksamen Faktoren. Kenntnis der Vegetation ist deshalb grundlegend, einen Raum, ein Land zu verstehen. Ein Gebirgssystem von der Vielfalt des Himalaya räumlich erfassen zu können, heisst deshalb in erster Linie, seine Vegetation kennenzulernen: Vegetationsforschung ist Grundlage für alle räumliche Erforschung des Himalaya. Kartierung der Vegetation ist Bestandsaufnahme, Dokumentation der ökologischen Vielfalt eines solchen Gebirgssystems. Dies war die Überzeugung, mit der der Verfasser die Arbeit an der Vegetationskarte des Himalaya begann – und dieser Überzeugung ist er seitdem gefolgt.

Die Vegetationskarte des Himalaya 1957

Die Vegetationskarte des Himalaya (SCHWEINFURTH 1957) war der erste Versuch, eine generelle Vorstellung von der Verbreitung der Vegetation im Himalaya zu erarbeiten. Die Idee verdankt ihren Ursprung Carl TROLL's Aufenthalten in verschiedenen Teilen des Gebirges im Jahre 1937: seinen Forschungen am Nanga Parbat im NW, einem kurzen Besuch in den Vorbergen von Dehra Dun im Anschluss daran und einem „Einstieg", Aufstieg von Dardjeeling bis zum Natu La – einem Pass, auf der Grenze zwischen Sikkim und Tibet.

TROLL veröffentlichte anschliessend die Vegetationskarte des Nanga Parbat-Massivs in 1:50.000 – einer Aufnahme, der die kartographischen Ergebnisse der deutschen Nanga Parbat-Expedition von 1934 zugrundelag. Eine Beschreibung des Anmarsches aus der Punjab-Ebene heraus durch das Tal von Kaschmir zum Nanga Parbat, in TROLL's Tagebüchern enthalten, wurde nie veröffentlicht, auch nicht die Beobachtungen aus dem Bereich von Dehra Dun, noch von der Unternehmung in Sikkim. TROLL war überwältigt von den Unterschieden, die die Vegetation in diesen Abschnitten bot – und augenblicklich ergab sich die Vorstellung von den Übergängen, die im Rahmen dieses Gebirgssystems vor sich gehen müssen. Doch der Krieg setzte zunächst der Möglichkeit weiterer Feldforschung ein Ende. Danach war der Wiederaufbau des Instituts in Bonn die vordringliche Aufgabe, Gedanken an weitere Forschung im Himalaya hatten zurückzutreten. Im Sommer 1952 schlug Carl TROLL dem Verfasser die Bearbeitung der Verbreitung der Vegetation im Himalaya mit dem Ziel einer Vegetationskarte als Thema für eine Dissertation vor.

Ganz natürlich wurde die Vegetationskarte des Nanga Parbat zu der einen, zuverlässigen Säule, auf der aufgebaut werden konnte. In verschiedenen Sitzungen öffnete Carl TROLL Einblicke in seine Tagebücher – vom Anmarsch zum Nanga Parbat, vom Aufenthalt in Dehra Dun und vom Aufstieg zum Natu La. Carl TROLL's

Interpretationen gaben durch viele zusätzliche Erinnerungen den nüchternen Geländeaufzeichnungen ein Vielfaches an Farbe. Doch – jenseits dieser Anfangsgaben von Carl TROLL war dieser erste Versuch zu einer Vegetationskarte des Himalaya ein Suchen in einer Masse von Berichten höchst unterschiedlicher Natur, sehr verschiedener Qualität – bis mit der Erfahrung sich auch allmählich Gefühl & Sicherheit für die Wertung einstellte.

TROLL's Vorstellung war, von Anfang an, als Ergebnis der Arbeit eine „vollständige" Karte der Vegetation des Himalaya zu sehen. Dem Bearbeiter wurde bald klar, dass zum gegebenen Zeitpunkt diese Vorstellung von Vollständigkeit nicht zu erreichen war – mangels Beobachtungen aus bestimmten Bereichen des Gebirgssystems, die überdies – z.Zt. der Bearbeitung der Karte – weitgehend aus politischen Gründen unerreichbar waren. Dieser Stand der Dinge liess sich im Laufe der Arbeit (1954) überzeugend vorführen mit dem, was an „Farbe" (=Vegetationstypen) von W her bis an die Westgrenze Nepals heranreichte – und dem, was an Farbe (= Vegetationstypen) an der Ostgrenze des Landes (auf der Singalilah-Kette) festgestellt worden war – und den zusammenhanglosen Farbtupfern „dazwischen", auf den rund 800 km der W-E Erstreckung Nepals: jeder Gedanke an „Ausfüllen per Analogie" verflog angesichts der in den Farben sich dokumentierenden Situation – und Carl TROLL stimmte der Vorstellung des Bearbeiters zu, auf der Karte nur anzugeben, was durch zuverlässige Beobachtungen belegt ist (unter Berücksichtigung des Massstabes). Diese Entscheidung erwies sich als die solide Grundlage für die weitere Arbeit, wenn sie auch die Aufgabe der Ausgangsidee von Carl TROLL bedeutete: für den „Rest" wurde damit der notwendige Grad von Verlässlichkeit gesichert, so dass zum Zeitpunkt der Veröffentlichung, 1957, Carl TROLL und der Bearbeiter darin übereinstimmten, dass die verbliebenen „weissen Flächen" auf der Karte als das wichtigste Ergebnis des ganzen Unternehmens anzusehen waren – zumal diese weissen Flächen das Gesamtbild, das sich allmählich ergab, nicht störten, vielmehr die unumgängliche Vorsicht bei der Erarbeitung der Karte dokumentierten.

Die Vegetationskarte des Himalaya von 1957 umfasst die Gebirgswelt von Kabul im W bis zum Yangtsekiang im E – obwohl sie Karte „des Himalaya" genannt worden ist, sollte damit keine neue Definition des Gebirgssystems eingeführt werden; die gewählte Begrenzung entwickelte sich aus dem Gang der Arbeit heraus: nach W zu wurde die Vegetation soweit verfolgt, wie noch „Wälder" festgestellt werden konnten – nach E zu entwickelte sich als „Leitmotiv", die verschiedenen und nicht immer klaren Angaben bzgl. der „klimatischen Trockentäler" in den Bereich der grossen Stromfurchen hinein zu verfolgen – in einem Ausschnitt von ungefähr 27°30'- 30°N, der der „möglichen" Fortsetzung der Hauptkette des Himalaya nach E zu entsprechen schien – in der Hoffnung, dass die gewaltigen Stromfurchen im E vielleicht zur Klärung des im Himalaya i.e.S. nur angedeuteten Phänomens der klimatischen Trockentäler beitragen könnten – eine Erwartung, die sich alsbald voll bestätigte.

Innerhalb dieser W-E Erstreckung repräsentiert „der Himalaya" den Südrand Hochasiens (JESSEN 1948: „Randschwelle"). Die Vegetationskarte von 1957 zeigt erstmalig ein Gesamtbild der Vegetation des Gebirgssystems entlang und „innerhalb" dieser „Randschwelle" Hochasiens. Der einigermassen geübte Kartenleser wird unschwer aus der zweidimensionalen Karte das Relief ersehen und damit der Kartendarstellung zur vollen Aussagekraft verhelfen.[1]

Über den dreidimensionalen Rahmen hinaus offenbarte die Vegetationskarte 1957 einige Überraschungen, Abweichungen von der „Regel" – so die „inneren Täler". Zwei Typen lassen sich unterscheiden: die einen, mehr oder weniger W-E arrangiert, mehr oder weniger im generellen Streichen des Gebirgssystems = die „inneren Täler sensu stricto"; der andere Typ, quer zu dem vorherrschenden W-E Streichen verlaufend, also mehr oder weniger N-S, später „klimatische Trockentäler" genannt.

Eine sorgfältige Farbwahl hilft der Vorstellung über die Vegetationsverbreitung hinaus zu der eines klimatischen Conzeptes, das die Vegetationsverbreitung vermittelt: zinnoberrote und gelbe Farbtöne für wüstenhafte und trockene, grüne und blaue Farbtöne für feuchte und sehr feuchte Vegetationstypen: die Vegetationskarte vermittelt somit auch eine allgemeine Vorstellung von den klimatischen Grundbedingungen, dem „Klimacharakter", innerhalb der verschiedenen Bereiche des Himalaya-Systems. Darüber hinaus – Vegetation als der sichtbare Ausdruck aller, in einem Raume wirksamen Faktoren – vermittelt die Vegetationskarte eine Vorstellung von der landschaftlichen Struktur des Gebirges, von den Lebensräumen, die dieses complizierte Gebirgssystem anbietet. Denkt man an den Stand der Kenntnis vor Erstellung der Vegetationskarte zurück, ist der Fortschritt in Richtung auf bessere Erkenntnis nicht zu übersehen.

Über 30 Jahre nach der Veröffentlichung der Vegetationskarte 1957 lässt sich feststellen, dass die Karte diese „ersten 30 Jahre" gut überstanden hat – doch bleibt natürlich abzuwarten, was die bisher noch unbekannten Bereiche des Gebirges offenbaren werden (vgl. auch SCHWEINFURTH 1981).

Vegetation und Himalaya-Forschung seit 1957

Und die Entwicklung nach dieser ersten Bestandsaufnahme? Der Unbefangene könnte vielleicht einen alsbald einsetzenden Ansturm auf die so einladend „weiss" auf der Karte hervortretenden Lücken erwartet haben – doch: weit gefehlt! Grenzkonflikte, politische Spannungen bis hin zu kriegerischen Zusammenstössen, kurz: politische Unsicherheiten bestimmten und bestimmen die Lage in vielen Bereichen, die noch von besonderem botanischen bzw. vegetationskundlichem Interesse sind. Nur in Nepal ist Fortschritt grossflächig erzielt worden, die noch bestehenden Lücken zu füllen. Wir sind aufs Ganze gesehen nach wie vor weit entfernt von dem ursprünglichen Ziel der Vegetationskarte, ein vollständiges Bild der Vegetation des Himalaya zu vermitteln (SCHWEINFURTH 1992).

1 Der Verfasser erinnert sich gern an den Tag, als das Geographische Institut der Universität Bonn unter Carl TROLL's Leitung eine Reliefdarstellung des Nanga Parbat erwarb - entsprechend der Karte 1:50.000, auf der in Folge die Vegetation nach TROLL's Vegetationskarte des Massivs aufgetragen wurde: ein grossartiges Anschauungsobjekt für eine dreidimensionale Darstellung der Vegetation innerhalb dieses Massivs.

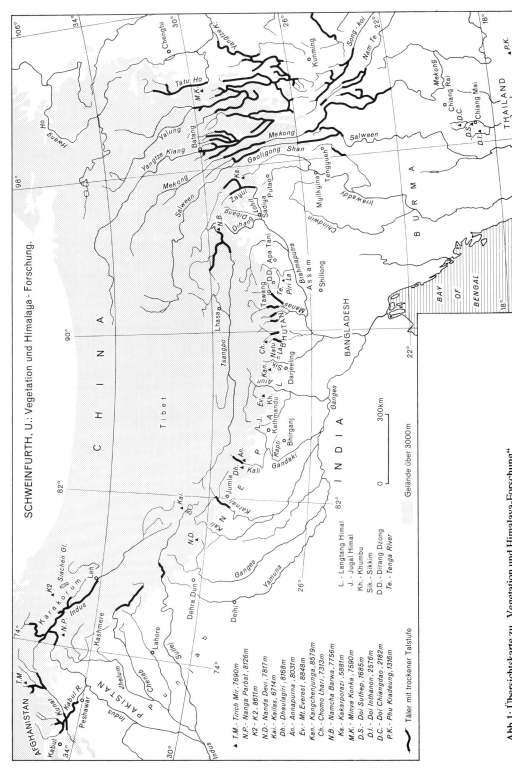

Abb.1: Übersichtskarte zu „Vegetation und Himalaya-Forschung".

Seit der Veröffentlichung der Vegetationskarte 1957 hat sich der Himalaya keineswegs als Gebiet „friedlicher Forschung" präsentiert – eher war das Gegenteil der Fall. Entkolonialisierung, die Veränderungen auf der politischen Karte Asiens und die Etablierung einer neuen Zentralgewalt in China bzw. Peking (Beijing) nach Jahrzehnten des Machtverfalls haben ihre Auswirkungen bis in die abgelegensten Winkel des Himalaya spüren lassen. Die Geschichte hat es gefügt, dass Machtzentren im allgemeinen in Ebenen oder an Küsten entwickelt, sich folglich Einflusszonen landein ausdehnen und ihre Grenzen in weniger leicht zugänglichen Gebirgsregionen finden, welche – in Folge – zu Interferenzzonen verschiedener Einflüsse und Ansprüche werden.

Nach Ende des 2. Weltkrieges und insbesondere seit der Unabhängigkeit für den Indischen Subcontinent (15.8.1947) sind die Auseinandersetzungen tief in die Gebirgswelt des Himalaya hinein vorgetragen worden, und die entferntesten Standorte gewinnen plötzlich Schlagzeilen-Status. Mit der Unabhängigkeit für den Subcontinent entstand Pakistan, und der Prozess der Teilung begann – bis in die Gebirgswelt hinein, auf die Gletscher hinauf. Die Etablierung territorialer Grenzen zwischen Indien und Pakistan führte zu einer Demarkationslinie durch den NW Himalaya (1948) – zunächst als „vorläufig" gedacht, jedoch bis heute in diesem Zustand, Status anerkannt, d.h.: bisher ohne dauerhafte Regelung, es sei denn die, es „bis auf weiteres" bei diesem Provisorium zu belassen. Lokal scheint dieses Provisorium jedoch immer einmal wieder zu Schiessereien anzuregen, wie sie sich fast periodisch hoch oben am Siachen-Gletscher im Karakorum ereignen mehr oder weniger regelmäßig im August, als der einzigen Zeit im Jahr, wenn solche Art von Auseinandersetzungen in 5000 m Höhe „durchführbar" erscheinen.

Die Situation in **Afghanistan**, wie sie sich seit Ende des Jahres 1979 entwickelt hat, und die folgende Flut von Flüchtlingen nach Pakistan hinein, haben den Wäldern im Hindukusch (ALLEN 1987) schwer geschadet: die westlichsten Waldgebiete des Himalaya-Systems sind in Folge geplündert worden, verwüstet, doch existiert noch keine Bestandsaufnahme des tatsächlich angerichteten Schadens während der Jahre von Krieg und Unruhe. Aus **Chitral** berichtet HASERODT 1989, bezieht sich ausdrücklich auf die Angaben bei SCHWEINFURTH 1957 und die Vegetationskarte und bringt zusätzlich vier Beispiele der vertikalen Vegetationsfolge in verschiedenen Teilen von Chitral. Chinesisch-pakistanische Zusammenarbeit brachte den Karakorum Highway zustande, durch die als „unpassierbar" geltende **Indus-Schlucht**, also jenen Teil des Indus-Tales unterhalb des Nanga Parbat zur Punjab-Ebene hin (oder: „jenseits" VON TROLL's Nanga Parbat-Karte). ‚Indus Kohistan', wie dieser Bereich z.Zt. der britischen Kolonialverwaltung genannt wurde, blieb zur britischen Zeit von der Verwaltung ausgeschlossen – wahrscheinlich eine kluge Entscheidung, da die dort ansässigen Stämme sich aussergewöhnlich abweisend verhielten gegenüber allen Einflüssen von aussen, mit der bedauerlichen Folge, was unsere Kenntnis der Vegetation angeht, dass auch wissenschaftliche Expeditionen keine Einreiseerlaubnis erhielten: als Ergebnis ist auf der Vegetationskarte von 1957 eine grosse weiss gebliebene Fläche zu sehen. Es ist deshalb umso mehr zu bedauern, dass auch die Aktivitäten um den Karakorum Highway diese Situation nicht verändert bzw. verbessert haben, denn bis heute ist nichts über vegetationskundliche oder auch botanische Arbeiten im Indus Kohistan im Zusammenhange mit oder nach der Etablierung des Karakorum Highway bekannt geworden. Da TROLL's Nanga Parbat-Karte als Ansatzpunkt gegeben ist, wäre eine vegetationskundliche Fortführung indusabwärts eine verhältnismässig einfache Aufgabe (SCHWEINFURTH 1983 b).

Wie bereits angedeutet, ist der Fortschritt in Richtung auf Vervollständigung der Vegetationskarte von 1957 flächenmässig am grössten in **Nepal**. Im Vergleich zu allen anderen Bereichen des Himalaya ist der Fortschritt in Nepal ermutigend. Französische Wissenschaftler haben ein Projekt durchgeführt, Vegetationskarten für das ganze Land Nepal aufzunehmen – und dieses Ziel ist inzwischen auch erreicht worden durch die Veröffentlichung von acht Vegetationskarten in 1:250.000 (sowie zwei Blättern in 1:50.000 für spezielle Gebiete: Jiri, Trisuli). Denkt man zurück an die kümmerlichen Angaben für Nepal auf der Vegetationskarte 1957 ist der Fortschritt in der Tat bemerkenswert.[2]

In seiner Arbeit über ‚**Karnali Zone**', Westnepal, bezieht sich BISHOP 1990 auf Vegetation leider nur ganz allgemein; aber seine Beobachtungen, zusammen mit einer Reihe ausgezeichneter, aussagekräftiger Photographien sind nichtsdestoweniger willkommene Beiträge zu unserer besseren Kenntnis eines Bereiches des Gebirgssystems, der immer noch – abseits der Arbeit von BISHOP – als kaum bekannt gelten muss.

MIEHE's Dissertation über die Vegetation des Dhaulagiri und Annapurna Himal oder, genauer, die Schlucht des **Thak Khola** bzw. **Kali Gandaki** (1982) ist ein gutes Beispiel für detaillierte Forschung in einem besonders interessanten Abschnitt, hier im zentralen Bereich des Gebirgssystems.[3]

Das Tal bzw. die Schlucht des Thak Khola-Kali Gandaki kann als die Zäsur angesehen werden, die die zentrale Position im Himalaya-System insgesamt einnimmt; schon die ersten, noch spärlichen Angaben von Sasuke NAKAO (persönliche Mitteilung 1954), die auf der Vegetationskarte 1957 als einzige aus diesem Bereich berücksichtigt werden konnten, zeigen an, dass sich hier floristische Elemente aus W und E treffen, und je nachdem in Vegetationstypen zusammenfinden, die schon mehr östlichen floristischen Charakters sind. Durch NAKAO's Erstbericht wurde die ganz allgemeine Bedeutung der Kali Gandaki-Schlucht für die Verbreitung der Vegetation im Himalaya-System bekannt. Damals, 1954, bedeuteten NAKAO's Beobachtungen eine Sensation, für den Bearbeiter den „krönenden Schlussstein" des „Gesamtgebäudes" der Vegetationskarte, in dem sie erstmalig das Zusammentreffen der westlichen und östlichen Elemente dokumentierten und zugleich auf deren

---

2   DOBREMEZ, 1976; DOBREMEZ, J.F. (et al.): Carte écologique du Népal: Annapurna - Dhaulagiri, 1:250.000, 1974; Jiri - Thodung, 1:50.000, 1974; Kathmandou - Everest, 1:250.000, 1974; Région Teraï central, 1:250.000, 1974; Biratnagar - Kangchenjunga, 1:250.000, 1977; Ankhou Khola - Trisuli, 1:50.000, 1977; Jumla - Saipal, 1:250.000, 1980; Dhangarhi - Api, 1:250.000, 1984; Butwal - Mustang, 1:250.000, 1984; Nepalganj - Dailekh, 1:250.000, 1985. CNRS, Paris.

3   MIEHE betitelt seine Arbeit „Vegetationsgeographische Untersuchungen im Dhaulagiri und Annapurna Himal", konzentriert sich aber im regionalen Teil (Teil II) auf die Thak Khola - bzw. Kali Gandaki-Schlucht zwischen diesen beiden Gebirgsmassiven (- ohne die beiden prominenten Gebirgszügen in seiner Disposition zu erwähnen).

Durchmischung und Übergang zu neuen Vegetationstypen hinwiesen (NAKAO 1955). MIEHE's Arbeit enthüllt das Verbreitungsmuster der Vegetation im Einzelnen; seine Vegetationskarte 1:100.000 liefert einen klaren Überblick; der Vergleich mit TROLL's Vegetationskarte des Nanga Parbat in 1:50.000 bietet sich an: in einem Falle stellt das Tal, die Schlucht die topographische Grundlage – im anderen das Massiv mit seinen über 8000 m Höhe. 1982 war MIEHE an der Südflanke des Mt. Everest in **Khumbu** tätig, von wo er das Material für eine Vegetationskarte 1:50.000 – auf der Grundlage der topographischen Karten von E. SCHNEIDER – zurückbrachte (1991b). Danach wählte MIEHE den **Langtang Himal** für intensive Feldarbeit zum Problemkreis Pflanzendecke und Klimaanzeiger, doch seine umfangreiche Veröffentlichung der Beobachtungen aus dem Langtang Himal blieb ohne Vegetationskarte (1990).

Der **Jugal Himal** war Arbeitsgebiet von D. SCHMIDT-VOGT (1990), das Ziel seiner Arbeit eine detaillierte Analyse der Zusammensetzung der Berg- und Höhenwälder, sowie des menschlichen Einflusses auf diese Wälder. Als Ergebnis liegt nunmehr eine eingehende Übersicht über die floristische Zusammensetzung und den Aufbau der Wälder des Jugal Himal vor (SCHMIDT-VOGT 1990), sowie eine instruktive Einsicht darüber, was der Mensch diesen Wäldern, die „von Ferne" vielleicht noch als „intakt" gelten mögen, antut, noch dazu diese Wälder nicht etwa in der Nähe von Siedlungen liegen. Nach Kenntnis einer solchen Lokalstudie scheint es ratsam, in Zukunft darauf zu verzichten, noch von „natürlichen" Wäldern zu sprechen. Zwar ist es erfreulich zu hören, dass es auch hier und da Positionen gibt, die – vom Menschen aufgegeben – vom Wald zurückerobert werden – im Jugal Himal vorübergehend per Dekret der Rana-Dynastie in Kultur genommene Hanglagen, die sich als unrentabel erwiesen – doch auf der anderen Seite erfahren wir, wie wohlgemeinte Entwicklungshilfe zu Strassenbau und in Folge Ausdehnung der Weidewirtschaft führt, mit folgendem verstärktem Druck auf die Pflanzendecke der aus klimatischen und topographischen Gründen besonders empfindlichen Hochlagen und des weiteren zum Zurückweichen der oberen Waldgrenze.

D. SCHMIDT-VOGT's Beobachtungen weisen auch auf einige der weniger gut bekannten Faktoren hin, die im Jugal Himal am Werke sind in den Hochlagen – so pip-crake, Kammeis, das Auftreten, wenigstens gelegentlich, tageszeitlicher klimatischer Verhältnisse in der Folge von Frost und Auftauen, bekanntlich hauptverantwortlich für die Schwächung der oberen Bodenschicht. Pip-crake und die normalerweise vorhandenen klimatischen Faktoren, wie Regen, Schnee, starke Winde, zusammen mit dem Weidegang der Tiere wirken sich in ihrer Gesamtheit fatal auf die Stabilität der Hochlagen des Jugal Himal aus, deren Destabilisierung zum Rückzug der oberen Waldgrenze führt.

HAFFNER hat sich insbesondere mit der vertikalen Stufung der Vegetation **im zentralen und östlichen Nepal** befasst (1967, 1979), dabei auf Khumbu und das Becken von Kathmandu conzentriert, sowie die Vorberge im Bereich von Bhirganj und das Rapti Dun.

Einen allgemein naturwissenschaftlichen Bericht über das **Arun**-Tal verdanken wir CRONIN (1979); wenn auch sein Hauptinteresse der Beobachtung der Tierwelt galt, die Angaben zur Vegetation mehr im allgemeinen bleiben, sind sie nichtsdestoweniger hoch willkommen, angesichts des Mangels an Berichten aus dem Bereich des Arun- Schluchttales.

Wird auch **Bhutan** eines Tages mit den Folgen von „Entwicklung" confrontiert werden? Man kann nur hoffen, dass die Erfahrungen in anderen Bereichen, zumal in Nepal, als Warnung dienen und das – verständliche – Verlangen, „nicht zu weit zurückzubleiben", in annehmbare Bahnen leiten möge. Das Land mit seinen zahlreichen, der Wissenschaft noch völlig unbekannten Teilbereichen, verdient vor allem erstmal eine gründliche Bestandsaufnahme und zugleich ein gründliches Studium des Phänomens der klimatischen Trockentäler, das den Charakter der einzelnen Talkammern, die zusammen das Land bilden, bestimmt.

Seit der Veröffentlichung der Vegetationskarte (1957) sind die Tagebücher von LUDLOW und SHERIFF – posthum – herausgegeben worden (FLETCHER 1975), eine hochwillkommene Bereicherung unserer Landeskenntnis; doch das Werk bringt kaum Beobachtungen, die sich für die Vegetationskarte auswerten lassen – entweder, weil die Standorte nicht genau genug beschrieben wurden, oder mangels zuverlässiger Karten nicht genau genug lokalisiert werden können. Zudem hatte der Verfasser 1953 noch die Chance, F. LUDLOW in London über seine Erfahrungen in Bhutan zu befragen.

Es ist ermutigend zu hören, dass von japanischer Seite unter OHSAWA (1987, 1991), die Vegetationsforschung in Bhutan fortgesetzt wird, von Sasuke NAKAO (1959) begonnen, danach von Makato NUMATA wieder aufgenommen (1987, 1991).

In Bhutan sind es in allererster Linie die klimatischen Trockentäler – erstmalig auf der Vegetationskarte 1957 gezeigt (vgl. SCHWEINFURTH 1956), als ein Ergebnis der Vegetationsanalyse – die besondere Aufmerksamkeit verdienen. Diese klimatischen Trockentäler bestimmen in verschieden starkem Masse den Charakter der Talkammern, die zusammen das Land Bhutan bilden. Es scheint, dass die klimatischen Trockentäler in Bhutan ideale Bedingungen bieten, den Mechanismus der lokalen Windsysteme zu studieren, die zu der verschieden starken Entwicklung lokaler Trockenheit auf den Talböden führen, denn die Talkammern Bhutans sind sämtlich klarumschriebene Bereiche, Ökosysteme, „Landschaftseinheiten". Und dazu bieten sie die Möglichkeit des Vergleichs. Grundvoraussetzung ist Forschungserlaubnis, denn diese Art von Forschung kann nur an Ort und Stelle ausgeführt werden. Doch auch hier ist festzustellen, dass die Politik – in diesem Falle die verständliche Vorsicht der Regierung des Landes – nicht unbedingt der Forschung im Lande förderlich ist. Es wäre allerdings ein faszinierendes Forschungsprojekt, wenn eine Talkammer nach der anderen bis auf die Hauptkette des Himalaya hinauf bearbeitet, damit die Lücken auf der Vegetationskarte von 1957 gefüllt und zugleich das Problem der klimatischen Trockentäler der Lösung nähergebracht werden könnte.[4]

Assam-Himalaya: als 1962 in Folge der postkolonialen Auseinandersetzungen China entschied, Nehru's Indien „eine Lektion zu erteilen", in dem in einer Nacht & Nebel-Aktion der Assam-Himalaya in mindestens zwei Abschnitten Tawang – Dirang Dzong und Lohit-Tal durchbrochen wurde und chinesische Truppen am

---

4   Mit Bezug auf Fortschritte in der Flora von Bhutan vgl. GRIERSON 1983.

Fuss des Gebirges in der Assam-Ebene erschienen, war wohl nur wenigen Kennern der Situation klar, welche bemerkenswerte militärische Leistung diese Durchbrüche ermöglicht hatte. Nach dieser Demonstration zogen sich die Chinesen, ohne Angaben von Gründen, wieder zurück. Doch der territoriale Disput besteht weiterhin. Allerdings ist die indische Verwaltung seitdem sehr viel aktiver um den Ausbau ihres Einflusses im Assam-Himalaya bemüht (z.B. NANDA 1982, BHATTACHARJEE 1987, 1992). Soweit bekannt, hat es bisher jedoch keine Bemühung gegeben, die bestehenden – grossen – Lücken auf der Vegetationskarte von 1957 im ganzen Gebirge östlich Bhutan bis ins Lohit-Tal zu füllen.

BHATTACHARJEE (1987, 1992) berichtet viele, interessante Beobachtungen aus diesem Raume, doch der Mangel genauer Karten lässt die Auswertung im Hinblick auf das Füllen der vorhandenen Lücken schwierig werden, wenn nicht ganz unmöglich. Immerhin ist Fortschritt auf botanisch-taxonomischem Gebiet zu vermerken (z.B. HEDGE 1984), während vegetationskundliche Bestandsaufnahmen zu den Aufgaben des Forstdienstes gerechnet werden.

Der Assam-Himalaya bietet ein Beispiel, wie Politik wissenschaftliche Forschung und Darstellung zu beeinflussen vermag. Während der britischen Zeit in Indien bestimmte die Combination von schwierigem Terrain, üblem Klima, undurchdringlichem Urwald und die Unberechenbarkeit der Bergstämme die britische Verwaltung, sich ganz aus diesem schwierigen Gebiet herauszuhalten. Das unabhängige Indien folgte zunächst dem imperialen Beispiel weitgehend. Doch die Etablierung einer neuen Zentralgewalt in China bzw. Peking und die Gebietsansprüche Chinas bis hin zur militärischen Demonstration im Oktober 1962 änderten die Situation. Was speziell die Vegetation angeht, wird das Verhalten beispielhaft vorgeführt auf der Vegetationskarte von China 1979. Diese Karte in 1:4.000.000 ist zweifellos insgesamt zu begrüssen, aber im einzelnen sind Zweifel angebracht, z.B. in Gebieten, die von China beansprucht, aber von Indien verwaltet werden. Mit ihren Einbrüchen im Oktober 1962 wiederholte die chinesische Regierung ihren Anspruch auf die gesamte Südabdachung des Himalaya von Bhutan nach E bis Zayul. Und da das politische Concept der Vegetationskarte von China 1979 war, alles von China beanspruchte Gebiet in voller Farbe zu zeigen, ob tatsächlich bekannt, erforscht oder nicht, nahmen die Kartenbearbeiter Zuflucht zur analogen Darstellung. Doch das ist eine unzuverlässige, unseriöse Maxime in einem Gebirgsland so voller Überraschungen, wie es der Himalaya ist. Eine Illustration gewährt das Tenga-Tal, ein „inneres Tal" – und „innere Täler" im Rahmen des Himalaya-Systems zeigen „normalerweise" Besonderheiten, Abweichungen vom „Normalen", was nach den allgemeinen Bedingungen des jeweiligen Gebirgsabschnittes „von aussen gesehen" nicht unbedingt voraussehbar. Das Tenga-Tal liegt unmittelbar N des Piri La: im Regenschatten dieser Vorbergzone – es bietet deshalb besondere Bedingungen, die die Vegetation widerspiegelt. Da der Assam-Himalaya nach wie vor wenig bekannt ist, lassen sich keine Parallelbeispiele heranziehen – am ehesten nach heutigem Stand der Kenntnis vielleicht das Tal der Apa Tani, weiter im E. Darüber hinaus mögen weitere Täler vorhanden sein, die dem Charakter „innerer Täler" entsprechen, kurz: der Assam-Himalaya wird sicher noch mit mancher Überraschung aufwarten – das bleibt abzuwarten. Die Fehldarstellung des Tenga-Tals hätte vermieden werden können bei Consultation der ausgezeichneten ökologischen Bestandsaufnahme des Piri La – Tenga-Tal-Bereiches durch Dr. N. BOR (1938), der einzigen Autorität für diesen Bereich – oder auch bei Consultation der Vegetationskarte von 1957, auf der das Tenga-Tal nach den Angaben von BOR (1938) dargestellt ist. Nach solcher Erfahrung ist es unvermeidlich, dass Zweifel an der Darstellung der Vegetation um der – politisch geforderten? – Vollständigkeit der Darstellung willen auf der Vegetationskarte von China (1979) auch in anderen, strittigen Gebieten entstehen mögen. Doch „innere Täler" im Himalaya sind mit Vorsicht zu behandeln – sie offenbaren fast immer Überraschungen.

Auf der anderen, der Nordseite der von der Regierung in Peking nach wie vor in Frage gestellten Grenze waren chinesische Botaniker am **Namcha Barwa** aktiv (Mitt. CHEN WEILIE, Stipendiat in Heidelberg 1982-1983), insbesondere bei der Aufnahme der Vegetationsverhältnisse an diesem prominenten Massiv, das aus der Durchbruchsschlucht des Tsangpo-Dihang-Brahmaputra aufsteigt. Veröffentlichungen sind bisher noch nicht bekannt geworden, höchst wahrscheinlich aber ist eine Darstellung der Situation in CHANG KING WAI's (ZHANG JING WEI's) Vegetation von Tibet (1988) enthalten, wie das Profil des Namcha Barwa auf der beigefügten Vegetationskarte von Tibet (1:3.000.000) vermuten lässt.

Nach dem mündlichen Bericht von CHEN WEILIE müssen die Chinesen inzwischen Material gesammelt haben, dass sie ohne weiteres eine detaillierte Vegetationskarte des Namcha Barwa erstellen könnten – also eine Parallele zu TROLL's Nanga Parbat-Karte von 1939. Es wäre eine grosse Bereicherung unserer Kenntnis der Vegetation des Himalaya, eine mit der Karte von TROLL 1939 vergleichbare Darstellung des Namcha Barwa zu erhalten, womit endlich die Möglichkeit des Vergleichs dieser extremen Positionen gegeben wäre: Nanga Parbat im NW, Namcha Barwa im E, das eine grosse Bergmassiv aus der wüstenhaften Schlucht des Indus, das andere gewaltige Massiv über der ständig-feuchten, „rand"- tropischen Durchbruchsschlucht des Tsangpo-Dihang-Brahmaputra aufsteigend – die Vegetationskarte von 1957 deutet diese extremen Positionen an.

Für das östlich an den Dihang-Durchbruch, **die** eigentliche Durchbruchsschlucht durch die Hauptkette, anschliessende **Dibang**-System gilt nach wie vor, dass wir botanisch-vegetationskundlich ohne wirkliche Informationen sind – ausser einigen wenigen Bemerkungen von BAILEY (1957). Vielleicht wird es möglich, durch BHATTACHARJEE (1975, 1983, 1987, 1992) mehr durch gezielte Befragung zu erfahren, der im Rahmen seiner Tätigkeit in der indischen Verwaltung viele Jahre an verschiedenen Standorten im Durchbruchstal des Dihang und im Flussgebiet des Dibang gedient hat. Man kann mit Sicherheit ziemlich feuchte, rand-tropische Verhältnisse erwarten. Doch wie sieht es in den „inneren Tälern" aus? – und vor allem: gibt es irgendwelche, „von aussen" nicht zu erwartende Sonderentwicklungen?

Die grossen **Stromfurchen**-Flussläufe Salween, Mekong, Yangtsekiang sind ganz allgemein von besonderem Interesse bzgl. der Vegetationsverteilung, führen sie doch von tropischen bzw. fast- tropischen Meeresräumen hinauf in das „Herz" des Kontinentes. Bis heute ist es noch nicht möglich, sich eine einigermassen zuverlässige Vorstellung vom Wechsel der Vegetation entlang dieser Flussläufe –

Stromfurchen zu machen, soweit sie nicht in ganzer Länge durch chinesisches Gebiet verlaufen (Yangtsekiang: Vegetationskarte von China 1979). Aber das Auftreten der klimatischen Trockentäler, wie auf der Vegetationskarte des Himalaya 1957 zwischen 30°-27° N gezeigt, wird auf der Vegetationskarte von China 1979 bestätigt und weit darüber hinaus ausgewiesen. Die nördlichsten Ausläufer der trockenen Talstufe scheinen von geschlossenem Wald begrenzt (nach der Vegetationskarte von China 1979). Doch damit endet unser Interesse nicht: wie verhält sich der Wald in den Haupt- und in den Nebentälern gegen das Innere des Kontinentes zu? Wie erscheinen hier Wald- und Baumgrenze? Schliesslich ist auch von floristischem Interesse die Abfolge von der Mündung in den Kontinent hinein und auf das „Dach" des Kontinentes hinauf, spiegelt sich doch darin etwas vom Wechsel der Bedingungen von der asiatischen Peripherie in das zentrale Hochland hinauf wider. Die Vegetationskarte des Himalaya 1957 versuchte die Situation für den Bereich 30°-27° in den Stromfurchen von Salween, Mekong und Yangtsekiang zu erfassen, soweit mit dem damals verfügbaren Material möglich (SCHWEINFURTH 1956, 1957, 1972, 1986, 1987).

Die **klimatischen Trockentäler** sind vielleicht das überraschendste Beispiel, was eine solche Vegetationsanalyse zutage fördern kann: natürlich war die Existenz der Stromfurchen als morphologische Tatsache bekannt, aber ihre Auswirkungen, ihre besonderen ökologischen, klimatologischen Verhältnisse enthüllten sich erst Schritt für Schritt durch eine Auswertung der hier und da gefundenen Beobachtungen, insbesondere über die Vegetation. Was dann die Vegetationskarte 1957 für die Talfurchen von Salween, Mekong und Yangtsekiang in etwa 27°-30° N offenbarte, dafür brächte die Vegetationskarte von China 1979 die volle Bestätigung, unter Berücksichtigung des Massstabes (Vegetationskarte Himalaya 1957: 1:2.000.000; Vegetationskarte China 1979: 1:4.000.000) kann man die Darstellung von Salween, Mekong, Yangtsekiang in 27°-30°N als voll übereinstimmend bezeichnen. Beide Karten, Himalaya 1957 und China 1979 zusammen, zeigen jetzt klimatische Trockentäler als ein spezifisches Phänomen entlang der gesamten Südabdachung des Himalaya, Hoch-Asiens von NW (Kabul River) nach E bis zum Tatu Ho (Setschuan), wo immer bestimmte Voraussetzungen zu ihrer Entwicklung gegeben sind: verhältnismässig lange, gerade Talverläufe, tief eingeschnitten, damit ausgedehnte Hangflächen – das sind die Voraussetzungen zur vollen Entwicklung der klimatischen Trockentäler. Eine Zusammenfassung der Situation entlang der Südabdachung Hochasiens mit Bezug auf die klimatischen Trockentäler wurde 1987 veröffentlicht (SCHWEINFURTH 1987).

Es gibt eine Reihe von Tälern, Talfurchen, die prominente Kandidaten für eine Klassifizierung als klimatische Trockentäler sind, so Chenab und Sutlej, doch nur für den Sutlej liegen einige Angaben vor in einer Monographie, die allerdings in erster Linie den Wäldern gewidmet ist (GORRIE 1933) – doch die Angaben reichen aus, um nahezulegen, dass der Sutlej in seinem Durchbruchstal eine solche klimatisch-trockene Talstufe aufweist. Für das Tal des Chenab sind wir bisher weitgehend nur auf Vermutungen angewiesen.

Man kann in der Frage der klimatischen Trockentäler natürlich eine „rein akademische" Angelegenheit sehen, doch die überraschenden klimatischen Besonderheiten dieser Talzüge sind nicht nur von lokaler Bedeutung, sondern hier liegt ein bemerkenswertes Phänomen der Geographie der Hochgebirge vor. Chinesische Wissenschaftler versuchen überdies jetzt auf der Grundlage der Differenzierung nach drei verschiedenen Abschnitten – dry-hot, dry-warm, dry-temperate – eine neue Entwicklungsphase für die grossen Stromfurchen einzuleiten (ZHANG RONGZU 1992).

Als CHEN WEILIE 1982/83 anderthalb Jahre in Heidelberg arbeitete, berichtete er über die chinesischen botanischen Forschungen in **Tibet**, insbesondere über die oberen Bereiche von Salween, Mekong und Yangtsekiang, doch war es zum damaligen Zeitpunkt noch nicht möglich, sich ein klares, „kartierbares" Bild der Verhältnisse zu machen. Vielleicht ist jetzt die Antwort greifbar, wenn auch nur in chinesischer Sprache bisher: in ZHANG JING WEI's Vegetation von Tibet, 1988. Doch ausser einer Inhaltsübersicht ist noch nicht einmal eine Zusammenfassung in englischer Sprache beigefügt. Für den Verfasser bleibt damit die Auswertung beschränkt auf Interpretation der lateinischen Pflanzennamen, Photographien, Diagramme, Karten – ein zwar faszinierendes Unternehmen, doch letztlich nicht sehr befriedigend. So ist zunächst das wichtigste, greifbare Ergebnis die beigefügte Vegetationskarte von Tibet (1:3.000.000, in Farbe): eine grossartige Errungenschaft für die Tibet-Forschung und allein auf Grund des Massstabes wohl auch für das Hochland der Vegetationskarte von China (1979) vorzuziehen, obwohl die ins Englische übersetzte Legende der Vegetationskarte von China beim Vergleich der beiden Karten eine grosse Hilfe ist. So bleibt nur die Hoffnung auf eine baldige Übersetzung der „Vegetation von Tibet", um zu sehen, ob diese Arbeit all unsere Fragen beantwortet.

Weiter nach S zu ist der Gebirgszug des **Gaoligong Shan** ein Bereich, der während des Aufenthaltes von CHEN WEILIE in Heidelberg ausführlich diskutiert wurde: ein Gebirgszug, der den Salween im W begleitet von etwa 27°30'- 25°N. Hier ermöglichen die Beobachtungen von CHEN WEILIE die Erarbeitung eines W-E Profiles – in Verfolgung der Vegetationsanalyse des Himalaya nach S zu, in die SE-asiatische Halbinsel hinein. Für eine Vegetationskarte reichte das Material nicht aus (SCHWEINFURTH & CHEN 1984). Die Bedeutung dieses Versuches liegt darin, dass die Angaben über den Gaoligong Shan in der grossen Lücke, die in unserer Kenntnis klafft zwischen der Vegetationskarte des Himalaya im N, der Vegetationskarte von China im E und der Vegetationsforschung, die weiter im S, im nördlichen Thailand, durchgeführt wird, wenigstens an einer Stelle etwas Vorstellung über die Vegetationsverhältnisse vermitteln.

Ein frühes Interesse an *Pinus* aus der Arbeit an der Vegetation des Himalaya diente als „Wegweiser" weiter nach S in die **südostasiatische Halbinsel** hinein. Im Gebirgssystem des Himalaya treten verschiedene Arten von *Pinus* an ökologisch interessanten Standorten auf: entlang der Trockengrenze der Wälder ganz allgemein, so z.B. *Pinus gerardiana* im NW, im Indus-Durchbruch am Nanga Parbat – oder *Pinus tabulaeformis* im oberen Tsangpo-Tal vor Eintritt des Tsangpo in die eigentliche Durchbruchsschlucht am Namcha Barwa; oder, ganz entsprechend: *Pinus sp.* in der Durchbruchsschlucht der Kali Gandaki im zentralen Nepal, um nur 3 Beispiele zu nennen.

Darüber hinaus ist *Pinus* immer prominent verbreitet, wo der Mensch am Waldrand aktiv ist, so dass es dort tatsächlich nicht möglich ist, zu entscheiden, ob *Pinus* rein „natürlicherweise" vorkommt – oder ihr Auftreten vom Menschen abhängig oder sogar gefördert ist, z.B. durch periodisches oder unperiodisches Brennen. Die Vegetationskarte des Himalaya von 1957 zeigt viele Beispiele dafür, z.B. in den klimatischen Trockentälern.

Verbreitung und ökologische Stellung von *Pinus* weiter nach E und S zu – vom Himalaya aus gesehen – hat das Interesse in diese Richtung gelenkt (SCHWEINFURTH 1988). Denkt man z.B. an die Situation im Lohit-Tal, so ergab sich der Vergleich mit Vorkommen im nördlichen Burma (WARD 1949, STANFORD 1945), zumal genauere Angaben aus Burma selten sind und Informationen aus den Shan States zwar allgemein das Vorkommen von *Pinus* bestätigen, jedoch ohne genauere (kartierbare) Angaben. Weiter im S erreichen wir im nördlichen Thailand bessere Informationen (SMITINAND 1966, ROBBINS & SMITINAND 1966, KÜCHLER & SAWYER 1967). Gute Beziehungen zum Royal Thai Forest Service (insbesondere Dr. T. SMITINAND) führten zu einem einjährigen Arbeitsaufenthalt von Dr. T. SANTISUK in Heidelberg (1986/87), dokumentiert durch eine Bearbeitung der Vegetation des nördlichen Thailand (SANTISUK 1988). Angeregt durch SANTISUK's wesentlich floristischen Beitrag hat sich W. WERNER speziell mit Verbreitung und Status von *Pinus* in Thailand befasst (WERNER 1993).

Die Verbreitung von *Pinus* in der südostasiatischen Halbinsel zu verfolgen, erweist sich als eine anregende ökologische Problemstellung (SCHWEINFURTH 1988). Nimmt man an, dass sich das Genus von einem im südwestlichen China vermuteten Zentrum aus ausgebreitet hat (CHENG 1939), so interessiert uns insbesondere die Verbreitung nach W entlang des Himalaya-Systems und nach S in die südostasiatische Halbinsel hinein, wo N-S verlaufende Täler und Höhenzüge Richtung bestimmend gewesen sein mögen. Bis vor kurzem galt noch das Gebiet des Mt. Kerintje auf Sumatra, 2°S, als südlichste „natürliche" Verbreitungsgrenze. Doch die Beobachtung, dass *Pinus* „heute"(?) z.B. am Toba-See angepflanzt wird (STEIN 1987: *Pinus merkusii*), legt die Frage nahe, ob der Mensch nicht „schon früher" *Pinus* in dieser Weise gefördert, somit die Verbreitung von *Pinus*, hier nach S zu, unterstützt hat? Inzwischen gibt es grossflächige Anpflanzungen von *Pinus* in Süd-Sumatra und in Java, und die Tendenz geht in Richtung auf weitere Ausbreitung durch Anpflanzungen im grossen Stil – zumindesten im tropischen Asien (ARMITAGE & BURLEY 1980; COOLING 1968/1975), womit jeder Versuch einer Differenzierung in „natürliche" und „vom Menschen veranlasste" Vorkommen unrealistisch wird.

In diesem Zusammenhange, dem absichtsvollen Pflanzen, damit Verbreitung von *Pinus* durch die einheimische Bevölkerung – ohne jede Einflussnahme durch Massnahmen von Regierung und Forstdienst – sei auf die Apa Tani im Assam-Himalaya hingewiesen, die in ihrem kleinen, von der Aussenwelt durch dichte Wälder abgeschlossenen Tal-Ökosystem *Pinus excelsa* (und Bambus) anpflanzten, als das Tal erstmalig von der Aussenwelt erreicht wurde (FÜHRER-HAIMENDORF 1955). Vielleicht gibt es noch weitere Beispiele, wie *Pinus* unter bestimmten lokalen Verhältnissen akzeptiert und angepflanzt, damit aktiv vom Menschen verbreitet wurde.

Jenseits des reinen Verbreitungsinteresses stellt sich dann auch die Frage, ob dieses Interesse am Pflanzen und Kultivieren von *Pinus*, ausser von ganz materiellem Interesse, vielleicht auch noch weiteren Motiven folgt. Im Falle der Apa Tani scheint zunächst klar, dass das „greifbare" Vorhandensein der Baumaterial liefernden *Pinus excelsa* (und Bambus) unmittelbar in Siedlungsnähe vorzuziehen ist einem – in früheren Zeiten unberechenbarer Nachbarn – stets gefahrvollem Gang in den Wald, die Höhenwälder weiter hangauf. Aber FÜHRER-HAIMENDORF 1955 berichtet auch, dass ihm die Apa Tani erzählt haben, die Vorfahren hätten *Pinus excelsa* schon „aus der alten Heimat" („im NE"?) mitgebracht – wofür rein botanisch keine Notwendigkeit besteht, denn *Pinus excelsa* kommt in den Höhenwäldern des Assam-Himalaya „natürlicherweise" vor. Zumindestens in diesem Falle scheint es mehr als nur reine „Nützlichkeitsbezüge" zu geben bzgl. der Verbreitung von *Pinus* (vgl. dazu SCHWEINFURTH über *Pandanus* in der Zentralcordillere von Neuguinea 1970, 1984).

Wie dem auch sei: wenn man sich mit Verbreitungsproblemen befasst, ist der aktive und passive menschliche Einfluss zu berücksichtigen, der sich in der Bevorzugung bestimmter Pflanzenarten, Baumarten durch den Menschen zeigt. Die südostasiatische Halbinsel scheint ein verlockendes Arbeitsfeld auch in dieser Hinsicht zu bieten.

So ist D. SCHMIDT-VOGT (1991) z.Zt. mit Arbeiten befasst, die auf Grund der Sekundärvegetation die verschiedenen Anbaumethoden bei verschiedenen Bergstämmen im nördlichen Thailand, damit die unterschiedliche Veränderung der Vegetation durch den Menschen – mit unterschiedlichem Ergebnis – klären sollen, was Aufklärung über die Bevorzugung bestimmter Pflanzen, Baumarten einschliesst. Dahinter steht die Idee, vielleicht auch herauszufinden, ob über alle unmittelbaren Nützlichkeitserwartungen hinaus, sich nicht hier und da andere, weitere Motive feststellen lassen, vielleicht sogar im Hinblick auf ein gewisses „Umweltbewusstsein", so fern diese auch auf den ersten Blick „Schwendbauern" zu liegen scheinen – aber schon im „primitiven"(!) Neuguinea sind in der Zentralcordillere mit dem Anpflanzen von *Casuarina* (SCHWEINFURTH 1984) entsprechende Motive greifbar – oder, räumlich näherliegend, Sir Dietrich BRANDIS hat bei den Karen in Burma das Anpflanzen von Teak im Schwendbausystem als waldbaulich-sinnvolle, „umweltbewusste" Massnahme erkannt und für forstliche Zwecke übernommen und gepflegt (HESMER 1970, 1975).

Zusammenfassung

Der Beginn der modernen Vegetationsforschung im Himalaya, insbesondere mit dem Ziel der kartographischen Dokumentation, kann angesetzt werden mit Carl TROLL's Forschungen am Nanga Parbat 1937 und seiner daraus entstandenen Vegetationskarte des Nanga Parbat-Massivs 1939 (1:50.000). Zwei anschliessende Kurzbesuche in anderen Bereichen des Himalaya (Dehra Dun, Sikkim) liessen den Wechsel der Vegetation im Gesamtzusammenhange des gewaltigen Gebirgssystems ahnen und führten 1952 dazu, die Analyse der Vegetation des Himalaya mit dem

Ziel einer Vegetationskarte des Gebirgssystems als ein Dissertationsthema zu vergeben. Die daraus resultierende Vegetationskarte des Himalaya (1957) erfüllte TROLL's Idee, den „dreidimensionalen Rahmen" für den Wechsel der Vegetation innerhalb dieses Gebirgsraumes zu erstellen, zugleich als Anzeiger für die klimatischen Bedingungen und die Landschaftsstruktur: so enstand durch die Vegetationskarte aus einem Chaos, „Irrgarten" von Gebirgsketten, Tälern, intermontanen Becken, die Erkenntnis einer phantastischen Hochgebirgswelt – auf einen Blick.

Die Bearbeitung der Materie zeitigte Überraschungen: die von Carl TROLL ursprünglich erwartete Vollständigkeit der Vegetationskarte war mangels Materials für bestimmte Gebiete nicht zu erreichen – und ist es auch heute noch nicht. Trotz der vorhandenen Lücken vermittelt aber die Vegetationskarte 1957 einen klaren Überblick der landschaftlichen Struktur des Gebirgssystems – und schärft darüber hinaus die Vorstellung von dem, was in den bisher unbekannten Gebieten wohl noch zu erwarten sein könnte. Die hier vorgelegte Arbeit versucht, einen Überblick zu geben über die vegetationskundliche Forschung im Himalya seit der Veröffentlichung der Vegetationskarte 1957 – unter besonderer Berücksichtigung der möglichen Ergänzung der 1957 vorgestellten Lücken.

Die Vegetationskarte 1957 mag aber auch einladen als Rahmen zur Bearbeitung anderer Phänomene im Rahmen des Himalaya- Systems, so z.B. für Landnutzung und Verbreitung von Kulturpflanzen – eine riesige, aber ohne Frage faszinierende Problemstellung, zu der heute eine Fülle von Material zur Verfügung steht, welches längst verdiente zusammengestellt zu werden im Rahmen des Gebirgssystems, um die überwältigende Vielfalt, die der Himalaya bietet, auch unter diesem Gesichtspunkt vorzuführen. Ein interessantes Beispiel, den von der Vegetationskarte her angedeuteten Rahmen zu prüfen zur Klärung anderer Phänomene, ist KLEINERT's Arbeit über Haus- und Siedlungstypen im zentralen Himalaya (1983), deren besonderer Wert für die Analyse in der Tatsache liegt, dass KLEINERT die Vegetationskarte vor seinen Feldarbeiten nicht gekannt hat, erst bei der Ausarbeitung seines Materials damit konfrontiert wurde, ihm dann allerdings Antwort auf viele seiner Fragen gab.

Die Vegetationkarte 1957 brachte erstmalig die „inneren Täler" zum Vorschein, die weder als solche, noch in ihrer Eigenart bekannt waren und die doch – nach unserer heutigen Kenntnis – ein so wesentliches Element der inneren Differenzierung des Gebirgssystems sind. Die Vegetationsanalyse bzw. die Vegetationskarte 1957 brachte erstmalig die „klimatischen Trockentäler" ans Tageslicht als einen besonderen, unerwarteten Charakterzug dieses Hochgebirges, wozu die Angaben entsprechender klimatischer Trockentäler auf der Vegetationskarte von China 1979 eine glänzende Bestätigung liefern und das Phänomen als einen Charakterzug der Südabdachung Hochasiens vom Kabul-Fluss im W bis zum Tatu Ho in Setschuan dokumentieren.

So, wie die Vegetationskarte von China (1979, 1:4.000.000), wird auch die bisher nur in chinesischer Sprache vorliegende Vegetation von Tibet (ZHANG JING WEI 1988) mit der Vegetationskarte von Tibet 1:3.000.000 unserer Kenntnis der Vegetation der Nordabdachung der Himalaya-Hauptkette weiterhelfen, zumal wenn sie in Übersetzung vorliegen wird.

Das besondere Interesse an *Pinus* hat über den Himalaya hinaus in die südostasiatische Halbinsel geführt, wo zunächst im Norden Thailands eine gründliche Untersuchung der Verbreitung des Genus *Pinus* durchgeführt worden ist (WERNER 1993), bewusst mit der Absicht, mehr auch über den Anteil des Menschen an der Verbreitung von *Pinus* zu erfahren. Im Sinne der menschlichen Einwirkung auf Veränderung der Vegetation und Verbreitung bestimmter Arten hin sind auch die z.Zt. laufenden Arbeiten von D. SCHMIDT-VOGT im nördlichen Thailand angelegt, die der Klärung des Zusammenhanges zwischen Anbaumethoden und Folgevegetation bei verschiedenen Bergstämmen in Nord-Thailand dienen, wobei angestrebt wird, etwas über möglicherweise vorhandenes „Umweltbewusstsein" herauszufinden – angesichts der Tatsache, dass viele Stämme im Zuge ihrer historischen Süd-Wanderung an einer „Endstation" vor dem Abstieg in die Ebene angekommen sind. So unterstreicht auch die von D. SCHMIDT-VOGT unternommene Arbeit, dass die Vegetation, zumal die vom Menschen beeinflusste, uns Auskunft gibt, über den „Zustand des Landes", der Standorte, Lebensräume – wir müssen nur verstehen, die Zeichen, die sie uns setzt, zu lesen.

Hier und da mag der menschliche Einfluss offenkundig sein, in anderen Fällen ist er es nicht; doch der immer noch geübte Brauch von „natürlicher" und „menschlich beeinflusster" Vegetation zu sprechen, sollte besser ganz vermieden werden als irreführend in einer Zeit, da kaum noch ein Flecken Erde nicht vom Menschen besucht worden ist, auch die „letzten" Wälder im Himalaya sich als vom Menschen – längst? – beeinflusst erwiesen haben (vgl. z.B. BATTACHARJEE 1987, 1992).

Vegetationsforschung und Vegetationskartierung im Himalaya bieten – nach über 30 Jahren – einen zeitlich genügenden Abstand für einen Rückblick auf die Entwicklung seit dem: es zeigt sich klar, wo die so notwendige Grundlagenforschung durch Politik und politische Ereignisse be-, verhindert worden ist. Der „territoriale Imperativ" ist auch im Himalaya überall gegenwärtig und aktiv. Aber die Behinderung der Grundlagenforschung in Vegetationsanalyse und Vegetationskartierung geschieht zum Schaden der betreffenden Länder. Es scheint deshalb angebracht, diesen Überblick über Vegetation und Himalaya-Forschung zu beschliessen mit der dringenden Aufforderung, alle die wissenschaftliche Forschung behindernden Einschränkungen aufzuheben und der Forschung die notwendige Freiheit zu gewähren – im Falle der Vegetationsforschung im Himalaya hiesse das in erster Linie: endlich die Vervollständigung der Vegetationskarte des höchsten Gebirgssystems der Erde zu ermöglichen.

Summary:
Vegetation and Himalayan Research

Himalayan research in vegetation is traced back to Carl TROLL's 1937 exploits around Nanga Parbat and his vegetation map of the Nanga Parbat Massif (1939). TROLL's experience in the field led to his suggesting a doctoral thesis on the distribution of the vegetation in the Himalayas which resulted in the 1957 vegetation map of the Himalayas by the present author.

The 1957 vegetation map shows the change of vegetation within the Himalayan system from west to east, south to north, and with altitude. Despite considerable voids left white, indicating areas botanically unkown, by a careful choice of colours the map provides for the first time a three-dimensional framework of the distribution of the vegetation, at the same time, it offers for the first time a vegetation-based insight into the landscape structure of this complex mountain world, in short: 'the country'. In addition, by way of the vegetation map, some unexpected features were elicited for the first time: the 'inner valleys':

inner valleys sensu stricto, lying more or less in the general W – E trend of the mountain ranges, but presenting conditions of their own;

valleys, more or less N – S running, characterised by climatically dry valley bottoms;

both of these features adding considerably to the enormous variety of conditions the Himalayan system offers.

Since the publication of the 1957 map the filling in of the voids has been successful in Nepal on a large scale (DOBREMEZ et al.), and in a few in-depth studies (for instance, MIEHE 1982, 1990, 1991b; SCHMIDT-VOGT 1990).

The 1957 map, furthermore, proved its worth in explaining the distribution of phenomena other than vegetation as, for instance, types of houses and settlements (KLEINERT 1983).

Since the publication of the 1957 map, hitherto little known or unexplored country 'beyond the main range' resp. the Himalayas sensu stricto has been investigated by Chinese botanists –in Tibet, the climatically dry valleys in the Hengduan region, and the Gaoligong Shan. In the case of the climatically dry valleys, the 1979 vegetation map of China (HOU) served, together with the 1957 vegetation map of the Himalayas, to show these valleys as a definite feature of the entire southern rim of High Asia from Afghanistan to Sichuan.

The study of the vegetation is basic to understand a country and, in particular, a mountain world as complicated as the Himalayan system is. Today, there will be few areas left, where man has not been actively changing, either directly or indirectly, the vegetation cover; to find out about his influence on vegetation, is fundamental to gain insight into man's attitude towards vegetation and, in particular, towards trees and forest, i.e. into a possible tree- and forest-consciousness or, rather, a general environmental awareness - a mental attitude central to all sensible endeavours towards development or, to be more precise, towards all attempts to preserve man's habitat. Vegetation mapping provides the basic documentation in this enterprise.

Literatur

ALLAN, N.J.R. (1987): Impact of Afghan Refugees on the vegetation resources of Pakistan's Hindukush – Himalaya. In: Mt. Res. & Dev., 7(3), pp.200-204.

ARMITAGE, F.B. & J. BURLEY (eds.) (1980): *Pinus kesiya* ROYLE EX GORDON (syn. P. Khasya ROYLE; *P. insularis* ENDLICHER), Comm. For. Inst.; Trop. For. Pap. No. 9. Oxford.

BAILEY, F.M. (1957): No passport to Tibet. London.

BHATTACHARJEE, T.K. (1975): The Tangams. Shillong.
- (1983): Idus of Mathun and Dri Valley. Shillong.
- (1987): Alluring Frontiers. Guwahati.
- (1992): Enticing Frontiers. New Delhi.
BISHOP, B.C. (1990): Karnali under stress. Univ. of Chicago: Geogr. Res. Pap., 228-229. Chicago.
BOR, N.L.(1938): A sketch of the vegetation of the Aka Hills, Assam. In: Ind. For. Rec., New Series, Botany, 1,4; X, 103-221.
CHENG, W.C. (1939): Les forêts du Se-Tchouan et du Sikang Oriental. Toulouse.
COOLING, E.N.G. (1968): *Pinus merkusii* (Fast growing timber trees of the lowland tropics, no.4). Comm. For. Inst., Oxford 1975.
CRONIN, E.W. (1979): The Arun. Boston.
DOBREMEZ, J.F. (1976): Le Népal - Ecologie et biogéographie. Paris.
FLETCHER, H.R. (1975): A Quest of Flowers. The Plant Explorations of Frank Ludlow and George Sherriff. Edinburgh.
FÜRER-HAIMENDORF, Chr. v. (1955): Himalayan Barbary. London.
GORRIE, R.M. (1933): The Sutlej Deodar, its ecology and timber production. In: The Ind. For. Rec. (Silvic. Ser.), XVII, IV, pp.1-140.
GRIERSON, A.J.C. & D.G. LONG (1983f.): Flora of Bhutan. Vol.I,1(1983); vol.I,2(1984); vol.I,3(1987); vol.II,1(1991) Edinburgh.
HAFFNER, W. (1967): Ostnepal – Grundzüge des vertikalen Landschaftsaufbaus. In: Khumbu Himal 1(5), pp.389-426.
- (1979): Nepal Himalaya. Untersuchungen zum vertikalen Landschaftsaufbau Zentral- und Ostnepals. Erdwiss. Forschung, XII.
HASERODT, K. (1989): Chitral (pakistanischer Hindukush). Beitr. u. Mat. zur Reg. Geogr., H.2, pp.43-180. Berlin.
HEGDE, S.N. (1984): Orchids of Arunachal Pradesh. Itanagar.
HESMER, H. (1970): Der kombinierte land- und forstwirtschaftliche Anbau. II: Tropisches und subtropisches Asien: Stuttgart.
- (1975): Leben und Werk von Dietrich Brandis (1824 – 1907). Abh. Rhein.-Westf. Akad. Wiss., Opladen.
HOU, Hsioh-Yu (1979): Vegetation Map of China – 1:4.000.000. Ac. Sin., Beijing.
JESSEN, O. (1948): Die Randschwellen der Kontinente. Peterm. Geogr. Mitt. Ergzsh. 241.
KLEINERT, Chr. (1983): Siedlung und Umwelt im zentralen Himalaya. Geoec. Res., vol. 4, Wiesbaden.
KÜCHLER, A.W. & SAWYER, J.O. (1967): A study of the vegetation near Chiangmai, Thailand. In: Trans. Kansas Ac. Sci. 70, pp.281-348.
MIEHE, G. (1982): Vegetationsgeographische Untersuchungen im Dhaulagiri und Annapurna Himalaya. Diss. Bot. 66 (1&2). Vaduz.
- (1990): Langtang Himal: Flora und Vegetation als Klimaanzeiger und -zeugen im Himalaya. Diss. Bot. 158. Berlin – Stuttgart.
- (1991a): Der Himalaya, eine multizonale Gebirgsregion. In: Ökologie der Erde – Geo-Biosphäre, Bd.4, 181-230, Stuttgart.
- (1991b): Die Vegetationskarte des Khumbu Himal (Mt. Everest-Südabdachung) 1:50.000. In: Erdkunde, Bd.45(2), pp.81-94.
NAKAO, S. (1955): Ecological Notes. In: Fauna and Flora of Nepal Himalaya. In: Scientif. Res. of the Jap. Exp. to Nepal Himalaya, 1952-1953, vol.I, 278-290. Kyoto.
- (1959): Hikyo Butan. Tokyo.
NANDA, N. (1982): Tawang. New Dehli.
NUMATA, M. (1987): Vegetation, Plant Industry, and Nature Conservation in Bhutan Himalaya. In: OHSAWA, M.(ed.)(1987): Life zone ecology of the Bhutan Himalaya. Vol.I., pp.133-142. Chiba.
- (1991): Nature Conservation in Nepal and Bhutan. In: OHSAWA, M.(ed.)(1991): Life zone ecology of the Bhutan Himalaya. Vol.II., pp.241-246. Chiba.
OHSAWA, M. (ed.) (1987, 1991): Life zone ecology of the Bhutan Himalaya. Vols.I&II. Chiba.

ROBBINS, R.G. & T. SMITINAND (1966): A botanical ascent of Doi Inthanond. In: Nat. Hist. Bull. Siam Soc., 21, 1966, 3-4, pp.205-227.
SANTISUK, T. (1988): An account of the vegetation of Northern Thailand. Geoec. Res., vol.5, Stuttgart.
SCHMIDT-VOGT, D. (1990): High Altitude Forests in the Jugal Himal (Eastern Central Nepal): Forest Types and Human Impact. Geoec. Res., vol.6, Stuttgart.
- (1991): Schwendbau und Pflanzensukzession in Nord-Thailand. Alexander von Humboldt-Stiftung, Mitt.: Mag. No.58 (Dez.), pp.21-32.
SCHWEINFURTH, U. (1956): Über klimatische Trockentäler im Himalaya. In: Erdkunde, 10, pp.297-302.
- (1957): Die horizontale und vertikale Verbreitung der Vegetation im Himalaya. Bonner Geogr. Abh. H. 20. (With comprehensive bibliography up to 1956).
- (1965): Der Himalaya – Landschaftsscheide, Rückzugsgebiet und politisches Spannungsfeld. In: Geogr. Zeitschr. 53,4, pp.241-260.
- (1970): Verbreitung und Bedeutung von *Pandanus* sp. in den Hochtälern der Zentralkordillere im östlichen Neuguinea. In: Coll. Geogr., vol.XII, pp.132-151.
- (1972): The Eastern Marches of High Asia and the River Gorge Country. In: Erdwiss. Forsch., IV, 276-287. Wiesbaden.
- (1981): The Vegetation map of the Himalayas 1957 – a quarter of a century after. In: Doc. Cartogr. Ecol. XXIV, pp.19-23.
- (1982): Der innere Himalaya – Rückzugsgebiet, Interferenzzone, Eigenentwicklung. In: Erdk. Wiss., H.59, pp.15-24.
- (1983a): Man's impact on vegetation and landscape in the Himalayas. In: Geobotany, vol. 5, pp.297-309.
- (1983b): Mensch und Umwelt im Indus-Durchbruch am Nanga Parbat (NW-Himalaya). In: Beitr. S.As.Forsch., Bd.86, pp.536-559.
- (1984): Man and environment in the Central Cordillera of Eastern New Guinea: *Pandanus, Casuarina, Ipomoea batatas*. In: Erdwiss. Forsch., vol.XVIII, pp.309-319.
- (1986): Zur Landschaftsgliederung im chinesisch-tibetischen Übergangsraum. In: Berl. Geogr. Stud., 20, pp.237-249.
- (1987): Climatically dry valleys in the Himalayas and further east. In: Explorations in the Tropics. Pune/Poona, pp.20-25.
- (1988): *Pinus* in Southeast Asia. In: Beitr. Biol. Pflanzen, 63, pp.253-269.
- (1992):Mapping Mountains: Vegetation in the Himalayas. In: GeoJourn., 27(1), pp.73-83.
- & CHEN WEILIE (1984): Vegetation und Landesnatur im südlichen Gaoligong Shan (West-Yünnan). In: Erdkunde, 38, 278-288.
SMITINAND, T. (1966): The vegetation of Doi Chiang Dao, a limestone massif in Chiang Mai, Northern Thailand. In: Nat. Hist. Bull. Siam. Soc., 21, pp.93-128.
STANFORD, J.K. (1945): Far Ridges. London.
STEIN, N. (1978): Coniferen im westlichen Malayischen Archipel. Biogeographica XI. The Hague.
TROLL, C. (1939): Das Pflanzenkleid des Nanga Parbat. Begleitworte zur Vegetationskarte der Nanga-Parbat-Gruppe (NW-Himalaya) 1:50.000. In: Wiss. Veröff. Dtsch. Mus. Ldkd., N.F. 7, pp.151-180.
WARD, F. Kingdon (1949): Burma's icy mountains. London.
WERNER, W. (1993): Pinus in Thailand. Geoec. Res., vol. 7. Stuttgart.
ZHANG JING-WEI (Chang King Wai) (1988): Vegetation of Xizang (Tibet). ISBN 7-03-000090-0/ Q. 15.
ZHANG RONGZU (Yongzu) (ed.) (1992): The Dry Valleys of the Hengduan Mountains Region. Science Press, Beijing (in Chinese, preface in English, pp. XIII-XV).

Karl JETTMAR:

Voraussetzungen, Verlauf und Erfolg menschlicher Anpassung im nordwestlichen Himalaya mit Karakorum

Auf Burg Wartenstein, in einem bemerkenswert schönen und gepflegten Milieu, fand im Sommer 1964 das Symposium „Pastoral Nomadism" (25.-26. Juli) statt. Ihm blieb eine breitere Wirkung versagt. Als Grund des Scheiterns hob ein prominenter Teilnehmer, nämlich Fredrik BARTH in seiner mündlich vorgetragenen Evaluierung der Resultate hervor, daß die Lebensweise der Hirtennomaden eine weitgehende Anpassung an die Umwelt darstelle – aber der Begriff „Umwelt" sei von den Teilnehmern allzu verschieden aufgefaßt worden. Die – in diesen Jahren bereits zur Mode ausufernde – Neigung zu einer ökologischen Betrachtungsweise sei ein Hemmnis gewesen, der Bedeutung vielfältiger und sich rasch wandelnder Außenbeziehungen gerecht zu werden. Die Symbiose mit Nachbarn sowie die Verschiebung der Chancen nach technischen Innovationen – dazu gehöre die Hinzunahme weiterer Haustiere, ihr Einsatz mit verbesserten Transportmitteln – müsse stärker berücksichtigt werden.

Ein ähnliches Manko stellte zwanzig Jahre später GRÖTZBACH (1984, S.491) hinsichtlich der „Kulturgeographie altweltlicher Hochgebirge" fest. Er forderte eine „raumzeitlich unterschiedliche Bewertung" der Verhaltensmuster, mit denen sich Menschen auch in extremen Höhenlagen behaupten können.

Zu den von GRÖTZBACH angesprochenen Problemen möchte ich hier einen Beitrag leisten, und zwar nicht im Hinblick auf die Subsistenz, d.h. die Versorgung mit Nahrungsmitteln, sondern auf eine ebenso wichtige Voraussetzung, nämlich die Fähigkeit zu Wanderungen und Transporten, in verschiedenen Zeithorizonten mit jeweils abweichender Ausrüstung und dem entsprechenden Training. Allerdings bleibt die Sicherung der Ernährung ein Faktor, den man nie übersehen darf.

Ich beziehe mich dabei fast ausschließlich auf den Raum, den ich selbst seit 36 Jahren in vielen Reisen kennengelernt habe: die Hochgebirge Pakistans. Hier kann ich von meinen eigenen Beobachtungen ausgehen, sie setzten in einer Zeit ein, in der viele, heute dem motorisierten Tourismus geöffnete Gebiete nur auf schmalen Pfaden, zu Fuß oder zu Pferd erreichbar waren.

Meine archäologischen Hinweise halte ich so knapp wie möglich. In den nahegelegenen Bergregionen (Pamir-Alaj), in denen sowjetische Archäologen arbeiten (RANOV 1975, 1984), muß mit dauernder Präsenz des Menschen bald nach dem Ende der letzten Eiszeit gerechnet werden (belegt z. B. durch die Station Ošchona, westlich vom Zorkulsee, unmittelbar nördlich vom Zentrum des Wakhan-Streifens). Tiere und einen verkleideten Jäger darstellende Malereien in der Höhle Schachty wurden in mehr als 4000 m Seehöhe entdeckt. Sie gelten als mesolithisch oder frühneolithisch. Die so tief in die Berge vorgedrungenen Gruppen hatten kein einheitliches Inventar an Steingeräten. Vielleicht kamen Viehzüchter mit zusätzlichem Feldbau aus dem Westen, Jäger aus dem Osten.

In Swat ist die Besiedlungsgeschichte in ihren Umrissen etwa seit dem Beginn des 3. Jahrtausends v. Chr. durch Grabungen bekannt. Besonders wichtig ist die Stratigraphie, die sich bei Ausgrabungen vor und in einem Abri bei Ghalegay ergab (STACUL 1987). In „prähistorischen Perioden" fallen keine Fernbeziehungen auf. Man erhält den Eindruck, die Siedler seien allmählich aus den südlich angrenzenden Gebieten eingedrungen. Vor allem lebten sie von der Jagd, aber sie kannten auch Feldbau (Weizen). Als Haustier diente ihnen das Buckelrind (Zebu), das sie sicher aus dem Süden mitgebracht hatten.

Eine zweite Phase zeigt Einflüsse aus den unmittelbaren Vorstufen bzw. der Peripherie der Indus-Kultur.

Dann gewinnt wieder das aus der ersten Phase bekannte einheimische Erbe an Bedeutung. Über die Wechselfälle hinweg nahm der Bestand an Haustieren und Kulturpflanzen zu, auch Reis wurde angepflanzt.

In schroffem Gegensatz zu dieser, zwar von außen angeregten oder beeinflußten Entwicklung kann man die Zeit zwischen dem 18.-15. Jahrhundert v. Chr. als einen dynamischen Horizont auffassen. Stacul spricht von einem „protohistorischen" Komplex. Es häufen sich Innovationen: Metallurgie, der Ausbau von Höhensiedlungen, ein neues Bestattungsritual. Der Handel reicht bis an die Küsten des Indischen Ozeans. Anderes kam aus nicht allzu fernen Regionen Hochasiens. Aber auch Verbindungen, die weit nach Norden und Nordosten reichen, können mit Sicherheit angenommen werden. Man fand Nephritperlen und Knochennadeln „chinesischen" Typs.

Damals muß es bereits regelmäßig begangene Pfade in den Hochgebirgen und über sie hinweg gegeben haben, unter Überwindung der Ketten von Hinduraj und Himalaya, aber auch von Hindukusch und Karakorum. In bestimmten Regionen hat offenbar diese Verkehrserschließung bereits früher eingesetzt, denn die Träger der Induskultur konnten am Oxus eine Kolonie gründen, von der weitgespannte Kanalsysteme angelegt wurden (FRANCFORT 1981, 1984; LYONNET 1977, 1981). Umgekehrt sprechen die Funde von Burzahom in Kaschmir (THAPAR 1965, ALLCHIN 1982) nicht nur für Handel sondern auch für das Eindringen einer aus Zentralasien stammenden Bevölkerung.

Aber nicht die Darstellung solcher Fernkontakte ist hier die Aufgabe, sondern ihre „technische" Erklärung unter Berücksichtigung ethnologischer Erfahrungen.

Solange die Ernährung vor allem durch Jagd und nur zusätzlich durch Viehzucht (bei sehr bescheidenem Anbau) gesichert wurde, war die Verproviantierung kleiner Gruppen wesentlich leichter als nach der agrarischen Erschließung. Der Rückzug von Steinbock und Markhor in die extremen Hochgebirge ist erst eine Reaktion auf das Vordringen des Menschen mit seinen immer weiter entwickelten Fernwaffen.

Eine Vorstellung von dem ursprünglichen Wildreichtum liefern Berichte aus Tälern der späteren Gilgit-Agency, deren Bevölkerung zunächst in den Kämpfen zwischen den einheimischen Potentaten, dann aber während der Verteidigungskriege gegen die vordringenden Sikhs und Dogras fast aufgerieben wurde. Noch lange nach diesen Verheerungen kamen die Markhorherden wieder zur Tränke an den Gilgitfluß herunter. Raja Hussain Ali Khan, den ich seit 1958 kannte und 1971 als hochangesehenen Patriarchen wiedersah, hatte diesen Zustand auf der Reise von Gilgit nach Gupis (wo er von den Engländern als Gouverneur eingesetzt worden war) noch miterlebt. An jedem Abend habe er Jagdglück gehabt.

Solche an völlige Vernichtung grenzende Dezimierungen der seßhaften Bevölkerung hat es auch in früheren Jahrhunderten gegeben. Baltistan, Zentrum des Staates, der sich unter der Herrschaft einer einheimischen Dynastie weit nach Westen ausgedehnt hatte (JETTMAR 1989, S.192-200), hatte unter den Kämpfen nach dem Ende des tibetischen Großreichs im 9. Jahrhundert n. Chr. so schwer zu leiden, daß viele Gebiete von Darden wiederbesiedelt wurden. Diese Darden, deren Zentrum Gilgit war, sickerten zunächst als Jäger ein. Offenbar konnte man wochenlang unterwegs sein und von der regelmäßig anfallenden Beute leben.

Zur Abwanderung ganzer Familien kam es immer dann, wenn im Herkunftsgebiet politischer Druck (und Übervölkerung?) unerträglich wurden. Solche Überlieferungen wurden von VOHRA (1982, S.72-75) zusammengestellt. Ich hatte bereits ähnliche Erzählungen über ihre Herkunft aufgezeichnet (JETTMAR 1979, S.342).

Als Jagdwaffe dienten Pfeil und Bogen, als Kriegswaffe wurde schon während der Feldzüge Alexanders des Großen die Steinschleuder verwendet. Jagdmasken für die Wildhühnerjagd gibt es bis auf den heutigen Tag. Der Fischbestand wurde kaum genutzt.

Hohe Pässe galten nicht als gefährlich, wohl aber das Überschreiten der Flüsse. Vermutlich war sicheres Gehen im schwierigsten Gelände Selbstverständlichkeit – aber Schwimmen mußte gelernt werden. Seit wann aufgeblasene Tierhäute zur Sicherung verwendet wurden, ist nicht bekannt.

Die beste Zeit für Reisen am Nordrand der Gebirge war der Spätherbst. Dann binden die Gletscher alle Niederschläge, der Wasserstand in den Flüssen ist niedrig, die Pässe aber bleiben offen. Im Süden jedoch mußte man mit einer langen Periode vom frühen Herbst bis in den Mai rechnen, in der die Pässe verschneit sind und ständig Lawinen drohen (vgl. JETTMAR 1987, S.96-98).

Die Übernahme von Feldbau und Viehzucht verbesserte die Chance ungemein, auch den Winter im Hochgebirge zu überleben. Wir könnten uns von den Auswirkungen der ökonomischen Umstellung ein besseres Bild machen, wenn wir wüßten, welche Kulturpflanzen vorhanden waren. Die Funde in Swat, die Weizen und Gerste in den ältesten Schichten belegen (CONSTANTINI 1987, S.155f.) müssen nicht repräsentativ sein. Am Nordrand Hochasiens ist mit starken fernöstlichen Einflüssen zu rechnen – und das könnte bedeuten, daß sehr früh Hirse angebaut wurde. Auch Maulbeeren und Aprikosen, die später eine enorme Rolle spielen, stammen vielleicht aus Ostasien. Bei den Aprikosen unterscheidet man viele Sorten. Aprikosenkerne, oft ohne den gefährlichen Blausäuregehalt, werden wie Mandeln geschätzt. Aus ihnen wird ein kostbares Öl hergestellt. An diesen Früchten ist wichtig, daß man sie durch Trocknen konservieren kann, ebenso wie die Weintrauben. Maulbeeren kann man auch vermahlen.

Vor Eintritt der strengen Kälte schlachtete man alle Haustiere, die für den Verzehr im Winter bestimmt waren, und sparte damit Futter, das man mühsam von den Hochweiden einholen mußte. Dieser Arbeitsaufwand begrenzte den Umfang der Herden.

Man könnte annehmen, daß die Viehhaltung mit der Zucht von Schafen und vor allem Ziegen begann. Aber gerade jene Felsbilder, bei denen aus Gründen, die hier nicht dargestellt werden können, ein hohes Alter (2. Jahrtausend v. Chr. oder früher) unterstellt werden muß, zeigen Bovide, darunter das Zebu – im Einklang mit den Funden Staculs (vgl. COMPAGNONI 1987, S.132-134). Nicht überall ist der charakteristische Buckel zu erkennen, auch die Form der Hörner läßt an Rinderrassen denken, die man in Zentralasien auf Felsbildern dargestellt findet. Wie weit sie aus einheimischen Wildformen entstanden sind oder ob man Rinder aus der Randzone des Vorderen Orients eingekreuzt hat, bleibt eine offene Frage. Die erstaunliche Bedeutung der Rinderzucht blieb jedenfalls bis in die Zeit der gräko–makedonischen Invasion bestehen, dafür liefert die von ARRIAN (Buch 4, Kapitel 25) genannte Zahl von 23.000 erbeuteten Rindern den Beweis.

Zur Winterfütterung trug der Feldbau (wohl von Anfang an mit Bewässerung verbunden) nur in begrenztem Umfang bei. Ziegen kann man mit dem Laub immergrüner Steineichen – die einer bestimmten Höhenstufe angehören – am Leben erhalten.

Haustiere über die Flüsse zu bringen, muß oft schwieriger gewesen sein als das Übersetzen von Menschen. In der Indusschlucht gab es Winterbrücken: Mit bereitliegenden Baumstämmen überspannte man temporär die Abstände zwischen den Klippen, die bei tiefem Wasserstand im Strombett auftauchen. Mir wurde in Chilas versichert, es sei auch möglich, ganze Herden schwimmend über den Indus zu treiben – zur richtigen Zeit, an den richtigen Stellen und mit absehbaren Verlusten. Viel leichter lassen sich Jungtiere transportieren. Es gibt bis heute (in Rondu) Seitentäler mit gefahrvollem Zugang, der für erwachsene Tiere nicht passierbar ist. Man trägt die Kälber herauf und holt schließlich das Fleisch ins Tal.

So könnte man ein Stadium annehmen, in dem ein Netz von Siedlungen entstand, deren Bewohner in relativer Ruhe, ohne Bedrohung von außen ihre Techniken weiter entwickelten, zu immer perfekterer Einfügung in die Umwelt.

Zu den Formen der Anpassung, die bis in diese Zeit zurückgehen könnten, gehört die Kleidung. Der entscheidende Fortschritt wurde durch die Verwendung von Textilien möglich. Wollkleider werden durch Verfilzen wasserdicht.

Barfuß zu gehen, war und blieb in schwierigem Gelände die sicherste Art der Fortbewegung. Durch Umwickeln des Fußes mit Fellstreifen, die mit einem dünnen Lederriemen umschnürt wurden, wurde ein hoher Grad von Trittsicherheit erreicht. Der einstige Gouverneur von Drosh, Shahzada Hussam-ul-Mulk, erzählte mir, er habe bei schwierigen Jagdunternehmen seine europäischen Bergschuhe auf diese Art ergänzt.

Es wurden weite Wollhosen getragen, die man sich so wie die der Kalash vorstellen muß, und ein Mantel mit Ärmeln, die meist wie auf altiranischen Darstellungen lose herabhingen. Die Kappe beschreibt man am besten als Sack. Er wird rund um die Öffnung aufgerollt, bis er auf den Kopf paßt. Im Winter war diese Kleidung warm, wenn sie dicht um den Körper gebunden wurde. (Im Sommer war sie luftig, der Mantel lag lose auf den Schultern. Der Kappenrand konnte herabgerollt werden.)

Unter schweren Lasten gingen die Männer mit bloßem Oberkörper. Ein Fell hing über den Rücken herab und schützte gegen das Flechtwerk des Tragkorbs. Entscheidend war, daß die Kleidung die Mitnahme von Decken oder einen Schlafsack ersetzen konnte. Wie man mir beschrieb, dienten die Hose als Unterlage, die Kappe als Kissen und der schwere Mantel als Decke. Dazu gehörte die Fähigkeit, mit zugedecktem Gesicht zu schlafen – was mir nie gelungen ist – obwohl es auch im Sommer seinen beachtlichen Vorteil hat: man erspart sich das Moskitonetz. Zur Ausstattung gehörte noch der aufblasbare Ledersack für Flußüberquerungen und ein Beutel mit getrockneten Aprikosen – eine Kraftnahrung von Qualität. Wasser nahm man nie mit – aber man kannte die Eigenschaften jeder Quelle.

In Swat glaubte man, eine Periode zu erkennen, in der es unter nicht wesentlich anderen Bedingungen zu großer Stabilität, ja zur Abkoppelung vom externen Geschehen kam, und zwar von der Mitte des zweiten und fast bis zum Ende des ersten Jahrtausends v. Chr. (TUSA 1979, S.693).

Allerdings ist es sehr die Frage, ob der Befund der Grabungen die volle Realität spiegelt, ob es nicht daneben eine weitere Volksgruppe gab. Heute noch kann man entlang der ausgebauten Landstraßen Hirten mit ihren Herden und Familien beobachten – im Frühjahr, wenn sie zu den Hochweiden ziehen, die das Swattal umgeben, und im Herbst bei der Rückkehr ins Tiefland. Solche transhumanten Viehzüchter mag es neben den seßhaften Bauern schon vor drei Jahrtausenden gegeben haben. Sie gehörten dann zu jenen kriegerischen Stämmen, die sich der Invasion Alexanders in den Weg stellten.

Die Invasion ALEXANDERS DES GROSSEN richtete sich nämlich nicht gegen die Bewohner friedlicher Dörfer in den Ebenen, sondern gegen deren besser bewaffnete, halbnomadische Herren. Wir erfahren zwar von einer ihrer Höhensiedlungen (Aornos), aber einschlägige Funde gibt es dort nicht.

Wieso waren eigentlich die Kulturbeziehungen zwischenzeitlich soviel komplizierter gewesen? Bereits Stacul hatte Schwierigkeiten, Produkte namhaft zu machen, die den Gegenwert für die Importe darstellten, die während der dynamischen Periode IV (18.–15. Jh. v. Chr.) ins Land kamen. Stacul denkt an die Möglichkeit, daß Holz durch Flößen in den Bereich der Induskultur geschafft wurde. Ich halte das nicht für realistisch, weil ich gesehen habe, welche Mühe und Gefahr mit dem Flößen auf reißenden Gebirgsflüssen verbunden sind. Es muß damals noch näher gelegene Wälder gegeben haben. Viel wahrscheinlicher ist die Annahme, daß die Importe der Berggebiete durch Dienstleistungen abgegolten wurden. Wenn wir unter dem Eindruck der Veröffentlichungen von FRANCFORT und LYONNET den Bauern und Städtern der Induskultur zutrauen, daß sie die Pässe des Hindukusch überschreiten konnten und danach den Kontakt mit dem neuen Kolonialgebiet weiter unterhielten, dann heißt das noch lange nicht, daß sie das ohne die Hilfe der Einheimischen fertigbrachten. Sie waren auf sie als Führer und Träger sowie als Lieferanten der notwendigen Verpflegung angewiesen.

Den Nachweis solcher Kollaborationssysteme glaube ich führen zu können, sobald es zur Publikation der Inschriften und der fast nur für diese Station typischen Felsbilder von Hunza-Haldeikish kommt.

Ich halte diese Station für einen Treffpunkt, an dem der Kontakt mit einem einheimischen Stamm hergestellt wurde, der die Güter der Reisenden, wohl auch sie selbst, durch die nördlich anschließenden schwierigsten Abschnitte der Hunzaschlucht transportierte. Nur die Inschriften am nördlichen Flügel der Station scheinen von den Besuchern zu stammen, die Petroglyphen am Südrand dagegen, fast ausschließlich Tierzeichnungen, könnte man den einheimischen Partnern zuordnen.

B. ALLCHIN (1981, S.322-324) hat in scharfsinniger Weise hervorgehoben, daß das ökonomische System der Induskultur die Zusammenarbeit ungleicher Partner voraussetzt: In den Ebenen wurde der Fernhandel den vielleicht bereits indoarisch durchsetzten Nomaden überlassen. Aber es mag auch Spezialisten für Bergtransporte gegeben haben. Möglicherweise war die Keramik, deren Scherben man in Bir-kot-ghwandai fand, Teil der rituellen Geschenke in diesem Kontakt, vielleicht sogar speziell für die hilfreichen Barbaren bzw. deren Anführer hergestellt. (Bei STACUL 1987, Fig.45a, ist der charakteristische Schopf auf dem Kopf des Monals dargestellt, eines Vogels, der noch bis vor kurzem lokale Verehrung genoß).

Solche Aufgaben erforderten im Gegensatz zur Anlage von Kanalsystemen – die am besten funktionieren, wenn die Benutzer auch die Hersteller sind – eine regulierende Hand. Der Verzicht auf leichte Beute aus Überfällen auf die Karawanen der Landfremden mußte erzwungen werden. Wem dies gelang, dem winkte dauernder Gewinn. So werden auch in den frühesten chinesischen Berichten, die nach der Durchquerung der Hochgebirge verfaßt worden sind, immer wieder kleine Staaten genannt, die auf dem Weg vom Tarimbecken nach Gandhāra durchwandert werden müssen (HULSEWÉ 1979, S.94-115). Wenn diese Staaten ihren Verpflichtungen nicht nachkamen, dann drohte den großen chinesischen Militärkonvois der Hungertod.

Es ist fraglich, ob solche Staatsbildungen von den Einheimischen ausgingen. Fremde Dolmetscher wurden auf jeden Fall gebraucht, und es liegt nahe anzunehmen, daß Angehörige jener kriegerischen Stämme, die fast überall in Zentralasien ihre Herrschaft durchsetzten – auch in den Oasen am Südrand des Tarimbeckens – zwar zunächst das einheimische System der Transporthilfen selbst in Anspruch nahmen, es aber dann zu ihrem Nutzen umformten. In verschiedenen Arbeiten habe ich den Nachweis versucht, daß mindestens ein Teil der Felsbilder, die im Tierstil der Steppen ausgeführt sind, von Saken stammt, das heißt Reiterkriegern mit ostiranischen Sprachen, die in den Bergen „hängen geblieben" waren (JETTMAR 1980, 1981, 1984, 1987).

Nach Felsbildern zu schließen, müßte es zu den ersten Niederlassungen dieser Art zwischen dem 7. und 5. Jh. v. Chr. gekommen sein. Die chinesischen Quellen, die die wichtigsten Informationen liefern, berichten nichts von solchen frühen Abenteuern, aber sie erwähnen Neuerungen, für die man solche Eindringlinge verantwortlich machen könnte. So gab es in dem Staat Wu-ch'a (vermutlich südlich von Yarkand gelegen), der nicht mehr als 3.000 Bewohner hatte, die tief in den Bergen lebten und das spärliche Ackerland zwischen den Felsen bebauten, Pferde, die durch „kleine Schritte" auffielen. Klaus Ferdinand verdanke ich den Hinweis, daß damit der besonders bequeme Tölt-Gang gemeint sein könnte, den man heute noch in Europa bei kleinen, isolierten Pferdebeständen kennt. Diese Gangart ist nämlich auf den lokalen Felsbildern späterer Jahrhunderte (JETTMAR/THEWALT 1985,

Pl. 21) erkennbar. Der systematische Ausbau bestimmter Verkehrslinien mit Seilsicherungen und Brücken ließe sich durch die Herrschaft der Zuwanderer erklären.

Das System muß bereits im 2. Jh. v. Chr. fest etabliert gewesen sein, nur so durfte es der „König der Sai" (=Saken) wagen, offenbar mit mehreren Stämmen die Barriere nach dem Süden zu überwinden, um in die reichen Tieflandgebiete am Nordwestrand des Subkontinents einzufallen (HULSEWÉ 1979, S.111).

Es hat sich jedenfalls eine Integration des Pferdes in den vom Menschen eroberten Bereich einer überwältigenden Umwelt vollzogen. Dazu mußte der Mensch zusätzliche Kenntnisse und Fähigkeiten erwerben.

Studien zu den einheimischen Methoden der Pferdehaltung und Zucht sollten möglichst bald unternommen werden: Aus dem „täglichen Gebrauch" ist inzwischen das Pferd verschwunden. Es wurde zunächst durch den Jeep und andere geländegängige Personenwagen, später auf den breiteren Straßen durch Kleinbusse, Autobusse, Lastwagen, auf schmäleren Wegen durch Autos mit enger Spur (meist japanischer Provenienz) ersetzt. Pferde werden heute fast nur noch für das staatlich subventionierte Polospiel gehalten. Früher gab es Poloplätze selbst in armen und hochgelegenen Dörfern, so in denen der dardischen Siedler in Baltistan. Es blieb aber immer im Bewußtsein, daß es sich eigentlich um ein königliches Spiel handelt. Die Begleitmusik der Doms, der Spielleute, die ursprünglich von den fürstlichen Hofhaltungen unterhalten wurden, zeigte an, welche Rangstellung der gerade aktive Spieler einnahm. Die Verdrängung des Pferdes erfolgte so rasch, weil die Tiere bei der Begegnung mit Jeeps auf den engen Staßen (ehemaligen „pony tracks") leicht in Panik gerieten – was sich mit der Würde des Reiters nicht vertrug. Damit ging auch die Bedeutung des Pferdes als Statussymbol verloren. Pferdehaltung würde ohnehin angesichts der heutigen Preise für das Futter viel zu teuer kommen.

Südlich der Gebirgsketten, die den Großen Himalaya in westlicher Richtung fortsetzen, habe ich in den Bergen keine Poloplätze gesehen. Hier erfolgten auch die Kriegszüge zu Fuß, es gibt reichlich Niederschläge – nur dann werden Wege und steile Wiesen rutschig, im Winter liegen sie unter Schnee.

Wenden wir uns zunächst der Rolle des Pferdes im friedlichen Gebrauch zu. Man kann davon ausgehen, daß nördlich der erwähnten Himalayaketten Pferde auch auf schmalen und ausgesetzten Wegen sicher gehen, solange der Boden trocken und steinig ist. Es gibt jedoch immer wieder Passagen, an denen man besser absteigt, und an mehreren Stellen des Gilgittales hat sich ein duales Wegenetz entwickelt. Ein kurzer Weg verlief direkt am Fluß über künstliche Galerien hinweg, die auf in Felslöchern verkeilten Balken ruhten, einen breiteren Pfad gab es dann in der Höhe mit weiten Umwegen, dort wurden die Pferde von den Dienern der Reisenden geführt.

Mulis wurden erst von den Engländern verwendet, und für die baute man auch „sanfte Straßen". Die Einheimischen waren überzeugt, daß ihre Gebirgspfade nur Hengsten zumutbar seien. Tatsächlich erinnere ich mich nicht, in den Karawanen, die uns an unsere Arbeitsziele brachten, je einen Wallach gesehen zu haben. Stuten waren die Ausnahme, mit ihnen gab es Ärger, „Annäherungsversuche" der Hengste auf steilen Bergpfaden sind für die ganze Karawane gefährlich. Eine psychologische Belastung für ungeübte Reiter ist es, daß Pferde, die gewohnt sind, Lasten zu tragen, immer an der äußersten Kante des Weges gehen, möglichst frei von der ansteigenden Felswand, an der die Last hängen bleiben könnte, was dann wirklich zum Sturz in die Tiefe führt.

Viele Gewässer können durchritten werden, manchmal muß der Pferdebegleiter Roß und Reiter gegen die Strömung stützen. Nicht für Pferde passierbar waren die einheimischen, meist aus Weidenzweigen geflochtenen Hängebrücken. Hier sind die Schwimmkünste von Roß und Reiter gefragt. Auch wo es Fähren gab, meist Schlauchflöße, gelegentlich zusammengebundene Baumstämme, mußten die Pferde und ihre Betreuer schwimmen. Es gab flache Kähne, auf denen auch Pferde übersetzen konnten, aber nur an wenigen Stellen, so etwa bei Harban. Viel einfacher war es natürlich, in solchen Fällen auf der anderen Flußseite neue Pferde anzumieten (oder deren temporäre Überlassung zu befehlen). Dabei bekam man in der Regel den Besitzer oder dessen Diener als Begleiter mit, der über die lokalen Bedingungen, etwa unvorhersehbare Gefahren des Weges, genau Bescheid wußte.

Erstaunlich ist die Tatsache, daß man zwar nicht gerne Pferde verwendete, die direkt aus den Ebenen transportiert waren, daß man aber nicht die eigene Zucht für überlegen hielt und als besonders angepaßt bevorzugte. Berühmt waren Pferde aus dem Badakhshan, und die Verbindung mit den iranischen, später türkischen Pferdezuchtzentren spiegeln sich auch in den Volksüberlieferungen. Erzählungen von himmlischen Pferden, deren Flügel aber erst in ihrer Todesstunde sichtbar werden, sind weit verbreitet. Auf den Deosai Plains, an einem Weg, der früher die bequemste Sommerverbindung zwischen Gilgit und Skardu war, wurde mir ein See gezeigt, aus dem einst ein solcher Hengst hervortauchte. Ein mit einer irdischen Stute gezeugtes Fohlen ging allerdings samt Stute dem Besitzer verloren, als dieser versuchte, mehr vom himmlischen Nachwuchs zu bekommen.

Reisen bleiben immer gefährlich. Den deutlichsten Beleg bildet das von Shahzada HUSSAM-UL-MULK in Chitral gesammelte folkloristische Material (das im Sammelband „Cultures of the Hindukush", 1974, S.107f. veröffentlicht wurde). Es werden nicht weniger als 16 Vorschriften für die Abreise aufgezählt, gemäß dem Volksglauben müssen alle im Interesse einer heilen Rückkehr eingehalten werden.

Einige Beobachtungen während meiner frühen, noch zu Pferd, aber immer mit Trägern durchgeführten Reisen seien erwähnt: Im Gegensatz zu europäischen Bergwanderern, die gleichmäßiges, zügiges Marschieren schätzen, bewegen sich die Einheimischen an der Grenze des Laufschritts, auch bei weitgesteckten Zielen, selbst unter der Last. Sie legen dann aber Pausen ein, um ihre „Wickelgamaschen" zu ordnen. Das ist nur ein Vorwand, ein Expeditionsarzt, den ich 1955 traf, erzählte mir, daß sie die Pausen brauchen, damit sich Blutdruck und Puls normalisieren, das geschieht sehr rasch. Pausen bedeuten auch eine temporäre Entlastung der Wirbelsäule. Balti-Träger hatten einen Stock in der Hand, der oben mit einem Querholz abgeschlossen war. Auf das Querholz stützte man während der Pausen die Last und brauchte sie dann nicht erst wieder aufzunehmen. Einen Stock benutzte man auch an Berghängen, wo Europäer klettern würden. Kinder werden früh zum Holzsammeln angelernt, unter hochgetürmter Last konnten sie sich nicht mit den Händen festhalten. Bei vielen Gelegenheiten müssen die Einheimischen springen – ohne Anlauf. So können reißende Bäche von Stein zu Stein überwunden werden. In

Hunza gab es ein Ordal, bei dem gezieltes Springen aus dem Stand lebensrettend sein konnte. Der Felswand, die die Flanke der Dorfburg von Altit unzugänglich macht, ist eine Felsnadel vorgelagert, mit abgerundeter Kuppe, etwa zwei Meter vom soliden Rand der Plattform entfernt. Verurteilte wurden hierher geführt: gelang es ihnen, zu dieser Kuppe hinüber- und wieder zurückzuspringen, wurden sie begnadigt. In den übrigen Fällen ersparte man sich die Hinrichtung. Ebenfalls aus Hunza wird über Wettkämpfe berichtet, bei denen eine schwere Last im Laufschritt über eine schräge Felsplatte getragen wurde. Ein Augenblick des Zögerns bedeutete den Absturz.

Die meisten Übungen und Erprobungen lassen sich auf die Formel bringen, daß einerseits plötzliche Kraftleistungen gefordert wurden, andererseits mußten dauernde Kreislaufbelastungen ertragen werden. Sie entstanden beim Durchschwimmen der Flüsse, die Gletscherwasser enthalten. Der vom Ultargletscher herabführende Kanal eignete sich zu einer Erprobung solcher Fähigkeiten: Wer es länger aushielt, in diesem „Kühlwasser" zu sitzen, und dann noch die Periode des Auftauens überlebte, bei der der Körper mit Zweigen gepeitscht wurde, galt als Sieger. Später wurde mir erzählt, daß Muhammad Nazim Khan, der von den Engländern eingesetzte Hunzafürst, auf diese uralte Art des Wettbewerbs zurückgriff, als zwei seiner Würdenträger es wagten, im Angesicht der Majestät einen Streit über ihre persönliche Tüchtigkeit anzufangen. Ihnen wurde befohlen, die Entscheidung durch Wettsitzen im beruhigenden Wasser des Ultarkanals herbeizuführen.

So wurde auch das Überqueren von Pässen nicht als problematisch empfunden. Dort war man zwar den Peris – den (auch gefürchteten) Feen, die auf den höchsten Bergspitzen hausen, sehr nahe, aber ihr Wohlwollen ließ sich durch Tänze vor dem letzten Stück des Wegs erreichen. Tanzen bedeutete vermutlich eine zusätzliche Kreislaufstimulierung.

Anders reagierten die sich jetzt in den Randbergen von Kaschmir ausbreitenden Bakkarwal (= Ziegennomaden). Sie haben viele Erzählungen, die von Dämonengefahr auf den Paßhöhen berichten – vielleicht sind Auswirkungen der Höhenkrankheit gemeint. CASIMIR (Manuskript, 1991) verweist auf die Gefahren durch plötzliche Unwetter, jedenfalls gilt die Höhe als besonders gefährliche Region. Aber die Bakkarwal – auch wenn sie ältere Einwanderer, z. B. Gujur integriert haben – hatten keine vergleichbare, langdauernde Periode der Anpassung hinter sich. Vielleicht geht es hier um Jahrtausende.

Andererseits sind sich erfahrene Bergsteiger einig, daß Sherpas in sehr großen Höhen noch leistungsfähiger sind als Darden, sogar als Hunzas. Könnte hier mitspielen, daß sich die Vorgeschichte der Sherpas auf dem tibetischen Plateau abwickelte, also in einer noch extremeren Höhenstufe?

Betrachten wir die „Anpassung im Unfrieden", so nimmt man es als Erfahrungstatsache hin, daß die im Hochgebirge lebende, weitgehend angepaßte Bevölkerung Eindringlingen gegenüber im Vorteil ist. Sie kann daher ihre Freiheit und Selbstverwaltung wahren, sonst übliche Formen der Ausbeutung unterbinden. Der Wiener Geograph BOBEK nannte solche natürlichen Festungen „Kabyleien".

Der Vorteil kann jedoch durch die meist überlegene Bewaffnung von Invasoren, ihre Überzahl, durch Einsatz von Truppen, die ebenfalls aus Berggebieten stammen, und eine systematische Angriffsplanung ausgeglichen werden. Auf diese Weise geschah es, daß die Kafiren des afghanischen Hindukusch, die solange dem Islam getrotzt hatten, in einem relativ kurzen Feldzug ohne große Verluste bezwungen wurden. Der Vorstoß erfolgte im Winter, völlig unerwartet, so daß die Bevölkerung keine Möglichkeit hatte, auf die Hochweiden auszuweichen. Auch der Überfall, der dem Wali von Swat die Herrschaft über den westlichen Teil von Indus-Kohistan eintrug, ließ den Betroffenen keine Chance. Seine Armee erreichte Pattan am Indus von Swat aus in einem Gewaltmarsch (40 km Luftlinie!). Die Erfolgsaussichten von Eindringlingen verbesserten sich natürlich sehr, wenn sie sich auf Kollaborateure unter den Einheimischen stützen konnten.

Dort wo diese Faktoren nicht zusammenwirken, kann allerdings auch zahlenmäßig starken Invasionstruppen unter Ausnützung der Umweltbedingungen erfolgreich Widerstand geleistet werden. Ohne die Koordination der von Sikhs und Dogras begonnenen Angriffe durch die Engländer hätte sich vielleicht in Gilgit eine fremde Garnison behauptet, aber zu einer Eroberung von Nager und Hunza wäre es sicher nicht gekommen. Auch Yasin würde man kaum erobert haben.

Die Überlegenheit der Bergbewohner gegenüber einer nicht sehr professionell geführten Truppe zeigte sich dann noch einmal nach dem Ende der britischen Herrschaft. Die einheimischen Gilgit Scouts, die bis dahin der Kontrolle des Political Agent unterstanden hatten, blieben siegreich. Sie gerieten erst in Schwierigkeiten, als sie weit außerhalb des angestammten Territoriums operierten bei Vorstößen nach Kaschmir und Ladakh.

Eine perfekte Möglichkeit, die Überlegenheit der Einheimischen einzusetzen, hatten die Kafiren des Hindukusch entdeckt. Das Prinzip läßt sich den von ROBERTSON (1896, S.140-156) zusammengestellten Geschichten entnehmen. Das Verdienstfestwesen der Kafiren nötigte die jungen Männer zu ganzen Serien von Überfällen auf die Dörfer der vordringenden Pashtunen. Den Überfallenen wurde keine Zeit zur Abwehr gelassen, sie wurden auf der Stelle mit dem Kafirendolch ermordet, auch Frauen und Kinder. Man vermied Fernwaffen: es kam darauf an, Trophäen für die Anzahl der gelungenen Tötungen beizubringen, danach ergriff man sofort die Flucht. Es galt als unmöglich, einen flüchtenden Kafiren, der selbst die steilsten Hänge hinauflaufen konnte, einzuholen. Pashtunen, die es dennoch versuchten, liefen Gefahr, in einen Hinterhalt zu fallen, wenn eine größere Bande unterwegs war. Die entscheidende Waffe ist also die schnellere Beweglichkeit, die bessere Konstitution der Angreifer. Waffen mitzunehmen, länger als der Dolch, hätte nur eine überflüssige Belastung bedeutet. Auch die Fähigkeit, Flüsse schwimmend zu überqueren, kam den Kafiren zugute. Man kann sagen, die Kafiren hatten eine „Vorwärtsverteidigung" auf der Basis ihrer physischen Überlegenheit in ihrer Sozialordnung verankert. Weiter läßt sich folgern, daß auf solche Weise eine fortgesetzte Selektion jener stattfand, deren „Fitness" sich beim Anschleichen und Davonlaufen bewährte.

Dieses System darf man sicher nicht allzutief in die Vergangenheit zurückprojizieren, aber immerhin ist zu beachten, daß die Höhensiedlungen, die es vor der Anlage geschlossener Dörfer im Zuge der Islamisierung gegeben hat, zur Abwehr solcher Überfälle, nicht aber zum Überstehen längerer Belagerungen geeignet waren. Sie hatten nämlich nicht den Zugang zum Wasser, der später durch Teiche in der Siedlung, unterirdische Leitungen oder durch Lage direkt am Fluß gesichert wurde.

Pferde spielten im Kriegswesen der Kafiren keine Rolle, obgleich die Totenstelen für besonders effektive oder auch nur reiche Helden Reiter darstellten.

Wir haben schon gehört, daß in den östlich an Kafiristan angrenzenden Gebieten, wo die Landschaft nicht ganz so abweisend ist, d.h. im Kunartal, im Tal des Gilgitflusses und am südlich davon gelegenen Teil des Induslaufs Pferde bereits im 1. Jahrtausend v. Chr. importiert wurden, vermutlich von kriegerischen Nomaden aus dem Norden. Man brauchte nun zusätzliche Aufwendungen für deren Unterhalt, außerdem Zeit für das Training von Roß und Reiter. Das kann sehr wohl der Ansatzpunkt zu einer Schichtung der Bevölkerung in Kombattanten einerseits und Begleit- und Hilfspersonal andererseits gewesen sein – vielleicht hat es eine sich anbahnende Differenzierung nur bestärkt.

Deutliche Anzeichen für eine solche Spezialisierung gibt es in den Berichten aus Baltistan, besonders den Informationen, die der letzte Herrscher von Khapalu, Yabgo Fetah Ali Khan, vor seinem Tode an den (ebenfalls inzwischen verstorbenen) amerikanischen Soziologen R. M. EMERSON weitergab (EMERSON 1984, S. 110-114). Die Hauptakteure des Krieges, die Kha-Cho-Leute, rühmten sich fürstlicher Herkunft, sie stammten aber von Müttern geringeren Ranges. EMERSON nennt sie Offiziere, besser wäre es, sie als feudale Gefolgsleute zu betrachten. Zusammen mit ihren Mannen, die sie aus den Abgaben der Bauern unterhielten, stellten sie den Kern der Reiterscharen, die sich im Namen der drei Dynastien Baltistans bekämpften. Überhaupt ist dort die Schichtung sehr ausgeprägt, Minister und Dorfchefs bildeten endogame Kasten.

Die Bevölkerung Baltistans hat die Differenzierung in Kriegsspezialisten und friedliche Bewohner offener Dörfer teuer bezahlen müssen. Sie wurde nämlich nicht nur auf eigenem Gebiet eingesetzt: Ohne die Balti-Kulis hätte es keine Eroberungsfeldzüge der Dogras im Gilgittal geben können. Der Shengus-Paß, östlich der Mündung des Haramoshtals, umgeht eine Strecke, in der – vor dem modernen Straßenbau mit seinen gewaltigen Sprengungen – das Industal auf beiden Ufern unpassierbar war. Der steile Anstieg unter der Last forderte immer wieder Menschenleben. Wer nach dem Aufstieg zusammenbrach, wurde sterbend zurückgelassen, seine Last für den leichteren Abstieg auf andere Träger verteilt. Für die Unglücklichen, die zum Trägerdienst rekrutiert wurden, wurden oft vorsorglich die Trauerzeremonien durchgeführt, erzählte man mir.

Wie weit es hier für die Angehörigen der militanten Oberschicht besondere Trainingsmethoden gegeben hat, wissen wir nicht. Eine ideale Schulung für den Reiterkampf bildete das Polospiel, das in Baltistan in höchstem Ansehen stand. Man glaubt „Polo" sei ein Baltiwort und bedeute schlicht und einfach „Ball". Tatsache ist, daß das Spiel, das hier nicht in seiner in Europa bekannten, gebremsten Variante, sondern mit urtümlicher Wildheit abläuft, eine ideale Vorbereitung für den Reiterkampf darstellt. Die Fähigkeit, im Vorbeireiten zuzuschlagen und sogleich das Pferd wieder herumzureißen, entspricht ziemlich genau den Erfordernissen der Reiterschlacht. Übrigens habe ich mit Staunen im Tangirtal gesehen, wie man auch ohne Steigbügel, ja selbst ohne Sattel teilnehmen kann: Oft wird der Reiter durch den Schwung seiner eigenen Schläge vom Pferd gerissen, springt aber sofort wieder auf.

Ausführlich sind die Berichte, die aus Hunza vorliegen. Hier ging es allerdings meist nicht um den Reiterkampf. Nur am Rande wurde mir erzählt, daß der Reiter seinem Pferd beibringen müsse, ihn vor Überfällen nicht durch Schnauben zu verraten und nicht zur Unzeit auszubrechen. Aber die meisten Vorschriften gelten dem Fußkampf und dem Marsch durch unwegsames Gelände – und wieder steht Kreislauftraining im Mittelpunkt.

Den jungen Leuten war verboten, selbst im strengen Winter, der Feuerstelle nahezukommen. Mehrfach wurde mir berichtet, daß man die hoffnungsvollen Knaben anleitete, mit einer Hand im kalten Wasser zu schlafen. Übernachtungen im Freien auch bei tiefen Temperaturen wurden geübt. Daß dabei die eigene Kleidung zum Zudecken genügen mußte, wurde schon erwähnt. In die Kulturlandschaft Hunzas sind kleine Teiche eingebettet, Staubecken zur optimalen Verteilung des Wassers aus den Kanälen. Dort lernten die Knaben das Schwimmen, danach brachten sie es fertig, durch den reißenden Hunzafluß ans andere Ufer zu gelangen.

Ein letztes Mal kamen diese Fähigkeiten zum Einsatz, als 1954 der Deutsche Heckler in den Fluß stürzte, seine Leiche wurde zunächst nicht geborgen. Da beauftragte der Fürst zehn seiner stärksten Männer mit der Nachsuche. Bevor die Aufgabe nicht gelöst war, durften sie nicht in ihre Häuser und zu ihren Familien zurückkehren. Tatsächlich wurde der Tote in der Tiefe des Flusses zwischen zwei Klippen eingeklemmt gefunden.

Im Winter sollen die Hunzaleute auch unter der Eisdecke schwimmend den Fluß überquert haben. Sie nahmen eine Axt mit, um gegebenenfalls das Eis von unten aufzuhacken. Man habe aber auch einen Stofflappen mitgenommen, auf den man sich beim Ankleiden stellte, um nicht auf dem Felsen anzufrieren. Wie man die Kleider transportierte, hat man mir in dieser Schauergeschichte nicht verraten – vielleicht in einem verschnürten Ledersack?

Sicher ist, daß Hunzaleute immer wieder den Fluß überquerten, um Bürger des Nachbarstaates Nager, die sich auf ihrer Seite sicher wähnten und in Ufernähe friedlicher Arbeit nachgingen, zu überfallen, sie zu fesseln und dann an einem langen Strick auf die Hunzaseite hinüberzuziehen. Wer das überstand, wurde in die Sklaverei verkauft.

Man berichtete mir, vor solchen Aufgaben hätten die Hunzas ihre Helden regelrecht gefüttert, bis zu einem Ser (900g) Ghi = Schmelzbutter habe man ihnen als Nahrung aufgenötigt. Angeblich soll man auch vor dem Sprung ins kalte Wasser bittere Aprikosenmandeln gekaut haben, d.h. Kerne, die Blausäure enthalten. Welcher pharmakologische Effekt damit erreicht werden sollte, weiß ich nicht.

Es ist keine Frage, daß die berüchtigten Raubzüge der Hunzas, die einerseits in den Pamir und in das Sarikolgebiet reichten, andererseits aber weit über Raskam hinaus nach Osten (sie erschienen aber auch im Norden Baltistans) nur durch solch extremes Training ermöglicht wurden. Stützpunkte gab es zwar im Shimshalgebiet, aber der leichtere Weg dorthin, der unter Vermeidung des Passes dem Talverlauf folgt, war nur im Winter passierbar und erforderte mehrfaches Überqueren des Flusses.

Vornehme Besucher oder Bräute, die man für die Shimshalsiedler importierte, wurden dabei auf den Schultern getragen. Es wird berichtet, daß man den Bräuten die Augen verband, damit sie nicht vom Anblick der starken Träger, die für die Überquerung ihre Kleider ablegten, in Versuchung geführt wurden.

An bestimmten Plätzen wurden Lebensmitteldepots angelegt, um die Gefahr zu bannen, nach einem möglichen Scheitern eines Raubzugs – bei dem man ja auch Schlachtvieh zu erbeuten hoffte – auf dem Rückweg zu verhungern. Hunzaräuber, so wird berichtet, sollen auch Mekkapilger nicht verschont haben, die aus Ostturkestan durch den Wakhan nach Westen zogen, um sich dann durch Chitral nach Süden zu wenden.

Wie MÜLLER-STELLRECHT (1979, S. 116-120) in ihrer sehr instruktiven Arbeit über Hunza und China ausführt (die leider nicht ins Englische übersetzt worden ist, obgleich das Ausgangsmaterial fast ausschließlich in englischer Sprache vorlag), kam zwar ein großer Teil der bei den Überfällen geraubten Wertsachen in den Besitz des Hunzafürsten, aber ein wesentlicher Teil diente der Ernährung der offenbar im frühen 19. Jh. n. Chr. rasch anwachsenden Bevölkerung. Das bildet die sachliche Berechtigung für die bündige Antwort, die Karl Eugen VON UJFALVI in Simla von einem Hunzamann erhielt, den er zuvor anthropologisch vermessen hatte. Auf die Frage, wovon sein Volk hauptsächlich lebe, sagte dieser lakonisch: „Vom Raub". Das erschien UJFALVI nicht als besondere Ausnahme, nur die dabei vorausgesetzte „fast rührende Gemeinschaftlichkeit" fand er bemerkenswert (UJFALVI 1848, S. 236f.).

Die Trainingsmethoden, die so weitreichende Plünderungszüge möglich machten, müssen eine lange Vorgeschichte haben und gehören in ein kompliziertes Geflecht biosozialer Maßnahmen. Die Frauen wurden geschult, ihre „Schlüsselgewalt" im Sinne einer rationalen Vorratswirtschaft auszuüben. Kinder mußten sich im Frühsommer an eine Aprikosendiät gewöhnen, weil das Getreide dennoch nicht bis zur nächsten Ernte reichte.

Auch bei den Shina sprechenden Nachbarn gibt es Institutionen, die offenbar den Sinn hatten, im Fall der Unfruchtbarkeit des Mannes Zeugungshilfe zu gewähren. Belegt ist das in Haramosh und im Shina sprechenden Dorf Pisan (Nager-Seite des Hunzatals). Es gibt dort Priester der Frauengemeinde, die sich der nicht genügend versorgten Frauen annehmen durften. In anderen Gebieten wurden ausgewählte Knaben auf den Hochweiden in strengster Trennung von den Frauen gehalten – dann aber wurde ihnen sexueller Zugang zu allen Frauen des Dorfes gestattet (belegt in Bubur/Punyal und in Kalashdörfern Südchitrals). Das entsprach dem aus Astor belegten Brauch, zum Decken der Ziegenherde nur besonders vorbereitete Böcke zu verwenden (JETTMAR 1965, S. 109-111).

In Hunza wurde hingegen dem erfolgreichsten Krieger, dem Helden, ein straffreier Zugriff auf Frauen seiner Nachbarn gestattet – als öffentliche Anerkennung. Das wurde schon H. BERGER erzählt, mir auch, dann wurde es heftig abgestritten. Aber es gibt ein Lied, das die Gefühle einer Hunzakönigin ausdrückt, der sich ein Hunzaheld im Namen dieses alten Rechts erfolgreich näherte. Der Herrscher geriet darob so in Wut, daß er dem Vater des Verwegenen mit der Drohung, die ganze Familie auszurotten, zwang, dem Sohn eigenhändig die Gurgel durchzuschneiden.

Im Lied, angeblich von der Hunzakönigin selbst gedichtet, klagt sie um den Liebsten. Er hätte doch leicht über den Hunzafluß nach Nager schwimmen können, um sie dann von dort aus leise und heimlich mit seinen Besuchen zu erfreuen.

Ein militantes Verdienstfestwesen, in dessen Rahmen ein solches Recht durchaus Platz hätte, ist aus Hunza nicht belegt – aber von dem durch Bauchschuß tödlich verletzten Krieger erwartete man eine letzte Probe: Die Eingeweide wurden zurückgepreßt, der Leib umwickelt, und dann stürzte der Mann noch einmal den Feinden entgegen, um möglichst viele von ihnen in den Tod mitzunehmen. Wie viele es waren, erzählten dann die Lieder.

Auch der König mußte sich in einem Fruchtbarkeitstest bewähren. Seine Vereinigung mit der Königin auf dem Saatgut vollzogen, sicherte reiche Ernte. Blieb der Segen aus, was sich am Wetter zeigte, dann wurde das als Zeichen von vorzeitigem Verschleiß gedeutet, er konnte sogar abgesetzt werden. Der klügste und potenteste Sohn wurde – in der Versammlung der „Stämme" – als Nachfolger bestellt. Einen arglosen Bruder hielt man in Reserve, die übrigen Thronberechtigten konnten zur Vermeidung von Kämpfen, die ja doch auch das Blut der Untertanen kosten würden, in den Fluß geworfen werden. Wiederum erzählt ein Lied von diesem unheimlichen Brauch.

So konnte man ganz Hunza als eine Leistungsgesellschaft auffassen. Einer der „Stämme", d.h. der Abstammungsgruppen, die als Heiratsklassen fungierten, hatte ein besonderes religiöses Charisma. Es gab noch die als Außenseiter verachteten Spielleute, die Bericos, aber im übrigen lief die soziale Gliederung quer durch die Stämme und trennte die, die den Dienst mit der Waffe leisteten, von den weniger tüchtigen, die das Aufgebot als Träger begleiteten und niedrige Dienste taten, die nicht so sehr Geschicklichkeit und Geistesgegenwart als vielmehr einfache Körperkraft erforderten. Nur bei überragendem Heldentum konnten sie in die obere Kategorie aufgenommen werden.

Nun hätte es in jeder Generation besonderer Prüfungen bedurft. (Die Tendenz zu solchen Proben muß vorhanden gewesen sein und wirkt noch nach. So wurde ich beim Marsch durch das Gilgittal ein paarmal von Dauerläufern überholt. Es stellte sich heraus, daß man unter den Bewerbern zum Dienst bei den Gilgit Scouts jene akzeptierte, die in gebührender Entfernung von Jeeps abgesetzt, als Erste wieder beim Ausgangspunkt eintrafen.) Aber so war es nicht: Man ging vielmehr von der Erfahrung aus, daß sich Tüchtigkeit vererbt, wenn es immer wieder zu Heiraten unter den Angehörigen der effektivsten Familien kommt. Als Erklärung wird unterstellt, daß sich nach sieben(?) Generationen eine „schlechte" Schutzfee, eine Rachi, auswirkt, wenn sie durch eine „falsche" Heirat der Familie zugeordnet wurde. Im übrigen habe ein Knabe, der besser ernährt und besser in den Künsten und Listen des Krieges ausgebildet ist, auch über die besseren Waffen verfüge, von vornherein die überlegenen Chancen – wurde erklärend hinzugesetzt.

Natürlich besteht eine Differenz zwischen Anspruch und Realität, in den meisten Fällen war die Position leichter zu bewahren als zu erringen. Die obersten Ränge – die dem Rat des Königs angehörten – wurden vor allem durch Schlauheit und den Einsatz bereits vorhandener Beziehungen erreicht. Heute fühlen sich die Nachkommen erfolgreicher Familien als adelig – unter dem Einfluß einer von den

Europäern bei anderen Nachbarn beobachteten Stratifikation. Dieser Anspruch wird aber nicht von allen Dorfgenossen akzeptiert, eher noch von europäischen Ethnologen.

Die Untergliederung in kämpfende und arbeitende Mitglieder der gleichen genealogischen Einheit war aber sicher nicht auf Hunza beschränkt. Die Bezeichnung „tribe", „Stamm", die oft für die Verwandschaftsverbände Chitrals verwendet wird, hat den Vorteil, daß eine solche Stratifikation ausgedrückt werden kann.

Wenn man nach einem theoretischen Konzept fragt, das sich eignet, die dargestellten Beobachtungen einzuordnen, muß man sich mit der biosozialen Anthropologie auseinandersetzen, die innerhalb der anglophonen Länder rasch an Bedeutung gewonnen hat, sich aber allzuoft in abstrakten Konzepten verliert. (z. B. Fox (ed.) 1975; ALEXANDER 1979; CHAGNON/IRONS (eds.) 1979, BOCK 1980). Man würde wünschen, daß das Erfahrungsmaterial einbezogen wird, das moderne Alpinisten in bezug auf maximale Beweglichkeit im Gelände bei zunehmend leichterer Ausrüstung erworben haben. Die frühen englischen Reisenden bis hin zu Sir Aurel Stein wurden von einem umfangreichen Troß begleitet, so daß sie über die einheimische Art des Marschierens wenig zu sagen wußten. Sie befahlen, nötigenfalls sich selbst.

Meine Versuche, diesbezüglich eine fachkundige Beratung zu erhalten, womöglich von Angehörigen der eigenen Universität, waren zunächst nicht erfolgreich. Jedenfalls ist die Routine der Karawanen im Steppenraum bisher weit besser beschrieben worden. So mag es zunächst als Herausforderung genügen, eigene Beobachtungen und spärliche Hinweise in der Literatur zusammenzustellen. Dieser Aufsatz ist als Anregung gemeint, und so soll er bleiben.

Summary:
Preconditions, Course and Results of Human Adaptation in the Northwestern Himalayas and in the Karakorum Mountains

The author started fieldwork in the Northern Areas of Pakistan in 1955 and 1958. Then, only very few roads could be used by just imported jeeps. In earlier years, wheeled vehicles were totally absent. In spite, the locals had been able to make quick marches over long distances in peace and war. As youngsters they got already a systematic training, and their clothings were extremely adapted. The social position of the individuals was often directly related to their physical ability. In the statelets north of the Gilgit valley this system was well preserved and used by the local dynasties. That is the realistic background of the famous "health of the Hunzas" – in fact a result of natural selection and experience gained in many centuries.

Strangely enough, not the walking on exposed paths was the deciding challenge but the crossing of raging torrents, in winter even by diving under the ice.

Bibliographie

ALEXANDER, R. D. (1979): Darwinism and Human Affairs. Seattle, London.
ALLCHIN, B. (1981): Archaelogical Indications of the Role of Nomadism in the Indus Civilization and their Potential Significance for the Movements of the Indo-Aryans into the Indian Subcontinent. In: Ethnic Problems of the History of Central Asia in the Early Period (Second Millennium B.C.), pp.336-349. Moscow.
ALLCHIN, B. & R. (1982): The Rise of Civilization in India and Pakistan. Cambridge.
ARRIAN: Der Alexanderzug. Indische Geschichte. Hrsg. and übersetzt von G. WIRTH and O. VON HINÜBER. München und Zürich 1985.
BOCK, K. (1980): Human Nature and History. A Response to Sociobiology. New York.
CASIMIR, M. J. (1991): Die Gefahren des Übergangs: Religiöse Vorstellung bei den Bakkarwal Jammu und Kaschmirs. Unveröffentlichtes Manuskript, 20 Seiten.
CHAGNON, N.A. & W. Irons (eds.) (1979): Evolutionary Biology and Human Social Behavior. An Anthropological Perspective. North Scituate, Mass.
COMPAGNONI, B. (1987): Faunal Remains. In: Stacul, G.: Prehistoric and Protohistoric Swat, Pakistan. Appendix A.: pp.131-153. Rome.
CONSTANTINI, L. (1987): Vegetal Remains. In: Stacul, G.: Prehistoric and Protohistoric Swat, Pakistan, Appendix B: pp.155-165. Rome.
EMERSON, R. M. (1984): Charismatic Kingship: A Study of State Formation and Authority in Baltistan. In: Journal of Central Asia, vol. VII (2), pp. 95-133.
Fox, Robin (ed.) (1975): Biosocial Anthropology. (ASA Studies; 1). London.
FRANCFORT, H.-P. (1981): The Late Periods of Shortughai and the Problem of the Bishkent Culture (Middle and Late Bronze Age in Bactria). In: HÄRTEL, H. (ed.): South Asian Archaeology 1979. pp.191-213. Berlin.
– (1985): Tradition harappéenne et innovation bactrienne à Shortughai. In: Actes du Colloque franco-soviétique. L'Archéologie de la Bactriane Ancienne, Dushanbe (U.R.S.S.), 27 octobre-3 novembre 1982. Editions du CNRS, pp.95-104, Fig.1 à 20. Paris.
GRÖTZBACH, E. (1984): Überlegungen zu einer vergleichenden Kulturgeographie altweltlicher Hochgebirge (1975). In: UHLIG, H. & W.N. HAFFNER (eds.): Zur Entwicklung der Vergleichenden Geographie der Hochgebirge, pp.480-491. (Wege der Forschung; CCXXIII). Darmstadt.
HULSEWÉ, A. F. P. (1979): China in Central Asia. The Early Stage: 125 B.C. – A.D. 23. (Sinica Leidensia; XIV). Leiden.
HUSSAM-UL-MULK, Shahzada (1974): Chitral Folklore. In: JETTMAR, K. & L. EDELBERG (eds.): Cultures of the Hindukush. Selected Papers from the Hindu-Kush Cultural Conference Held at Moesgard 1970, pp.95-115. (Beiträge zur Südasien-Forschung; Bd.1. Südasien-Institut Univ. Heidelberg). Wiesbaden.
JETTMAR, K. (1965): Fruchtbarkeitsrituale und Verdienstfeste im Umkreis der Kafiren. In: Mitteilungen der Anthropologischen Gesellschaft in Wien, vol. 95, pp.109-116.
– (1978): Brücken und Flösse im Karakorum: aus dem Material der Heidelberger Expeditionen 1964, 1968, 1971, 1973, 1975. In: Heidelberger Jahrbücher, vol. 22, pp.59-70.
– (1979): Forschungsaufgaben in Ladakh: Die Machnopa. In: Zentralasiatische Studien, vol. 13, pp.339-355.
– (1980): Felsbilder und Inschriften am Karakorum Highway. In: Central Asiatic Journal, vol. XXIV (3-4), pp.185-221.
– (1981): Neuentdeckte Felsbilder und -inschriften in den Nordgebieten Pakistans. Ein Vorbericht. In: Allgemeine und Vergleichende Archäologie, Beiträge 2, pp.151-199. München.
– (1984): Tierstil am Indus. In: Kulturhistorische Probleme Südasiens und Zentralasiens. Martin-Luther-Universität Halle-Wittenberg, Wissenschaftliche Beiträge 1984/25 (I 25). Halle (Saale).
– (1987): The "Suspended Crossing" -"Where and Why". In: POLLET, G. (ed.): India and the Ancient World. History, Trade and Culture before A.D. 650. Prof. P. H. L. EGGERMONT Jubilee Volume. (Orientalia Lovanensia Analecta; 25), pp.95-101.

- (1989): Von Bolor zu Baltistan. In: Die Baltis – Ein Bergvolk im Norden Pakistans; pp.183-215. Roter Faden zur Ausstellung 16, Museum für Völkerkunde, Stadt Frankfurt am Main.
Jettmar, K. & V. Thewalt (1985): Zwischen Gandhara und den Seidenstrassen. Felsbilder am Karakorum Highway (Ausstellungskatalog). Mainz.
Lyonnet, B. (1977): Découverte de sites de l'âge du bronze dans le N.E. de l'Afghanistan: leur rapports avec la civilisation de l'Indus. In: Annali dell'Instituto Orientale di Napoli, vol. 37 (n.s. 27); pp. 19-35.
Müller-Stellrecht, I. (1978): Hunza und China (1761-1891). 130 Jahre einer Beziehung und ihre Bedeutung für die wirtschaftliche und politische Entwicklung Hunzas im 18. und 19.Jahrhundert. (Beiträge zur Südasienforschung; Bd.44. Südasien-Institut Universität Heidelberg). Wiesbaden.
Ranov, V. A. (1975): Pamir i problema zaselenij vysokogorij Srednej Azii čelovekom kamennogo veka. In: Strany i narody Vostoka, vol.XVI, pp.136-157.
- (1984): L'exploration archéologique du Pamir. (Bulletin de l'Ecole Française d'Extreme-Orient; LXIII).
Robertson, G. S. (1986): The Káfirs of the Hindu-Kush. Neudruck Graz 1971.
Stacul, G. (1987): Prehistoric and Protohistoric Swat, Pakistan (c. 3000-1400 B.C.). (IsMEO, Reports and Memoirs; XX). Rome.
Thapar, B. K. (1965): Neolithic Problem in India. In: Indian Prehistory, 1964; pp.87-112. Poona.
Tusa, S. (1979): The Swat Valley in the 2nd and 1st Millennia B.C.: A Question of Marginality. In: South Asia Archaeology 1977, vol.2; pp.675-695. Naples.
Vohra, R. (1982). Ethnographic Notes on the Buddist Dards of Ladakh: The Brog-Pa. In: Zeitschrift für Ethnologie, vol.107 (1), pp.69-94.

Peter SNOY:

Alpwirtschaft im Hindukusch und Karakorum

In seinem Vortrag „Ökologische Grundlagen des Nomadismus", gehalten auf der Tagung der Arbeitsgemeinschaft Afghanistan im Jahre 1967, hob der Botaniker VOLK hervor, dass nomadisierende Tierhaltung eine Wirtschaftsform ist, „die es erlaubt, ... den natürlichen Pflanzenwuchs in den Randsäumen der Kälte- und Trockenwüsten der Erde noch zu nutzen" (1969, S.58). Allerdings ist „der Einfluss der Weidetiere auf die Vegetation ... stark. Sie treiben unter den Pflanzen eine Auslese zu ihren Ungunsten ..., da sie auf der Futtersuche die besten Futterpflanzen bevorzugt beweiden und sie durch häufigen Verbiss schädigen". Es kommt daher darauf an, das „biologische Gleichgewicht zwischen der Vegetation und der Beanspruchung durch die Weidetiere" zu beachten, denn „der Grad der Schädigung der Futterpflanzen hängt von der Weidetechnik oder dem ‚management' ab". Wichtig dabei ist, dass Überstockung vermieden und die Weide wiederholt gewechselt wird (1969, S.63).

Die Vegetation in dem hier angesprochenen Gebirgsraum von Nord-Pakistan und dem angrenzenden Nordost-Afghanistan weist hinsichtlich der Arten und der Artenvielfalt Unterschiede auf, und zwar nicht nur als Folge von Höhen- und Expositionsunterschieden, sondern auch auf Grund der Rand- beziehungsweise Übergangslage dieses Gebietes zwischen dem kontinentalen Trockenklima Zentralasiens mit Winter- und Frühjahrsniederschlägen und dem Monsunklima mit einer zweiten Regenzeit im Sommer. Vegetationsprofile, wie sie BRECKLE und FREY für den „Zentralen Hindukusch" von Jalalabad im Süden bis Jurm in Badakhschan im Norden (1974, S.64; vgl. EDELBERG/JONES 1979, S.33) und KREUTZMANN für den Karakorum vom Gilgit-Tal bis Khaibar im Norden von Hunza (1989, S.76) zeichneten (vgl. auch HASERODT 1989, Abb.15), verdeutlichen die Unterschiede zwischen der Nord- und Südabdachung dieser Berge und im Vergleich, zwischen dem niederschlagsreicheren Westen und dem trockeneren Osten. SCHWEINFURTH (1983, S.537) erinnert daran, dass Vegetation immer auch ein Indikator der Rahmenbedingungen für das Leben der Menschen in einem Gebiet ist, und verweist auf die Beobachtungen von Carl TROLL über die Nutzung der verschiedenen Vegetationsstufen durch den Menschen. Troll, der 1937 die Vegetationskarte des Nanga Parbat-Bereichs erarbeitet hatte, führte 1973 eine Gliederung der „Höhenstaffelung des Bauern- und Wanderhirtentums im Nanga Parbat-Gebiet" unter drei Aspekten durch: der Siedlung, des Ackerbaus und der Weidewirtschaft, das heisst unter Nutzungsformen, die jeweils unterschiedliche Forderungen an die klimatischen und biogeographischen Naturverhältnisse stellen. „Das Gebiet gehört zum sog. ‚Inneren Himalaya' SCHWEINFURTHS (1957), das heisst zum kontinentaleren Innengürtel, der durch die vorgelagerten Ketten des ‚Äusseren Himalaya' der vollen Wirkung des indischen Sommermonsuns bereits stark entzogen ist und daher die üppigen Regenwälder entbehrt, die den Südabfall des Gebirges begleiten" (TROLL 1973, S.44). Für die Stufe der Dauersiedlungen gibt TROLL die Höhenlagen zwischen 2000 und

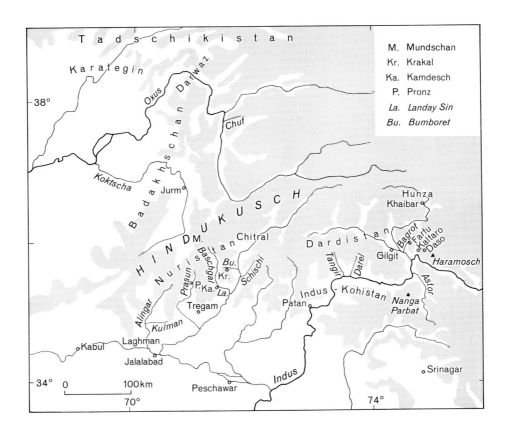

Abb.1: Übersichtskarte

2700 m an. Die darunter liegende Talstufe – die Sohle des Industales fällt hier etwa von 1300 auf 1000 m ab –, wo bei künstlicher Bewässerung zwei Ernten im Jahr möglich sind, wird nur von einem Teil der Bevölkerung dauernd bewohnt, vor allem um anfallende Feldarbeiten zu erledigen. Oberhalb der Dauersiedlungen, etwa zwischen 3000 und 3400 m, „in der unteren Nadelwaldstufe sind in den meisten Tälern Rodungssiedlungen angelegt, die nur im Sommer bewohnt sind, und neben der Waldweide für das Vieh auch dem Sommeranbau dienen" (TROLL 1973, S.45). Darüber liegen dann als vierte Siedlungsstufe bis in Höhen über 3700 m die Alphütten für die Sommerweide.

Für die Weidewirtschaft im Nanga Parbat-Gebiet hebt TROLL hervor, dass neben echter Alpwirtschaft mit Stallhaltung im Winter und Weidehaltung in den übrigen Jahreszeiten auch Transhumanz vorkommt, wobei „das Vieh ganzjährig auf Weide gehalten wird, im Winter im Industal, das schneefrei und dann etwas ergrünt ist, im Sommer auf den Alpweiden" (1973, S.47).

KREUTZMANN wies kürzlich (1989, S.127) darauf hin, dass in der anglo-amerikanischen Literatur der Begriff ‚transhumance' häufig mit Hochweidennutzung schlechthin gleichgesetzt werde. Ja, BARTH (1956, S.20-22) verwendete das Wort als Überschrift für seine Darstellung der jährlichen Wanderung der Bewohner von Patan in Indus-Kohistan zwischen ihren Saison-Siedlungen in den verschiedenen Höhenlagen. Ende April verlassen sie, nachdem die Saatbeete für den Pflanzreis angelegt wurden, mit ihren Herdentieren ihr Winterdorf am Indus und verteilen sich auf mehrere Siedlungen im ‚Maisgürtel', etwa zwischen 1300 und 2700 m, wo Felder bestellt werden. Im Juni erfolgt die Übersiedlung auf die Weiden in mittlerer Höhenlage um 3000 m und im Juli werden die Hochweiden um 4000 m aufgesucht. Nach 40 bis 50 Tagen erfolgt die Rückkehr zu den Weiden der mittleren Höhenlage, Ende September der Abstieg zu den Siedlungen im ‚Maisgürtel', und im November treffen die Leute wieder im Winterdorf ein. Diese ‚Transhumance' erinnert stark an das „sommerliche Nomadisieren einer ... Einheit von sesshaften Feldbauern" wie es HÜTTEROTH als ‚Yaylabauerntum' aus dem Kurdischen Taurus beschrieben hat (1959, S.134). Barth hebt hervor, dass bei dieser ‚transhumance' das Kombinieren der ackerbaulichen und viehzüchterischen Tätigkeit vereinfacht wird (S.22), freilich erfordert sie auch, dass einzelne Personen zwischen den verschieden genutzten Höhenstufen hin- und her- beziehungsweise auf- und abpendeln müssen, um die anfallenden Feldarbeiten zu erledigen. Beim Winterdorf muss etwa der Reis gepflanzt, bewässert und schliesslich geerntet werden. Bemerkenswert ist in diesem Zusammenhang eine von NAGEL mitgeteilte Beobachtung aus dem Schischi-Tal in Chitral, dessen Bewohner anstatt arbeitsintensivem Pflanzreis den ertragsärmeren Saatreis anbauen. Dieser erfordert keine Unterbrechung des Almaufenthaltes für das Pflanzen. So wird „eine geringere Reisernte gegen den Vorteil des geschlossenen Verbleibs der Grossfamilie im zugehörigen, dort reichlich ausgestattetem Hochweideareal eingetauscht" (1973, S.136).

Auch ZARIN und SCHMIDT (1984) verwenden den Begriff ‚transhumance' zur Kennzeichnung der Wanderungen der Bewohner eines Dorfes in Indus-Kohistan durch die im Jahreszyklus unterschiedlich genutzten Höhenstationen ihres Gebietes. Die Aussagen ihres Informanten, des alten Haric, zeigen, dass die Lebensweisen in den verschiedenen Höhenlagen mit den jeweiligen ackerbaulichen und viehzüchterischen Aktivitäten besondere Akzente haben und damit auch jeweils besondere gesellschaftliche Bedeutung gewinnen. Der Aufenthalt auf den Hochweiden wird so wichtig genommen, dass Alte, die nicht mehr auf eigenen Beinen dorthin wandern können, darauf bestehen, getragen zu werden. Im Gegensatz zum Winterdorf und zu den Sommersiedlungen in den mittleren Höhenlagen, wo eine Familie eng zusammenlebt und auf den jeweiligen Feldern arbeitet, bieten die Hochweiden Möglichkeiten mit Angehörigen anderer Familien und Verwandtschaftsgruppen zusammenzutreffen. Hier gibt es auch Gelegenheit für Liebesaffairen und hier ist auch „the place for the composition and singing of poetry, and a love affair with a woman is a precondition for becoming a poet. Poets sing, or at least hint, of these clandestine meetings in their songs, and it is here that the central paradox is apparent: for while an illicit love affair is abhorred, the poet ist esteemed; and Kohistanis in general are known for their fondness for music" (S.58). Die Einbeziehung derartiger Beobachtungen, ZARIN und SCHMIDT sprechen vom „Inneren Aspekt" der ‚transhumance' in Ergänzung zum „Äusseren Aspekt", dem technischen Vorgehen mit dem die ökologischen Gegebenheiten des Gebietes maximal genutzt werden (S.60), führt zu einer Erweiterung des Begriffs, der damit kaum mehr geeignet ist, eine besondere Form der Versorgung von Herdentieren mit Futter zu kennzeichnen.

Im Gegensatz zu diesem Begriff von ‚transhumance' als jahreszeitliche Wanderung von Menschen und Vieh zwischen mehreren Siedlungs- und Nutzungsstaffeln im Gebirge sei hier der Begriff in seiner engeren Bedeutung beibehalten, wie er vor über fünfzig Jahren auf Grund der Verhältnisse in den Savoyer Alpen in den wissenschaftlichen Gebrauch Eingang fand (JACOBEIT 1954, S.72), und wie ihn auch TROLL verwendete. Transhumanz betrifft die Wanderung, „die die Herden einer sesshaften, ackerbautreibenden Bevölkerung unter der Führung von einzelnen Hirten regelmässig ausführen ... von einer hochgelegenen Sommerweide zur Winterweide in einer Ebene ..." (MÜLLER 1938, S.365), so dass im Winter keine Stallfütterung nötig ist (vgl. HÜTTEROTH 1959, S.38). VOLK hatte im eingangs erwähnten Vortrag zu Recht betont: „Die kritische Zeit für die Ernährung der Weidetiere ist nicht die Dürre des regenarmen Sommers und Herbstes, sondern die feuchte Winterzeit" (S.62). Meist liegen im Einzugsgebiet einzelner Dörfer reiche und ausgedehnte Almen in den Bergen. Doch wenn es nicht gelingt, ausreichende Futtervorräte für die Stallhaltung im Winter anzulegen, oder aber die Herden auf eine Winterweide zu schicken und „durch die Transhumanz eine zusätzliche Viehhaltung über das durch den Winterfuttervorrat gesetzte Mass hinaus" (GRÖTZBACH 1972, S.119) zu ermöglichen, muss die Zahl der Herdentiere beschränkt werden. Die Futtermenge, die den Tieren im Winter geboten werden kann, ist der Faktor, der die Anzahl gehaltener Tiere bestimmt. Solchermassen eingeschränkt sind die Bergbauern meist nicht in der Lage, die im Einzugsgebiet ihres Tales liegenden Almen voll zu nutzen. Es bleiben Nischen, ungenutzte Almen, die wohl immer Potentiale bilden, die Herdenbesitzer aus ferneren und fremden Gebieten mit ihren Tieren anlocken. Zu erwähnen sind hier die Gudschur, eine ethnische Gruppe mit eigener, neuindischer Sprache, deren Gesamtzahl auf über eine Million geschätzt wird. Im Nordwesten des indischen Subkontinents dringen sie überall in kleinen Gruppen als Viehzüchternomaden, früher mehr mit Büffeln und Rindern, heute sehr oft mit Ziegen, in die Berge vor, um eben jene Nischen zu nutzen. Man trifft sie von Kaschmir im Osten bis auf die Nordseite des afghanischen Hindukusch im Westen (BARTH 1956, S.76; EDELBERG/JONES 1979, S.100; GRÖTZBACH 1972, S.96; HASERODT 1989, S.123; RAO/CASIMIR 1985; SNOY 1965, S.119; UHLIG 1973, S.160). Gudschur verdingen sich bisweilen als Hirten. Immer wieder gelingt es ihnen auch, Ackerland zu erwerben, und sich so als Bergbauern mit eigenen Ansprüchen auf Weideland anzusiedeln. Bei dieser Form der Unterwanderung ist es nicht verwunderlich, dass allenthalben auch von Spannungen zwischen Gudschur und alteingesessenen Bergbauern berichtet wird (u.a. STRAND 1975, S.132).

Auch im Norden der hier angesprochenen Gebirge ist die Bereitstellung von Viehfutter im Winter ein Faktor, der die Herdengrösse bestimmt. GRÖTZBACH, der eine Übersicht der Lebensformengruppen nach der räumlichen Mobilität der Bevölkerung für Nordost-Afghanistan herausarbeitete, führt in diesem Zusammenhang auch Beispiele für Transhumanz an (1972, S.118-120). Belkis Chalilovna KARMYSCHEVA, die über Jahrzehnte hinweg in Süd-Tadschikistan und Süd-Usbekistan ethnologische Forschungen durchführte, grenzt bei den dort anzutreffenden Lebensformen zunächst jene der seit alters sesshaften Gebirgsbauern von jenen der in die Berge vorgedrungenen Nomaden, die dort Grund und Boden erwarben, ab. Letztere nennt sie Halbnomaden (1979, S.115). Hinsichtlich der Viehzucht der Sesshaften unterscheidet sie zwei Typen: erstens den der Bergtadschiken und zweitens den der Bauern in den Tälern und Vorgebirgen (1969, S.115).

Summarisch teilt sie mit: „In Mittelasien sind die Steppen die besten Weideplätze zum Überwintern der Viehherden. Doch in dem untersuchten Gebiet gibt es sehr wenige solcher Steppen-Weideplätze" (S.113). Die sogenannten Bergtadschiken – es handelt sich um die Bergbauern Ost-Tadschikistans, die entweder tadschikisch (persisch) sprechen oder eine der ostiranischen Pamirsprachen – haben praktisch keinen Zugang zu diesen Winterweiden auf den kleinen Steppenflächen im Amu-Darya-Tal. Für ihre Viehzucht „war während des Winters (4-6 Wochen lang) die Stallhaltung charakteristisch. Die Futterbereitung in grossen Mengen in den Bergen, wo die für das Saatgut und für die Heuproduktion geeigneten Grundstücke selten waren und in der Regel voneinander weit entfernt und zerstreut lagen, war bei den schlechten Wegen und den primitiven Werkzeugen sehr schwierig. All dies zwang die Bergtadschiken, obzwar sie über reichliche Sommerweideplätze verfügten, die Zahl des Viehs in ihren Wirtschaften einzuschränken und nur soviel Vieh zu halten, um den Bedarf der eigenen Wirtschaft und Familie zu decken. Eine Ausnahme bildeten nur die reichen Wirtschaften, deren Feldwirtschaft auch das überschüssige Vieh mit Futter versorgen konnte" (S.116). Wie sehr sich die Bergtadschiken auf die ihnen gegebenen Möglichkeiten der Viehzucht beschränkt hatten, und dass sie keine Erfahrung mit der Beschickung von Winterweiden hatten, zeigt eine Mitteilung von M.R. Rachimov: „In der alten Zeit kannte man in Karategin und Darwas den Auftrieb des Viehs auf eine Winterweide nicht. Zum erstenmal begann man dies zu praktizieren, nachdem in Tadschikistan Kolchosen organisiert waren. Massencharakter erreichte dies allerdings erst nach dem Vaterländischen Krieg, vor allem seit den Jahren 1947 und 1948. In den ersten Jahren ging aus Unkenntnis der klimatischen Bedingungen auf den Winterweiden, durch ungenügende Vorbereitung für den Viehtrieb und insbesondere durch die schlechte Organisation der veterinärmedizinischen Betreuung viel Vieh auf diesen Weiden zugrunde". (KISLJAKOV/PISARTSCHIK 1966, S.159).

Für die sesshafte Bevölkerung der Täler und Vorberge, wo ganzjähriger Weidegang möglich ist, spielt die Viehzucht eine geringere Rolle; die meisten Bauern halten Vieh nur für den Eigenbedarf. Für sie ist der in ihrem Gebiet mögliche Obst- und Weinbau wichtiger. „Das Vieh weidet unter Aufsicht eines gedungenen Hirten" (KARMYSCHEVA 1969, S.117). Reichere lassen ihr Vieh auch von Angehörigen der erwähnten Halbnomaden warten. Allerdings „im Frühjahr zog ein Teil der reichen und mittelmässig begüterten Familien mit ihrem Vieh auf die abseits der Felder liegenden Hügel. Sie nahmen ein Minimum an nötigen Gerätschaften mit und lebten in Jurten, oder in mit Filzdecken bedeckten Hütten" (ebenda). Diese

Bevölkerungsgruppe kennt also Transhumanz als Versorgung von Herdentieren, betreut von Hirten, macht aber einen Teil der Wanderung mit. Der Grund für diese jahreszeitliche Verlegung des Wohnsitzes im Bereich des eigenen Dorfes ist freilich nicht allein durch die Erfordernisse der Viehhaltung bestimmt. Die klimatischen Bedingungen lassen es ratsam erscheinen, der Hitze des Winterdorfes im Sommer zu entfliehen. Es sei daran erinnert, dass das türkische Wort ‚yailaq', das ursprünglich ‚Sommerweide' bedeutet, schon früh und vor allem auch im Bereich iranischer Sprachen die allgemeine Bedeutung ‚Sommeraufenthalt' erhalten hat (DOERFER 1975, S.252 f.; vgl. HÜTTEROTH 1959, S.43). Welche Bedeutung dem Almaufenthalt in Indus-Kohistan beigemessen wird, wurde bereits erwähnt. In Tangir „gilt der Aufenthalt in der Höhenregion als absoluter Höhepunkt des Jahres. Man geniesst die herrliche Luft, das Fehlen von Stechmücken und sonstigem Ungeziefer und arbeitet noch weniger als drunten im Tal" (JETTMAR 1960, S.124).

Saisonale Wohnsitzverlagerungen und Wanderungen ganzer Wohngemeinschaften in unterschiedliche Höhenstufen gibt es, wie angeführt, sowohl auf der Nordseite wie auf der Südseite dieser Berge. Die Gründe dafür sind komplex. Günstige Versorgung der Herdentiere mit Futter ist nur ein Grund. Dass allerdings auf der Nordseite Frauen immer mit in die Weidestationen gehen, hat seinen Grund darin, dass bei den dortigen Tadschiken das Melken und die Verarbeitung der Milch ausgesprochene Frauenarbeit ist (ZARUBIN 1960, S.34-51; KUSSMAUL 1965, S.57). „Auf die Sommerweide gingen die Frauen (eine oder zwei aus jeder Familie) und die Kinder mit dem Vieh. Die Männer blieben in den Hauptsiedlungen zurück und bestellten Feld und Garten. Auf die Sommerweide begaben sie sich nur, wenn die Reihe als Hüter der Herde an sie kam oder um für die Familie Nahrungsmittel und Brennmaterial zu holen", schreibt KARMYSCHEVA zusammenfassend über die Bergtadschiken (1969, S.116). ANDREEV konnte noch den Brauch einer sieben Tage dauernden, sakralen Isolierung der Frauen auf der Alm feststellen. Während dieser Zeit durften sich nur Frauen ständig auf der Weide aufhalten. Männer, die dort zu arbeiten hatten, kamen nur am Tage und mussten noch vor Sonnenuntergang ins Dorf zurück. (1953, S.31; 1958, S.137). Lentz bekam in einer Diskussion mit Bergtadschiken zu hören: „Was denkst Du, Genosse? Dort oben wird kein Mann bei einem Weibe schlafen" – „Nein, wenn ein Mann mit einer Frau auf dem Ailak zusammen ist, dann kommt der Wolf und holt von dem Vieh ein Stück weg, sagen sie" (LENTZ 1931, S.164).

Die Mundschani, die auf Grund ihrer ostiranischen Pamirsprache den Bergtadschiken zuzurechnen sind, finden es komisch, dass bei ihren Nachbarn auf der Südseite des Hindukusch, in Nuristan, das Melken und die Herstellung der Milchprodukte Männerarbeit ist. In vergnüglichem Possenspiel machen sich die jungen Leute in den Dörfern darüber lustig (SNOY 1965, S. 117f.).

Der auffallende Unterschied der Arbeitsteilung nach Geschlechtern bei der Viehzucht zwischen den Bergbauern mit iranischer Sprache im Norden einerseits und den Nuristani, den Nachfahren der alten Kafiren, deren Sprachen eine Zwischenstellung zwischen den iranischen und indo-arischen Sprachen einnehmen, sowie den Gruppen mit indo-arischen Dard-Sprachen auf der Südseite von Hindukusch und Karakorum andererseits, findet eine Erklärung in der unterschiedlichen Wertung der Herdentiere. In seiner Darstellung wirtschaftlicher Dynamik in den Bergen Nordpakistans weist JETTMAR darauf hin, dass verschiedene Entwicklungen Indus-Kohistans und Tangirs in dem weiter östlich liegenden Darel-Tal nicht gemacht worden sind. Er fragt nach den Gründen und spricht die berechtigte Vermutung aus, dass sich hier Regulative aus vorislamischer Zeit besser erhalten haben. Dies bedeutet im Bereich der Viehzucht: „Eine religiöse Vorschrift aus heidnischer Zeit, nämlich die Ziegenzucht Jünglingen vorzubehalten, und die Überzeugung, Frauen, ganz besonders im Zustande der Menstruation, könnten den Tieren schaden, behindert die Umwandlung der Almen zu förmlichen Familiensommerfrischen" (1960, S.133).

Hier zeichnet sich bei den Verhaltensweisen im Zusammenhang mit der Viehzucht ein „innerer Aspekt" ab, der ganz anders ausgerichtet ist als der von ZARIN und SCHMIDT in Indus-Kohistan beobachtete, wo die Islamisierung früher einsetzte, intensiver war und sich auch der Druck der seit dem 16. Jahrhundert dort in die Berge vordringenden Paschtunen (Pathanen) stärker bemerkbar machte. Übrigens sind es bei den Kho in Chitral ebenfalls die Frauen, die melken und die Milch verarbeiten (HASERODT 1989, S.128).

Doch nicht nur das Verhältnis von Frauen und Ziegen spielt in dieser vorislamisch geprägten Vorstellungswelt eine wichtige Rolle. Es sind die Höhenbereiche der Berge schlechthin, die grossartige Welt der schnee- und eisbedeckten Gipfel, die als Aufenthaltsort übernatürlicher Wesen betrachtet und darum als rein und heilig bewertet werden. LEITNER, einem der ersten europäischen Reisenden in dem von ihm so benannten Dardistan, wurde bereits 1866 vom Kristall-Schloss und dem Baum aus Korallen und Perlen auf dem Gipfel des Nanga Parbat erzählt (1877, Part III, S.4). Diese phantastische Welt wird vorwiegend von weiblich gedachten Geistern, den Peri, bewohnt. Die Wildziegen der Berge, Ibex und Markhor, sind ihr Eigentum. Der Erfolg eines Jägers hängt daher von der Gunst der Peri ab und es wird erzählt, dass diese die Wildziegen warten und nützen wie die Menschen ihre Ziegen (JETTMAR 1975, passim).

SIIGER, der erste Ethnologe, der die dard-sprachigen Kalasch in Südwest-Chitral besuchte, stellte als grundsätzliches Charakteristikum der Weltsicht dieses bis in die Gegenwart nur zu einem Teil islamisierten Volkes fest: „Every Kalash who lives heart und soul in his culture – as most of them do – is well aware that he moves about in a world controlled by different extraordinary (supernatural) powers who exercise their influences through certain spheres (qualities) inherent in the Kalash country and way of life. When living in this Kalash world he must conform to the laws of this extraordinary powers and be very careful never to violate them.

The spheres mentioned are – broadly speaking – characterised by the words: impure – pure – sacred. A Kalash man leads his normal, daily life in the pure (neutral) sphere, but he must always guard against pollutions form the impure sphere, and he must regularly apply for fresh strength from the sacred sphere" (1956, S.28).

Es ist richtig und verdient besondere Beachtung, dass SIIGER die von ihm herausgestellten Sphären auch mit dem Begriff ‚Qualitäten' charakterisiert, denn es sind ja zu einem guten Teil Handlungen und Ereignisse, die als „unrein – rein (neutral) – heilig" qualifiziert werden; das ganze Leben der Menschen – von der Wiege bis zur Bahre – ist hier einbezogen. Doch betreffen diese Sphären auch ganz konkret die geographische Umwelt, und dabei sind die Höhenstufen bedeutsam. PARKES (1987, Fig.2) entwarf ein Diagramm der symbolischen Werte der Tiere bei den Kalasch. „The symbolic values of Kalasha animals may therefore be seen to be ordered along a basis gradient of altitude. Their livestock, together with the wild markhor of the mountains, form a linked series of categories that embrace the entire ritual spectrum from purity to pollution" (S.648). Die Staffelung reicht vom untersten Talabschnitt, wo sich böse Geister aufhalten, bis zu den Berggipfeln, den Orten der Götter und guten Geister. Im Mittelabschnitt des Tales liegt das Dorf, dort gilt der Bewässerungskanal als Trennungslinie zwischen den Bereichen des Unreinen und des Reinen (S.651). Auch in Hunza gilt der höchste Bewässerungskanal als Grenzlinie zur ‚reinen' Region der Bergweiden, die den Männern vorbehalten ist (KREUTZMANN 1989, S.130).

Auf der untersten Stufe sind die Hühner einzuordnen, die wegen ihrer Unreinheit früher gar nicht gehalten wurden, wie dies auch BIDDULPH von den dardsprachigen Shin der Gilgit Agency berichtete (1880, S.37). Hühner hatten in der Lebenswelt der Kalasch nichts zu suchen. Etwas höher stehen die Rinder, deren Bedeutung für den Feldbau gross ist, doch zur Ernährung wurden Rindfleisch, Kuhmilch und Butter genausowenig verwendet wie Hühnerfleisch und Eier. Dies teilte BIDDULPH (1880, S.132f.) mit. PARKES (1987, S.657) bemerkt dazu, dass die Kalasch heute gelegentlich auch Bullen für ihre Festmahle schlachten, doch wird dabei kein Wacholder verbrannt und anschliessend wird unweigerlich ein Ziegenbock geschlachtet und mit Wacholder geräuchert, um den Ort zu reinigen. Auf der Höhe der Dörfer, wo beim Bewässerungskanal der den Frauen zugeordnete untere Talbereich endet, werden die Schafe eingestuft, die auch als Opfertiere der Frauen bezeichnet werden können. Oberhalb der Kanäle beginnt der Bereich der Männer, hier sind die Ziegen eingeordnet und an höchster Stelle stehen die Markhor, die Wildziegen (PARKES 1987, S.648). Im Osten des Dardgebietes, im Tal von Astor, zeichnete NAYYAR eine ähnliche Reinheits-Sequenz der Tiere auf, in der Ziegen und Wildziegen ebenfalls die höchste Stufe einnehmen (1986, S. 25).

Als wesentliches Element der Religion der Kalasch betont Parkes die Dichotomie zwischen ‚rein/heilig' (ondschesta) und ‚unrein' (pragata) und die entsprechenden kategorialen Unterscheidungen der Objekte ihrer Umwelt. Nicht nur Tiere und geographische Orte, wie im geschilderten Diagramm sind danach gegliedert. Auch Bauwerke der Menschen und auch Pflanzen haben ihre kategorialen Zuordnungen. Altäre und Ziegenställe sind rein. Baschali-Häuser, wo sich die Frauen bei Menstruation oder Niederkunft aufhalten, und Friedhöfe sind unrein. Wacholder, eine Pflanze, die an der oberen Grenze der Wälder, also hoch in den Bergen besonders gut gedeiht, wird als besonders rein angesehen. Auch die Steineichen sind rein. Zwiebel und Knoblauch dagegen sind unrein (1987, S.649). Parkes hebt hervor, dass die Ideen von Reinheit und Unreinheit bei den Kalasch letztlich um den Gegensatz zwischen den Geschlechtern organisiert sind. Frauen sind der Unreinheit, jener Sphäre, der auch Geburt und Tod angehören, und dem Untertal zugeordnet. Die Männer sind solchermassen der Kategorie des Reinen zugeordnet. „Adult men, however, necessarily pass back and forth between spheres of purity and impurity – the pastoral and the domestic – throughout their lives" (S.651). Es ist gerade die Almwirtschaft, die diesen wiederholten Übergang zwischen dem Bereich des Reinen und dem des Unreinen erfordert und so die Männer, die diese Almwirtschaft betreiben, gewissermassen einem Übergangsbereich zuordnet. Offensichtlich wurde Siiger dadurch veranlasst, in der Weltsicht der Kalasch drei Sphären zu unterscheiden. Auch NAYYAR deutet die von ihm im Astor-Tal angetroffenen Vorstellungen: dass der Mensch im Bereich der Überlappung der reinen (niril) und der unreinen (kul) Sphäre lebt (1986, S.20). Hieraus ergibt sich, dass vieles im Bereich der Männer mit Fragen des Übergangs von der Sphäre des Reinen in die Sphäre des Unreinen und umgekehrt zu tun hat. Das Brauchtum der Almwirtschaft ist von dieser Sicht her zu verstehen.

In Bagrot sind dort, wo die Bereiche der Almen beginnen kleine Bauwerke aus Steinen zusammengesetzt, kleine Türmchen oder auch einfach Sitzbänke, und es ist Brauch, dass Vorübergehende kleine Wacholderzweigchen für die Peri in die Fugen stecken. Beim Weideauftrieb wird hier ein Feuer gemacht, die Hirten halten ein Mahl ab, und ins Feuer werden Wacholderzweige geworfen, so dass sie kräftige Rauchwolken entwickeln (SNOY 1975, S.110).

Wacholder ist die wichtige Pflanze des reinen oder heiligen Bereichs, ihr und ihrem Rauch wird ‚reinigende Kraft' beigemessen. Allerdings, nicht Wacholder schlechthin, das heisst als Gattung, hat diese Kraft, wie dies aus der bisherigen Literatur hervorzugehen scheint. Nayyar wies darauf hin, dass die verschiedenen Wacholderarten diese Kraft im unterschiedlichen Masse besitzen. Bei aller zukünftigen Forschung ist daher auf Differenzierungen zu achten. Im Astor-Tal werden drei Arten hervorgehoben: ‚Hirsen-Wacholder', ‚Milch-Wacholder' und ‚Beeren-Wacholder'; so lauten in Übersetzung die Shina-Bezeichnungen, die botanischen Namen sind nicht bekannt. „Alle anderen ... gelten als nicht so wichtig". Hirsen-Wacholder ist die begehrteste Art für rituelle Reinigungen und wird von den Schamanen für ihre Riten bevorzugt (NAYYAR 1986, S.38f.). Drei Formen des Räucherns kann man feststellen: Räumlichkeiten, etwa Stallungen, werden ausgeräuchert, d.h. mit Rauch gefüllt. Im Freien werden Wacholderzweige in ein offenes Feuer geworfen, so dass sich starker Rauch entwickelt. Beim Weideabtrieb in Bagrot treibt man die Herdentiere an diesem Rauch-Feuer vorbei (SNOY 1960b, S.7). Schliesslich werden Örtlichkeiten durch Umlaufen mit brennenden, rauchenden Zweigen gereinigt; oder aber ein solcher raucheder Zweig wird um das zu reinigende Objekt herumgeschwungen, etwa um ein Opfertier. Zeremonien der Kalasch anlässlich des Weideauftriebs beinhalten verschiedene Formen des Räucherns mit Wacholder (SNOY 1960a). Im gesamten dardsprachigen Gebiet und auch in Nuristan wird heute das Räuchern mit Wacholder weniger und weniger ernst genommen. Am ehesten wird noch der Brauch befolgt, die Ziegenböcke, die ja erst im Herbst zur Herde gelassen werden, vor diesem Ereignis mit Wacholder zu beräuchern (SNOY 1975, S.112). Hierbei geht es um den im Frühjahr zu erwartenden Nachwuchs, von dem letzlich Gedeihen der Herde und Wohlstand abhängt. Mancher Hirte der modern oder auch ein guter Moslem sein will und nicht mehr an die von den Peri oder anderen Geister ausgehende Gefahr glaubt, erhofft sich einen gewissen Nutzen vom Beräuchern der Ziegenböcke.

Die Zeremonien beim Weideauftrieb beschränken sich bei den nichtmuslimischen Kalasch jedoch nicht nur auf das Räuchern mit Wacholder. Es werden auch Opfer dargebracht und Tiere getötet. Bei allen Almen der Kalasch gibt es eine Stelle, meist ein Stein, wie erzählt wird, wo Angar-Wat-Dschatsch, ein übernatürliches Wesen, das für das Areal der betreffenden Alm zuständig ist, seinen Sitz hat, wo ihm bei Ankunft auf der Alm mit Mehl, etwas Milch von den Lieblingsziegen der Hirten und mit Wacholderrauch ein Opfer gebracht wird und wenigstens einmal während des Aufenthaltes auf der Alm ein Zicklein getötet wird. Milch, Mehl und Wacholderrauch werden auch an einer bestimmten Stelle innerhalb der Hürde dargebracht, ein Opfer für die Ahnengeister. Für sie werden an der gleichen Stelle auch Brotstückchen der ersten Mahlzeit auf der Alm geopfert (SNOY 1960a, S.11f.). Schliesslich bringen die Familien, deren Tiere während des Sommers gemeinsam gewartet werden, am Tag vor dem Auftrieb ein Opfer für eine Gottheit dar. Die beiden Bauern aus Krakal im Bumboret-Tal deren Weideauftrieb 1956 gefilmt werden konnte, opferten für Raman, eine Gottheit, von der gerade der Name bekannt ist (MORGENSTIERNE 1973, S.157), und über die die beiden Bauern auch nichts zu sagen wussten. Ihr heiliger Ort ist eine Zeder, mitten im Tal stehend, etwas oberhalb des Dorfes Krakal. Quark und Lab-Käse wurden als Opfergaben dort niedergestellt. Das Opfer wurde in der üblichen Weise der Kalasch von zwei ‚reinen' Burschen, die noch keinen sexuellen Umgang mit Frauen hatten und eben deshalb ‚ondschesta' sind, vollzogen. Ein Zweiglein Wacholder, es hätte auch ein Steineichenzweiglein sein können, wird in eine Ritze am Stamm der Zeder gesteckt. Ins entfachte Feuer werden Wacholderzweige gelegt, so dass Rauch aufsteigt. Mit einem brennenden Wacholderzweig wird der Baum, das heisst der Opferplatz, umlaufen. Dieser Zweig wird dann um das in den Stamm gesteckte Wacholderzweigchen geschwungen und um den Kopf des Opfertieres. Die Besitzer der Tiere lassen jeweils Mehl und auch Ziegenmilch in die Hand des Opferers fallen, dieser wirft dies ins Feuer und auf jenes Zweiglein am Stamm. Der eine der ‚reinen' Burschen setzt sich und legt sich das Opfertier auf den Schoss. Der andere tötet das Tier mit Kehlschnitt und fängt mit der Hand Blut auf, um damit ins Feuer und auf besagtes Zweiglein zu spritzen. Er trennt den Kopf ab, hält ihn kurz ins Feuer und legt ihn vor der Zeder nieder. Damit ist das Opfer beendet. In einiger Entfernung vom Opferplatz wird das Opfermahl zubereitet. Das getötete Zicklein wird zerlegt und im Topf gekocht, in die Brühe wird anschliessend Mehl eingerührt. Jeder der Anwesenden, ausser den zugehörigen Familienmitgliedern – selbstverständlich keine Frauen, denn sie stehen unterhalb der Ereignisse im reinen Bereich – haben sich einige Buben und ein alter Mann eingefunden, erhält Käse, Fleisch und Suppe, was an Ort und Stelle verzehrt wird.

Drei Instanzen sind es gewissermassen, die von den Kalasch in ihre Zeremonialhandlungen beim Weideauftrieb einbezogen werden: Eine Gottheit, die im Tal beim Dorf ihren Sitz hat, ein übernatürliches Wesen, das für einen Almbezirk zuständig ist und schliesslich Ahnengeister, die sich offensichtlich, wenn vielleicht auch nur vorübergehend, auf der Alm aufhalten. Diese übernatürlichen Wesen sind in ihren Umrissen unscharf, markante Konturen fehlen. Die Aussagen über sie sind mehr als dürftig, doch, und darin liegt ihre Bedeutung, sie werden als gegenwärtig verstanden, sie werden im Verhalten berücksichtigt, sie sind einbezogen in jene Welt der Bereiche des ‚Reinen' und ‚Unreinen'. Die erforderlichen Handlungen in Bezug auf sie werden ganz routinemässig vollzogen wie andere Tätigkeiten und täglichen Arbeiten bei der Almwirtschaft und damit gehören sie zur Realität des Lebens auf der Alm, das, und dessen ist man sich bewusst, eine andere Qualität hat als das Leben im Dorf.

Dass auf den Almen Ahnengeistern geopfert wird, zeigt an, dass die betreffenden Almen wohl schon von den Vorfahren der jetzigen Nutzer aufgesucht wurden. Die Nutzungsrechte für die Almen liegen bei den Bewohnern der Siedlungen zu deren Einzugsbereich diese Almen gehören, wie bereits gesagt. In den Siedlungen leben Verwandtschaftsgruppen, die im Vorübergehen der Generationen freilich ihre eigene Dynamik entfalteten. So darf es nicht verwundern, wenn hinsichtlich der Nutzungsrechte und gegebenenfalls Besitzverhältnisse unterschiedliche Formen in einzelnen Dörfern und bei verschiedenen Ethnien anzutreffen sind.

Wie Gewährsleute in verschiedenen Gebieten immer wieder berichten, gehören Baulichkeiten auf den Almen denjenigen, die sie errichtet haben, und entsprechend werden sie auch vererbt. Mit diesen Eigentumsrechten an Baulichkeiten verbinden sich verständlicherweise Nutzungsrechte an den betreffenden Almen. In dieser Hinsicht können Almen sogar direktes Eigentum von Verwandtschaftsgruppen sein, wie dies NURISTANI von seiner Familie berichtet (1973, S.178).

Die Almen im Einzugsbereich eines Dorfes sind unterschiedlich und je nach Lage jahreszeitlich verschieden zu nutzen. Hochalmen können erst beschickt werden, wenn dort der Schnee weitgehend geschmolzen ist. Die Grösse der Weideflächen einzelner Almen ist unterschiedlich, davon hängt ab, wieviel Tiere wie lange aufgetrieben werden können, denn – und hier ist an die eingangs erwähnte Warnung des Botanikers Volk zu erinnern – Überstockung zerstört die Weiden. Bei der Beschickung einer Alm ist auch zu beachten, dass die Tiere auf der Alm getränkt werden müssen. Nicht immer stehen hierfür ausreichende Wasserquellen zur Verfügung. Zwischen den Karakorum-Tälern Kaltaro und Daso, im Bereich des Haramosch (7397 m), liegt ein etwa 3500 m hoher Höhenzug mit üppigem Graswuchs und Wacholderbäumen. Mangels Quellen kann er für Viehzucht praktisch nicht genutzt werden (SNOY 1975, S.63). In Bagrot gab es auf den Almen allenthalben Tränkstellen mit einer grossen, leicht schräg gelegten Steinplatte, auf der Schnee zermanscht wurde, das Schneewasser lief in eine Art Trog, aus dem die Tiere trinken konnten (Photo 1; SNOY 1975, S.109). TOPPER berichtete von den Kalasch, dass sie grosse Schneeblöcke von den Gletschern zu den Almhütten bringen und sie dort auftauen, um Trinkwasser zu erhalten (1977, S.264). Bei der Weidestation, die von der Herde der erwähnten Bauern aus Krakal aufgesucht wurde, lag in einer Schlucht noch reichlich verharschter Schnee, es war Anfang Juni, der für Trink- und Tränkzwecke genutzt wurde.

Nicht nur den Hirten, auch den Herdenbesitzern ist die Aufnahmefähigkeit der einzelnen Almen sehr wohl bekannt. Gerechnet wird dabei mit Kleintierherden in der Grösse, wie sie von einem Hirten gehütet werden können. Die Bewohner Bagrots zählten für eine solche Einheit, ‚don' genannt, 200 Ziegen (SNOY 1975, S.102). In Indus-Kohistan gilt eine Einheit von 100 Ziegen als Don (ZARIN/SCHMIDT

Photo 1: Almtränke zur Verwendung von Schnee. Auf der schrägliegenden Steinplatte wird Schnee zermanscht, dessen Schmelzwasser dann aus dem tieferliegenden, trogartig hergerichteten Stein getrunken werden kann. Bagrot, Gilgit agency. Pakistan.

1984, S.64). KREUTZMANN gibt für Hunza die Herdengrösse mit 100 bis 200 Tieren pro Hirte an (1989, S.132).

Auf Grund ihrer Kenntnis der Tragfähigkeit der einzelnen Almen regeln die Bauern deren alljährliche Beschickung. Wobei die erwähnten überkommenen Rechte am Besitz der Almgebäude und für die entsprechende Nutzung respektiert werden. Doch Vieh (pecus) war schon immer ein Kapital, das hohe Erträge abwirft, aber auch grossem Risiko ausgesetzt ist. Die Grösse der Herde einzelner Besitzer ist im Lauf der Jahre Schwankungen ausgesetzt, und damit schwankt auch die jeweilige Nutzung einer Weide. Wird die Herde eines Bauern vergrössert, so sucht er sich für die Sömmerung seiner Tiere tunlichst jene Almen aus, die gerade am wenigsten genutzt werden.

Je nach den örtlichen Verhältnissen können sich ganz unterschiedliche Formen almwirtschaftlicher Nutzung ergeben. KREUTZMANN hat auf die „Vielfalt almwirtschaftlicher Nutzungssysteme" in Hunza hingewiesen (1989, S.139) und im vorliegenden Band belegt SCHMIDT-VOGT dies für die Vorberge des Jugal Himal (Nepal). Nicht immer entsprechen die aufgesuchten Almen einer der Jahreszeit angemessenen Höhenstufe, wie Barth dies in dem oben angeführten Modell aus Indus-Kohistan darstellte (1956, S.21).

Zum Dorf Farfu im Bagrot-Tal gehört eine relativ kleine Alm, Baita Moleite, die sehr hoch liegt, aber dank ihrer Exposition schon früh im Jahr schneefrei ist. Auf diese Weide werden im Frühjahr bis zu sechs Don aufgetrieben, allerdings nur für kürzere Zeit, dann werden die Tiere auf die 1000 m tiefer liegende, aber eben später schneefrei werdende, grosse Sommeralm des Dorfes überführt. Im Sommer kann sich die Alm Baita Moleite erholen, erst im Herbst werden nochmals Tiere hinaufgetrieben, rückkehrend von der 1000 m tiefer liegenden Sommeralm, ehe sie dann zum Dorf getrieben werden. Zum gleichen Dorf gehören zwei Almen, auf denen während des Sommers drei beziehungsweise sechs Don geweidet werden können. Doch auf dem Weg dorthin gibt es nur eine kleine Frühjahrsweide, die gerade für zwei Don ausreicht. Folglich sucht man die beiden Sommeralmen nur in witterungsmässig sehr günstigen Jahren auf; wenn nämlich die Sommerweiden schon früh aufgesucht werden können, und dadurch die Aufenthaltsdauer auf der Frühjahrweide kurz gehalten werden kann, können entsprechend mehr Tiere aufgetrieben werden.

Hier ist ein menschlicher Faktor zu berücksichtigen: Auch Hirten lieben Geselligkeit: werden nur wenige Tiere auf eine Alm gebracht, so sind auch nur wenige Hirten dabei. Wenn es daher um die Beschickung der Weiden geht, beteiligen sich auch die Hirten bei den Absprachen. Und manche Herde wurde schon während eines Sommers auf eine ganz andere Alm getrieben, nur weil ihr Hirte mit einem Freund zusammenarbeiten wollte. Wie bereits gesagt, werden bei den hier behandelten dard-sprachigen Bevölkerungsgruppen die Frauen von den Almen ferngehalten. Junge Männer und Burschen bilden die Belegschaften der Almen. Sie teilen unter sich die anfallenden Arbeiten auf und schaffen ihre eigene Ordnung (SNOY 1975, S.107). PARKES betont in seinem Aufsatz über Viehzucht und ihre Symbolik bei den Kalasch gerade diese Männergemeinschaft der Hirten auf den Almen und stellt sie der Welt der Frauen in den Dörfern, die als ‚unrein' charakterisiert ist, gegenüber. Die gesellschaftliche Atmosphäre auf den Almen ist die eines Männer-Klubs und die Almen sind der Ort männlicher Sozialisation. Hier werden auch in zeremonieller Weise Bruderschaftsbindungen eingegangen, die stärker sein können als verwandtschaftliche Bindungen (1987, S.646). Zur wirtschaftlichen Bedeutung solcher Bruderschaften bei den Nuristani teilte PALWAL mit, dass ein Su oder Söli, wie die Partner einer solchen Bruderschaft sich nennen, „may combine his herd with his ‚brother's' in the other's pastures" (1979, S.83).

Was hier angesprochen wird, sind die Kooperative von Herdenbesitzern für die sommerliche Weideperiode, die vor allem aus Nuristan bekannt wurden, wo sie Palai, bzw. Paliebar genannt werden (SNOY 1962, S.56; NURISTANI 1973; JONES 1974, S.31, passim; EDELBERG/JONES 1979, S.74ff). PARKES berichtet über die entsprechenden Kooperationen der Kalasch, über die Palawi (1987, S.643f.). Bei den Palae handelt es sich um den Zusammenschluss verschiedener Bauern, deren Viehbesitz nicht allzu gross und jedenfalls keine eigene, rationale Hüte- und Nutzungs-Einheit ist. Zusammengenommen bilden ihre Tiere eine solche Einheit. Die Wartung der Tiere wird vereinfacht. Erfordern es die Umstände, kann ein Hirte gemeinsam angeheuert werden. Als Hauptgrund für die Konstituierung eines Palae, das zeitlich immer auf eine Sommerweideperiode beschränkt ist, wird freilich von den meisten Informanten angegeben, dass nur bei einer ausreichenden, täglich anfallenden Milchmenge, die Herstellung von Käse möglich sei. In einem Palae steht nämlich den beteiligten Tierbesitzern an einzelnen Tagen jeweils die gesamte anfallende Milch der im Palae vereinten Tiere zu. An wie vielen Tagen und in welcher Reihenfolge die einzelnen Teilnehmer die Gesamtmilchmenge nutzen können, wird zu Beginn der Weidezeit auf Grund genauer Messungen der Milchleistung der einzelnen Tiere und entsprechender Berechnung festgelegt. Letztlich liegt dem Palae ein Leihsystem zugrunde, bei dem jeder die ausgeliehene Milch bis zum Ende der Weidezeit zurückerhält. Ist die Milchleistung der Tiere eines Teilnehmers doppelt so gross wie die der Tiere eines anderen, so darf er entsprechend die Milch aller Tiere an doppelt soviel Tagen nutzen wie jener andere Teilnehmer.

Kooperationen oder Genossenschaften zur rationellen Nutzung anfallender Milch wurden auch von den Tadschiken im Norden von Hindukusch und Karakorum beschrieben. Allerdings sind es dort Frauen, die sich zu den Pewos genannten Kooperationen zusammenschliessen. Auch sie messen die Milchleistungen der Tiere zu Beginn der Weidesaison und errechnen daraus die Anzahl der Tage an denen die einzelnen Teilnehmerinnen den gesamten Tagesertrag nutzen dürfen. Ziel dabei ist allerdings nicht die Käsegewinnung, sondern die Butterproduktion. Wie in Nuristan wird auch hier die Reihenfolge der Nutzung durch die Milchleistung der in die Kooperation eingebrachten Tiere bestimmt, das heisst, die Frau, deren Tiere die grösste Milchmenge liefern, beginnt. Rachimov erwähnt jedoch, dass in vielen Dörfern die geographische Lage der Häuser der Teilnehmerinnen ausschlaggebend ist; die Frau, deren Haus am tiefsten im Tal liegt, beginnt. Denn, so geht die Redensart, „Wasser fliesst abwärts, Milch fliesst aufwärts", und man glaubt, dass durch diese Reihenfolge sich der gesamte Milchertrag „von unten nach oben" steigere (KISLJAKOV/PISARTSCHIK 1966, S.170ff.).

Lorimer berichtet aus Hunza einen Umstand der an die Palae Kooperation erinnert: Durch Erhitzen wird aus Buttermilch Burus gewonnen, ein Sauermilchkäse, der als Zieger bezeichnet werden kann. Die Hirten einer Weidestation sammeln der Reihe nach den gesamten, täglich anfallenden Burus in einem bestimmten Gefäss. Ist dieses nach etwa einer Woche voll, bringen sie den Käse ins Dorf und der nächste Hirte beginnt zu sammeln (MÜLLER-STELLRECHT 1979, S.59).

Bei dem für die Palae-Bildung in Nuristan als wichtig erwähnten Käse handelt es sich jedoch nicht um Sauermilch-Käse, sondern um Lab- oder Süssmilch-Käse. Edelberg und Jones beschreiben drei verschiedene Lab-Käsesorten aus Nuristan (1979, S.85ff.). Hier ist daran zu erinnern, dass sich die beiden Käsearten durch die Gerinnungsprozesse unterscheiden. Durch Milchsäure wird das Milcheiweiss abgeschieden, während Lab den Käsestoff (Kasein) abscheidet, um nur den markantesten Unterschied zu nennen. Im ersten Fall entsteht Quark, im zweiten Fall entsteht Bruch, der sich dadurch auszeichnet, dass er nicht schmierig ist wie Quark, sondern elastisch. Der Gerinnungsprozess mit Lab läuft auch mit angesäuerter Milch ab. Wenn die Milch jedoch zu sauer ist, dann wird der Bruch sehr hart, und dementsprechend wird auch der Käse hart. Es kommt daher darauf an, die Milch zu verarbeiten, ehe sie zu sauer geworden ist. Diese Erfordernisse der Käseherstellung machen deutlich, dass die Mitgliedschaft in einem Palae nicht nur eine Rationalisierungsmassnahme ist, sondern praktische Voraussetzung dafür, dass Besitzer kleinerer Herden überhaupt in die Lage versetzt werden, Labkäse herstellen zu können. Eine gewisse Menge Milch muss schon erwärmt und mit Lab versetzt werden, um ein annehmbares Ergebnis zu erzielen. Würde man die Milch hierfür über mehrere Tage hinweg sammeln, würde sie zu sauer werden. Leider finden sich in der Literatur nur wenige Angaben über die Käseherstellung. Am ausführlichsten berichten EDELBERG und JONES in ihrem Nuristanbuch (1979, S.85ff.). Sie haben auch die Gewinnung von Lab aus dem Magen eines Zicklein beschrieben. SCHEIBE teilte mit, dass Lab aus Kälbermagen gewonnen werde (1937, S.135). ROBERTSON (1896, S.556) und GRJUNBERG (1980, S.55) ist zu entnehmen, dass Gedärm von Ziegen, bzw. Zicklein für die Käseherstellung verwendet wird. Die Literatur über die weiter östlich wohnenden dard-sprachigen Gruppen und über die Bergtadschiken enthält nach meiner Kenntnis keinerlei Erwähnung von Labkäse (man vergleiche etwa ANDREEV 1958, S.239., oder KREUTZMANN 1989, S.132). ERSCHOV berichtet von den Bergtadschiken in Karategin und Darwas, dass sie Milch in Form von Käse überhaupt nicht zu sich nehmen und in ihrer Sprache auch keine Wörter dafür haben (KISLJAKOV/PISARTSCHIK 1970, S.243). FUSSMAN konnte in seiner Verbreitungskarte der Bezeichnungen für Käse gerade im Gebiet von Nuristan sehr viele Eintragungen machen, doch betont er, dass die Interpretation mit Schwierigkeiten zu kämpfen hat, da man nicht sicher sein kann, ob Wörter, die die gleiche Etymologie haben, sich auch auf eine identische Realität beziehen (1972, S.176). Bemerkenswert ist, dass im Yidgah, das zu den erwähnten Pamirsprachen gehört, das Wort ‚kirar' aufgezeichnet wurde, offensichtlich ein Lehnwort, das die Bedeutung ‚Kafiren-Käse' hat. Dies macht deutlich, dass diese Bergtadschiken sich darüber im klaren sind, dass ihre südlichen Nachbarn nicht nur ihre Tiere anders betreuen, sondern sich auch durch die Käseherstellung von ihnen unterscheiden. Ein Monatsname, ‚kil-lo', den LENTZ bei seinen Studien zur Zeitrechnung in Nuristan in mehreren Dörfern aufnehmen konnte, hängt etymologisch mit dem angeführten Yidgah-Wort für ‚Kafiren-Käse' zusammen. LENTZ übersetzt diesen Monatsnamen mit ‚Labkäsemachen' (1978, S.87, 122). Loude und Lièvre bringen im Glossar ihres Buches über das Winterfest der Kalasch die Eintragung: „Kila: gros fromage rond, usage du Kafiristan" (1984, S.357).

Die Palae bestehen immer nur für einen Sommer. Sie werden alljährlich neu gebildet. Dies bedeutet, dass den Winter über bis zum Beginn der Weidesaison in den Dörfern hin und her Besprechungen geführt, bis endlich gültige Absprachen getroffen werden. Freundschaft sind ein Motiv für das Zusammengehen, doch auch Fragen der Weiderechte werden wichtig genommen. Wie erwähnt, können gerade in Nuristan diese Rechte in vielen Fällen als vererbbare Eigentumsrechte angesprochen werden, wobei sich die Dynamik der personalen Entwicklungen innerhalb der patrilinear orientierten Lineage auswirkt, wie Nuristani dies am Beispiel seiner Familie dargestellt hat (1973, S.178f.). Vereinfacht lässt sich sagen: hatte ein Mann, der drei Söhne hat, alleiniges Nutzungsrecht an einer Alm, die gerade die Tiere eines Palae aufnehmen kann, so erben seine Söhne davon je ein Drittel. Allerdings wird nun nicht von jedem der Söhne davon je ein Drittel der Alm genutzt, vielmehr hat jeder von ihnen das Recht, in jedem dritten Jahr über die Nutzung der ganzen

Alm zu verfügen. So gibt es in jedem Jahr Bauern, die selbst ein Palae bilden können, um ihre Weiderechte wahrzunehmen, während andere sich einem Palae anschliessen müssen, weil sie selbst im betreffenden Jahr kein Weiderecht haben. Es schiene sinnvoll, wenn sich Verwandte zusammenschliessen würden, wenn also in unserem Modellfall die drei Brüder, bzw. deren Nachfahren, immer wieder ein Palae bilden würden. Doch solche Zusammenschlüsse kommen nur selten vor. Dies ergab sich wenigstens für das Dorf Nischei im Waigal-Tal, dem Heimatdorf von Ahmad Yusuf NURISTANI (1973), der noch als Student Ende der sechziger Jahre dort begonnen hatte, Haus für Haus die Einwohner, ihre Heiratsbeziehungen und ihre Palae-Kontakte zu erfassen. Leider konnte er diese Arbeit nicht zu Ende führen. Auch Nachbarschaftsbeziehungen scheinen keine grosse Bedeutung für den Zusammenschluss im Palae zu haben. Dagegen werden durchaus praktische Überlegungen herangezogen, etwa welche Qualität die aufzusuchenden Weiden haben (STRAND 1975, S.128), oder auch vorausplanend, mit wem man im kommenden Jahr im Palae zusammenarbeiten möchte, dies besonders, wenn man selbst im kommenden Jahr keine Weiderechte hat.

Nicht überall in Nuristan sind jedoch private Nutzungsrechte an Almen für die Palae-Bildung ausschlaggebend. Edelberg und Jones berichten aus dem Dorf Pronz im Prasun-Tal, wo 1954 von vierzig Haushalten dreiundzwanzig Vieh besassen, dass die Palae im Frühjahr durch Verlosung zusammengestellt wurden (1979, S.92). Buddruss wurde im gleichen Tal mitgeteilt, dass die Weiden eines Dorfes in Bezirke, Pele genannt, aufgeteilt sind, und dass die Haushalte eines Dorfes in Weidenutzungs-Gruppen eingeteilt sind, und zwar nicht nach verwandschaftlichen Kriterien. Diese Gruppen werden ebenfalls Pele genannt. Alljährlich oder auch alle drei Jahre wird durch Los bestimmt, welche Gruppe ihre Tiere in welchem Bezirk weiden soll (SNOY 1962, S.56). Da zu jedem der Weidebezirke mehrere Almstationen mit keineswegs immer gleichartigen Weidegründen gehören, ergibt sich, dass ein Palae während einer Weidesaison mehrere Stationen aufsucht. EDELBERG und JONES konnten in Pronz eine Karte erarbeiten, welche die einzelnen Stationen enthält, die von den vier im Dorf gebildeten Palae aufgesucht werden, dazu eine Tabelle über die Dauer des Aufenthalts einzelner Palae auf einzelnen Weidestationen (1979, S.96). Diese Daten zeigen deutlich, dass dieses Weidenutzungssystem, das gewiss von Dorf zu Dorf variiert, ganz den örtlichen Bedingungen angepasst ist. Die Anzahl der von den einzelnen Palae aufgesuchten Almen ist verschieden: acht, neun, zehn und elf. Die Aufenthaltsdauer auf den einzelnen Almen schwankt zwischen zehn und siebenundzwanzig Tagen. Einzelne Almen werden mehrfach aufgesucht. Auf der Alm Tizi hält sich im Juni und Juli ein Palae dreiundzwanzig Tage auf, und im Oktober weiden dort alle vier Palae ihre Tiere, allerdings nur für zehn Tage.

Die Weidesysteme, so zeichnet sich ab, wirken dem eingangs erwähnten Verhalten der Tiere, die besten Futterpflanzen bevorzugt zu beweiden und dadurch zu schädigen, durch wiederholten Weidewechsel entgegen. Es ist beachtenswert, dass dies im alten Kalenderwesen Nuristans, das mit Zeitperioden unterschiedlicher Länge arbeitet, zum Ausdruck kommt. Dabei ist zu bedenken, dass jeder Weidewechsel mit zusätzlicher Arbeit verbunden ist, die von den Hirten, die ständig bei den Herden sind, allein kaum zu bewältigen ist. Zu diesen Umzügen kommen daher Leute aus dem Dorf auf die Almen und bringen dann auch die milchwirtschaftlichen Produkte der abgelaufenen Almperiode ins Dorf. Es ist gut für derartige Terminregelungen einen Kalender zu haben. EDELBERG und JONES haben neben ihrer Tabelle der Almaufenthaltsdauer aus Pronz die von LENTZ 1935 und EDELBERG 1953 in diesem Dorf aufgezeichneten Kalender gesetzt und es ist überraschend, dass viele der achtzehn, siebenundzwanzig, vierzehn, dreiundzwanzig Tage dauernden ‚Monate' mit der Dauer einzelner Almaufenthalte übereinstimmen. Zusammenfassend schrieb LENTZ über die Kalender im Kati-Gebiet: „Hinweise auf die Jahreszeit, das Wetter, die Frucht finden sich nur vereinzelt und beziehen sich im letzteren Fall kaum je auf den Feldbau. Dagegen nimmt eine Einstellung auf almwirtschaftliche Verhältnisse einen breiten Raum ein, insofern als offenbar alle Sommermonate, besonders im eigentlichen Kati-Gebiet, den schon vorislamisch aus dem Paschto entlehnten Terminus ‚-lau' zur Bezeichnung der Ablieferung der Almprodukte bekommen können. In der gleichen Gegend zeigt man auch rechnerisch Rücksicht auf die Weidezeit. Das geschieht in zweifacher Weise. Erstens decken sich dort offenbar überall, jedenfalls im Sommer, die Monatslängen mit den Ablieferungsfristen für die Almprodukte. Zweitens besteht die Möglichkeit, durch Ausgleichsintervalle von 1 bis zu 9 Tagen nicht nur den Beginn des Viehauftriebs zu den Hochalmen, sondern auch den des im Kalender dafür vorgesehenen Monats zu verschieben und die Differenz späterhin zu verrechnen. Auch diese Regelung dürfte den Experten obliegen. Vielleicht weist sie auf ein neben dem religiösen bestehendes wirtschaftliches Jahr. Das vorherrschen almwirtschaftlicher Terminologie und Rechnungsweise macht den Kati-Kalender typologisch zu einem Weide-Kalender" (1978, S.106).

Den vielfältigen Möglichkeiten zum Weiden der Herdentiere im Sommer steht das Problem ihrer Ernährung im Winter, auf das Volk so ausdrücklich hinwies, gegenüber. Die Möglichkeit zur Transhumanz, die TROLL im Nanga Parbat-Gebiet aufgefallen war, gibt es auch weiter westlich. So haben die Bewohner von Kamdesch reiche Winterweiden im unteren Baschgal-Tal. Da die Tiere im Winter keine Milch mehr geben, genügt es, sie unter der Aufsicht eines Hirten dorthin zu schicken. In Prasun und auch im Kati-Gebiet fehlen dagegen Winterweiden (STRAND 1975, S.124, 134). Die Bewohner von Bagrot im Karakorum hatten früher gute Winterweiden im Bereich der Mündung des Bagrot-Flusses in den Gilgit-Fluss. Doch dort begann Mitte der dreissiger Jahre eine erfolgreiche Siedlungstätigkeit, von der auch die Bewohner Bagrots profitierten. Bewässerungskanäle wurden gebaut und Felder wurden bestellt, doch die Winterweiden gingen verloren. Ausgleich ermöglichte die Beschickung einer Winterweide, die sehr viel weiter westlich liegt und mit den Tieren nicht mehr an einem Tag erreicht werden kann (SNOY 1975, S.104; GRÖTZBACH 1984, S.313). Aufs Ganze scheint sich diese beschwerliche Überwinterung der Tiere dämpfend auf die Viehhaltung ausgewirkt zu haben. Auf der den betroffenen Dörfern gehörenden Sommerweide könnten weit über viertausend Tiere Futter finden, aber schon 1955 wurden dort nur etwa dreitausend Tiere aufgetrieben und diese Zahl hatte sich 1982 nicht geändert (GRÖTZBACH 1984, S.316).

Ist Transhumanz nicht möglich, muss zu den spärlichen Weidemöglichkeiten auf Stoppelfeldern in Dorfnähe Stallfütterung hinzukommen, und diese bedarf der Futterwerbung im Sommer. Nach der Rückkehr der Tiere von den Almen und mit Beginn des Winters, der ja auch in unserem Kalender an die Sonnwende geknüpft ist, beginnt im ganzen Gebiet eine Periode grosser Feste, für die viele Tiere geschlachtet werden. Ausserdem kann in der kalten Jahreszeit Fleisch auch als Vorrat gelagert werden. Dadurch wird der Bedarf an Viehfutter verringert.

Eigentlichen Futteranbau, etwa Luzerne, gibt es nur selten (HASERODT 1988, S.126). Das qualitätsreichste Winterfutter wird durch die Ernte von Wildheu gewonnen (HASERODT, ebenda; ZARIN/SCHMIDT 1984, S.38, 57; STRAND 1975, S.128). Es sind Gräser, die in günstigen Lagen gedeihen, vielfach auch auf abgeernteten Feldern bei den Sommerdörfern und schliesslich an den Feldrainen im Dorf selbst, wobei diese als Privateigentum der Feldbesitzer angesehen werden. Das Verbot im Sommer Vieh im Dorf zu halten, welches in manchen Dörfern sehr streng gehandhabt wird (SNOY 1975, S.112), zeigt, wie wichtig die Bereitstellung von Winterfutter ist. Kein Grashalm im Dorf darf daher im Sommer unnützerweise von Tieren gefressen werden. Nach der Getreideernte wird auch alles Stroh als Winterfutter gespeichert. Dabei ist man sich über dessen Futterqualität im klaren. GRJUNBERG wurde gesagt, dass Maisstroh die Milchleistung der Kühe mindere, weshalb Maisstroh nur an gelte Kühe verfüttert wird (1980, S.55).

Eine weitere im Winter sehr wichtige Futterquelle, vor allem für die Ziegen, ist das Laub von Bäumen. Bereits die Beobachtungen der Deutschen Hindukusch Expedition 1935 führten SCHEIBE zu der Formulierung: „Die Gebiete vorwiegender Ziegenhaltung und das Areal der Steineiche decken sich mit verblüffender Genauigkeit" (1937, S. 127). HASERODT (1988, S.126) wies darauf hin, dass diese Aussage im Kern richtig, aber etwas zu prononciert ist. So verfüttern die Paschai, die sprachlich den Darden zuzurechnen sind und südlich der Nuristani in etwas tiefer liegenden Tälern wohnen, an ihre Ziegen und Schafe als Winterfutter auch das Laub des wilden Ölbaums, wie er von den Paschai genannt wird (seitun). Dabei wird meist geschneitelt, Äste werden abgeschlagen und oft in den Ställen als Futter aufgehängt (Photo 2). Im Kulman-Tal, dessen Wasser zum Alingar-Fluss in Laghman fliesst, sah ich bei meinem Besuch 1966 sehr dichte Bestände dieses Ölbaums. Als ich meine Bewunderung über diesen schönen Wald ausdrückte, erzählte ein älterer Paschai, dieser Wald sei in seiner Jugend nicht so dicht gewesen, doch seit in Kulman weniger Viehzucht betrieben werde – als Grund gab er an, es wäre zu viel Arbeit – sei der Wald hier grösser und dichter geworden.

Diese Aussage zeigt, dass man sich durchaus über die hemmende Wirkung der Laubverfütterung auf das Gedeihen der Wälder im klaren ist. Dessen ist man sich auch in Nuristan im Gebiet der Steineichenwälder bewusst. NURISTANI betont, dass die Bäume eine Futterquelle sind, die sorgsam behandelt werden muss: „This control and care taking can be done in the best way by the private owner" (1973, S.178). PARKES berichtet auch von den Kalasch, dass die Steineichen in der Nähe der Winterställe privates Eigentum unabhängiger Haushalte sind (1987, S.644), und HASERODT stellt fest, „dass teilweise in Süd- und Mittel-Chitral innerhalb des die Gemeinden umgebenden Landes die Eichenbestände zur Nutzung unter den Haus-

Photo 2: Ziegen- und Schafstall mit zur Fütterung aufgehängten, geschneitelten Zweigen des „wilden Ölbaums", rechts Feuerstelle und Plattform auf der die Hirten schlafen. Paschai, Sau-Tal, Laghman-Provinz. Afghanistan.

halten aufgeteilt sind" (1980, S.126) Auch hier dürfte die Einsicht vorherrschen, dass privates Eigentum sorgfältiger behandelt wird als öffentliches Eigentum. Doch muss auch daran erinnert werden, dass die Steineiche zu den Pflanzen gehört, die dem reinen und sakralen Bereich zugeordnet sind, und schon darum ein besonderes Verhalten erfordern. Bei einer Wanderung durch die sehr dichten Steineichenwälder von Tregam, in einem Seitental des unteren Petsch gelegen, erwähnte ich einem nuristanischen Bauern gegenüber, dass die laubfressenden Ziegen noch den ganzen schönen Wald hier auffressen würden, worauf er mir sehr bestimmt erwiderte, dies sei nicht möglich. Mit der Bemerkung: Ziegen fressen diese stachligen Blätter nicht, führte er mich zum nächsten Baum. In der Tat waren bei allen Bäumen, die wir uns in diesem Wald ansahen, die Blätter der bodennahen Zweige hart und mit spitzen Stacheln versehen. Erst etwa ab Mannshöhe waren die Blätter weicher und hatten kaum Stacheln (Photo 3). Als Nichtbotaniker lasse ich es dahingestellt, ob es sich hierbei um eine spezifische Art der dort wachsenden Steineichen handelt, wie es die Auffassung meines Begleiters war, oder ob es sich hier nicht um eine Folge des Schneitelns handelt, wobei immer Äste im Oberteil des Baumes ausgeschnitten werden, der Baum also immer im Oberteil neue Äste mit

Photo 3: Steineiche bei Tregam. Petschtal. Kunar Provinz Afghanistan. Untere Blätter hart und stachelig, Blätter im Oberteil weicher.

neuen, zarten Blättern treibt, während im Unterteil die Blätter alt, hart und stachlig werden. Die Unterhaltung zeigt jedoch, dass sich die nuristanischen Bergbauern des Problems bewusst sind, und dass ihre Schneitel-Technik, denn normalerweise werden immer nur Äste vom Oberteil der Bäume geholt, der Schonung der Bäume gerecht wird. Es ist nicht zu übersehen, dass das traditionelle ‚management' der Alpwirtschaft in Hindukusch und Karakorum nicht zuletzt auch vor dem Hintergrund spezifisch weltanschaulicher Vorstellungen Formen entwickelt hat, die geeignet sind, „das biologische Gleichgewicht zwischen der Vegetation und der Beanspruchung durch die Weidetiere" zu wahren, wenngleich verschiedentlich Schädigungen festzustellen sind. GRÖTZBACH erwähnt solche Schäden aus Bagrot (1984, S.317), HASERODT aus Chitral (1989, S.138), allerdings erwähnt er in diesem Zusamenhang auch die in das Gebiet eindringenden Gudschur, das heisst Fremde, die in das traditionelle System als Störfaktor eindringen. Andererseits bezeugt die erwähnte Walderholung im Kulman-Tal, dass langfristige Schwankungen in der Tierhaltung der Vegetation immer wieder eine Regeneration ermöglichen können.

Interessant, dass für den Rückgang der Tierhaltung Arbeitsüberlastung angeführt wird, oder anders betrachtet: Personalmangel. KREUTZMANN stellte hierzu Zahlen aus Hunza zusammen (1989, S.140ff.) und ermittelte, dass junge Männer nur noch selten auf die Almen gehen. Für Nuristan stellte STRAND fest: mehr und mehr fehlen qualifizierte und verlässliche Hirten, und verweist als Ursache auf die Einführung der Schule: „From the time they were about seven or eight years old, boys were sent to the alpine pastures for the summer to help their fathers and uncles with the herding chores and to receive apprentice training. Since the establishment of the school in 1953, all boys between the ages of seven and fourteen have been required to spend their summer in school, where they are taught a largely irrelevant, quasi-Westernized curriculum by often unsympathetic outsiders whose qualifications are frequently second-rate. Their training in herdsmanship during these formative years has been virtually eradicated. Furthermore, their schooling instills in them a disdain toward herdsmanship, which they come to regard as work fit only for illiterates. In an interview of the graduating class that I conducted in 1968, only one boy out of 28 expressed a desire to become a herdsman (he drowned in 1974 trying to save a cow that had fallen into the Landay Sin); the rest all wanted to go on to schools in Kabul or Jalalabad. Only a few actually went on, to be swallowed up by the urban milieu and removed from tribal life. The rest became the Kom equivalent of ‚drugstore cowboys'. By now most Kom males under the age of 25 have had similar experiences, and those are suddenly faced with the reality of supporting a family in Nuristan are finding that their education has severely handicapped their ability to survive in the tribal economy". (1975, S.131).

Führt das Fehlen geeigneter Hirten zu einem Rückgang der subsistenzorientierten Alpwirtschaft und könnte damit einer Erholung der Vegetation dienen, so führt die gleichzeitig einsetzende marktwirtschaftlich orientierte Waldnutzung zu Schadenswirkungen, die jene der traditionellen Nutzung um ein Vielfaches übertreffen (FISCHER 1970, S.123ff.). Strand hat daher recht, wenn er im Hinblick auf Aussagen in Berichten von Entwicklungsexperten, dass Ziegen die Wälder Nuristans zerstören würden, den leicht ironischen Vorschlag macht: „the maintenance of forest land should come not from the curtailment of goatherding, but from its encouragement" (1975, S.133). Schliesslich waren es die Ziegenzüchter, die jahrzehntelang dem Vordringen der Holzfäller Widerstand entgegensetzten.

Man sollte nicht vergessen, dass es die Alpwirtschaft treibenden Bergbauern im Hindukusch und Karakorum über Jahrhunderte hinweg geschafft haben, das heikle ökologische Gleichgewicht ihres Lebensraumes zu wahren, und damit ihr Leben mit der ihnen eigenen Auffassung von der Ordnung der Welt in diesem Raum zu gestalten. Freilich, die moderne Entwicklung hat dieses ganze Gebiet nicht nur in wirtschaftliche, sondern vor allem auch in politische und militärische Wirren gestürzt. Welche Folgen daraus für die dort lebenden Menschen und auch für ihre Alpwirtschaft erwachsen, lässt sich nicht absehen.

Summary:
Alpine Farming in the Hindukush and Karakorum.

The different altitudinal zones of the Hindukush and Karakorum can be used economically according to their specific local biogeographical and climatic conditions for farming and stockbreeding. On the southern as well as on the northern slopes of these mountains people utilize different zones in different seasons. The brief period of productivity on the alpine meadows is used for grazing livestock. In some areas the whole population of the villages moves to higher zones in summer in order to enjoy the coolness of the mountains. In other areas only sheperds accompany the flocks to the alpine pastures.

Since livestock prefers to feed on the best plants of a pasture, these plants are in danger of being destroyed. This could be avoided by proper alpine farming management. The question is, how many animals can one keep on a given pasture for how long. The right to use a pasture belongs to families; it is their concern to ensure that pastures are not overstocked. The headmen of the families make the decisions concerning utilization of pastures in the domains of the village. Flocks are usually driven to several pastures. Under certain conditions, several farmers form cooperatives to rationalize cattle-tending and dairying. Thus, each member of a *palae* (cooperative) in Nuristan is on certain days supplied with fresh milk from all the animals belonging to the *palae*, which is needed for making a special cheese with rennet.

The critical period for feeding livestock, however, is not summer, i.e. dry season. The ample, alpine pastures make it possible even for intruders to graze their cattle there, as the Gudjars for instance. The critical period is winter, i.e. wet season. In general, the villagers are not in a position to prepare and store fodder in sufficient quantities. Therefore, the number of animals kept depends on the fodder available in winter. In the areas where „holm oaks" grow, their leaves supply additional fodder. Those farmers, who can practise transhumance in a restricted sense, that is, farmers who have access to winter-pastures where they can send their animals with herdsmen, are in a position to keep larger flocks.

In addition to these practical concerns, people do have in mind also the „inner aspects" of livestock farming. The higher zones of the mountains are considered to be the abode of supernatural beings. According to Nuristanis and Dards, therefore, women should not go there; all work connected with cattle-tending and dairying has to be done by men. In contrast to this, amongst the Tadjiks on the northern side of the mountains, dairy work has to be done by women; there are even periods when men are not allowed to come to the pastures.

The traditional ways of alpine farming kept the requirements of man and nature for centuries in balance. Will this balance be disturbed by the present-day political and military unrest in the area?

Literaturverzeichnis

ANDREEV, Michail Stepanowitsch (1953/1958): Tadshiki Doliny Chuf. Vypusk I, Stalinabad 1953; Vypusk II, Stalinabad 1958.

BARTH, Fredrik (1956): Indus and Swat Kohistan. Studies honouring the Centennial of Universitetets Etnografiske Museum, Oslo 1857-1957, Vol.II. Oslo.

BIDDULPH, John (1880): Tribes of the Hindoo Koosh. Calcutta 1880. Reprint: Graz 1971.

BRECKLE, S.-W., und W. FREY (1974): Die Vegetationsstufen im Zentralen Hindukusch. In: Afghanistan Journal, Jg. 1(3), S.75-80. Graz.

DOERFER, Gerhard (1975): Türkische und Mongolische Elemente im Neupersischen, Band IV. Wiesbaden.

EDELBERG, Lennart & Schuyler JONES (1979): Nuristan. Graz.

FISCHER, Dieter (1970): Waldverbreitung im östlichen Afghanistan. Afghanische Studien, Bd. 2. Meisenheim am Glan.

FUSSMANN, Gérard (1972): Atlas Linguistique des Parlers Dardes et Kafirs. Publications de l'Ecole Francaise d'Extrême-Orient, Vol. LXXXVI. Paris.

GRJUNBERG, Aleksandr Leonovitsch (1980): Jazyki Vostotschnogo Gindakuscha – Jazyk Kati. Moskva.

GRÖTZBACH, Erwin (1972): Kulturgeographischer Wandel in Nordost-Afghanistan seit dem 19. Jahrhundert. Afghanische Studien, Bd. 4. Meisenheim am Glan.

– (1984): Bagrot – Beharrung und Wandel einer peripheren Talschaft im Karakorum. In: Die Erde, Jg. 115, S.305-321. Berlin.

HASERODT, Klaus (1989): Chitral (Pakistanischer Hindukusch). Strukturen, Wandel und Probleme eines Lebensraumes im Hochgebirge zwischen Gletschern und Wüste. In: Beiträge und Materialien zur Regionalen Geographie, H. 2: Hochgebirgsräume Nordpakistans: S.43-180. Berlin.

HÜTTEROTH, Wolf-Dieter (1959): Bergnomaden und Yaylabauern im mittleren kurdischen Taurus. Marburger Geographische Schriften, H. 11. Marburg.

ILLI, Dieter Walter (1991): Das Hindukush-Haus. Zum symbolischen Prinzip der Sonderstellung von Raummitte und Raumhintergrund. Beiträge zur Südasienforschung, Bd. 139. Stuttgart.

JACOBEIT, Wolfgang (1954): Tanshumanz und Wanderschäferei. In: Veröffentlichungen des Instituts für Deutsche Volkskunde, Bd. 5: Völkerforschung, S.70-77. Berlin.

JETTMAR, Karl (1960): Soziale und wirtschaftliche Dynamik bei asiatischen Gebirgsbauern (Nordwestpakistan). In: Sociologus, N.F., Vol. 10, S.120-138. Berlin.

– (1975): Die Religionen des Hindukusch. Die Religionen der Menschheit, Band 4,1. Stuttgart.

– (1982): Kafiren, Nuristani, Darden: Zur Klärung des Begriffssystems. In: Anthropos, Vol. 77, S.254-263. Fribourg.

– (1983): Indus-Kohistan. Entwurf einer historischen Ethnographie. In: Anthropos, Vol. 78, S.501-518. Fribourg.

JONES, Schuyler (1974): Men of Influence in Nuristan. Seminar Studies in Anthropology, 3. London.
KARMYSCHEVA, Bel'kis Chalilovna (1969): Arten der Viehaltung in den Südbezirken von Usbekistan und Tadshikistan. In: FÖLDES, L. (ed.): Viehwirtschaft und Hirtenkultur, S.112-126. Budapest.
– (1979):O torgovle v vostotschnych bekstvach Bucharskogo Chanstva v natschale XX v. v svjazi s chozjajstvennoj spetsializatsiej. In: Tovarno-Deneshnye otnoschenija srednevekov'ja, S.114-133. Moskva.
KISLJAKOV, Nikolaj Andreevitsch, i Antonina Konstantinovna PISARTSCHICK (1966/1970/1976): Tadshiki Karategina i Darvaza. Vypusk I, Dushanbe 1966. Vypusk II, Dushanbe 1970. Vypusk III, Dushanbe 1976.
KREUTZMANN, Hermann (1989): Hunza. Ländliche Entwicklung im Karakorum. Abhandlungen – Anthropogeographie, Bd. 44. Berlin.
KUSSMAUL, Friedrich (1965): Badchschan und seine Tadschiken. In: Tribus, Nr. 14, S.11-99. Stuttgart.
LEITNER, Gottlieb William (1877): The Languages and Races of Dardistan. Lahore.
LENTZ, Wolfgang (1931): Auf dem Dach der Welt. Berlin.
– (1939): Zeitrechnung in Nuristan und am Pamir. Aus den Abhandlungen der Preussischen Akademie der Wissenschaften. Jg. 1938, Phil.-hist. Klasse, No. 7. Berlin. Reprint: Graz 1978.
LOUDE, Jean-Yves, et Viviane LIÈVRE (1984): Solistice paien. Paris.
MORGENSTIERNE, Georg (1973): Indo-Iranian Frontier Languages, Vol. VI: The Kalasha Language. Oslo.
MOTAMEDI, Ali Ahmad (1983): L'importance socio-economique et socio-religieuse de la chèvre au Nouristan. In: Snoy, P. (ed.): Ethnologie und Geschichte. Festschrift für Karl Jettmar. Beiträge zur Südasienforschung, Bd. 86, S.418-422. Wiesbaden.
MÜLLER, Elli (1938): Die Herdenwanderungen im Mittelmeergebiet. In: Petermanns Mitteilungen, 84. Jg., S.364ff. 1938.
MÜLLER-STELLRECHT, Irmtraud (1973): Feste in Dardistan. Arbeiten aus dem Seminar für Völkerkunde der Johann Wolfgang Goethe-Universität Frankfurt am Main, Bd. 5. Wiesbaden.
– (1979): Materialien zur Ethnographie von Dardistan (Pakistan). Teil I: Hunza. Graz.
NAGEL, Ernst Hermann (1973): Der Reisbau bei den Kho in Chitral. In: RATHJENS, C.; C. TROLL; H. UHLIG (eds.): Vergleichende Kulturgeographie der Hochgebirge des südlichen Asien. Erdwiss. Forsch., Bd. V, S.128-140. Wiesbaden.
NAYYAR, Adam (1986): Astor: eine Ethnographie. Beiträge zur Südasienforschung, Bd. 88. Wiesbaden.
NURISTANI, Ahmad Yusuf (1973): The Palae of Nuristani (a type of cooperative dairy and cattle farming). In: RATHJENS, C.; C. TROLL; H. UHLIG (eds.): Vergleichende Kulturgeographie der Hochgebirge des südlichen Asien. Erdwiss. Forsch., Bd. V, S.177-181. Wiesbaden.
PALWAL, Abdul Raziq (1979): The Kafir Status and Hierarchy and their Economic, Military, Political, and Ritual Foundations. The Pennsylvania State University, Ph.D., 1977. University Microfilms International, Ann Arbor, London.
PARKES, Peter (1987): Livestock Symbolism and Pastoral Ideology among the Kafirs of the Hindu Kush. In: Man, N.S. Vol. 22, S.637-660. London.
RAO, Aparna & Michael J. CASIMIR (1985): Pastoral Niches in the Western Himalayas (Jammu & Kashmir). In: Himalayan Research Bulletin, Vol. IV, No.2, S.28-42.
RATHJENS, Carl (1973): Fragen des Wanderhirtentums in Vorder- und Südasiatischen Hochgebirgsländern. In: RATHJENS, C.; C. TROLL; H. UHLIG (eds.): Vergleichende Kulturgeographie der Hochgebirge des südlichen Asien. Erdwiss. Forsch., Bd. V, S.141-145. Wiesbaden.
ROBERTSON, George (1986): Kafirs of the Hindukush. London.
SCHEIBE, Arnold (1937): Die Landbauverhältnisse in Nuristan. In: Deutsche im Hindukusch. Deutsche Forschung, Schriftenreihe der Deutschen Forschungsgemeinschaft, N.F., Bd. 1, S.98-140. Berlin.
SCHOMBERG, R.C.F. (1938): Kafirs and Glaciers. London.
SCHWEINFURTH, Ulrich (1957): Die horizontale und vertikale Verbreitung der Vegetation im Himalaya. Bonner Geographische Abandlungen, Bd. 20. Bonn.

- (1983): Mensch und Umwelt im Indus-Durchbruch am Nanga Parbat (NW-Himalaya). In: SNOY, P. (ed.): Ethnologie und Geschichte. Festschrift für Karl JETTMAR. Beiträge zur Südasien-Forschung, Bd. 86, S.536-559. Wiesbaden.
SIIGER, Halfdan (1956): Ethnological Field-Research in Chitral, Sikkim, and Assam. Preliminary Report. Historisk-filologiske Meddelelser udgivet av Det Kongelige Danske Videnskabernes Selskab, Bind 36, No.2, Kobenhavn.
SNOY, Peter (1960a): Kalasch – Nordwestpakistan (Chitral). Almauftrieb mit Opfern. In: WOLF, G. (ed.): Encyclopaedia Cinematographica, E 210/1959. Göttingen.
- (1960b): Darden – Nordwestpakistan (Gilgitbezirk). Almwirtschaft. In: WOLF, G. (ed.): Encyclopaedia Cinematographica, E 211/1959. Göttingen.
- (1962): Die Kafiren. Formen der Wirtschaft und geistigen Kultur. Dissertation, D 30. Frankfurt.
- (1965): Nuristan und Mundschan. In: Tribus, Nr. 14, S.101-148. Stuttgart.
- (1975): Bagrot. Eine dardische Talschaft im Karakorum. Graz.
STALEY, John (1969): Economy and Society in the High Mountains of Northern Pakistan. In: Modern Asian Studies, vol. III (3), S.225-243.
STRAND, Richard F. (1975): The changing Herding Economy of the Kom Nuristani. In: Afghanistan Journal, Jg. 2 (4), S.123-134. Graz.
TOPPER, Uwe (1977): Beobachtungen zur Kultur der Kalasch (Hindukusch). In: Zeitschrift für Ethnologie, Bd. 102, S.216-296. Braunschweig.
TROLL, Carl (1973): Die Höhenstaffelung des Bauern- und Wanderhirtentums im Nanga Parbat-Gebiet (Indus-Himalaya). In: RATHJENS, C.; C. TROLL; H. UHLIG (eds.): Vergleichende Kulturgeographie der Hochgebirge des südlichen Asien. Erdwiss. Forsch., Bd. V, S. 43-48. Wiesbaden.
UHLIG, Harald (1973): Wanderhirtentum im Westlichen Himalaya. In: RATHJENS, C.; C. TROLL; H. UHLIG (eds.): Vergleichende Kulturgeographie der Hochgebirge des südlichen Asien. Erdwiss. Forsch., Bd. V, S.157-167. Wiesbaden.
VOLK, Otto Heinrich (1969): Ökologische Grundlagen des Nomadismus. In: Nomadismus als Entwicklungsprobleme. Bochumer Schriften zur Entwicklungsforschung und Entwicklungspolitik, Bd. 5, S.57-66. Bielefeld.
ZARIN, Mohammed Manzar & Ruth Laila SCHMIDT (1984): Discussion with Hariq. Berkeley Working Papers on South and Southeast Asia. Berkeley.
ZARUBIN, Ivan Ivanovitsch (1960): Schugnanskie Teksty i Slovar'. Moskva / Leningrad.

Hermann KREUTZMANN:

Sozio-ökonomische Transformation und Haushaltsreproduktion in Hunza (Karakorum)

Einführung

Entwicklungsprobleme des Hochgebirgsraumes erfahren in jüngster Zeit eine gesteigerte Aufmerksamkeit. Einmal ist in Zusammenhang mit der Verkehrserschließung eine Vielzahl von Entwicklungsprojekten, die sich der „integrierten ländlichen Entwicklung" verschrieben haben, in Hochgebirge vorgedrungen, zum anderen tritt in der Diskussion des „Himalayan Dilemma"[1] eine große Wissenslücke zu Tage, die zahlreiche zum Gemeingut gewordene Aussagen zur Landdegradation, Erosion und mit ihr verbundene Überflutungsphänomene im Gebirgsvorland in Frage stellt. Ein Mangel an zielgerichteten Regionalstudien wird deutlich, die Hochgebirgsregionen als Teil eines übergeordneten Öko- und Wirtschaftssystems untersuchen und zu einer geschlosseneren Darstellung der Hochgebirgsphänomene beitragen könnten.

Beziehungen zwischen Hochland und Tiefland sowie genauere Detailkenntnisse in ausgewählten Gebieten sind notwendig, um verläßliche Aussagen über Entwicklungsprozesse im Hochgebirge zu machen, die das Spektrum der Interaktionen von Mensch und Hochgebirgsumwelt erschließen und Regionalbehörden in den betroffenen Ländern u.a. eine Planungsgrundlage liefern.

In der vorliegenden Fallstudie wird der Versuch unternommen, die Wirtschaftsentwicklung in einer Talschaft des Karakorum für einen Zeitraum von zwei Jahrhunderten nachzuzeichnen und die aktuellen Rahmenbedingungen für Austauschprozesse zu erfassen. Anhand von Migrationsphänomenen und ihren Rückwirkungen auf die lokale Agrarwirtschaft soll aufgezeigt werden, wie sozio-ökonomische Transformationen in einer Hochgebirgsregion ablaufen und durch externe Eingriffe – wie z.B. den Bau einer neuen Verkehrsachse, wie sie der Karakoram Highway darstellt, – beeinflußt werden.

Anmerkungen zur Entwicklung der Hochgebirgsforschung

Die Geographie des Hochgebirges blickt auf eine lange Tradition gerade im deutschsprachigen Raum zurück. Wesentliche Erkenntnisse wurden vor allem in den Alpen gewonnen, die modellbildend in die Hochgebirgsforschung allgemein eingingen. Bei einer näheren Betrachtung lassen sich gegenwärtig zwei Haupt-

---

1 Vgl. das 1989 erschienene Buch mit gleichnamigem Titel von JACK D. IVES & BRUNO MESSERLI, das Ergebnisse einer internationalen Hochgebirgskonferenz präsentiert und eine Kritik der sog. „Theory of Himalayan Environmental Degradation" anstrebt; vgl. auch IVES (1987, S. 189-199). Einen globalen Überblick liefert STONE (1992).

richtungen unterscheiden: Einmal Untersuchungen, die orographische und ökologische Besonderheiten herausstellten und zu umfangreichen terminologischen und klassifikatorischen Modellen führten. Hierauf begründete Carl TROLL (1941, 1975) eine vergleichende Hochgebirgsforschung. In seinem Konzept einer dreidimensionalen Betrachtungsweise (TROLL 1959, 1962) ging er von einem eng gefaßten Hochgebirgsbegriff aus. Auf vegetationsgeographischer Grundlage wurde das Natur- und Nutzungspotential in unterschiedlichen Klimazonen systematisch erfaßt. Diese Eingrenzung auf orographisch definierte Hochgebirgsregionen ermöglichte den globalen Vergleich, Typenbildung und das Aufstellen von Zonierungsmodellen (RATHJENS 1981, 1982; SCHWEIZER 1984). Bis in die Gegenwart sind zahlreiche Untersuchungen auch zu höhenangepaßten Produktions- und Nutzungssystemen auf diese die Abgeschlossenheit von Hochgebirgen herausstellende Betrachtungsweise ausgerichtet.

Eine zweite Gruppe von Arbeiten zur Geographie des Hochgebirges hebt die ökologische und ökonomische Einbindung dieser Regionen in Großräume hervor. Wandlungsprozesse in europäischen Hochgebirgen gaben den Anstoß zu einer Auseinandersetzung mit Phänomenen wie „Bergbauernproblem" und „Höhenflucht". In den Vordergrund kulturgeographischer Untersuchungen traten Fragen zur Verkehrserschließung, von regionalen Disparitäten und zu Wanderungsvorgängen.

Gerade in Verbindung mit Auswanderung in überseeische Siedlerkolonien und mit Industrialisierungsprozessen im Gebirgsvorland wurde die These von der Überbevölkerung in Hochgebirgen diskutiert. Diese beiden Forschungsrichtungen lieferten wesentliche Beiträge für die Entwicklung der Hochgebirgsgeographie und prägen die kulturgeographische Forschung auf diesem Gebiet. In den in jüngster Zeit drängender werdenden Fragen des Ressourcenschutzes und der Grundbedürfnisbefriedigung einer wachsenden Bevölkerung auch in den Hochgebirgen der Dritten Welt vertrauen sie zumeist auf externe Eingriffe zur Modernisierung dieser Regionen (vgl. GRÖTZBACH 1982, 1984). Den prinzipiell andersgearteten sozio-ökonomischen Rahmenbedingungen in Entwicklungsländern wird dabei nur unzureichend Rechnung getragen. Hier bietet die geographische Entwicklungsforschung Anknüpfungspunkte, da sie räumliche Aspekte von Entwicklungsproblemen in ihrem globalen Systemzusammenhang diskutiert. (vgl. BLENCK, TRÖGER & WINGWIRI 1985, S.69).

In der vorliegenden Studie[2] wird angestrebt, Entwicklungsprozesse und ihre Träger in einer Talschaft des Karakorum zu erfassen. Ausgehend von einer historischen Perspektive wurden die Auswirkungen auf die Wirtschafts- und Sozialstruktur analysiert. Von zentraler Bedeutung war dabei die Wechselwirkung zwischen externen Interventionen und internen Entwicklungen. Veränderungen der Wirtschaftsgrundlagen der Gebirgsbevölkerung im Zusammenhang mit dem Bau des Karakoram Highway gaben den aktuellen Anlaß für diese Regionalstudie.

2   Die Untersuchungen wurden im Rahmen eines von der Deutschen Forschungsgemeinschaft (DFG) geförderten Forschungsprojektes vornehmlich in den Jahren 1984/85 durchgeführt: kürzere Nachbesuche folgten 1986, 1988 und 1989. Aktualisierungen wichtiger Eckdaten konnten während der Feldarbeiten im DFG-Schwerpunktprogramm „Kulturraum Karakorum" 1990-1991 vorgenommen werden. Vgl. ausführlicher zu den Ergebnissen KREUTZMANN 1987, 1989a, 1993.

Das Untersuchungsgebiet und seine Wirtschaftsgrundlagen

Bei einer solchen diachronischen Analyse war die Wahl eines geeigneten Untersuchungsgebietes von entscheidender Bedeutung. Die heutige Hunza Subdivision der von Pakistan verwalteten Northern Areas bietet sich als eine solche Region an, mit einem über den betrachteten Zeitraum relativ einheitlichen Territorium. Hunza grenzt im Norden an Afghanistan und China und ist Teil des zwischen Pakistan und Indien umstrittenen Gebietes im erweiterten Konfliktfeld Kaschmir. Mit einer Größe von 11.695 km² entspricht das Territorium Hunzas einem Viertel der Fläche der Schweiz. Die Bevölkerungsdichte ist mit 2,3 Einwohnern pro km² jedoch äußerst gering. Die permanenten Siedlungen der 34.600 (1991) Hunzukuč, wie die Bewohner sich nennen, liegen in unmittelbarer Nähe zum Hunza-Fluß bzw. seinen Nebenflüssen. Dieser Haupttiefenlinie folgt auch der Verlauf des Karakoram Highway (vgl. Abb. 1). Ausgedehnte Bereiche Hunzas werden von Gletschern eingenommen. Der Karakorum repräsentiert das meistvergletscherte Gebirge außerhalb der Polargebiete[3]. Bei solch vertikal differenzierter Naturraumausstattung wird die geringe Bevölkerungsdichte verständlich.

Die Siedlungen sind als kompakte Bewässerungsoasen in einem Höhenbereich von 1850 bis 3500 m angelegt. Bei durchschnittlichen jährlichen Niederschlagssummen von unter 150 mm im Talgrund ist dort kein Regenfeldbau möglich. Die starke Vergletscherung läßt sich nur aufgrund wesentlich höherer Niederschläge in der Gipfelregion erklären. Das tief eingeschnittene Hunza-Tal weist sehr steile Hänge auf: Auf einer Horizontaldistanz von 11 km ragt der Karakorum-Hauptkamm an einzelnen Stellen 6 km in die Höhe. Diese hohe Reliefenergie läßt unterschiedliche Vegetationszonen erwarten, die von der ariden Wüstensteppenzone im Talgrund bis in die humide nivale Zone des ewigen Eises hinaufreichen (vgl. HEWITT 1989; PAFFEN, PILLEWIZER & SCHNEIDER 1956; SCHWEINFURTH 1957). Dazwischen liegen mehr oder weniger umfangreich ausgeprägte Artemisien-, Nadelwald- und Zwergstrauchmattenzonen, die von der Gebirgsbevölkerung in unterschiedlichem Maße genutzt werden.

In einer Bewässerungswirtschaft auf hohem technologischen Niveau werden die Kanalsysteme der Oasen vorwiegend von Gletscherschmelze aus Seitentälern des Hunza-Flusses gespeist (Abb. 2). Die Kulturlandschaft ist durch dieses Kanalnetz und damit verbundene Wassernutzungsrechte scharf abgegrenzt in Bereiche intensiven Ackerbaus, Obstgärten und bewässertes Grasland (vgl. KREUTZMANN 1988, 1990). Außerhalb der Oasen schließt sich in der Artemisien-Steppe das Weidegebiet an, das in Höhen zwischen 3000 und 4000 m saisonale Almsiedlungen mit partiellem Getreideanbau aufweist.

Die Viehwirtschaft liefert einen wichtigen Beitrag für die Versorgung des Haushalts mit Nahrungsmitteln wie Fleisch und Milchprodukte, die in ihren haltbar gemachten Formen einen wichtigen Vorrat für die Winterversorgung darstellen. Darüber hinaus ist das Vieh unerläßlich als Düngerlieferant für die Heimgüter. Nur

---

3 Mit einem Flächenanteil von 28 % hebt sich die Vergletscherung des Karakorum deutlich von der des Himalaya (8-12 %) und der der Alpen (2 %) ab.

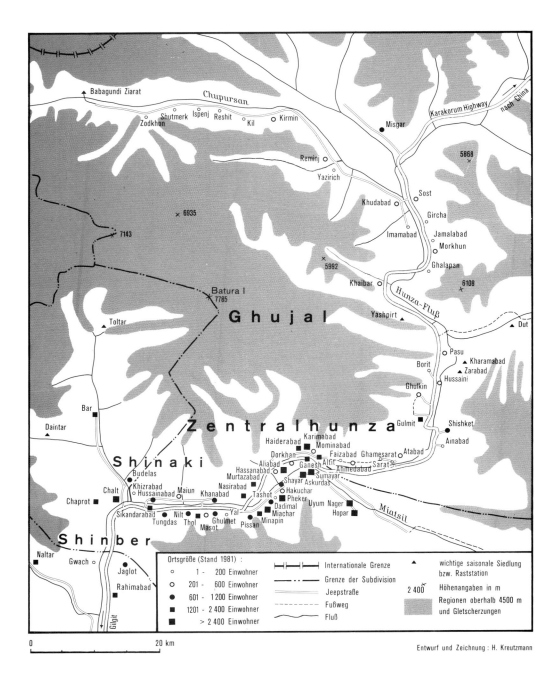

Abb. 1: Siedlungen im Hunza-Tal.

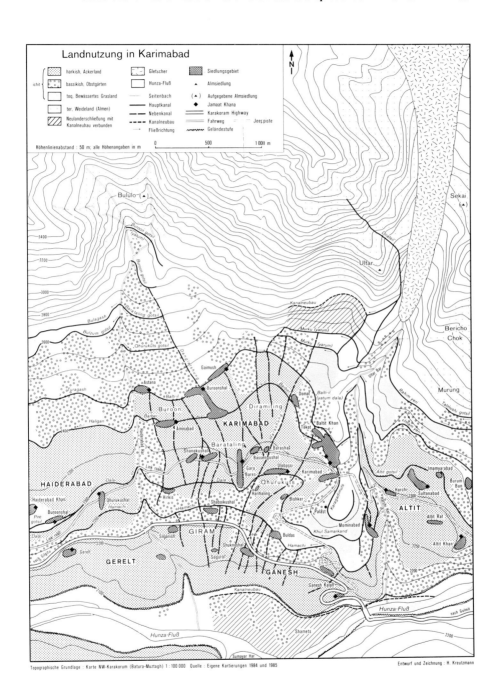

Abb. 2: Landnutzung in Karimabad.

eine intensive Düngergabe von 20 bis 40 t/ha erlaubt, daß in Höhen von 2500 m noch ertragreiche Doppelernten im Terrassenanbau erzielt werden können.

Auf Winterweizen bzw. Sommergerste folgen Mais (*Zea mays*), Hirse (*Panicum miliaceum*, *Setaria italica*), Buchweizen (*Fagopyrum esculentum* und *tataricum*) und Kartoffeln (*Solanum tuberosum*). Auf der anderen Seite muß im Bewässerungsland ein Teil der Fläche für Futtermittelproduktion reserviert werden. Luzerne (*Medicago sativa*) wird in wachsendem Umfang angebaut.[4] Die Winterversorgung des Viehs stellt den limitierenden Faktor für Herdengrößen dar. Diese Interdependenz von Ackerbau und Viehwirtschaft prägte über lange Zeit das auf Selbstversorgung ausgerichtete Wirtschaftssystem der Hunzukuč.

Im Unterschied zum pakistanischen Gebirgsvorland, wo Großgrundbesitz einerseits und Pacht- und Tagelöhnerwesen andererseits die Agrarsozialstrukturen prägen, herrscht hier eine hohe Gleichverteilung an Bodenbesitz, was jedoch eine vorhandene ausgeprägte Sozialstratifikation nicht verschleiern kann. Lediglich die Extrempositionen liegen näher zueinander. Im Durchschnitt bearbeiten Betriebe Flächen um ein Hektar Bewässerungsland in Gemengelage. Das gilt für alle vier ethno-linguistischen Gruppen[5] Hunzas in gleichem Maße. Ihr Siedlungsgebiet ist auf bestimmte Talabschnitte verteilt. Der ehemalige Herrscher Hunzas – *mir* oder *tham* genannt – galt als größter Grundeigentümer. Er nannte in den 60er Jahren noch 120 ha sein eigen. Seit der Absetzung der Lokalherrscher 1974 wurde der überwiegende Teil veräußert. Mit 6 ha Grundeigentum verfügt er jedoch noch immer über den größten geschlossenen Besitz in Karimabad, das bis 1983 Baltit hieß.

Eine ausreichende Versorgung der Bevölkerung mit Grundnahrungsmitteln stellte ein immerwährendes Problem dar. Abhängig von den historischen Rahmenbedingungen wurde es mit unterschiedlichen Mitteln in Angriff genommen. Ein Ausgleich für regionale Produktionsdefizite mußte über außeragrarischen Austausch geschaffen werden.

---

4 Die Flächenanteile für Luzerne können in manchen Bewässerungsoasen bis zur Hälfte des Ackerlandes ausmachen und reduzieren dadurch das knappe zur Verfügung stehende Anbaugebiet für Brotgetreide. Zusätzlich dienen das Getreidestroh sowie Blätter aller vorhandenen Bäume durch „Futterlauben" bzw. Schneiteln als wichtiges Viehfutter.

5 Die Bevölkerung des Hunza-Tales setzt sich aus vier ethno-linguistischen Gruppen zusammen: Der obere Talabschnitt wird vorwiegend von Wakhi-Ackerbauern (19,2 % der Hunzukuč) bewohnt, die als späte Zuwanderer aus dem Wakhan in Hunza Zuflucht suchten. Sie sprechen einen ostiranischen Dialekt. Die zahlenmäßig größte Gruppe (67,1 %) bilden die Burusho. Ihr Idiom – das Burushaski – konnte bislang keiner Sprachfamilie zugeordnet werden. In den tieferen Talabschnitten siedeln Shina-Sprecher (12,6 %), die durch die Verwendung des Shina, einer Sprache des altindischen Nordwest-Prakrit, ausgegliedert werden. Als vierte und zahlenmäßig kleinste Gruppe (1,1 %) bleiben die Dom zu erwähnen. Als traditionelle Handwerker- und Musikerkaste nahmen sie eine untere Position in der Sozialhierarchie ein. Alle Hunzukuč-Gruppen besitzen eine eigene Geschichte und unterschiedliche Traditionen, gemeinsam ist ihnen eine Agrarkultur der „mixed mountain agriculture" (RHOADES & THOMPSON 1975) basierend auf Oasenbewässerung und viehwirtschaftlicher Nutzung der natürlichen Weidegebiete.

Historische Entwicklung der Austausch- und Verkehrsbeziehungen

Hunza ist kein typischer Paßstaat, der direkte Kontrolle über wichtige Handelsrouten zwischen Zentralasien und dem indischen Subkontinent ausübte, wie etwa Badakhshan und Kaschmir (vgl. den Pashmina-Wollhandel dort). Trotzdem partizipierte das Fürstentum ähnlich wie Chitral durch seine Zugangsmöglichkeiten zu den Nebenrouten der Seidenstraße zwischen Badakhshan und Ost-Turkestan (Kashgar) bzw. Ladakh und Ost-Turkestan (Yarkand) anders als benachbarte Talstaaten am überregionalen Handelsaustausch. Unter ähnlichen Gesichtspunkten sind das koloniale Interesse Rußlands und Britisch-Indiens im 19. Jh. und die strategische Bedeutung dieses Tales beim Bau des Karakoram Highway einzuordnen.

Im wesentlichen lassen sich vier Phasen der Entwicklung der Austauschbeziehungen unterscheiden (Abb. 3)[6]. Im Anschluß an die Einverleibung Ost-Turkestans ins „Reich der Mitte" 1759 versuchte der Herrscher Hunzas, Tham Khisro, die Eigenständigkeit Hunzas durch die Aufnahme von Tributbeziehungen zum Kaiser von China zu wahren. Es gelang ihm durch vielfältige Beweise der Loyalität, die sich in einem alljährlichen Geschenkeaustausch manifestierte. Der in Gold zu entrichtende Tribut Hunzas wurde durch Geschenke in Form von Seide, Baumwollstoff, Tee und Porzellan überkompensiert. Diese Güter flossen im wesentlichen dem Herrscher-Haushalt zu. Die Lage an der Peripherie Chinas und lange Kommunikationswege erklären vielleicht, daß selbst regelmäßige Überfälle auf Handelskarawanen durch berühmt-berüchtigte Hunza-Räuber geduldet wurden und zu keiner ernsthaften Verschlechterung der Beziehungen führten. Beutestücke aus diesen Karawanenüberfällen und der Verkauf der Gefangenen auf die Sklavenmärkte Badakhshans und Turkestans kamen für einen substantiellen Teil der Einkünfte des *tham* von Hunza auf (vgl. MÜLLER-STELLRECHT 1978, 1981). Zusätzlich konnte der *tham* seine Einflußsphäre in die Pamir-Gebiete ausdehnen, wo günstige Weidegründe für Herden aus Hunza lagen und kirgisische Nomaden teilweise vertrieben und teilweise besteuert wurden. Mehr als ein Jahrhundert waren die Austauschbeziehungen Hunzas ausschließlich nach Norden auf die Seidenstraßenoasen gerichtet. Diese einseitige Ausrichtung wurde seit 1846 zu verhindern gesucht, nachdem im Vertrag von Amritsar die „Nordgrenze" von der britischen Kolonialverwaltung dem Maharaja von Kaschmir überlassen worden war.[7]

---

6 Vgl. zur historischen Entwicklung ausführlich KREUTZMANN (1989a, S. 17-39 mit Quellenangaben).

7 Dem hinduistischen Dogra-Fürsten Gulab Singh wurde das überwiegend muslimische Kaschmir-Becken verkauft. Das sog. „Kaschmir-Problem" hat hierin seine Wurzeln, da zur Zeit der Unabhängigkeit 1947, als Pakistan und Indien als Teilungsprodukte des „Indian Empire" entstanden, die Zugehörigkeit dieser Provinz nicht eindeutig geklärt wurde. Die Teilungsdoktrin, die eine Zuordnung zu den neuentstehenden Staaten aufgrund konfessioneller Kriterien vorsah, wurde in diesem „princely state" nicht angewandt, da der hinduistische Maharaja sich einem Anschluß an Pakistan verweigerte bzw. ihm unentschlossen gegenüber stand. Daraus resultierte der erste Krieg zwischen Indien und Pakistan, die Einflußsphäre beider Staaten in Kaschmir ist seither durch die „cease fire-line" bzw. „line of control" markiert. Dieses kolonial präformierte

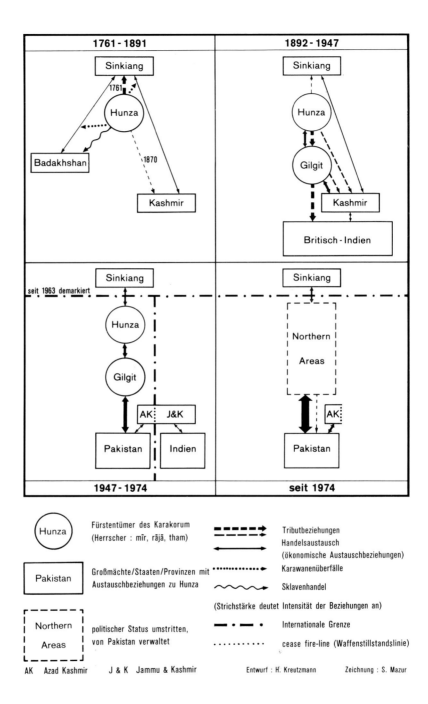

Abb. 3: Historische Entwicklung der Austauschbeziehungen.

Den Abschluß der kolonialen Interessenverlagerung bildete die sog. „Hunza Campaign" 1891 als Hunza von britisch-kaschmirischen Truppen erobert und die Souveränität Hunzas verloren wurde (vgl. HUTTENBACK 1975; KNIGHT 1895). Hiermit waren vielfältige Auswirkungen auf die Herrschaftsinstitutionen wie auch die Sozialstruktur verbunden.

Die Phase von 1892 bis 1947 war durch eine verstärkte Ausrichtung der Austauschbeziehungen nach Süden gekennzeichnet. Die Einsetzung eines willfährigen *tham* in Hunza führte zu einer Form von „indirect rule", die durch die 46-jährige Ägide von Mir M. Nazim Khan nachhaltig geprägt wurde. Als unumschränkter Herrscher Hunzas mit britischer Rückendeckung erhöhte er seine Einkünfte aus Steuerabgaben beträchtlich und profitierte von Zahlungen der Kolonialverwaltung. Bis 1937 wurden die Beziehungen zu China formell aufrechterhalten. Zu diesem Zeitpunkt wurden alle Territorialansprüche Hunzas in Xinjiang[8] aufgegeben. Die Durchsetzung der britisch-indischen Vormachtstellung im „Great Game" mit dem zaristischen Rußland führte zur einseitigen Ausrichtung der ökonomischen Austauschbeziehungen auf das koloniale Verwaltungszentrum Gilgit.

Obwohl eine Intensivierung des Handels durch das Hunza-Tal geplant war, erhielt diese Route nicht zuletzt aufgrund der schwierigen Wegeverhältnisse, fehlender Tragtiere und Versorgungsmöglichkeiten keinen besonderen Zuspruch der ausnahmslos auswärtigen Händler und Transporteure. Die ausgezeichneten Beziehungen des *tham* zur britischen Kolonialverwaltung resultierten in der Bereitstellung von Siedlungsland in der Umgebung von Gilgit, wo auch erstmals Hunzukuč außeragrarische Beschäftigungen als Söldner fanden.

Ein gravierender Einschnitt in die Regionalstruktur erfolgte mit der Teilung des indischen Subkontinents 1947 und dem folgenden Kaschmir-Konflikt. Nach indischer Auffassung bilden Hunza sowie die gesamte ehemalige Gilgit Agency und Baltistan einen Teil Kaschmirs, nach pakistanischer Einschätzung besitzen diese Gebiete einen anderen völkerrechtlichen Status und werden vom Kaschmir-Disput ausgeklammert. Für beide Auffassungen gibt es unterstützende und widersprechende kolonialzeitliche Dokumente.

Alle muslimisch dominierten Bergregionen hatten sich frühzeitig und eindeutig für Pakistan entschieden. Die in administrativen Fragen abwartende Haltung der Regierung in Karachi veranlaßte den *tham* von Hunza, seine Beziehungen zu China wiederaufzunehmen. Gleichfalls drohte er Pakistan mit einem Anschluß an die Sowjetunion, falls keine Lösung der Beitrittsfrage herbeigeführt würde. Die Lokalherrscher strebten eine innere Autonomie bei außenpolitischer Vertretung durch Pakistan ähnlich den Prinzenstaaten Indiens an. Der Kaschmir-Krieg (1947) polarisierte die Allianzfrage weiter. Ein Resultat dieser frühzeitigen Auseinandersetzung der unabhängigen Staaten war die Kappung traditioneller Verkehrswege

Problem belastet die Beziehungen beider Nachbarn und führte wie auch in jüngster Zeit immer wieder zu Konflikten. Gegenwärtig ist Kaschmir geteilt in die indische Provinz Jammu & Kashmir und in das pakistanische Azad Kashmir.

8 Ost-Turkestan oder Sinkiang, was so viel wie „neues Land" bedeutet, werden synonym für die heutige chinesische Autonome Uigurische Region Xinjiang verwendet. Dagegen bezeichnet Kashgarien lediglich den südlichen Teilbereich mit Tarim-Becken (Takla Makan Shamo), Oasen (Alteshar) und Randgebirgen.

durch die Demarkation der Waffenstillstandslinie.[9] Zuvor hatte die einzige Route aus der Gilgit Agency über den Burzil-Paß (4200 m) ins heutige indische Srinagar geführt. Im Laufe weniger Jahrzehnte hatte sich die russisch-britische Konfrontation in eine indisch-pakistanische gewandelt, die durch unterschiedliche Allianzverbindungen der beiden souveränen Staaten mit Großmächten auf globaler Ebene verschärft wurde. Die strategische Bedeutung der Nordgebiete wurde dadurch jedoch nicht gemindert.

In den 50er Jahren verloren die Talschaften des Nordens fast alle traditionellen Handels- und Austauschbeziehungen infolge von Grenzschließungen und politischen Manövern. Auf pakistanischer Seite wurde eiligst die Babusar-Route (gleichnamiger Paß in 4173 m Höhe) durch das Kagan-Tal ausgebaut und schon 1949 erreichte der erste Jeep Gilgit. In Hunza setzte das motorisierte Zeitalter 1957 ein.

Gleichzeitig wurden Pläne für den Bau einer Allwetterstraße zwischen Pakistan und China entworfen. Die Realisierung setzte ab 1959 mit dem Bau der „Indus Valley Raoad" ein. In fast zwanzigjähriger Bauzeit wurde der heute „Karakoram Highway" genannte Verbindungsweg zwischen Zweigen der historischen Seidenstraße in Xinjiang und der kolonialzeitlichen „Grand Trunk Road" im indopakistanischen Gebirgsvorland errichtet. Diese in chinesisch-pakistanischer Zusammenarbeit errichtete „Straße der Freundschaft" bildet die Verkehrsachse für eine Kanalisierung der Austauschbeziehungen Hunzas mit Pakistan.

Unter der Regierung von Zulfiqar Ali Bhutto wurden 1972-1974 in einem ordnungspolitischen Eingriff die letzten Herrscher der Northern Areas abgesetzt und pensioniert. Hunza wurde daraufhin endgültig in die pakistanische Verwaltungsstruktur integriert, was mit vielfältigen staatlichen Maßnahmen zum Infrastrukturausbau, Abschaffung von direkten Steuern und Transportsubventionen verbunden war. Der Handel mit China über den Karakoram Highway weist seither stetige Zuwachsraten auf, nimmt jedoch bislang nur eine untergeordnete Position im bilateralen Gesamtwarenaustausch ein.

Der Bau einer strategisch motivierten Straße hat die Bindungen der Northern Areas an Pakistan gefestigt. Das Machtvakuum, das durch die Absetzung der Lokalherrscher entstand, füllen nach und nach auch in die entlegenen Gebirgstäler vordringende Verwaltungsinstitutionen aus.

Gegenwärtige Einkommensstruktur in Hunza

Anhand der Zusammensetzung der Haushaltseinkünfte[10] zur Zeit der Untersuchungen sollen die Außeneinflüsse und ihre Rückwirkungen auf die interne Struktur in Hunza beispielhaft aufgezeigt werden.

---

9   Die „cease fire-line" bzw. „line of control" trennte den traditionellen Zugang zum Kaschmir-Becken (Rawalpindi-Domel-Srinagar) sowie die Versorgungsrouten der Karakorum-Täler ab. Srinagar wird seither über das Pir Panjal-Gebirge via Banihal-Paß (2831 m) bzw. -tunnel (2196 m) von Jammu aus auf gut ausgebauter Straße erreicht.
10 Unter Haushalt wird in diesem Zusammenhang eine Verbindung mehrerer Personen zum

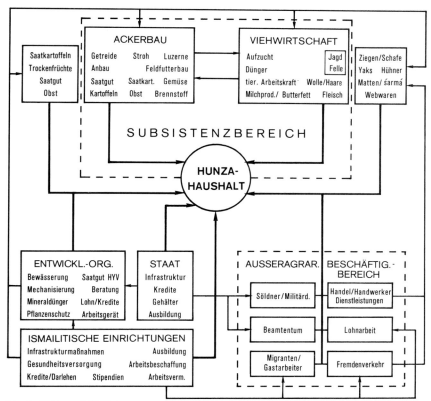

Abb. 4: Erwerbsquellen eines Hunza-Haushaltes.

Neben den ehemals dominierenden Subsistenzbereich aus Ackerbau und Viehwirtschaft sind zahlreiche weitere Erwerbsquellen getreten (Abb. 4). Sie steuern unterschiedlich gewichtete Beiträge zu den Haushaltseinkommen bei. Die Subsistenzlandwirtschaft wird ergänzt durch marktwirtschaftliche Produktion absatzfähiger Agrargüter, deren Stellenwert aufgrund neuer Absatzmöglichkeiten zunimmt. Erträge aus außeragrarischen Beschäftigungen treten hinzu, wie z.B. aus Dienstleistungen, Handel und Handwerk. Diese Einkommensquellen werden zu einem geringen Teil innerhalb Hunzas erschlossen. Vielmehr ist eine erhöhte räumliche Mobilität zu ihrer Inwertsetzung notwendig. Als dritte Komponente müssen Beiträge aus verschiedenartigen Beziehungen zu staatlichen, ismailitischen und Entwicklungs-

Zwecke gemeinsamer Wirtschaftsführung verstanden, in Hunza faßbar durch eine Haus- und Herdgemeinschaft. Diese minimale Residenzeinheit lebt in einem „ha", wie das traditionelle Einraumhaus genannt wird.

organisationen berücksichtigt werden, die direkt und indirekt (z.B. durch Subventionen, Stipendien, Kredite etc.) die Einkommen erhöhen. Eine Diversifizierung der Erwerbsquellen nimmt stetig zu.

Eine genauere Betrachtung der Zusammensetzung der Haushaltseinkünfte gibt Aufschluß über die Steuerungsmechanismen, die diesen Entwicklungsprozeß bestimmen. Zwei Zahlen zum aktuellen Stand verdeutlichen ein lokales Produktionsdefizit: Nur drei Viertel allen konsumierten Brotgetreides werden gegenwärtig im Gilgit District selbst produziert, in Karimabad – dem Hauptort Hunzas – nur 42 % im Jahre 1983. Ähnliche Verlagerungen gelten für Guhuit, wo in einem traditionellen Getreideanbaugebiet 1991 nur noch 53 % des Verbrauchs aus eigener Erzeugung stammten. Produktionsdefizite dieser Größenordnung, die durch Zukauf kompensiert werden müssen, überraschen zunächst einmal in einer vorwiegend agrarisch geprägten Hochgebirgsregion; ähnliches gilt für die Fleischerzeugung: Während traditionell nur im Winter geschlachtet wurde und die Herden zur Haushaltsversorgung allein ausreichten, nimmt der Fleischverkauf in Gilgit Town, aber auch im Hunza-Tal (Rahimabad, Aliabad) stetig zu. Wasserbüffel aus „down country" werden als Schlachtvieh nach Gilgit verlegt.[11] Im Herbst 1989 wurde erstmals eine große Herde von 500 Yaks und 1.500 Schafen und Ziegen von einer Gruppe Hunzukuć aus Ghujal in China erworben und nach Hunza getrieben. Binnen kürzester Zeit wurden die Tiere im Hunza-Tal und Gilgit Town verkauft. Offensichtlich sind zum Ausgleich dieses Produktionsdefizits zusätzliche Einkünfte nötig, die einen Zukauf an Nahrungsmitteln erlauben. Diese Geldmittel stammen hauptsächlich aus dem Komplex, der unter „außeragrarischer Beschäftigungsbereich" zusammengefaßt wurde (Abb. 4). Eine überaus wichtige Rolle spielen dabei die Migrantenüberweisungen.

Mobilitätsmuster im Karakorum

Traditionell regelte der Agrarkalender den Arbeitskräftebedarf und die saisonale Verlagerung der Aktivitäten. Neben den Aufgaben zur Aussaat, Feldpflege und Ernte im Heimgut stellte jeder Haushalt Hirten für die sommerliche Weideperiode, Jagd und Sammeltätigkeiten im Bereich der Almen ab. Je nach Lage der Oasen – ob im Einfach- oder Doppelerntengebiet – verkürzte bzw. verlängerte sich diese Phase der landwirtschaftlichen Arbeiten. Grössere Zeiträume im Winter waren durch eine relativ geringe Auslastung der Haushaltsarbeitskräfte gekennzeichnet, die jedoch auch durch Neuanlage- und Reparaturarbeiten an Kanälen und Terrassenfeldern ausgefüllt wurde. So ist es nicht verwunderlich, daß die Suche nach neuen Beschäftigungsmöglichkeiten zunächst in diesen Jahresabschnitt gelegt wurde und in vielen Tälern des Karakorum noch gelegt wird.

Das Spektrum der unterschiedlichen nicht-agrarischen Wanderungsformen ist gegenwärtig vielfältig: Räumliche Mobilität von Hunzukuć umfaßt Nahwanderungen innerhalb der Gilgit Agency, dann saisonale bis längerfristige Abwanderung in die

---

11   Noch 1985 gab es nur zwei Verkaufsstellen für Wasserbüffel in Gilgit Bazar, 1989 waren es schon mehr als fünfzehn.

Sozio-ökonomische Transformation und Haushaltsreproduktion in Hunza   87

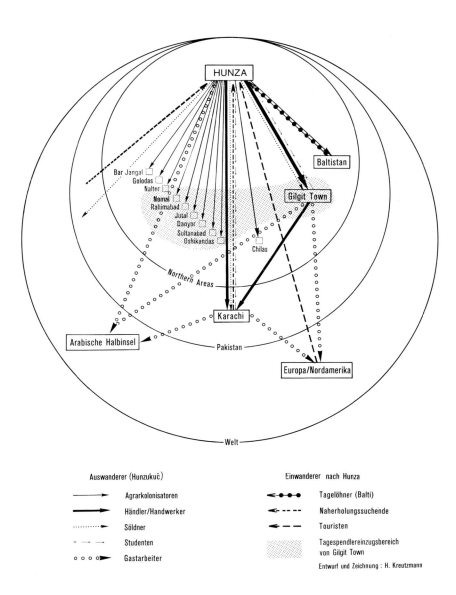

Abb. 5: Mobilitätsformen und ihre Reichweite.

städtischen Zentren des Gebirgsvorlandes und schließlich Migration nach Übersee. Das Diagramm (Abb. 5) verdeutlicht die unterschiedlichen Wanderungsströme und gibt die räumlichen Aspekte qualitativ wieder. In umgekehrter Richtung sind größenordnungsmäßig kleine saisonale Wanderungsströme von Tagelöhnern aus Baltistan, Naherholungssuchenden aus dem Gebirgsvorland und von Touristen aus dem Ausland zu verzeichnen.

Genaueren Aufschluß liefert eine Zuordnung nach Tätigkeitsbereichen. Eine Agrarkolonisation in der Umgebung von Gilgit Town setzte im Anschluß an die britische Eroberung Hunzas 1891 ein. Die Kolonialverwaltung suchte die Versorgung der Garnison Gilgit durch Meliorationsarbeiten zu sichern. In diese Bewässerungskolonien wurden vorwiegend Siedler aus Hunza aufgenommen, da diese Talschaft eine weitverbreitete, bis in die Gegenwart anhaltende gute Reputation für Bewässerungskanalbau in schwierigem Terrain besitzt.

Frühe Verdienstmöglichkeiten außerhalb Hunzas eröffneten sich in britischer Kolonialzeit, als Söldner angeworben sowie einfache Verwaltungs- und Postläuferdienste angeboten wurden. Dieses Söldner- und Dienstleistungswesen bildet bis in die Gegenwart eine feste Größe für eine Bevölkerungsgruppe nicht nur der Hunzukuċ. Darüber hinaus bietet die Anlaufstation Gilgit Town Arbeitsmöglichkeiten in Handel und Gewerbe. Das Spektrum der Aufenthaltsdauer reicht von saisonaler bis zu permanenter Übersiedlung in den Distriktshauptort Gilgit. Die Zahl der Hunzukuċ, die sich in Gilgit Town und Umgebung längerfristig aufhalten, wird auf mehr als 14.000 Personen geschätzt, was vom Umfang fast die Hälfte der Residenzbevölkerung in Hunza ausmacht.

Die Bevölkerungspyramide (Abb. 6) für Gilgit Town zeigt einen enormen Überhang an männlichen Personen im arbeitsfähigen Alter. Insgesamt kommen auf 100 Frauen 164 Männer, was typisch für ein Migrationsziel ist, wo nur männliche Arbeitskräfte Beschäftigung finden und auf einen Familiennachzug verzichtet wird.

Die Schätzungen über die Anzahl der Hunzukuċ in „down country", d.h. im Gebirgsvorland und vor allem in Karachi, lassen eine Größenordnung von 3000 bis 5000 Personen als realistisch erscheinen. Zusammenfassend kann gesagt werden, daß sich das Migrationsmuster in Hunza von einer saisonalen Abwanderung während der Kolonialzeit zu einem längerfristigen Absentismus verändert hat.

Die aus den Migrantenüberweisungen erwachsenden beträchtlichen Zuwendungen für Haushaltseinkünfte ermöglichen erst einen Zukauf an Grundnahrungsmitteln, die vorwiegend aus Überschußproduktion im Gebirgsvorland stammen. Auch quantitativ läßt sich belegen, daß der Anteil der Grundversorgung Hunzas aus externen Ressourcen stetig ansteigt.[12]

---

[12] Bis zur Unabhängigkeit Pakistans (1947) erfolgte eine externe Versorgung mit Nahrungsmitteln ausschließlich für Militär und Kolonialverwaltung, vgl. NASIR HYDER (1961, S. 22). MESSERSCHMIDT (1953, S. 236) gibt das jährliche Defizit mit 10000 maund (= 37,32 t) für die ersten Jahre nach der Dekolonisation an. Noch 1963 wurden nur 3-4 % des Gesamtverbrauchs in den Gilgit District eingeführt, vgl. STALEY (1966, S. 373-374).

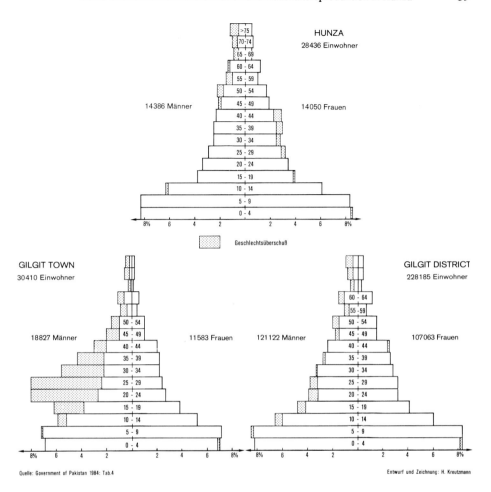

Abb. 6: Altersstruktur der Bevölkerung in Hunza, Gilgit Town und District 1981.

Verfall der Almwirtschaft und Neugewichtung der Haushaltsarbeitsteilung

Die Rückwirkungen auf die Landwirtschaft innerhalb Hunzas unter diesen veränderten Bedingungen sollen am Beispiel der Almwirtschaft und Arbeitsteilung illustriert werden. Die im System der „mixed mountain agriculture" (RHOADES & THOMPSON 1975) mit dem Ackerbau eng verknüpfte Almwirtschaft hat innerhalb der letzten 50 Jahre eine enorme Umgestaltung erfahren. Während um 1935 jeder fünfte bis zehnte Haushalt in Hunza einen Hirten für die Sömmerungsperiode in Shinaki und Zentralhunza abstellte, waren es in Ghujal im oberen Hunza-Tal sogar mehr als drei Viertel aller Haushalte.[13]

---

[13] Es ist QUDRATULLAH BEG (1935) aus Baltit zu verdanken, daß Daten für 1935 ausgewertet werden konnten. Eine Aufstellung der Almen in Hunza befindet sich in London im Nachlaß von D.L.R. LORIMER, der in der School of Oriental & African Studies aufbewahrt wird.

Tabelle 1: Almnutzung in Hunza 1935 und 1985 im Vergleich.

Dorf	Alm[1]	Nutzungsrecht	Haushalte[2] 1935	1985	Hirten 1935	1985	Vieharten 1935	1985	Anbau 1935	1985
Maiun	Baiyes	Shinaki[3]	137	344	12		H/P	H/O	xx	—
Maiun	Maiun bar	Shinaki[3]	137	344	10	3-4	H/O/P	H/O	xx	—
Maiun	Rui bar	Shinaki[3]	137	344	10		H/O/P	H/O	—	—
Hindi	Deinger haráay	Hindi	170	303	3		H		—	—
Hindi	Chashi haráay	Hindi	170	303	2		H		—	—
Hindi	Proni	Hindi	170	303	4		H		—	—
Hindi	Phulgi haráay	Hindi	170	303	3		H		—	—
Hindi	Hundri	Hindi	170	303	5		H		—	—
Hindi	Ghumu ter	Hindi	170	303	4		H		—	—
Murtazabad	Bate khar	Murtazabad	112	190	3		H		—	—
Hassanabad	Hachindar	Hassanabad	47	72	5		H	H	—	—
Hassanabad	Hachindar	Ganesh girám	127	204	10		H	H	—	—
Hassanabad	Muchu har	Buróoṅ	220	260	40-70	4	H/O	H/O	xx	—
Hassanabad	Shishpar	Dirámitiṅ	250	320	40-70	4	H/O	H/O	xx	—
Dorkhan	Ghumat	Dorkhan	45	84	2-3	1	H	H	xx	—
Ganesh	Ganzupar	Ganesh kalan	90	100	15-20	0[4]	H/O	H/O	—	—
Karimabad	Bululo	Buróoṅ	100	130	6	-	H	O	xx	tt
Karimabad	Hón	Dir-mitin	100	150	4	-	H	H	—	—
Karimabad	Ultar	Karimabad	380	529	5-12	3-4	H/O/P	H/O	xx	—
Karimabad	Sekai	Wazirkuć	30	40	4	-	O/P	O	—	—
Karimabad	Bulen				-	-		O	—	—
Karimabad	Suchash				2		H	-	—	—
Altit	Bério ćok	Berishal[5]	33	47	8	2	H	H	—	—
Altit	Móintas	Altit	178	380	4	2	H	H	xx	tt
Altit	Talmushi	Altit	178	380	4		H	H	—	—
Altit	Khuwate	Altit	178	380	4		H	H	—	—
Altit	Tiyash	Altit	178	380	8		H	H	xx	—
Altit	Ghundoing	Altit	178	380	2		H		—	—
Ahmedabad	Gurpi	Ahmedabad	36	70		3-4	H	H	xx	tt
Faisabad	Churd	Faisabad	14	20		1	H	H	—	—
Atabad	Baldiate	Atabad	32	73	10	4	H	H	—	—
Gulmit	Baldi hel	Gulmit	96	208	8	2	H/O	H/O	—	—
Gulmit	Gosh	Gulmit	96	208	2	1	H	H	xx	tt
Gulmit	Shatuber	Gulmit	96	208	-	-	O	O	—	—
Gulmit	Shamijerav	Gulmit/Khudabad[6]	96	208	12	6	H	H/O	—	—
Hussaini	Batura (Süd)	Hussaini	21	50	21	6-8	H/P	H/E	—	—
Pasu	Batura (Nord)	Pasu	22	61	22	13	H/Y/P	H/Y	xx	—
Shimshal	Shuwart/Shuijerav	Shimshal	54[7]	123	42	80	H/Y	H/Y	—	—
Shimshal	Ghujerab	Shimshal	54	123	12	6	H/Y	H/Y	—	—
Khudabad	Burum ter	Khudabad/Gulmit[6]	22	70	6	4	H	H	—	—
Morkhun	Abgerch/Boiber	Abgerchi[8]	10	60	)	)	H/Y/P	H/Y/E	xx	—
Gircha/Sarteez	Abgerch/Boiber	Abgerchi[8]	20	27	) 18	) 10	H/Y/P	H/Y/E	xx	—
Sost	Abgerch/Boiber	Abgerchi[8]	22	61	)	)	H/Y/P	H/Y/E	xx	—

1) Diese Tabelle beruht auf Befragungen in den Jahren 1984 und 1985 sowie auf der Auswertung von Quellen für den Vergleichszeitraum 1935 (vorwiegend QUDRATULLAH BEG 1935) und erhebt keinen Anspruch auf Vollständigkeit. Ergänzende Angaben zu Ghujal wurden während der Feldarbeiten 1990-1991 gesammelt.
2) Almberechtigte Haushalte
3) Ohne Hindi (seit 1983: Nasirabad)
4) Diese Herden werden von Nagerkuć betreut.
5) Berishal bzw. Dumyal wurde in Mominabad umbenannt.
6) Die Hochweide von Shamijerav (Wakhi: weißes Tal) firmiert bei den Burusho unter dem Namen Burum ter (Burushaski: weißer Weidegrund) und wird gemeinschaftlich von Wakhi und Burusho genutzt. Die kompakte Almsiedlung ist zweigeteilt und besteht aus separaten Aufstallungen, Pferchen und Wohngebäuden für Mitglieder der jeweiligen Gruppe.
7) Nach SCHOMBERG (1936: 38) und SHIPTON (1938) waren 50 Haushalte mit insgesamt 160 Mitgliedern nutzungsberechtigt.
8) Der Begriff Abgerchi umfaßt eine Untergruppe der Wakhi, die sich auf einen gemeinsamen Urahn berufen und sich als erste permanente Siedler von Morkhun, Gircha, Sarteez, Sost und Ghalapan begreifen. Mitglieder der Abgerchi besitzen Weidezugangsrechte für Abgerch, Boiber, Puryar und Mulung Qir oberhalb von Morkhun.

H = *huyés* (Schafe und Ziegen); P = Pferde; O = Ochsen; E = Esel; Y = Yaks
xx = bewässerter Getreideanbau in Hochweidegründen; tt = *ţoq* (bewässertes Grasland)
Quelle: QUDRATULLAH BEG 1935 in LORIMER-Personal Records (SOAS); SCHOMBERG 1936; SHIPTON 1938; eigene Erhebungen

Ein völlig anderes Bild (Tab. 1) ergab sich zur Zeit der Geländearbeiten 1985: Kaum mehr als ein Prozent der Haushalte stellte Almhirten in Shinaki und Zentralhunza. Selbst in Oberhunza sanken die Werte erheblich mit Ausnahme von Shimshal, wo ein ähnlich hoher Anteil wie vor 50 Jahren zu verzeichnen war (vgl. SCHOMBERG 1936, S.56, 62). Dazu kommt ein einfacheres Staffelsystem, da marginale Weiden aus Personalmangel nicht mehr aufgesucht werden können. Leicht zugängliche Almen werden dagegen sehr intensiv genutzt bzw. übernutzt. Die Altersstruktur der Hirten änderte sich zu Lasten älterer Männer, die die traditionell den Söhnen eines Haushaltes vorbehaltenen Aufgaben aus Mangel an Personal mitübernehmen müssen.

Weiterhin läßt sich eine Tendenz zur Milchviehhaltung im Heimgut erkennen. So wird einerseits vorhandenes Ressourcenpotential nicht ausgeschöpft, andererseits werden bestimmte Zonen überstrapaziert. Der Rückgang der Almwirtschaft wird wesentlich von zwei Größen gesteuert, die aneinander gekoppelt sind: Arbeitskräftemangel und Ablösung der Landwirtschaft als einzig dominierender Erwerbsquelle. Mehrmonatige Aufenthalte auf Almen bedeuteten traditionell ein Privileg. Sie lassen sich jedoch nicht mit geregelten außeragrarischen Beschäftigungsverhältnissen vereinbaren. Almwirtschaftspraktiken stellen somit einen Indikator für die Verschiebung des Produktionsschwerpunktes und eine Neubewertung von Arbeitskraft dar.

Noch stärker als in anderen Bereichen der Subsistenzlandwirtschaft, wo die traditionelle Arbeitsteilung gravierenden Veränderungen unterworfen ist, tritt bei der Almwirtschaft in Zentralhunza die Übernahme dieser Tätigkeiten durch eine Gruppe der älteren Männer in Erscheinung. Frauen bleibt der Zugang zu Almen aufgrund von Reinheitsvorstellungen traditionell verwehrt. Anders in Ghujal, wo Frauen für die Sömmerung des Viehs verantwortlich sind und ein Konflikt zwischen Almwirtschaft und außeragrarischen Beschäftigungen der Männer in dieser Form nicht existiert. Diese Unterschiede innerhalb Hunzas lassen sich aus der Zugehörigkeit der Bevölkerung zu verschiedenen ethnischen Gruppen erklären. Gerade im Bereich der Weidegründe werden gegensätzliche Reinheits- und Tabuvorstellungen wichtig.

Allgemein läßt sich eine Konzentration landwirtschaftlicher Aktivitäten in den Händen von Frauen und Alten als Ergebnis des verringerten Arbeitskraftangebots festhalten. Jugendliche und Männer stehen zum überwiegenden Teil für die Landwirtschaft nicht mehr zur Verfügung. Die Folge ist eine Aufgabe arbeitsintensiver Praktiken, wie bei der Almwirtschaft gezeigt, und eine Verlagerung der Agrarwirtschaft in den Heimgutbereich. Tätigkeiten mit einem hohen „input" an Arbeit werden eingeschränkt oder durch Zukauf kompensiert. Kurzfristige Arbeitsspitzen während der Aussaat und Ernte können aufgefangen werden durch den Einsatz von Tagelöhnern aus Baltistan. Sie kommen seit einigen Jahren regelmäßig saisonal nach Hunza. Hiermit wird ein regionales Lohngefälle aufgezeigt: Für einen Tageslohn von 25 Rs im Jahre 1985 und für schon das Doppelte im Jahre 1989 (1 DM = 10 Rs) lassen sich keine Hunzukuc-Arbeitskräfte für diese Tätigkeiten anwerben. Für Tagelöhner aus dem 250 km entfernten Baltistan erscheint diese saisonale Beschäftigungsmöglichkeit lohnenswert zu sein, da zusätzlich Unterbringung und Verpflegung gewährt werden.

Im folgenden sollen einige Gründe aufgezeigt werden, die diese regionalen Unterschiede erklären helfen und für ein Verständnis der Sonderstellung der Hunzukuč notwendig sind.

Bedeutung der Ismailiya für Hunza

Die Bergregionen von Hindukusch und Karakorum sind auch als Rückzugsgebiete schiitischer Minderheiten im sunnitisch dominierten muslimischen Pakistan zu charakterisieren. Von den Hunzukuč bekennen sich 95 % zur Ismailiya, die in Karim Aga Khan ihr spirituelles Oberhaupt besitzt. Die Präsenz eines lebenden Imam in der Person des Aga Khan läßt die Ismailiya in den Augen anderer muslimischer Gemeinschaften häufig als Häresie erscheinen.[14] Diese Minderheit der Ismailiten Pakistans nimmt eine Sonderstellung ein. Den kleinbäuerlichen Gebirgsismailiten aus Hindukusch und Karakorum steht eine etwa gleich große Gruppe im Süden Pakistans gegenüber. Diese „khoja" genannte und aus der indischen Händlerkaste der hinduistischen Lohana zur Ismailiya übergetretene Gruppe nimmt eine herausragende Stellung in Handel und Industrie Karachis ein.[15]

Der Vorgänger des jetzigen Aga Khan verband beide Gruppen der pakistanischen Ismailiya in einer von ihm durchgesetzten Organisationsstruktur. Das führte zu vielfältigen kommunalistischen Projekten und dem Aufbau von Dienstleistungsorganisationen, die in jüngster Zeit überwiegend den Kleinbauern des Karakorum zugute kommen. Zwischen den Extremen im äußersten Süden und Norden Pakistans bestehen also Verknüpfungen, die aus der Zugehörigkeit zu einer Minoritätengemeinschaft zu erklären sind. So wird auch verständlich, warum 90 % aller Migranten aus Hunza Karachi zum Ziel haben, wenn sie die Northern Areas verlassen.

Das Schaubild (Abb. 7) macht die vielfältigen Beziehungen deutlich, die zwischen der Zentrale des Aga Khan in Aiglemont (bei Paris) und der Dorfebene in Hunza bestehen. Neben Arbeitsbeschaffung für Migranten unterstützen zahlreiche Einrichtungen im Sozialsektor zur Gesundheit, Bildung und Erziehung, aber auch in Industrie und Fremdenverkehr die Gebirgsismailiten. Diese hierarchische Struktur ist klar gegliedert mit eindeutigen Kompetenzzuweisungen für die Einrichtungen auf unterschiedlichen Entscheidungsebenen.

Die größten Errungenschaften wurden im Bereich der Bildung erreicht. Heute besuchen 90 % der Kinder im Schulalter staatliche und ismailitische Bildungsstätten, was eine Ausnahme in Pakistan ist. Die langfristigen Auswirkungen sind schon jetzt erkennbar, da ein höherer Ausbildungsgrad Hunzukuč bessere Arbeitsplätze garantiert und damit Haushaltseinkünfte signifikant ansteigen läßt. In der

---

14 Vgl. ausführlich zur Ausbreitung der Ismailiya KREUTZMANN 1989a, S. 149-165.
15 In verschiedenen Ländern Ostafrikas, in denen sich während der Kolonialzeit u.a. ismailitische Händler angesiedelt hatten, wurden seit der Dekolonisation Ismailiten als eine wichtige Gruppe der dort tätigen Asiaten verfolgt und ausgewiesen. Von den über 200.000 Flüchtlingen gelangten mehr als 10.000 nach Pakistan und spielen dort eine wichtige Rolle in Industrie und Dienstleistungssektor.

Sozio-ökonomische Transformation und Haushaltsreproduktion in Hunza 93

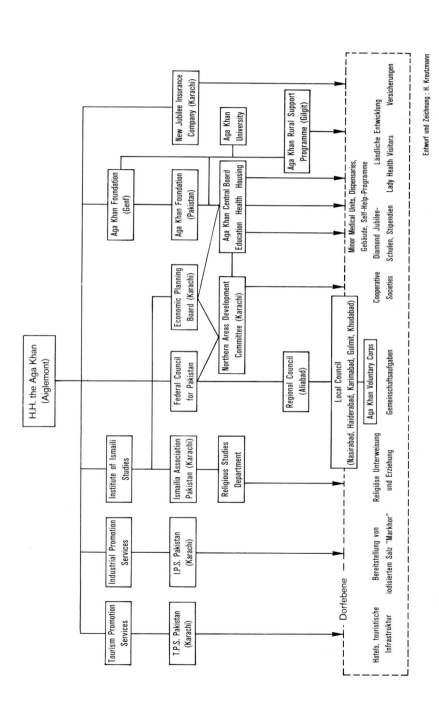

Abb. 7: Verflechtungen zwischen ismailitischen Einrichtungen und Dorfgemeinschaften in Hunza.

Ismailiya kommt hinzu, daß die religiösen Verwaltungsinstitutionen straff organisiert sind. Der Aga Khan selbst hat sich mehrfach vor Ort in Hunza sachkundig gemacht, seit seinem ersten Besuch 1960. Die Fertigstellung des Karakoram Highway 1978 kam auch seinen Organisationen zugute, und zahlreiche Entwicklungsprojekte wurden initiiert. Ihr Einfluß auf die Wirtschaftsstruktur soll als weiterer Aspekt angeführt werden.

Entwicklungsstrategien seit dem Bau des Karakoram Highway

Diese Straße unterstreicht das politisch-strategische Interesse Pakistans an den Nordregionen und zieht einen weiteren Infrastrukturausbau nach sich. So wurden die Dörfer des Hunza-Tales durch den Karakoram Highway und „linkroads" verkehrsmäßig recht gut erschlossen: 97 % aller Siedlungen können über motorisierten Transport erreicht werden. Das ist auch im subkontinentalen Vergleich ein ausgesprochen hoher Wert für Gebirgsregionen, was sich gleichzeitig auf die Versorgungsmöglichkeiten auswirkt. Die Erschließung der Siedlungen durch Jeepstraßen hat eine Eröffnung von Läden in den Dörfern Hunzas zur Folge. Bis zu dem Zeitpunkt, als der erste Jeep Baltit erreichte (1957), stellte Gilgit Town den wichtigsten Anlaufpunkt für den Erwerb von Waren für Hunzukuċ dar. Nur in Baltit befanden sich wenige Läden, die sich an der Jeepstraße entlang des Dala (Hauptkanal, vgl. Abb. 2) ausbreiteten. Sie boten zunächst aufgrund der geringen Kaufkraft ein beschränktes Warenangebot, wie z.B. Baumwollstoff, Salz, Nähgarn, Tabak und Streichhölzer, an. Die neuangelegte „linkroad" vom Karakoram Highway nach Karimabad (seit 1981) führte zu einer Verlagerung der Läden an diese Straße. Heute besitzen Karimabad und Aliabad (1984: mehr als 120 Ladenboxen) Bazarzeilen, die mit Gilgit Town als Einkaufsort für Güter des täglichen und periodischen Bedarfs konkurrieren können. Beide Dörfer dienen auch für Bauern aus dem benachbarten Nager als günstig gelegene Marktflecken, wo sie landwirtschaftliche Erzeugnisse (Luzerne, Vieh, Hühner, Eier und Trockenobst) und Waren (Birkenrinde zum Verpacken von Butter, Holzgegenstände, Bauholz) gegen Konsumgüter eintauschen. In sog. „syndicate" Läden in Karimabad, Aliabad, Gulmit und Sost werden staatlich subventionierte Lebensmittel, wie Mehl, Zucker und Salz, gelagert und verkauft. Selbst in abgelegenen Dörfern Hunzas befinden sich heute Läden, die teilweise ihren Ursprung in Gemeinschaftsunternehmungen von Verwandtschaftsgruppen haben. So werden Profite und Verluste auf die potentiellen Käufer umverteilt. Staatlicherseits wurden seit den 70er Jahren „Multipurpose Cooperative Societies" gefördert (Stand 1984: 21 in Hunza, 18 in Nager), denen zinsgünstige Kredite gewährt wurden. Es läßt sich eine hohe Korrelation zwischen dem Ausbau von Jeeppisten und der Gründung solcher Genossenschaften nachweisen. Die Anlieferungsmöglichkeit für Waren per Jeep ist dabei ebenso wichtig wie die steigende Kaufkraft der Bevölkerung. Die zunehmende Abhängigkeit von Nahrungsmittelzukauf zur Befriedigung der Haushaltsbedürfnisse manifestiert sich in der Expansion von Ladengeschäften und Transportunternehmen der Hunzukuċ.

Im Zuge der Verkehrsanbindung wurden staatliche, aber auch international geförderte Entwicklungsprogramme erarbeitet.[16] Sie knüpfen an Versuche in der britischen Kolonialzeit an, als eine signifikante Erhöhung der Nahrungsmittelproduktion zur Versorgung der Administration im Vordergrund stand. Nach der Unabhängigkeit wurden diese Bestrebungen fortgesetzt. Trotzdem nahm das Defizit an lokal produziertem Getreide stetig zu und mußte durch externe Lieferungen kompensiert werden. Die Bemühungen der gegenwärtig operierenden Entwicklungsinstitutionen konzentrieren sich vorwiegend auf den Agrarsektor. Es wird eine Transformation von einer Subsistenzlandwirtschaft zu einer auf Marktwirtschaft ausgerichteten angestrebt. Dahinter steckt die Überlegung, daß eine Selbstversorgung mit in der Region erzeugten Grundnahrungsmitteln unter makro-ökonomischen Gesichtspunkten nicht sinnvoll sei. Daher fördern sie zusätzlich zur Neulandgewinnung Programme zur Erhöhung der Flächenproduktivität durch mehr „inputs", wie z. B. Mechanisierung, Einsatz von verbesserten Getreidesorten (high yielding varieties), Pestiziden und Kunstdünger etc., und durch den Anbau von „cash crops", aus deren Verkaufserlös Grundnahrungsmittel aus der Kornkammer Punjab zuzukaufen sind. Diese auf vermehrte Integration in überregionale Wirtschaftskreisläufe angelegte Strategie geht von Getreideüberschußproduktion im Punjab einerseits und von Produktionsnischen für wertvollere Güter im Gebirge andererseits aus. Vermarktungsfähige Produkte stellen nach diesen Überlegungen Kartoffelsaatgut, Gemüsesamen und Obst bzw. Trockenfrüchte dar. Diesbezüglich wurden geeignete Produktionszonen ausgewiesen. So konzentriert sich die Saatkartoffelerzeugung auf Ghujal, während in den unteren Talabschnitten vorwiegend agrarische Konsumgüter und Trockenobst als profitable „cash crops" produziert werden. Experimente mit Gemüsesaaten befinden sich noch im Versuchsstadium. Auffallend bleibt, daß sich alle Entwicklungsanstrengungen auf die Landwirtschaft konzentrieren, ohne der Verlagerung der Beschäftigtenstruktur hinsichtlich Migration und Bildungsstand genügend Rechnung zu tragen. Die zunehmende Bedeutung des Fremdenverkehrgewerbes in Hunza mit seinen beschäftigungspolitischen Auswirkungen wird ebenfalls in allen „integrierten" Programmen vernachlässigt (vgl. KREUTZMANN 1989b).

Die Wirkung der Entwicklungsprojekte schlägt sich in bemerkenswerter Weise in Organisationsformen auf dörflicher Ebene nieder. Das nach Absetzung der Regionalfürsten nur bedingt durch die pakistanische Administration ausgefüllte Machtvakuum bot genossenschaftlichen Selbsthilfe-Einrichtungen ein geeignetes Betätigungsfeld. Die Gründung von „Village Organizations" in allen Siedlungen

---

16 Staatlicherseits sind das „Northern Areas Public Works Department" und das „Community Basic Services Programme" für einen Ausbau der Infrastruktur verantwortlich. Die Kompetenzen des NAPWD wurden in den letzten beiden Fünf-Jahres-Plänen ständig erweitert. Daneben agieren in Zusammenarbeit mit staatlichen Institutionen internationale Entwicklungsprojekte (FAO/UNDP „Integrated Rural Development Programme") und privatwirtschaftlich organisierte NGO's (Non-Governmental Organizations) wie das „Aga Khan Rural Support Programme". Ihre Aktivitäten sind in erster Linie auf eine Produktivitätssteigerung im landwirtschaftlichen Sektor ausgerichtet, fördern jedoch in zunehmendem Maße auch Aufforstungs- und Beschäftigungsprogramme sowie das ländliche Kreditwesen.

läßt eine nachhaltige institutionalisierte Stärkung der Dorfverbände bei Gemeinschaftsprojekten erwarten, die mittlerweile nicht nur landwirtschaftliche Unternehmungen durchführen, sondern auch die Vermarktung ihrer Produkte vornehmen. Gemeinschaftliche Sparguthaben förderten die Kreditwürdigkeit für Investitionsvorhaben zur Produktivitätssteigerung, die einzelne Haushalte kaum erreichen könnten.

Zusammenfassung

Anhand einiger Aspekte zur Zusammensetzung der Erwerbsquellen (vgl. Abb. 4) wurde versucht aufzuzeigen, von welchen Prozessen diese Transformation gesteuert wird und welche Träger ihnen zugrunde liegen. Der externe Einfluß auf die interne Struktur geht weit über die regionale und nationale Ebene Pakistans hinaus. Diese Diversifizierung der Erwerbsquellen geht einher mit einer Abnahme der Bedeutung der Subsistenzlandwirtschaft. Ihr Stellenwert sinkt zugunsten außeragrarischer Einkünfte. Auf der anderen Seite wird Marktproduktion an agrarischen Gütern von Entwicklungsorganisationen gefördert. Daraus resultiert eine wachsende Abhängigkeit der Northern Areas von den Kornkammern des Gebirgsvorlandes im Hinblick auf die Versorgung mit Grundnahrungsmitteln.

Nicht allein der Karakoram Highway als physische Erscheinung, vielmehr die damit erleichterten und subventionierten Austauschprozesse haben die politisch-ökonomische Integration der Berggebiete in Pakistan gefördert. Sie verstärkten dadurch die Abhängigkeit einer sich ehemals fast selbst versorgenden Region, in der lokal getragenes Wirtschaftswachstum nur begrenzt zu verzeichnen ist. Überweisungen von Migranten tragen i. w. zur Deckung der Haushaltsbedürfnisse und zur Investition in Handel und Handwerk bei.

Im Sonderfall Hunza läßt sich von einer „doppelten externen Subvention" sprechen, da der einzige ismailitische Kleinstaat in hohem Maße von der Wirtschaftskraft seiner Partnergemeinde in Karachi und den Entwicklungsbemühungen des Aga Khan profitiert. Diese gegenwärtig günstigen Rahmenbedingungen für kommunalistische Entfaltung in Pakistan erklären die Position der Hunzukuc im regionalen Vergleich. Ländliche Entwicklung ist auch in Hochgebirgen nicht isoliert von überregionalen Einflüssen zu analysieren: Austauschbeziehungen werden nicht erst wichtig mit dem Ausbau einer modernen Infrastruktur wie im Falle des Karakoram Highway.

Die in einem 1982 erschienenen Lehrbuch zur Geographie des Hochgebirges gemachte Aussage, „daß die Hochgebirge zu den letzten Gebieten der Erdoberfläche gehören, die vom Menschen und seiner Wirtschaft bisher noch nicht oder erst relativ schwach beeinflußt worden sind" (RATHJENS 1982), trifft sicherlich für das Hunza-Tal im Karakorum nicht zu. Hinter der vermeintlichen Abseitslage und Abgeschiedenheit verbergen sich vielfältige Entwicklungen. Der ländliche Hochgebirgsraum ist ebenfalls als Teilgebiet des Weltwirtschaftssystems zu verstehen. Die Besonderheiten des Hochgebirges müssen deshalb jedoch nicht vernachlässigt werden.

Summary:
Socio-economic transformation and household reproduction in Hunza
(Karakorum).

Development processes in high mountain regions have become an important research topic in connection with the improved accessibility of remote areas and increasing exchange relations between highlands and lowlands as well as in the framework of the „Himalayan Dilemma" discussion. In this case study of the Hunza Valley in the Karakorum mountains of Pakistan the emphasis is put on the historical and sectoral analysis of socio-economic transformations within a mountain community. The developments in the communication and traffic network have been an important directing force for these processes influenced by colonial preformations. The interrelationship of external interventions and internal developments is elaborated on from the perspective of the household income patterns. Migrants' remittances sustain the household reproduction system and help to cover the deficit in food grains. Wheat flour imported from lowlands has replaced to a substantial degree traditional crops as the basis of the staple diet. Migration affects as well the availability of male workforce for agricultural tasks thereby reducing time-consuming activities in animal husbandary, e.g. in the utilization of high pastures, and shifting farm management from male dominance to the female heads of households. Development strategies of governmental and non-governmental organizations support increased market orientation in agricultural undertakings by establishing cooperative societies which utilize economies of scale in their community-based approach towards development. Thus, the Karakorum Highway forms an important infrastructural asset to the overall strategy of integrating the mountain societies into the mainstream of Pakistan's nationbuilding.

Literatur

BLENCK, J., TRÖGER, S. & S.S. WINGWIRI (1985): Geographische Entwicklungsforschung und Verflechtungsanalyse. In: Zeitschrift für Wirtschaftsgeographie 29/2, S.65-72.
GRÖTZBACH, E. (1982): Das Hochgebirge als menschlicher Lebensraum. München (=Eichstätter Hochschulreden 33).
– (1984): Mobilisierung von Arbeitskräften im Hochgebirge. Zur sozioökonomischen Integration peripherer Räume. In: Eichstätter Beiträge Bd. 12, S.73-91. Regensburg.
HEWITT, K. (1989): The altitudinal organisation of Karakoram geomorphic process and depositional environments. In: Zeitschrift für Geomorphologie N.F., Supplement-Band 76, S. 9-32.
HUTTENBACK, R.A. (1975): The „Great Game" in the Pamirs and the Hindu-Kush: The British Conquest of Hunza and Nagar. In: Modern Asian Studies 9, S.1-29.
IVES, J. (1987): The Theory of Himalayan Environmental Degradation: Its Validity and Application Challenged by Recent Research. In: Mountain Research and Development 7, S.189-199.
– & B. MESSERLI (1989): The Himalayan Dilemma: Reconciling Development and Conservation. London.
KNIGHT, E.F. (1895): Where three Empires Meet. London (reprint: Lahore 1986).
KREUTZMANN, H. (1987): Die Talschaft Hunza (Northern Areas of Pakistan): Wandel der Austauschbeziehungen unter Einfluß des Karakoram Highway. In: Die Erde 118, S.37-53.
– (1988): Oases of the Karakorum: Evolution of Irrigation and Social Organization in Hunza,

North Pakistan. In: ALLAN, N.J.R., KNAPP, G.W. & C. STADEL (eds.): Human Impact on Mountains. Totowa, N.J., S.243-254.
- (1989a): Hunza – Ländliche Entwicklung im Karakorum. Berlin (= Abhandlungen – Anthropogeographie Band 44).
- (1989b): Entwicklung und Bedeutung des Fremdenverkehrs in Hunza. In: Beiträge und Materialien zur Regionalen Geographie Heft 2: Hochgebirgsräume Nordpakistans, S.19-31.
- (1990): Oasenbewässerung im Karakorum. Autochthone Techniken und exogene Überprägung in der Hochgebirgslandwirtschaft Nordpakistans. In: Erdkunde 44, S.10-23.
- (1993): Entwicklungstendenzen in den Hochgebirgsregionen des indischen Subkontinents. In: Die Erde 124, S. 1-18.

MESSERSCHMIDT, E. (1953): Gilgit und Baltistan. In: Zeitschrift für Geopolitik 4, S.235-237.
MÜLLER-STELLRECHT, I. (1978): Hunza und China (1761-1891). Wiesbaden (= Beiträge zur Südasienforschung 44).
- (1981): Menschenhandel und Machtpolitik im westlichen Himalaya. In: Zentralasiatische Studien 15, S.391-472.

NASIR HYDER (1961): Gilgit in Winter. In: Pakistan Quarterly X/3, S.18-23.
PAFFEN, K.H., PILLEWIZER, W. & H.-J. SCHNEIDER (1956): Forschungen im Hunza-Karakorum. In: Erdkunde 10, S.1-33.
QUDRATULLAH BEG (1935): Hunza ters. In: LORIMER-Nachlaß in SOAS, London.
RATHJENS, C. (1981): Terminologische und methodische Fragen der Hochgebirgsforschung. In: Geographische Zeitschrift 69, S. 68-77.
- (1982): Geographie des Hochgebirges. Bd. 1: Der Naturraum. Stuttgart.

RHOADES, R.E & S.I. Thompson (1975): Adaptive Strategies in Alpine Environments: Beyond Ecological Particularism. In: American Ethnologist 2, S.535-551.
SCHOMBERG, R.C.F. (1936): Unknown Karakoram. London.
SCHWEINFURTH, U. (1957): Die horizontale und vertikale Verbreitung der Vegetation im Himalaya. Bonn (= Bonner Geographische Abhandlungen 20).
SCHWEIZER, G. (1984): Zur Definition und Typisierung der Hochgebirge aus Sicht der Kulturgeographie. In: Eichstätter Beiträge Band 12, S.57-72.
SHIPTON, E. (1938): The Shaksgam Expedition. In: The Geographical Journal 91, S. 313-339.
STALEY, E. (1966): Arid Mountain Agriculture in Northern West Pakistan. Lahore.
STONE, P.P. (ed.) (1992): The State of the World's Mountains. A Global Report. London.
TROLL, C. (1941): Studien zur vergleichenden Geographie der Hochgebirge der Erde. Bonn (= Bonner Mitteilungen 21).
- (1959): Die tropischen Gebirge, ihre dreidimensionale klimatische und pflanzengeographische Zonierung. Bonn (= Bonner Geographische Abhandlungen 25).
- (1962): Die dreidimensionale Landschaftsgliederung der Erde. In: LEIDLMAIR, A. (ed.): Hermann von Wissmann-Festschrift. S.54-80. Tübingen.
- (1975): Vergleichende Geographie der Hochgebirge in landschaftsökologischer Sicht. In: Geographische Rundschau 27, S.185-198.

Erwin GRÖTZBACH:

Tourismus und Umwelt in den Gebirgen Nordpakistans

Rahmen und Ziel der Studie

In diesem Aufsatz wird versucht, einen Überblick über den Tourismus und seine Beziehungen zur Umwelt in den nordpakistanischen Hochgebirgen zu geben. Ein solcher Überblick muß jedoch aus folgenden Gründen sehr allgemein und unvollständig bleiben: Erstens gibt es bislang keine speziellen Untersuchungen zu dieser Thematik, und zweitens muß sich meine Darstellung auf jene Gebiete beschränken, die ich 1982 und 1986 selbst besuchen konnte. Dabei handelt es sich um die „Northern Areas" mit Gilgit, Hunza und Baltistan, um Murree, Swat und das Kaghantal. Dagegen werden Chitral und Azad Kashmir hier außer Betracht bleiben; doch sind dies ohnedies grenznahe Räume, wo der Tourismus Restriktionen unterliegt und deshalb nur wenig entwickelt ist (für Chitral vgl. HASERODT 1989).

Die folgenden Ausführungen stehen unter vier leitenden Gesichtspunkten:
a) Die Verbreitung touristischer Standorte sowie die unterschiedlichen Entwicklungen und Strukturen des Tourismus in den einzelnen Verbreitungsgebieten;
b) die natürliche Umwelt, und zwar einmal als Anziehungsfaktor für den Tourismus und zum anderen in ihrer Beanspruchung durch touristische Aktivitäten;
c) die Auswirkungen des Tourismus auf die soziokulturelle Umwelt, insbesondere die Reaktion der einheimischen Bevölkerung auf den Zustrom von Fremden aufzuzeigen und
d) Folgerungen für die Steuerung der weiteren touristischen Erschließung zu ziehen.

Eine besondere Herausforderung des Themas besteht darin, den Gebirgsfremdenverkehr in Pakistan im Lichte europäisch-alpiner Erfahrungen zu untersuchen. Doch ist ein solcher vergleichender Ansatz noch kaum zu realisieren, da es in Pakistan an entsprechenden detaillierten Studien, an Informationen und statistischen Daten fehlt.

Touristisches Potential und sozioökonomische Hintergründe seiner Erschließung

Bereits beim gegenwärtigen Stand der Kenntnis läßt sich feststellen, daß die Gebirge Nordpakistans ein beträchtliches touristisches Potential besitzen, das in erster Linie auf der Hochgebirgsnatur beruht. Bis über 8000 m hohe Gipfel, eine Reliefenergie bis 5500 m, gewaltige Gletscher sowie z.T. noch erhaltene Waldbestände (vor allem im Himalaya) schaffen ein kaum zu überbietendes Hochgebirgsszenarium. Im folgenden wird von der These ausgegangen, daß dieses Potential planvoll und umweltschonend in Wert gesetzt werden sollte mit dem Ziel, der Gebirgsbevölkerung eine neue Einkommensquelle zu erschließen.

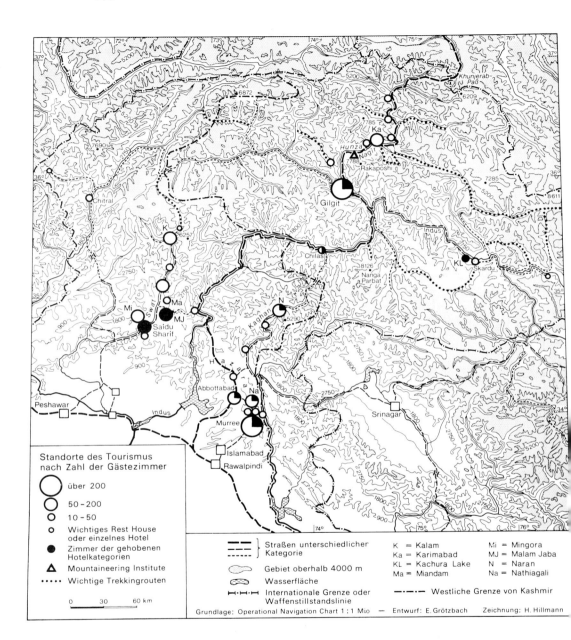

Zusätzliche Erwerbsmöglichkeiten sind in den Gebirgen Nordpakistans dringend notwendig, da sich traditionelle Landwirtschaft und Lebensformen der Bevölkerung in jener Krise befinden, die in ähnlicher Weise bereits die Alpen heimgesucht hat. Die Erschließung der Haupttäler durch Autostraßen, moderne Kommunikations-, Verwaltungs- und Verteilungssysteme hat in kurzer Zeit einschneidende Wandlungen vielfältiger Art hervorgerufen. Die herkömmliche Gebirgslandwirtschaft, die bis vor kurzem noch der Selbstversorgung diente, ist in manchen Tälern rückläufig und, einer regionalpolitischen Zielsetzung entsprechend, durch marktorientierten Anbau ergänzt worden. Solche Innovationen können in Kaghan, Swat Kohistan, Naltar, Hunza und in anderen Tälern beobachtet werden, wo die Kartoffel eine wichtige Verkaufsfrucht geworden ist (ALLAN 1987; GRÖTZBACH 1989; KREUTZMANN 1989a). Um das wachsende Selbstversorgungsdefizit auszugleichen, werden z.B. subventionierte Lebensmittel aus dem Pandschab in die „Northern Areas" geliefert; die Gebirgsbevölkerung muß diesen Zukauf hauptsächlich durch Einkommen aus auswärtiger Erwerbstätigkeit bestreiten.

Der Tourismus könnte eine relativ breitenwirksame Verdienstquelle schaffen, da er bereits jetzt räumlich recht dispers auftritt und durch den Ausbau seiner Infrastruktur noch ausgeweitet werden könnte. Vor allem die Zahl inländischer Touristen ist in den nordpakistanischen Gebirgen während der letzten 10 bis 20 Jahre beträchtlich gestiegen und dürfte noch weiter zunehmen. Dagegen zeichnet sich beim Ausländertourismus der weniger anspruchsvollen Art, der in Konkurrenz zu Nepal und dem indischen Kaschmir steht, eher eine Sättigungsgrenze ab. Generell gilt, daß sich auch der pakistanische Teil von Himalaya und Karakorum in jenem weltweiten Prozeß der Umwertung des Hochgebirges zum Erholungsraum großstädtischer Bevölkerung befindet, wie er für Länder und Gesellschaften in der Modernisierungsphase charakteristisch ist.

Obwohl die Zahl der Touristen in den nordpakistanischen Gebirgen noch vergleichsweise gering ist, hat der Fremdenverkehr auch hier bereits örtlich Auswirkungen auf Landschaft, Wirtschaft und Gesellschaft hervorgerufen, denen es künftig zu steuern gilt. Einige der daraus resultierenden Probleme und ihre Implikationen für Tourismuspolitik und -planung seien im folgenden skizziert.

Die Standorte des Fremdenverkehrs:
Verbreitung, Entwicklung und Struktur

Die Entwicklung des Tourismus in den Gebirgen des heutigen Nordpakistan ging nicht kontinuierlich vor sich, sondern in Sprüngen. Die erste Phase begann unmittelbar nach der Eroberung des nordwestindischen Sikhreiches durch die Briten (1849), die eine Anzahl von Hill Stations als Gebirgssommerfrischen im Vorhimalaya anlegten. Deren Besuch erfuhr nach der Teilung Britisch Indiens (1947) einen vorübergehenden Rückgang, doch schon in den 60er Jahren setzte die zweite Phase der touristischen Entwicklung ein. Sie wurde durch die Erschließung des Hochgebirges für den modernen Verkehr – vor allem durch den Bau von Autostraßen – und durch die Freigabe grenznaher Sperrgebiete ebenso gefördert wie durch das

Auftreten neuer ausländischer Besuchergruppen, die an die touristische Peripherie drängten. Eine Pionierrolle fiel dabei der 1970 gegründeten staatlichen „Pakistan Tourism Development Corporation" (PTDC) zu, die inzwischen aber durch die Aktivitäten privater Unternehmer im Hotel- und Reisebürosektor überrundet worden ist.

Wie die Karte verdeutlicht, lassen sich fünf räumliche Schwerpunkte von Fremdenverkehrsstandorten unterscheiden, deren Anordnung vom Rande zum Inneren des Gebirges in etwa dem Alter ihrer Erschließung entspricht.

1. Murree und die Galis

Hierbei handelt es sich um die einzige Gruppe von Fremdenverkehrsstandorten, die ein flächenhaftes Fremdenverkehrsgebiet bilden. Dessen Hauptort Murree entstand als eine der großen britischen Hill Stations ab 1850 auf einem annähernd Nord-Süd verlaufenden Kamm des Vorhimalaya in 2100 bis 2200 m Höhe ü.M. Der Ort gewann bald dank seiner Ausstattung mit Läden und zahlreichen Infrastruktureinrichtungen städtisches Gepräge und zählt inzwischen im Sommer rund 18.000 Einw. (Im Winter geht die Zahl um einige tausend zurück). Wie andere Hill Stations verdankt auch Murree seine Entstehung nicht nur zivilen, sondern ebenso militärischen Erholungsmotiven. Bis heute nehmen Militäranlagen in Form von Cantonments z.T. große Areale um Murree und einige Galis ein.

Murree ist heute der populärste Fremdenverkehrsort in den Gebirgen Nordpakistans, der, ebenso wie die Galis, fast ausschließlich von Pakistanern besucht wird. Bei den wenigen ausländischen Gästen handelt es sich um vorübergehend in Pakistan tätiges Personal von Botschaften, Firmen usw. aus den nur 45 bzw.60 km entfernten Städten Islamabad und Rawalpindi. Für den ausländischen Touristen mögen zwar die zahlreichen Reminiszenzen aus der britischen Kolonialzeit interessant sein, doch für längere Übernachtungsaufenthalte bieten die Hill Stations wenig Anreiz.

Hielt sich das frühere britische Publikum meist monatelang in Murree auf, so dominieren heute dank der guten Erreichbarkeit Kurzbesuche von Tages- und Wochenendausflüglern aus nahegelegenen Städten wie Islamabad, Rawalpindi und Lahore. Ein- bis zweiwöchige Aufenthalte von Feriengästen, die bis aus Karachi kommen, sind weit seltener und auf wohlsituierte Kreise beschränkt. An manchen Wochenenden während der Sommersaison (Mai–Oktober), besonders während der Saisonspitzen im Mai/Juni und September, ist Murree überfüllt. Im Winter beschränkt sich der Besuch auf die Neujahrszeit und einige schneereiche Wochenenden, sofern die Zufahrtsstraßen von Schnee geräumt sind. Da nur ganz wenige Hotels in Murree eine Heizung besitzen, ist die Übernachtungskapazität im Winter weit niedriger als im Sommer.

Murree verfügt über ein breites Angebot von etwa 40 Hotels unterschiedlichster Kategorien, über Rest Houses staatlicher und halbstaatlicher Institutionen, Sommersitze ausländischer Botschaften und Privatquartiere. Allein das eigentliche Beherbergungsgewerbe in Murree dürfte gegen 1.000 Gäste unterbringen können.

Ein weit geringeres Fassungsvermögen und geringeren Besuch verzeichnen die im Norden anschließenden kleinen Orte der Galis, die meist in Höhen von 2400 bis 2500 m ü.M. liegen. Unter ihnen werden Nathiagali dank seiner Hotels und Ayubia dank seines Sessellifts am meisten frequentiert. Der Lift ist meist nur im Sommer in Betrieb, da im Winter die Zufahrtsstraßen oft durch Schnee blockiert werden.

Standortfaktoren für diese Hill Stations sind das kühle Höhenklima, das insbesondere in der Vormonsunzeit aufgesucht wird, die z.T. noch gut erhaltenen Waldbestände von Kiefern, Eichen, Fichten und Tannen und schließlich eine gepflegte Kulturlandschaft, die am Rande der Hill Stations parkartige Züge trägt. Doch diese so harmonisch erscheinende Umwelt wird durch den Massentourismus zunehmend gefährdet. Abholzung und Bebauung selbst steiler Hänge haben zu verstärkter Erosion geführt, und ortsnahe Wanderwege werden durch Abfälle verunstaltet. Wasserversorgung, Müll- und Abwasserbeseitigung sind ebenso wenig befriedigend gelöst wie das Parkplatzproblem um das autofreie Zentrum von Murree. Da das Bewußtsein für die Schonung der Umwelt weitgehend fehlt, zeichnen sich hier Entwicklungen ab, welche die Grundlagen des Erholungsverkehrs allmählich zerstören können.

2. Das Kaghantal

Kaghan, das Tal des Kunharflusses, der einen großen Teil des westlichsten Himalaya zum Jhelum entwässert, liegt nur wenig nördlich der Galis, bietet dem Tourismus aber ganz andere Bedingungen. In britischer Zeit ein beliebtes Ziel für Angler, gewann das Kaghantal nach der Unabhängigkeit Pakistans große Verkehrsbedeutung. Von 1949 bis gegen 1965 bot der neue Fahrweg durch Kaghan über den 4172 m hohen Babusarpaß den einzigen Zugang für Kraftfahrzeuge nach Gilgit und ins obere Industal, der freilich nur im Sommer offen stand. Mit dem Ausbau dieser Straße, die bis Naran (2400 m) asphaltiert wurde, nahm allmählich auch der touristische Besuch zu.

Das Kaghantal bietet von Rawalpindi aus einen relativ kurzen Zugang in den Himalaya. Dessen Hochgebirgslandschaft stellt auch den wichtigsten Attraktivitätsfaktor dar. Touristische Ausflugsziele sind der Babusarpaß, die aussichtsreichen Hangverebnungen von Lalazar und Shogran und vor allem der 3214 m hoch gelegene See Saif-ul-Muluk bei Naran. Naran, das über einen Motelkomplex der PTDC, einige Rest Houses und einfache Herbergen verfügt, ist denn auch wichtigster Touristenstandort geworden, gefolgt von Kaghan-Ort und Balakot im unteren Tal, sowie einigen verstreut liegenden Rest Houses. Doch insgesamt ist die Übernachtungskapazität noch recht bescheiden geblieben, da nach der anfänglichen Initiative der PTDC nur wenige private Unternehmer in der Hotelbranche investierten (GRÖTZBACH 1989).

Das wald- und wasserreiche Kaghantal wird vor allem von Pakistanern besucht, aber auch von einer beträchtlichen Zahl ausländischer Touristen; dabei handelt es sich teils um kleine Reisegruppen auf Abenteuerfahrt über den Babusarpaß, teils um wanderfreudige junge Leute, teils um vorübergehend in Pakistan tätige Angehörige anderer Nationen. Der Tourismus in Kaghan ist zweifellos ausbaufähig, vorausgesetzt, daß der Zugang dorthin verbessert wird. Denn die schmale Talstraße ist oft überlastet, namentlich durch Fahrzeuge der Holzabfuhr. Bis tief in den Sommer hinein wird sie zudem durch Lawinenreste blockiert, die nur notdürftig passierbar gemacht werden, da Schneefräsen fehlen. Bei der weiteren touristischen Entwicklung wird man darauf achten müssen, daß der Fremdenverkehr sich nicht noch stärker als bisher auf den Hauptort Naran mit dem See Saif-ul-Muluk konzentriert.

3. Swat

Anders als Murree oder Kaghan verdankt das Swat-Tal seine touristische Bedeutung unterschiedlichen Faktoren, die, räumlich differenziert auftretend, unterschiedliche Gästegruppen anziehen. Unter-Swat (vom Malakandpaß bis Mingora) wird von niedrigen Vorbergen gesäumt, die eine wenig spektakuläre Kulisse bilden. Doch die zahlreichen Überreste der buddhistischen Gandharakultur aus den ersten Jahrhunderten nach Christus, Stupas, Reliefs und Felszeichnungen, sind Anziehungspunkte für ausländische Reisende, insbesondere Gruppen, die im Serena-Hotel in Saidu Sharif, einem früheren Gästehaus der Fürsten von Swat, eine angemessene Unterkunft finden. Das Hauptal von Mittel-Swat (von Mingora/Saidu Sharif bis Bahrain) dient eher als Durchgangsstrecke für die Touristen. Hier liegen zwei wichtige Fremdenverkehrsorte in östlichen Seitentälern: Miandam (1800 m) mit kleinen Hotels und Rest Houses war eine Sommerfrische, wird neuerdings aber auch von Wintergästen besucht, die – wie ein Gewährsmann äußerte – „Schnee sehen wollen". Wenig südlich davon entstand seit Mitte der 60er Jahre das größte Tourismusprojekt im nordpakistanischen Hochgebirge: der auf 2500 m ü.M. liegende erste pakistanische Wintersportort Malam Jabba, der durch eine 30 km lange Zufahrtstraße aus dem Swat-Tal (1050 m) erschlossen werden mußte. Nach mehrjährigem Stillstand der Arbeiten waren hier 1986 ein Hotel mit über 80 Zimmern und ein Schilift im Bau, die nach pakistanischen Angaben erst 1991 in Betrieb genommen werden konnten. Die schneesichere, aussichtsreiche Lage ist sicher gut gewählt, doch überwinden Lift und Pisten nur eine Höhendifferenz von etwa 200 m.

Oberhalb von Bahrain schließt das Engtal von Ober-Swat an, das sich bei Kalam (2060 m) weitet und in die Quelltäler Utror und Ushu verzweigt. Kalam, von weiten Wäldern und einer bis über 6000 m hohen Hochgebirgslandschaft umgeben, hat sich seit 1977 zum wichtigsten Tourismusstandort in Ober-Swat entwickelt, der fast nur von pakistanischen Gästen im Sommer besucht wird. 1986 wurden dort in mehreren Hotels unterschiedlichen Standards über 100 Zimmer angeboten, weitere Unterkünfte mit etwa 80 Zimmern waren im Bau. Dieser Bauboom wurde weit überwiegend von auswärtigem Kapital und auswärtigem Management getragen. Die überstürzte Entwicklung des Tourismus hat allerdings zu sehr unerwünschten Reaktionen der einheimischen Bevölkerung geführt. Diese Swat-Kohistani, die bis 1947 weitgehend unabhängig von staatlicher Kontrolle gelebt hatten und wiederholt Konflikte mit den Polizeibehörden austrugen, antworteten auf die zunehmende Überfremdung auf ihre Weise: durch Raubüberfälle und Vergewaltigung von Touristinnen. Daraufhin durften sich Gäste nur mehr in Begleitung bewaffneter Polizisten in die oberen Täler begeben, was 1986 zu einem Rückgang der Besucherzahlen im Kalam geführt hat.

*

Einen ganz anderen Charakter als die bisher genannten Touristenstandorte, die leicht erreichbar auf der Außenseite des Gebirges liegen, zeigen die intramontanen Zielgebiete des Fremdenverkehrs in Nordpakistan. Sie sind erst durch den Bau der Karakorumstraße und deren etappenweise Freigabe für den Ausländertourismus zugänglich geworden: 1978 wurde zunächst die Strecke bis Hunza, 1986 die Grenze zu China am Khunjerabpaß geöffnet. Ende der 70er Jahre wurde auch Baltistan durch die bis Skardu führende Industraße dem Fremdenverkehr erschlossen. Ihm dienen überdies die Fluglinien von Islamabad nach Gilgit und Skardu.

Das Gebiet von Gilgit – Hunza und ebenso Baltistan verfügen über den spektakulärsten Attraktionsfaktor für den Tourismus in Nordpakistan: die extreme Hochgebirgswelt, wie sie sich in zahlreichen Gipfeln von über 7000 oder 8000 m Höhe und langen Talgletschern darstellt.

4. Das Gebiet von Gilgit und Hunza

In dem weiten Hochgebirgsraum vom Nanga Parbat bis zur afghanischen und chinesischen Grenze im Norden konzentriert sich der Fremdenverkehr auf Gilgit und Hunza; dagegen verzeichnen die Täler am Nanga Parbat einen vorerst noch geringen touristischen Besuch.

Gilgit als das administrative und kommerzielle Zentrum der „Northern Areas" ist trotz seiner tiefen Lage (1500 m) und trotz seines vollständigen Mangels an Sehenswürdigkeiten auch zum touristischen Mittelpunkt dieses Gebietes geworden. Es verfügt über eine gut ausgebaute Infrastruktur mit Hotels und Herbergen verschiedenster Kategorien, wobei die Betriebe höheren Standards in der Hand auswärtiger Eigentümer sind. Der Basar von Gilgit bietet darüber hinaus ein breites Angebot an gebrauchter Bergsteigerausrüstung, Andenken- und Kunstgewerbeartikeln, Reise- und Trekkingbüros, Transportunternehmen usw. Zudem dient die Stadt als Stützpunkt für Ausflüge und Trekkingtouren in ihrer näheren Umgebung, z.B. nach Naltar, wo sich ein Rest House mit Skilift der Pakistan Air Force befinden, die einzige derartige Anlage im pakistanischen Karakorum.

Wichtigstes Touristenziel ist jedoch Hunza, das seit der Öffnung des Khunjerabpasses auch einen bedeutenden Durchgangsverkehr verzeichnet. Sein Hauptort Karimabad, der etwa 100 km von Gilgit entfernte Sitz der früheren Herrscher von Hunza, ist zum touristischen Zentrum der Talschaft geworden. Seine Lage auf einer aussichtsreichen Terrasse mehr als 200 m über dem Hunzafluß, mit Blick auf den 7788 m hohen Rakaposhi, ließ dort seit den 70er Jahren eine Anzahl meist kleinerer Hotels entstehen. Die Zahl der hier übernachtenden Ausländer stieg von 302 im Jahre 1979 auf rund 5000 im Jahre 1984 (KREUTZMANN 1989b) und ist seitdem weiter angewachsen. In Karimabad sollte auch ein 50 Betten-Hotel internationalen Standards durch die dem Aga Khan unterstehende Serena-Kette errichtet werden. Dies war das einzige Hotelprojekt eines auswärtigen Unternehmens, das nicht auf den erbitterten Widerstand der ismaelitischen Hunzas gestoßen ist. Die übrigen

Übernachtungsstandorte liegen direkt an der Karakorumstraße: Aliabad wenig unterhalb und Gulmit, Pasu und Sost oberhalb von Karimabad. Sost als Sitz von Zollamt und Grenzstation hat erst seit der Grenzöffnung 1986 Bedeutung erlangt.

Gilgit und Hunza sind nach 1978 zunächst fast nur von Ausländern besucht worden, darunter zahlreichen Reisegruppen. In den 80er Jahren nahm jedoch die Zahl pakistanischer Touristen zu, die hier in der Regel einen Kurzurlaub verbringen.

5. Baltistan

Baltistan ist trotz bemerkenswerter touristischer Innovationen (s. unten) größtenteils noch immer äußere Peripherie des nordpakistanischen Fremdenverkehrs geblieben. Es gilt zu Recht als ein Dorado für Trekker und Bergsteigerexpeditionen, welche das Gebiet der Achttausender im pakistanischen Karakorum zum Ziel haben. So sind denn das Braldotal mit dem Baltoroglertscher und dem K2 und mit einigem Abstand das Hushe-Tal bei Khaplu mit der Masherbrumkette die wichtigsten Expeditions- und Trekkingziele. Nicht weniger als 80–90 % aller in Skardu übernachtenden Touristen sollen Trekker oder Expeditionsteilnehmer sein, durchweg Ausländer verschiedenster Nationalitäten. Aus der Tatsache, daß diese Reisenden Zelte benützen, erklärt sich der auffallende Mangel an Unterkünften außerhalb Skardus, wobei es sich zumeist um einige kleine Rest Houses handelt.

Diese touristische Struktur änderte sich anfangs der 80er Jahre durch den Bau eines modernen Hotelkomplexes („Shangri La") am kleinen Kachura-See etwa 20 km westlich von Skardu. Dieses von einem Unternehmer aus Rawalpindi errichtete Bungalowhotel im chinesischen Stil mit fast 200 Betten bietet modernen Komfort, der zunächst auf eine überraschend starke Nachfrage gestoßen ist. Seine Gäste setzten sich je etwa zur Hälfte aus Pakistanern und Ausländern zusammen. Erstere gehörten den Oberschichten in Karachi, Lahore und anderen Großstädten an und verbrachten in der Regel nur einen Kurzurlaub in Baltistan. Dies wird durch die Nähe des Flugplatzes von Skardu ermöglicht. Bei den Ausländern handelte es sich meist um Trekkinggruppen, die zum Abschluß ihrer Tour in den Komfort zurückkehren, und um Botschaftsangehörige aus Islamabad.

Wie viele derartige Tourismusprojekte in Entwicklungsländern stellt das „Shangri La" eine ghettoartige Insel dar, die nur wenig in ihre Umwelt integriert ist. Alle höher qualifizierten Angestellten unter den rund 70 Beschäftigten sind aus den Städten des Vorlandes angeworben worden; nur für einfache Arbeiten werden Baltis herangezogen, so daß der Einkommenseffekt für die einheimische Bevölkerung recht bescheiden geblieben ist.

6. Sonstige Standorte

Abgesehen von diesen fünf bevorzugten Zielgebieten des Tourismus gibt es einige weitere wichtige Übernachtungsstandorte, insbesondere entlang der Karakorumstraße. Hier ist der Anteil der Touristen am gesamten Passagieraufkommen gering – eine Stichprobe anfangs der 80er Jahre ergab nur 8 % (GOVERNMENT OF PAKISTAN

1983). Die lange Strecke von Islamabad bis Gilgit (594 km) bzw. bis Skardu (692 km) macht allerdings Zwischenstationen notwendig. Deren erste ist Abbottabad, das als eine vom Militär geprägte, inzwischen stark verstädterte, bei nur 1200 m ü.M. gelegene Hill Station heute vorwiegend Durchgangstourismus empfängt. Weitere Übernachtungsorte sind Besham im großartigen Indusquertal und besonders Chilas, dessen neues, anspruchsvolles, inmitten der Wüste des Industals gelegenes „Midway Hotel" dem Shangri La-Komplex bei Skardu zugeordnet ist.

Zur Saisonalität des Tourismus

Wie in anderen Gebirgen unterliegt auch der Tourismus in Nordpakistan einem saisonalen Rhythmus, dem in der Regel der jeweilige Witterungsgang zugrunde liegt. Murree und die Galis, die durch ihre Lage am Gebirgsrand dem Sommermonsun mit Niederschlagsmaxima im Juli/August voll ausgesetzt sind, empfangen im Mai/Juni und, etwas abgeschwächt, im September die meisten Besucher. Dagegen liegt das nur 100 km von Murree entfernte Naran (Kaghantal) bereits außerhalb des unmittelbaren Monsunbereiches. Hier fallen die meisten Niederschläge von Februar bis April als Schnee, so daß die Besuchsspitzen während der Ferienzeit im Juli und August verzeichnet werden. Ähnliche Verhältnisse scheinen auch in Kalam (Swat) zu herrschen. Hingegen erhalten die intramontanen Täler der „Northern Areas" weit weniger Niederschläge als die Außenseite des Gebirges (Gilgit 131 mm, Skardu 160 mm; Murree 1507 mm), so daß im Innern die Temperatur der saisonbestimmende Faktor ist. Gilgit, Hunza und Skardu melden deshalb in den Monaten Juli bis September den stärksten Touristenbesuch.

Eine Wintersaison hat sich bisher nur punktuell ausbilden können: in Murree und den Galis vorwiegend durch winterlichen Ausflugsverkehr, in Malam Jabba (Swat) und Naltar bei Gilgit durch Skilauf, der sich im letztgenannten Falle allerdings auf Militärangehörige beschränkt. Die geringe Verbreitung des Winterfremdenverkehrs ist keineswegs auf Schneemangel zurückzuführen, sondern auf die oft unzuverlässige Räumung der Straßen, auf den Mangel an beheizbaren Unterkünften und nicht zuletzt auf die fehlende Popularität des Wintersports in Pakistan. Dabei böte der höhere Teil des Vorhimalaya zahlreiche Möglichkeiten für den Wintertourismus. Allerdings erfordert die Erschließung hochgelegener Orte in den unteren Talabschnitten kostspielige Zufahrtstraßen (wie in Malam Jabba), in den oberen Tälern aber aufwendige Lawinenschutzbauten (z.B. in Kaghan), die bislang völlig fehlen.

Auswirkungen des Tourismus auf die natürliche und die soziokulturelle Umwelt

Eine Antwort auf die Frage, wie sich der Tourismus auf die natürliche Umwelt der nordpakistanischen Gebirge ausgewirkt hat, muß recht differenziert ausfallen. Sieht man von dem Sonderfall Murree ab, so sind Umweltschäden dank der noch relativ geringen Zahl von Besuchern eher Ausnahmen geblieben. Sie treten überall dort auf, wo die touristische Verkehrserschließung in erosionsanfälliges Steilgelände vorangetrieben worden ist. Beispiele hierfür liefern der Fahrweg zum See Saif-ul-Muluk in Kaghan und die neue Straße vom Indus- ins Raikot-(oder Rakhiot-)Tal, wo ein privater Unternehmer aus Rawalpindi ein Hotelprojekt nahe der berühmten „Märchenwiese" unter dem Nanga Parbat plante.

In hohem Maße gefährdet sind auch die vielbegangenen Trekking- und Expeditionsrouten namentlich in Baltistan. Wie bereits GRUBER (1981) gezeigt hat, stellen hier die Versorgung mit Brennmaterial und die Sanitärverhältnisse gravierende Probleme dar. Entlang den Hauptwegen sind die natürlichen Gehölze weitgehend vernichtet worden, obwohl die Behörden die Benutzung von Benzin- oder Petroleumkochern auf Gletschertouren vorschreiben. Außerdem hat die Verschmutzung durch Fäkalien und Müll ein Ausmaß angenommen, das manchen früheren Lagerplatz unbenutzbar werden ließ. Hauptverursacher waren dabei Großexpeditionen, die bis zu 1.600 Träger mit sich führten.

Die starke Nachfrage nach Träger-, Führer- u.ä. Diensten durch Expeditionen und Trekker hat auch erhebliche Auswirkungen auf die soziokulturelle Umwelt hervorgerufen. Unter „soziokultureller Umwelt" seien hier die traditionellen sozialen, wirtschaftlichen und kulturellen Strukturen und Beziehungen der einheimischen Bevölkerung verstanden, in die der Tourismus störend, ja zerstörend eindringen kann. So stellte GRUBER (1981) fest, daß im Shigartal (Baltistan) der massenhafte Zusatzerwerb durch Trägerdienste zu einer rückläufigen Nutzungsintensität im Feldbau geführt hat, indem man in vielen Fällen auf den früher üblichen Anbau einer Zweitfrucht verzichtet.

Zeugt dieser Fall von einer aktiven Anpassung der lokalen Bevölkerung an den Tourismus, so gibt es andernorts auch Beispiele für Widerstände. Dies war der Fall in Kalam (Ober-Swat), wo eine bis in unser Jahrhundert quasi-unabhängige, nach außen abgeschlossene Bevölkerung auf die Touristeninvasion und die Überfremdung durch auswärtige Hotelunternehmer aggressiv reagierte (s. oben „3. Swat"). Hier sind zwar alle naturgegebenen Voraussetzungen für einen erfolgreichen Fremdenverkehr vorhanden, doch hätte die Mentalität der Swat-Kohistani eine weit behutsamere touristische Erschließung erfordert. Daß dies nicht geschah verwundert insofern, als die Autoritäts- und Fremdenfeindlichkeit der Indus- und Swat-Kohistani seit langem bekannt ist.

Scharfe Opposition gegen das Eindringen auswärtiger Hotelunternehmen aus dem Vorland regte sich auch in Hunza, doch verlief sie in geordneten Bahnen. Hier führten Pläne jenes Hoteliers aus Rawalpindi, der sein „Shangri La"-Projekt in Baltistan ohne Widerstand hatte realisieren können, in Karimabad und Sost Hotels zu errichten, zu öffentlichen Protesten und gerichtlichen Klagen. Ohne Zweifel stand dahinter die Furcht vor überlegener kapitalstarker, professioneller Konkurrenz. Als der damalige pakistanische Präsident Zia ul-Haq 1986 eine derartige Ausgrenzung fremder Investoren verurteilte, kam es sogar zu Demonstrationen gegen die liberale Wirtschaftspolitik des Staatsoberhauptes (KREUTZMANN 1989b). Durch Verhandlungen über Sonderrechte der „Northern Areas" und durch Gerichtsverfahren konnten derartige Projekte in Hunza zu Fall gebracht oder zumindest vorerst gestoppt werden — mit Ausnahme des Serena-Hotelprojekts in Karimabad, das, zur Kette des geistlichen Oberhauptes der ismaelitischen Hunzas gehörig, offensichtlich nicht als Fremdkörper betrachtet wird.

Aspekte der künftigen Entwicklung des Tourismus

Für die weitere Entwicklung des Fremdenverkehrs in den nordpakistanischen Gebirgen wäre eine möglichst schonende Behandlung der natürlichen wie auch der soziokulturellen Umwelt dringend zu wünschen, da sonst die Grundlagen des dortigen Tourismus gefährdet würden. Dazu aber bedarf es einer weit aktiveren und effektiveren Rolle der staatlichen Behörden bei der touristischen Erschließung als bisher.

Obwohl diese Erschließung in den meisten Fällen noch kaum über ihre Anfangsphase hinausgelangt ist, zeichnen sich doch schon bedenkliche Entwicklungen ab. Dazu zählen an erster Stelle Hotelprojekte wie jenes auf der „Märchenwiese" im Raikot-Tal am Nanga Parbat samt seiner Zufahrtsstraße, die bei einer Höhendifferenz von 1900 m auf 10 km Entfernung ökologisch wie ökonomisch höchst fragwürdig erscheint. Zweifellos wäre die Erschließung einiger landschaftlich hervorragender Plätze in der Gletscherregion wünschenswert, weil sie den touristischen Besuch zu stimulieren vermöchte. Doch sollte man dabei eher an den Ausbau schon bestehender Fahrwege und Unterkünfte denken wie z.B. in Hopar (Nagar), einem Seitental von Hunza unweit Karimabads, das einen grandiosen Einblick in die Gletscherwelt des Karakorum bietet. Auch die meistbegangenen Expeditions- und Trekkingrouten in Baltistan erfordern ordnende Eingriffe, die nach GRUBER (1981) vor allem in der Vermeidung von Großexpeditionen bestehen müßten, aber ebenso in der Anlage fester Lagerplätze mit sanitären Einrichtungen.

Ebenso bedarf die soziokulturelle Umwelt des Schutzes und der Erhaltung, auch wenn sie in den nordpakistanischen Gebirgen von eher untergeordneter Bedeutung für den Touristen sein mag. Diese Forderung betrifft die vielfältigen Objekte der traditionellen materiellen Kultur, vor allem die oft noch reich verzierte Holzhausarchitektur in Ober-Swat, bei Chilas und in Baltistan ebenso wie alte Moscheen, Burgen und Paläste (z.B. in Kalam, Hunza, Ghor bei Chilas und Khaplu in Baltistan). Wie wenig eigene Initiative zur Erhaltung von Kulturdenkmälern erst vorhanden ist, zeigt der allmähliche Verfall des alten Fürstenschlosses von Baltit (Hunza), über dessen Renovierung man jahrzehntelang lediglich diskutiert hat.

Auch der Schutz archäologischer Stätten wäre notwendig, wie der zahlreichen Stupas und Reliefs in Unter-Swat und der Felszeichnungen im Industal entlang der Karakorumstraße (JETTMAR 1982), die durchweg aus der buddhistischen Epoche stammen. Nicht zuletzt ist hier die Förderung von Volkskunst, Musik und Tanz zu erwähnen, die namentlich in Hunza für den Tourismus genutzt werden (KREUTZMANN 1989b).

Andere wichtige Erfordernisse für die weitere Entwicklung des Tourismus sind ein angemessenes Beherbergungsangebot und eine entsprechende touristische Infrastruktur. Sieht man von dem Sonderfall Murree samt den Galis ab, so erweist sich das touristische Angebot bisher weit überwiegend auf einfachere Ansprüche gerichtet. Dies entspricht der Altersstruktur der Besucher, unter denen junge Leute mit geringen Einkünften überwiegen, und ebenso ihren bevorzugten Aktivitäten (wandern, trekken, bergsteigen).

Das anspruchsvollere Publikum findet hier nur wenige Hotels von internationalem Standard: die Serena-Hotels in Gilgit und Saidu Sharif (Swat), den „Shangri La"-Komplex bei Skardu und das dazugehörige „Midway-Hotel" bei Chilas. Dies sind gleichzeitig jene Häuser, die von ausländischen Reisegesellschaften mit älteren Teilnehmern bevorzugt frequentiert werden, im Falle von „Shangri La" auch von Angehörigen der pakistanischen Oberschicht. Auch das neue Wintersporthotel in Malam Jabba ist dieser Gruppe zuzurechnen.

Diesen fünf Hotels der oberen Kategorie stehen (1986) etwa 15 Betriebe mittlerer Qualitätsstufe gegenüber. Dazu gehören die sieben Motels der PTDC (in Balakot, Besham, Gilgit, Kalam, Miandam, Naran und Skardu), aber auch private Häuser in Abbottabad, Karimabad und einigen Orten Swats. Auf die untere Angebotsstufe entfielen 1986 gegen 50 Unterkünfte, die sich meist als Hotels oder Lodges bezeichnen (wobei die „Rest Houses" unberücksichtigt sind). Bei diesen sehr einfach ausgestatteten Häusern handelt es sich durchweg um Eigentum einheimischer Unternehmer. Diese Tatsache enthüllt eine grundlegende strukturelle Schwäche des autochthonen Fremdenverkehrsgewerbes. Da der Gebirgsbevölkerung Ausbildung und Erfahrung in der internationalen Hotellerie ebenso fehlen wie das erforderliche Kapital, ist sie nur in der Lage, einfache touristische Bedürfnisse zu befriedigen. Beabsichtigt man, auch die Gebirgstäler am anspruchsvollen Tourismus partizipieren zu lassen, so ist man zwangsläufig auf die Initiative von Hotelunternehmen aus den pakistanischen Großstädten angewiesen. In ihnen sollte man deshalb weniger eine bedrohliche Konkurrenz für die Kleinbetriebe des einheimischen Beherbergungsgewerbes sehen, wie KREUTZMANN (1989b) für Hunza meint, als vielmehr eine Ergänzung des touristischen Angebotes, das bisher allzu sehr auf den Billigreiseverkehr abgestellt war.

Die bisherigen Erfahrungen dürften gezeigt haben, daß eine potentielle Nachfrage nach Hotels gehobenen Standards tatsächlich besteht. Dies gilt einmal für den innerpakistanischen Fremdenverkehr, wie das Beispiel „Shangri La" bei Skardu belegt, wo es erstmals gelungen ist, ganze Familien der Oberschicht aus Karachi zu Kurzferien im Hochgebirge zu bewegen. Dies setzt allerdings nicht nur einen entsprechenden Komfort voraus, sondern auch gute Luftverkehrsverbindungen. Dabei könnte sich freilich der Umstand, daß Gilgit, Skardu und Saidu Sharif (Swat) nur im Sichtflug und damit unregelmäßig angeflogen werden können, als hemmend erweisen. Ohne Zweifel könnte auch ein höherer Anteil des anspruchsvollen internationalen Tourismus in die nordpakistanischen Gebirge gelenkt werden, wenn man den Gästen leicht erreichbare Ausflugsziele in der Hochgebirgsstufe erschlösse; im Umkreis von Gilgit und Hunza wäre dies schon heute nach Hopar (s. oben), Naltar und Bagrot möglich, doch werden diese Möglichkeiten wenig genutzt.

Ziel künftiger Tourismuspolitik in den nordpakistanischen Gebirgen sollte eine möglichst ausgewogene Fremdenverkehrsentwicklung sein. Dazu gehören eine marktgerechte Mischung von Unterkünften hohen, mittleren und niedrigen Standards, die Beteiligung der einheimischen Bevölkerung am Beherbergungsgewerbe ebenso wie an anderen Dienstleistungen, aber auch ein komplementäres Angebot durch auswärtige Unternehmer. Dazu gehört aber auch die Rücksichtnahme auf die natürliche Umwelt und auf das kulturelle Erbe der Gebirgsbevölkerung, die sich dieser Ressourcen meist noch gar nicht bewußt zu sein scheint. Deshalb ist es erforderlich, daß die zuständigen Behörden die weitere touristische Entwicklung durch geeignete Planungs- und Lenkungsmaßnahmen kontrollieren. Andernfalls würden die Versäumnisse und Fehler, wie sie in manchen Gebirgen anderer Länder – auch in den Alpen! – begangen worden sind, überflüssigerweise auch in Pakistan wiederholt.

Summary:
Tourism and Environment in the Mountains of North Pakistan

The tourist potential of this region lies in the high mountain scenery of the Karakorum, the West Himalaya and the East Hindukush. It attracts an increasing number of visitors, both domestic and foreign, who concentrate in the following areas or places:
1. Murree and Galies, hill stations of British origin;
2. Kaghan Valley;
3. Swat;
4. Gilgit with Hunza and
5. Baltistan.

Murree and the Galies being easily accessible from Rawalpindi and Islamabad have some winter tourism that is dominant in the first ski resort of Pakistan, Malam Jabba in Swat.

Tourism has created environmental damages only locally until now, mainly by unadapted road builing or mass trekking (Baltistan). In a few cases it has provoked strong opposition of the local population against mass tourism (Upper Swat) or hotel projects from outside investors (Hunza). The author stresses that tourist accomodation which is still predominantly simple should be improved by some high standard hotels. Future development of tourist infrastructure, however, should be adjusted to the natural environment as well as to the cultural heritage of the mountain population. This requires an active role of the government authorities in planning and controlling tourism.

Literatur

ALLAN, N.J.R. (1987): Ecotechnology and Modernisation in Pakistan Mountain Agriculture. In: Y.P.S. PANGTEY & S.C. JOSHI (eds.): Western Himalaya, Vol. II: Problems and Development, pp.771-787. Nainital, U.P. (Indien).
ASHGAR AHMED (ed.) (1986): Pakistan Tourism Directory '86. Karachi.
FREMBGEN, J. (1983): Tourismus in Hunza: Beziehungen zwischen Gästen und Gastgebern. In: Sociologus, Jg. 12, pp.174-185.

GOVERNMENT OF PAKISTAN (1983): Tourism on Karakorum Highway. A Survey Report. Ministry of Culture & Tourism (Tourism Division), Research and Statistics Section, Islamabad.

GRÖTZBACH, E. (1984): Mobilisierung von Arbeitskräften im Hochgebirge – Zur sozioökonomischen Integration peripherer Räume. In: E. GRÖTZBACH & G. RINSCHEDE (ed.): Beiträge zur vergleichenden Kulturgeographie der Hochgebirge (= Eichstätter Beiträge, Bd. 12), pp.73-91. Regensburg.

– (1989): Kaghan – zur Entwicklung einer peripheren Talschaft im Westhimalaya (Pakistan). In: K. HASERODT (ed.) 1989, pp.1-18.

GRUBER, G. (1981): Einfluß von Expeditionen und Trekking auf die Umwelt Nord-Pakistans. In: Frankfurter Wirtschafts- und Sozialgeographische Studien, H. 36, pp.21-55. Frankfurt am Main.

HASERODT, K. (1989): Chitral (Pakistanischer Hindukusch). Strukturen, Wandel und Probleme eines Lebensraumes im Hochgebirge zwischen Gletschern und Wüste. In: K. HASERODT (ed.) 1989, pp.43-180.

– (ed.) (1989): Hochgebirgsräume Nordpakistans im Hindukusch, Karakorum und Westhimalaya (= Beiträge und Materialien zur Regionalen Geographie, H. 2). Berlin.

JETTMAR, K. (1982): Rock Carvings and Inscriptions in the Northern Areas of Pakistan. Islamabad.

KREUTZMANN, H. (1989a): Hunza. Ländliche Entwicklung im Karakorum (= Abhandl. Anthropogeographie, Institut f. Geograph. Wissenschaft der FU Berlin, Bd. 44). Berlin.

– (1989b): Entwicklung und Bedeutung des Fremdenverkehrs in Hunza. In: K. HASERODT (ed.) 1989, pp.19-31.

ZAIDI, I.H. (1969): Saidu Mingora: Some aspects of functional structure of a tourist town in a frontier area. In: Pakistan Geographical Review, Vol. 24, No. 2, pp.85-96.

Christian KLEINERT:

Tradition und Wandel der Haus- und Siedlungsformen im Tal des Kali Gandaki in Zentralnepal[1]

1. Ausgangslage

Die ökologischen Verhältnisse im Bereich des Kali Gandaki-Tals (Zentralnepal) nördlich und südlich der Himalaya-Hauptkette sind durch extreme klimatische Gegensätze gekennzeichnet, die sich in der Vegetation, den Formen der Landnutzung sowie in Hausbau und Siedlungsform spiegeln (Karten 1 u. 2; Diagramm). Das überwiegend von den ethnischen Gruppen der Thakali, Magar und Gurung besiedelte Gebiet zeigt einen Wechsel in der Bau- und Siedlungsweise von den monsuntypischen Formenelementen (Steildachhaus mit Veranda, offene Gruppensiedlung, Zeilensiedlung und Haufendorf) zu den Formenelementen Zentralasiens (Flachdachhaus, Innenhöfe, kompakte Siedlungen in Bewässerungsoasen).

Die traditionelle Wirtschaftsweise trägt dem Wechsel der ökologischen Verhältnisse in gleicher Weise Rechnung. Eine starke Beeinträchtigung des traditionellen grenz- und gebirgsüberschreitenden Handels mit Tibet trat nach der weitgehenden Schließung der Grenze nach dem Aufstand in Tibet von 1959 ein. Dadurch kam es zur Abwanderung zahlreicher Händlerfamilien. Viele Häuser (vor allem in Tukucha) wurden dem Verfall preisgegeben, soweit keine Pächter zu finden waren, die sich um die Unterhaltung der Häuser kümmerten.

2. Innovationen

Seit den 1960er Jahren sind durch die Öffnung des Gebiets für den Trekking-Tourismus, den Ausbau der Regierungsdienststellen sowie zahlreiche Entwicklungsprojekte umfassende Änderungen zu beobachten, die auch Hausbau und Siedlungsweise betreffen.

20.000 Trekking-Touristen besuchten allein im Jahre 1986 das Gebiet zwischen Jomosom und Muktinath (Hauck 1986). Hinzu kommen alljährlich zahlreiche Bergsteigerexpeditionen auf dem Weg zu den Hochgipfeln der Dhaulagiri- und Annapurnagruppe. Der Ort Jomosom wurde zum Hauptquartier des Distrikts Mustang und die dort vorhandene kleine Landepiste zu einem täglich mehrmals angeflogenen Flugplatz ausgebaut.

Zahlreiche Entwicklungsprojekte sind in den 70er und 80er Jahren im Untersuchungsgebiet tätig geworden. Die wichtigsten sind (mit ausländischer Hilfe):

---

1   Das Untersuchungsgebiet ist dem Verfasser von früheren Untersuchungen in den Jahren 1969-71, 1973/74 und 1979 bekannt (KLEINERT 1973, 1983, 1986). Der vorliegende Bericht geht auf Geländearbeiten im Bereich den Kali Gandaki Tals im Juni 1987 zurück.

U. Schweinfurth (Hrsg.): Neue Forschungen im Himalaya. Erdkundliches Wissen, Bd. 112.
© 1993 by Franz Steiner Verlag Stuttgart

- 3 landwirtschaftliche Projekte (Lumle, Tukucha, Marpha)
- Elektrifizierung durch Kleinkraftwerke (Tukucha, Tatopani)

Ein Vertrag zum Bau einer Straße mit chinesischer Hilfe von Pokhara über Kusma nach Tatopani und durch die Durchbruchschlucht ins obere Tal und über den Paß nach Tibet wurde unterzeichnet. Baubeginn war im Herbst 1987 vorgesehen. Einschneidende Veränderungen für den bisher ausschließlich von Trägern und Saumtieren getragenen Verkehr sind zu erwarten.

3. Entwicklung der Haus- und Siedlungsformen

a) Tradition

Die traditionelle Bau- und Siedlungsweise auf der Südseite der Himalaya-Hauptkette ist gekennzeichnet durch freistehende ein- bis zweigeschossige Häuser mit geneigten Dächern und vorgelagerter Veranda. In den tieferen Lagen überwiegt das Gras- und Strohdach, in den höheren Lagen (über 1500 m) sind die Dächer fast ausschließlich mit Schieferplatten gedeckt. Offene Gruppensiedlung in den tieferen, Zeilensiedlung und Haufendorf in den höheren Lagen kennzeichnen das Siedlungsbild. Wald- und Hochalmen reichen bis an die Gletscher in 4500 m Höhe. Diese Siedlungsstruktur ist überlagert von einem Netz überörtlicher Bazarsiedlungen (z.B. Pokhara, Birethanti, Tatopani), die sich durch besondere Geschlossenheit auszeichnen.

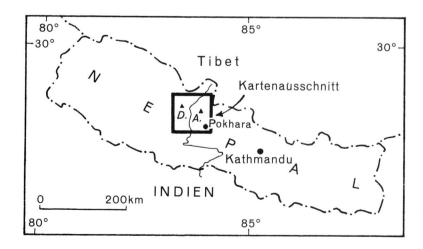

Karte 1: Durchbruchstal des Kali Gandaki durch die Himalaya-Hauptkette: Lage des Untersuchungsgebiets.

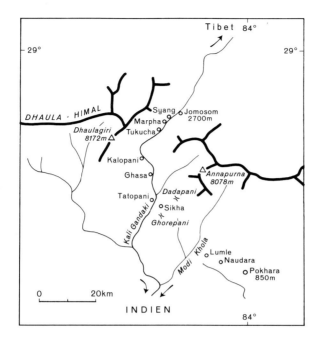

Karte 2: Lage der genannten Orte im Durchbruchstal des Kali Gandaki.

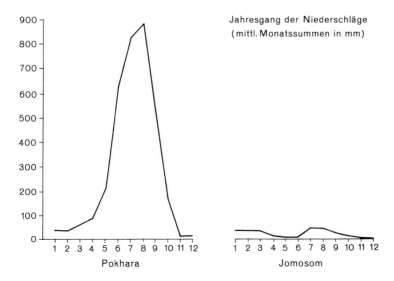

Diagramm: Jahresgang der Niederschläge im Bereich des Untersuchungsgebiets: Pokhara (850 m, Himalaya-Südseite) und Jomosom (2700 m, Himalaya-Nordseite), nach KLEINERT 1983, 109.

In der Durchbruchschlucht des Kali-Gandaki vollzieht sich der Wandel zu den Formenelementen der trockenen Himalaya-Nordseite : nach verschiedenen Formen des Übergangs findet sich nördlich Tukucha der tibetische Haustyp mit Flachdachhäusern, häufig um einen Innenhof gruppiert. Die Siedlungen sind sehr geschlossen, im Norden im Bereich der Bewässerungsoasen ausgesprochen kompakt mit teilweise geradezu festungsartigem Charakter.

b) Wandel

Abseits der Haupthandels- und Trekkingroute von Pokhara nach Tibet haben sich Bau- und Siedlungsweise kaum verändert. Deutlicher ausgeprägt ist der Wandel entlang der Hauptroute sowie im Bereich des neuen Distriktorts Jomosom und der Entwicklungsprojekte.

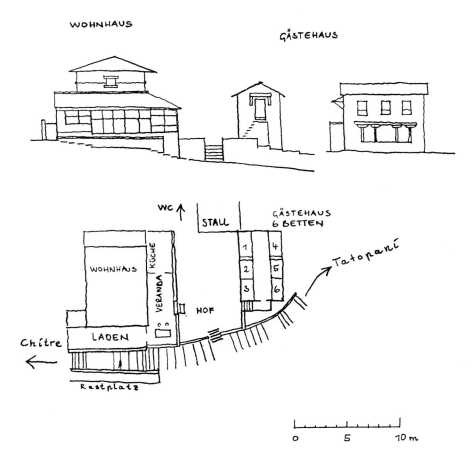

Abb.1: Sikha, 2000 m: Hotel „Dhaulagiri View", Herrichtung eines Wohnhauses und des dazugehörigen Nebengebäudes zu einer Touristenunterkunft. 15.6.1987

Hausbau

Für die Erfordernisse des aufstrebenden Trekking-Tourismus entstanden in vielen Orten Unterkünfte in Form von Lodges (einfache Hotels) und Restaurants. Dabei ist zu unterscheiden zwischen Umnutzung vorhandener Gebäude, Anbauten an bestehende Gebäude und völligem Neubau. In zahlreichen Fällen werden vorhandene Bauten durch geschickten Umbau für die Zwecke des Tourismus hergerichtet. Die dem Wohnhaus vorgelagerte Veranda wird für die Bewirtung der Gäste genutzt. In Nebengebäuden oder in den Obergeschossen der Wohnhäuser werden Schlafräume

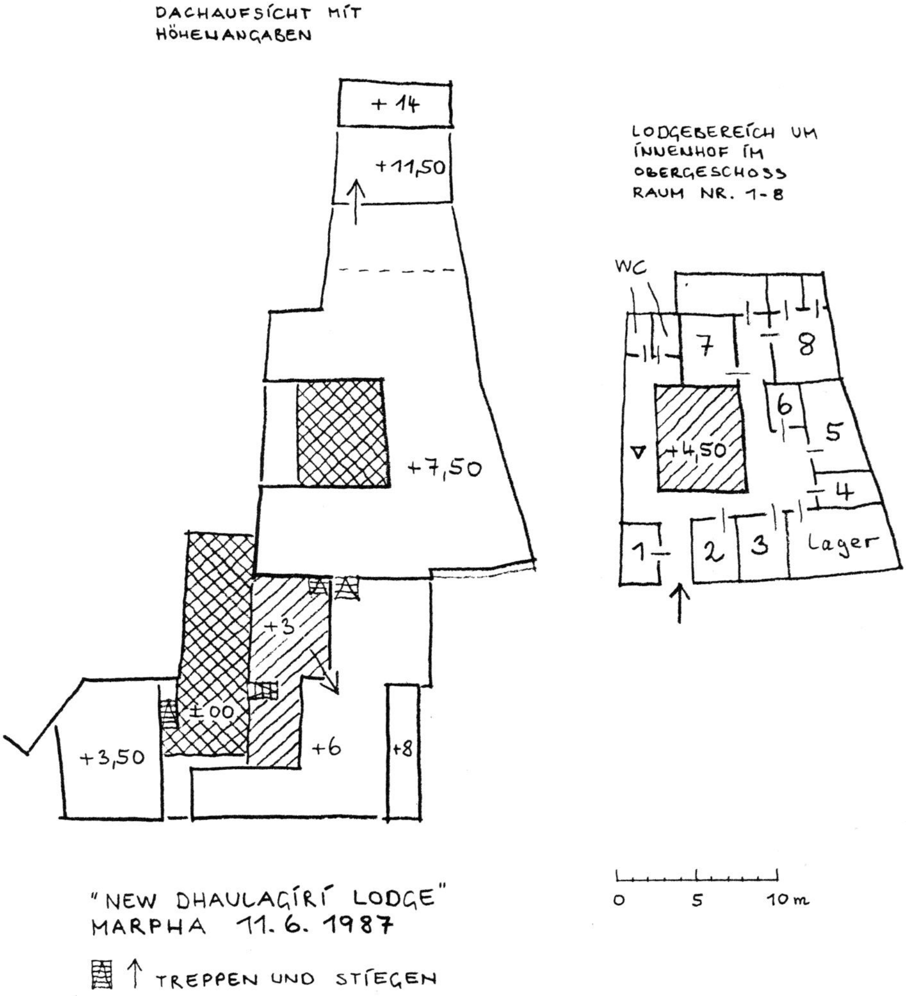

Abb.2: Marpha, 2650 m: „New Dhaulagiri Lodge", Umnutzung eines Wohnhauses zur Touristenherberge mit 6 Schlafräumen. 11.6.1987

für die Unterbringung der Gäste geschaffen (Abb. 1 und 2). In Tukucha, dem früheren Zentrum des gebirgsüberschreitenden Handels mit Tibet, konnten sogar einige der – z.T. bereits verlassenen – großen Händlerhäuser durch Umnutzung zu Tourist-Lodges erhalten und vor dem weiteren Verfall bewahrt werden. Diese großzügig angelegten Gebäude mit bis zu 20 verschiedenen Räumen waren nach dem Niedergang des Tibethandels in der Folge der Besetzung Tibets durch China weitgehend funktionslos geworden. Vom Glanz der alten „Händlerpaläste" war wenig geblieben. Nicht mehr bewohnte Häuser waren dem Verfall preisgegeben. So bewirkte die Umnutzung der noch vorhandenen früheren Händlerhäuser zu Touristenunterkünften eine Wiederbelebung des stark entvölkerten Ortes und ermöglichte die Erhaltung einiger besonders eindrucksvoller Häuser entlang der Hauptstraße (Abb. 3). Ein Sonderfall ist die Umnutzung eines bereits weitgehend verfallenen früheren Händlerhauses des Suba Gunjeman Serchan (vgl. die Beschreibung und Aufmaße bei KLEINERT 1973, S.112/113) zu einer Schnapsbrennerei, die Apfelbranntwein herstellt – sichtbares Zeugnis der erfolgreichen Obstanbauprojekte der letzten Jahre.

Anbauten an vorhandene Gebäude – größtenteils im traditionellen Stil – sind wohl in solchen Fällen erfolgt, wo kein umnutzbarer Raum im Haus selbst zur Verfügung stand. Die bauliche Erweiterung erfolgte dabei durch seitlichen Anbau oder aber auch durch Aufstockung des vorhandenen Gebäudes (Abb. 4 und 5).

Völliger Neubau ist selten. Das Beispiel aus Ghasa (Abb. 6) zeigt, daß auch bei Neubauten eine starke Orientierung an den Vorbildern des traditionellen Hausbaus erfolgt. Als eines der wenigen Gegenbeispiele von Neubauten, die in Bauweise und Standort wenig Erfahrung im traditionellen Hausbau vermuten lassen, sei hier das neue Hotel nördlich von Marpha angeführt (Abb. 7): ein dem Standort wenig angemessener Bau, ohne – im traditionellen Wohnbau in Marpha übliche – schützende Innenhöfe voll dem Talwind ausgesetzt und an überflutungsgefährdeter Stelle außerhalb des geschlossenen Ortsbereichs im Überschwemmungsgebiet eines Seitenflusses des Kali Gandaki gelegen.

Die meisten der in jüngster Zeit neu errichteten Regierungsbauten und Gebäude der Entwicklungshilfeprojekte sind in bewußtem Gegensatz zur traditionellen Bauweise ausgeführt worden. Häufig wurden dabei Pläne ortsfremder Architekten verwirklicht, z.B. Entwürfe der Planungsbehörde in der Hauptstadt Kathmandu oder der jeweiligen Träger der Entwicklungshilfeprojekte. Im Ortsbild fallen diese Bauten durch die Verwendung ortsfremder Baumaterialien (Zement, Wellblech) und neuer Stilelemente (Pultdächer, Fenster und Fassadendekor im „indischen Stil") stark auf (Abb. 8).

Siedlungsbild

In den meisten bäuerlichen Dörfern hat sich das Siedlungsbild wenig verändert. Neubautätigkeit und Ortserweiterungen vollziehen sich in traditioneller Bau- und Siedlungsweise und gliedern sich in die vorgegebene Siedlungsstruktur ein. Auffallende Veränderungen sind dagegen in den beiden Orten zu beobachten, die durch ihren Funktionswandel vom früheren Handelsort zum Verwaltungs- oder Touristenort

Abb.3: Tukucha, 2650 m: Umnutzung ehemaliger Händlerhäuser zu Touristenunterkünften entlang der Hauptstraße. Juni 1987

Abb.4: Kalopani, 2500 m: „Kalopani Guest House", Anbau einer „lodge" an ein Wohnhaus. Juni 1987

Abb.5: Tatopani, 1250 m: Anbau (links) und Aufstockung eines Wohnhauses zwecks Einrichtung als „lodge". Juni 1987

Abb.6: Ghasa, 2000 m: Neubau einer Touristenunterkunft in Anlehnung an die traditionelle Bauweise. Juni 1987

Abb. 7: Marpha, 2600 m: Neuerrichtetes Hotel an ungünstigem Standort außerhalb der alten Siedlung; starke Windbeeinträchtigung und Überschwemmungsgefahr. Juni 1987

Abb. 8: T a t o p a n i, 1250 m: Neubau einer Bank; Fassadendekor im "indischen Stil" vor einem in traditioneller Bauweise errichteten Gebäude. Juni 1987

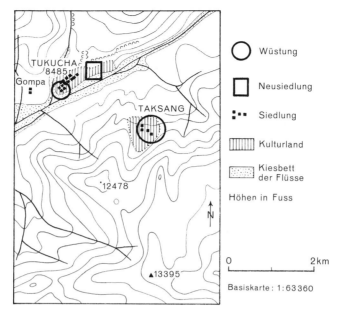

Abb.9: Tukucha, 2650 m: Wüstungen und Neusiedlungsgebiet in der Hauptsiedlung Tukucha und der Nebensiedlung Taksang (3100 m). Juni 1987

Abb.10: Blick von SO auf das Kali Gandaki-Tal bei Tukucha, 2600 m. Vgl. jeweils Abb. 9: *Kreis am linken Bildrand*: Ortslage Tukucha; *Rechteck*: Standort der Neusiedlung; rechter Bildrand: Nebensiedlung Taksang, 3100 m; *Kreis in Bildmitte*: aufgelassenes Gehöft. Auf den Terrassen über Tukucha rezente Bewässerung der Feldflur durch RCU-Projekt. November 1969

Tradition und Wandel der Haus- und Siedlungsformen 123

Abb.11 und 12: Tukucha, 2650 m, im November 1969 (oben) und Juni 1987 (unten): In den Kreisen der wüst gefallene südwestliche Ortsteil; im gestrichelten Bereich (untere Aufnahme) zahlreiche Obstgärten neu angelegt.

gekennzeichnet sind: Tukucha und Jomosom. Dabei ist auch eine Zunahme der landwirtschaftlichen Produktion zu beobachten: Touristen und Regierungsangestellte müssen versorgt werden.

In Tukucha ist ein weiterer Verfall der alten Händlerhäuser zu beobachten, soweit diese Bauten nicht für agrarische oder touristische Zwecke umgenutzt werden konnten. Während ein Teil des alten Ortes (im SW, gegen den Dampush Khola) bereits wüst gefallen ist, entsteht einige 100 m NO der alten Siedlung am Weg nach Marpha ein neuer Ortsteil. Dort werden auf kostenlos von der Regierung zur Verfügung gestelltem Land zahlreiche neue Gebäude errichtet. Bauherren sind größtenteils Bauern, darunter viele frühere Pächter von Händlern, die das vom (mit amerikanischer Hilfe finanzierten) „Resource and Conservation Utilization Project" neu bewässerte Land auf den Terrassen über Tukucha bewirtschaften.

Im Gegensatz zu dieser bäuerlichen Neusiedlung sind die 500 m höher an der östlichen Talflanke gelegenen Ergänzungsfelder der Nebensiedlung Taksang fast völlig aufgegeben und werden nur noch als Weiden genutzt. Die dort befindlichen Häuser verfallen. Verwertbares Baumaterial wird nach Tukucha gebracht und dort bei Neubauten wieder verwendet. Ein wichtiger Grund für diese „Abwertung" der Nebensiedlung Taksang mag der mühsame knapp zweistündige Zugang vom 500 m tiefer gelegenen Hauptort Tukucha sein. Aber auch die neuen Verdienstmöglichkeiten im touristischen und agrarischen Bereich in Tukucha selbst haben sicher zu dieser Entwicklung beigetragen: Um- und Ausbau des Hauptortes, Abwertung der Nebensiedlung zum reinen Weideplatz (Abb. 9,10).

Ein Vergleich des Siedlungsbildes von Tukucha mit Hilfe von Aufnahmen aus den Jahren 1969 und 1987 zeigt auch deutliche Veränderungen in der Feldflur. Das ortsnahe Ackerland ist zu großen Teilen zu Obstgärten umgenutzt worden (Abb. 11,12). Die landwirtschaftlichen Entwicklungsprojekte der siebziger und achtziger Jahre propagierten erfolgreich Obst- und Gemüseanbau. Bis 1984 waren in „Thakkhola", dem Gebiet zwischen Ghasa und Jomosom, bereits ca. 22.000 Apfelbäume gepflanzt worden (Vinding 1984, 73). Hinzu kommen ca. 3.000 Pfirsichbäume, 2.000 Aprikosenbäume sowie Mandel-, Birn- und Nußbäume. 1983 gab es bereits 546 Obstgärten. Lagerhäuser, Verarbeitungsbetriebe und Schnapsbrennereien entstanden in Marpha, Syang und Tukucha.

Veränderungen anderer Art vollzogen sich in den Distriktorten, die mit ihrer wachsenden zentralörtlichen Bedeutung in den letzten Jahren als Verwaltungszentren und Garnisonsstandorte ausgebaut wurden. So entstand in Jomosom am Rand des neuen Flugplatzes ein völlig neues Quartier. Regierungsgebäude, Wohnhäuser, Unterkünfte für Armee und Polizei sowie Restaurations- und Hotelbetriebe haben sich hier angesiedelt. Bau- und Bodenpreise stiegen in wenigen Jahren für eine Fläche von 20x20 yard (334m^2) von 40 auf 33.000 Rupies (Vinding 1984, 66).

Siedlungserweiterungen und Neusiedlungen finden sich außerdem in Bazaren und an touristisch bedeutenden Paßübergängen. So ist im Bazar von Naudara (1 Tagesmarsch westlich von Pokhara) ein ausgeprägtes Wachstum entlang der Bazarstraße zu beobachten. An wichtigen Paßübergängen auf dem Weg von Pokhara zum Kali Gandaki (z.B. Ghorepani und Dadapani) sind touristische „Höhen- und Aussichtsstationen" entstanden – mit Blick auf die Achttausendermassive von

Abb.13: Werbe- und Informationstafeln vor Touristenunterkunft in Kalopani. Juni 1987

Annapurna und Dhaulagiri. Hier wurden in den letzten Jahren zahlreiche Beherbergungsbetriebe an Stellen errichtet, wo noch vor 15 Jahren gerade ein oder zwei Unterkunftshütten für den einheimischen Paß- und Säumerverkehr zu finden waren. Die neuen „tourist lodges" konkurrieren um die Gunst der Touristen mit eindrucksvollen Werbetafeln, Speisekarten und „special facilities" wie „toilet" und „hot shower" (Abb. 13).

4. Ausblick

Insgesamt sind Hausbau und Siedlungsentwicklung gekennzeichnet durch ein starkes Festhalten am überlieferten Formenschatz. Die traditionelle Bauweise unter Verwendung ortsbürtiger Baustoffe und die Anpassung von Hausform und Siedlungsweise an Klima und Standort haben sich offenbar bewährt. Neubau und Neusiedlung orientieren sich weitgehend am traditionellen Vorbild. Die prägende Kraft dieses höchsten Hochgebirges der Erde beherrscht offensichtlich auch heute noch das Bau- und Siedlungsgeschehen. Neue Bau- und Siedlungsweisen beschränken sich auf Zweckbauten wie Verwaltungs- und Militäranlagen.

Ausgesprochen bedenklich ist die rücksichtslose Waldvernichtung im Bereich zahlreicher neuer Höhensiedlungen an den Paßübergängen. So wurde z.B. in Ghorepani, 2850 m hoch im geschlossenen Berg- und Nebelwald (*Rhododendron arboreum*-Stufe) gelegen, bereits im Umkreis von mehreren hundert Metern der noch vor 15 Jahren geschlossene Urwald weitgehend vernichtet. Maßnahmen zur Kontrolle und Steuerung der Siedlungs- und Tourismus-Entwicklung sind daher dringend erforderlich. Erste Schritte wurden durch die Schaffung einer „Annapurna-Himalaya- Conservation-Area", die Anlage von Brennstoff-Depots für Trekking-Gruppen und entsprechende Vorschriften zum umweltbewußten Verhalten von Touristen und Lokalbevölkerung in die Wege geleitet.

Summary:
Tradition and Change of house types and settlement pattern in the Kali Gandaki Valley in Central Nepal.

House types and settlement pattern in the Kali Gandaki Valley are changing under the influence of recent development. Traditional rural houses and villages reflect to a high degree the natural environment as well as cultural, social, economic and religious traditions. Under the influence of tourism, development projects and road construction there is a lot of change. New building materials are frequently used for the construction of houses, which are adopted to the new functions like tourist lodges and administration buildings.

Half-abandoned trading-places like Tukucha are revived as tourist-resorts, former trading-houses being reused as lodges and restaurants.

Change in the settlement pattern is a consequence of village growth due to the construction of new buildings for the requirements of adminstrative offices, development projects and tourist facilities. In connection with agricultural development projects, fruit- and vegetable gardens as well as buildings for storing and processing have been installed.

As a result of the growing population and the requirements of tourists forest resources are endangered by the need of timber and fire-wood. The creation of the „Annapurna-Himalaya Conservation Area" with strict regulations for the protection of the natural environment is a first step to counteract this development.

5. Literatur

BLAIR, C. (1983): 4 villages, Architecture in Nepal. Los Angeles.
HAUCK, D. (1986): Trekkingtourismus in Nepal: Wirtschafts- und sozialgeographischer Einfluß des Trekkingtourismus am Beispiel der Jomosom-Route durch das Kali Gandaki Tal. Magisterarbeit (Geographie) der Universität Erlangen (unveröff.).
KLEINERT, C. (1973): Haus- und Siedlungsformen im Nepal-Himalaya unter Berücksichtigung klimatischer Faktoren. Hochgebirgsforschung Bd.4. Innsbruck.
– (1983): Siedlung und Umwelt im zentralen Himalaya. Geoecological Res. Vol.4. Wiesbaden.
– (1986): Siedlungsformen im Himalaya: Beispielgebiet Zentralnepal. In: Prozesse der Entste-

hung und Veränderung ungeplanter Siedlungen, Kolloquium des SFB 230, Heft 23, pp.97-114, Stuttgart.

MIEHE, G. (1982): Vegetationsgeographische Untersuchungen im Dhaulagiri- und Annapurna-Himal. Dissertationes Botanicae Bd.66(1,2), Vaduz.

MILLIET-MONDON, C. (1982): Housing in the upper Kali Gandaki Valley: Its adaptation to the environment. In: The House in East and South East Asia, London.

MORILLON, F. u. THOUVENY, PH. (1981): Villages et maisons de la Thak Khola. In: TOFFIN, G. (ed.): L'homme et la maison en Himalaya, Paris.

SCHWEINFURTH, U. (1957): Die horziontale und vertikale Verbreitung der Vegetation im Himalaya. Bonner Geogr. Abh.20, Bonn.

– (1982): Der innere Himalaya. Erdk. Wissen H.59, pp.15-24, 1982.

TIWARI, R.S. (1957): A monograph of Marfa. Insitute of Engineering, Tribhuyan University Kathmandu.

VINDING, M. (1984): Making a living in the Nepal Himalayas: The case of the Thakalis of Mustang District. In: Contributions to Nepalese Studies, CNAS, vol.12, no.1, pp.51-106, Kathmandu.

Susanne VON DER HEIDE:

Die Thakali des Thak Khola, Zentralnepal, und ihr Wanderungsverhalten

Einleitung: Soziale Gliederung der Thakalis

250 km nordwestlich von Kathmandu liegt das Ursprungsgebiet der Thakali im Distrikt Mustang nahe der tibetischen Grenze im Thak Khola (Landschaftsbegriff, der sich ursprünglich auf das Tal zwischen den Orten Ghasa und Jomosom am Kali Gandaki Fluß bezog, heute aber oft auch für die Region zwischen den Orten Ghasa und Kagbeni angewendet wird). Die Thakali dort betreiben vorwiegend Viehzucht und Ackerbau und seit Mitte der 60er Jahre auch Gemüse- und Obstanbau, doch sind sie besonders als Händlervolk bedeutend gewesen. Man schätzt die Zahl der Thakali heute auf ca. 10-12.000 Personen. Nach der tibetisch-chinesischen Grenzschließung 1959 wanderte ein Teil von ihnen aus Thak Khola in südlichere Gebiete Nepals, nach Kathmandu, in die Ortschaften Pokhara und Muglin, und an die indische Grenze, in die Städte Bhairawa, Butwal und später Nepalganj aus.

Das Thak-Tal erstreckt sich über 30 km an einem der alten Handelswege zwischen Indien und Tibet. Der Einfluß Tibets führte neben einem ausgeprägten Ahnenkult bei den traditionell lebenden Thakali zu einem Synkretismus von vorbuddhistischer Bon-Religion und dem Lamaismus in der Region Thak Khola, welcher später unter dem Einfluß der Tamang Thakali-Aristokratie durch eine fortschreitende Sanskritisierung und Hinduisierung ergänzt wurde. Erst seit wenigen Jahren ist es überhaupt bekannt, daß die Thakali in drei verschiedene, separate, endogame Gruppen zu gliedern sind. Bis dahin hatte man von den sog. Tamang Thakali als den eigentlichen Trägern dieses Namens berichtet.

Den **Tamang Thakali**, welche in vier patrilineare exogame Klane zu gliedern sind, lag aufgrund ihres dominanten ökonomischen und politischen Einflusses in Nepal, in der Vergangenheit erworben in ihrer Funktion Zoll einnehmender Zwischenhändler im Salz- und Getreidehandel zwischen Indien und Nepal/Tibet, und bis heute erhalten und ausgeweitet, sehr viel daran, **als einzige „Thakali" genannt** zu werden. Dieser Name ist in Nepal mit entsprechendem Prestige verbunden.

So stehen sie auch heute noch in ihrem Ursprungsgebiet Thak Khola **in Konkurrenz zu** den beiden anderen Thakali-Gruppen, den sog. **Marphali oder Mawatan-Thakali** und den **Yhulkasummi oder Yhulkasompa-Thakali**, die sich vornehmlich mit Ackerbau, Viehzucht und Obstanbau beschäftigen. Beide Gruppen sind aus mehreren exogamen patrilinearen Klanen zusammengesetzt.

Nach der **Grenzschließung 1959** kam der traditionelle Salz- und Getreidehandel zwischen Tibet und Indien vollständig zum Erliegen, somit versiegte auch diese Erwerbsquelle der Tamang Thakali. Besonders die Mitglieder einer Lineage, die sog. „**Subbha**", welche eine Art Aristokratie unter den Tamang bilden und im Besitz sämtlicher wichtiger, gesellschaftlicher und sozialer Positionen waren, auch

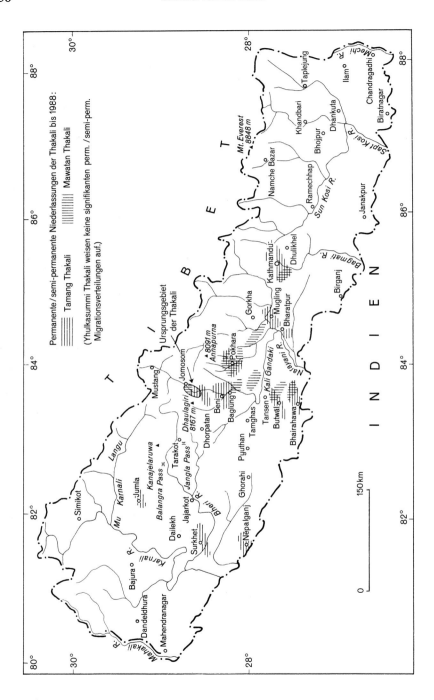

Karte 1: Niederlassungen der Thakali in Nepal bis 1988.

den Salzhandel kontrollierten, bauten daraufhin schon bestehende Handelsverbindungen in Nepal und Indien aus („Subbha" ist ein von der Regierung verliehener Titel, der den Thakali in ihrer Funktion als zolleinnehmende Magistraten verliehen wurde). Sie errichteten ein Handelsnetz, welches sich über ganz Nepal erstreckte, und begannen, in Gebiete wie Pokhara, Bhairawa, Butwal und Kathmandu umzusiedeln. Diesen Subbha folgte ein großer Teil der übrigen Tamang Thakali, was eine Abwanderungswelle auslöste.

Erst etliche Jahre später schloß sich ihnen auch ein Teil der **Marphali-Thakali** an, die ebenso erkannt hatten, daß Zentral- und Südnepal ihnen neue wirtschaftliche Ressourcen eröffneten und einen höheren Lebensstandard boten.

Zur Festigung der Infrastruktur der migrierten Thakali entwickelten die Mitglieder der Subbha-Lineage städtische Organisationen in Pokhara, Kathmandu, Butwal und Bhairawa, welche das soziale und wirtschaftliche Gefüge der Tamang Thakali zusammenhalten. Inzwischen haben auch die Marphali in Pokhara ihre eigene städtische Organisation (nep.: Samaj) gegründet.

Die **Yhulkasummi** haben keine vergleichbaren Zusammenschlüsse außerhalb ihres Ursprungsgebietes geschaffen. Neben ihrer üblichen jahreszeitlich bedingten Wanderung im Winter in tiefer gelegene Gebiete Nepals gibt es nur sehr wenige Familien, die vollständig aus Thak Khola in andere Regionen, wie an die großen Verbindungsstraßen von Bhairawa, Butwal nach Pokhara emigrierten. Es waren nicht ökonomische Gründe wie bei den Tamang Thakali, die inzwischen Hotelbesitzer, Reis- und Ölmühleninhaber, Unternehmer, Ingenieure, Architekten und Ärzte geworden sind, oder wie bei den Marphali, die entweder Hotels oder Busunternehmen besitzen bzw. zu Kleinunternehmern geworden sind. Bei den migrierten Yhulkasummi handelt es sich meistens um „soziale Problemfälle" (uneheliche Kinder, Scheidung, Heirat mit Angehörigen anderer ethnischer Gruppen, Armut etc.), die wohl möglich bei weiterem Aufenthalt in Thak Khola nicht in die Dorfgemeinschaft integriert worden wären.

Bei den migrierten Thakali war in den letzten Jahrzehnten eine zunehmende Angleichung an die am Hinduismus orientierte Gesellschaftsordnung Zentral- und Südnepals zu verfolgen. In den drei unterschiedlichen Thakali-Gruppen äußerte sich dies bis 1988 auf verschiedene Art und Weise.

Ein bedeutendes Moment des Kulturwandels, welches auch entsprechenden Einfluß auf die migrierten Tamang Thakali und Mawatan hat, ist der zunehmende westliche Einfluß auf die Kulturen Nepals bzw. Kathmandus. Vor allem meine ich damit die finanzielle Unterstützung aus dem Ausland, die verschiedenen Unternehmen und Projekten in Nepal gewährt wird. Handelt es sich um Entwicklungshilfen, so vergibt die nepalesische Regierung u.a. Aufträge an nepalesische Unternehmer, zu denen auch Thakali zählen. Handelt es sich um den Privataufbau von Unternehmen oder Industrien, so treten die nepalesischen Interessenten direkt in Kontakt mit den westlichen Firmenpartnern. Auch hier finden sich unter den Handelspartnern häufig Thakali.

Wanderungsbewegungen in Nepal allgemein

Erst in den letzten Jahren ist sich die nepalesische Regierung immer mehr der Tatsache bewußt geworden, wie entscheidend die
Erfassung der Bevölkerungsdichte und -verbreitung für die soziale, ökologische und ökonomische Entwicklung des Landes ist. Entwicklungspolitisch relevante Fragen werfen z.B. die Probleme mit der bevölkerungsspezifisch orientierten, fachgerechten Nutzung von Anbauflächen, auf Erhalt und die Anlage von Weideflächen, der Waldabholzung und -aufforstung, die Ansiedlung von Manufakturen und Fabriken in ländlichen Gegenden, was zur Entfaltung von Ansiedlungen mit städtischem Charakter führt, der Einsatz von Entwicklungshilfen in bestimmten Teilen des Landes sowie der Aufbau von Entwicklungsprojekten oder der Anlage von Straßen. Solche wirtschaftlichen Faktoren sind mitentscheidend für **interne Wanderungsbewegungen in Nepal**, die es ihrerseits zu erfassen gilt, um z.B. der Überbevölkerung bestimmter Regionen Einhalt gebieten zu können bzw. durch bedarfsgerechte Umverteilung andere Gebiete Nepals wirtschaftlich interessant zu machen.

Andere wichtige Auslöser, die Wanderungsbewegungen unterstützen, sind sozialer Natur, wie beispielsweise bessere Ausbildungsmöglichkeiten in städtischen Bereichen, eine effizientere medizinische Versorgung in den Städten und damit verbunden eine höhere Lebenserwartung. Auch der höhere Lebensstandard, den städtische Ansiedlungen zumeist bieten, kann entsprechender Anreiz sein. Anpassung, Assimilation und Integration sind Charakteristika dieser Wanderungsprozesse und wirken sich bei migrierten Individuen oder ethnischen Gruppen unter sozialen, psychologischen und kulturellen Aspekten aus. Zukünftiger Erfolg oder Mißerfolg der migrierten Personen hängt von diesen Faktoren ab.

Bevor ich mich mit dem Einfluß, den demographische Verhältnisse, ökonomischer und sozialer Wandel im Nepal der 30er und später der 60er Jahre auf die Migration der Thakali ausübten, befasse, möchte ich vorher auf die Wichtigkeit von historischen Ereignissen hinweisen, die oft erst der Auslöser für eine Abwanderung in andere Gebiete sein können, wie dies u.a. schon für die ersten Siedler Nepals (BRAUEN 1984; SHARMA 1979, 1983, 1986; CEDA 1973) der Fall war.

Um die Probleme Nepals, die sich im Laufe der Jahrhunderte durch migrierende Bevölkerungsgruppen bis heute ergeben haben und u.a. zur Hinduisierung des Kathmandu-Tales führten, verstehen zu können, ist die Kenntnis der Korrelation geschichtlicher Abläufe zwischen Indien, Nepal und Tibet und den sich daraus ergebenden religiösen, sozialen und ökonomischen Veränderungen für Nepal notwendig (HODGSON 1874; BISTA 1982). Nepals Geschichte steht sinnbildhaft für den ständigen Lebenskampf der dortigen Bevölkerung und der daraus resultierenden „Bereitschaft" zur Assimilation der verschiedenen Einflüsse. Das Land befindet sich kulturell und geographisch gesehen in der problematischen Übergangszone zwischen China/Tibet und Indien. Zwei unterschiedliche Sprachfamilien stoßen hier aufeinander, zwei gänzlich verschiedene Kulturen treffen sich hier.

Der Himalaya, vor allem die Zwischenzone des „inneren Himalaya" (SCHWEINFURTH 1965, 1982), und seine Vorberge, die Middle Ranges, sind zum Austauschbereich dieser Einflüsse für die heute dort ansässige Mischbevölkerung geworden. Waren es früher meistens kriegerische Auseinandersetzungen, die zur Unterwerfung und Anpassung an einen neuen Machthaber zwangen, so sind es heute vornehmlich die wirtschaftliche Entwicklung im inzwischen von Malaria befreitem Terai entlang der indisch-nepalesischen Grenze, welches in den letzten Jahren immer besser infrastrukturell erschlossen wurde, und in den größeren Tälern (Ansiedlung von Gewerbebetrieben und Fabriken z.B. in Kathmandu, Pokhara und Suikhet) sowie auch ökologische Schäden in Ursprungsgebieten, die zur Umorientierung in der Lebensweise und damit verbundener Wanderungsmobilität führen.

Die Thakali sind diesem Bereich zuzuordnen. Exemplarisch für die Gesamtentwicklung Nepals und seiner vielfältigen ethnischen Gruppen, ist die Art und Weise, mit der die Thakali durch ihre Anführer, die Subbha, angeschlossen wurden an das hinduistische Königreich und dadurch ihren heutigen Entwicklungsstandard erreichen konnten.

Hauptteil: Das Wanderungsverhalten der Thakali

A. Das Wanderungsverhalten der Tamang Thakali

1. 1928-1959

Nachdem die Subbha 1928 offiziell ihre Position als zolleinnehmende Magistraten seitens der Regierung in Thak Khola verloren hatten, dominierten sie dank ihres langjährig aufgebauten politischen Einflusses trotz alledem in dieser Region. Inzwischen hatten sie Handelsbeziehungen in anderen Gebieten Nepals aufgebaut, die sie unabhängig vom Handel in und um Thak Khola werden ließen. Mit Hilfe ihres Kapitals waren sie in der Lage, sich z.B. Land oder Häuser in dem sich infrastrukturell entwickelnden Terai oder in Kathmandu zu kaufen und gründeten dort neue Existenzen als Grundlage für zukünftigen expansiven Handel.

Waren für sie bis dahin die Handelsbeziehungen zu Tibet und Indien vornehmlich evident gewesen, so hatte sich diese Situation zugunsten von neuen Möglichkeiten im Terai nun erstens wegen ihrer Kapitalanhäufung und aber zweitens nicht zuletzt wegen der Bemühungen der Regierung, die Malaria in den südlichen Gebieten durch umfassende Maßnahmen auszurotten, geändert.

Zwar setzte das „Malaria Eradication Programme" erst nach 1951 ein, doch verloren die Thakali schon vorher zum Teil ihre Scheu vor dem Süden und kauften dort sehr günstig Boden, welcher später im Wert um ein Vielfaches stieg.

Als drittes kam den Subbha zugute, daß viele Rana-Familien, die bis dahin Nepal regiert hatten, nach ihrem Sturz durch König Tribhuvan 1951, genötigt waren, einige ihrer Vermögenswerte – vor allem Häuser und Boden – zu veräußern. Da die Subbha im allgemeinen bar bezahlen konnten, kamen sie so billig an neuen Landbesitz. Anfänglich, nachdem sie schon Besitzungen in Kathmandu hatten, gründeten sie Existenzen in Butwal/Terai und Naudanda in Indien, Pokhara und später in Bhairawa. Die Subbha zogen einige weitere Thakali-Familien mit sich, die

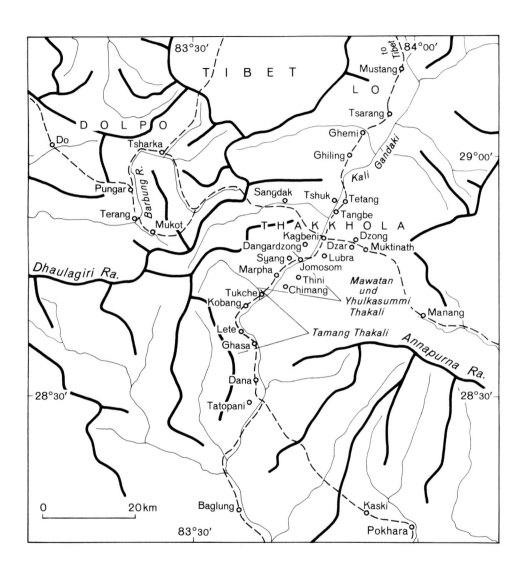

Karte 2: Übersichtskarte mit Herkunftsbereichen der drei Thakali-Gruppen in Thak Khola.
　　　　Tamang Thakali: von Ghasa bis Tukche;
　　　　Mawatan oder Marphali: in Marpha;
　　　　Yulkasummi oder Yulkasompa: in Thini, Chimang, Syang.
　　　　Jomosom: Haushalte aller drei Thakali-Gruppen befinden sich dort.

direkt mit ihnen zusammenarbeiten und sich um das Vertriebsnetz und seine Kontrolle direkt vor Ort zu kümmern hatten. In Pokhara wurde außerdem 1953 ein Flughafen eröffnet, was den Warentransfer vereinfachte. Ferner war eine Verbindungsstrecke zwischen diesen Orten in Planung.

Zu diesem Zeitpunkt wurde auch das Netzwerk von Zwischenstationen der Thakali auf den Transportwegen zwischen Thak Khola, den Middle Ranges und der indischen Grenze immer dichter. Baglung, Ridi Bazar und Tansen waren zwar vornehmlich Newar-Basar-Orte auf dem Weg nach Butwal, doch hatten die Thakali überall dort ihre Niederlassungen und Partner. In Butwal, am Fuße der Ausläufer des Himalaya, verkauften sie Wolle aus Tibet an Händler aus dem Punjab zur Weiterverarbeitung in Ludhiana (Händler aus Baragaon migrierten ihrerseits wiederum im Winter jahreszeitlich bedingt in den Punjab nach Ludhiana, um die dort aus der tibetischen Wolle gefertigten Kleidungsstücke im Tausch zu erwerben und in Indien und Nepal weiterzuverkaufen).

In Butwal und später in Bhairawa unmittelbar an der indischen Grenze ließen sich viele Thakali semipermanent nieder, um so den Handel mit Wolle besser kontrollieren zu können. Außerdem errichtete ein Teil von ihnen entlang dieser Handelswege jahreszeitlich bedingt sog. bhatti-shops (kleine Restaurants, in denen neben Tee auch Mahlzeiten gereicht werden – beliebter Treffpunkt für die nepalische Bevölkerung) nicht allein nur für die Händler, sondern auch für die vielen Gurkha-Soldaten, die zum größten Teil aus Westnepal stammten und gute Kunden waren. Hier wäre hinzuzufügen, daß die Thakali diese bhatti-shops zumeist im Winter unterhalten, um anschießend wieder nach Thak Khola zurückzukehren; doch entwickelte sich das Geschäft entlang der Handelswege immer besser, und so wurde aus der jahreszeitlich bedingten Migration im Laufe der Jahre eine semipermanente.

Zum Teil siedelten einige finanziell weniger gut ausgestatteten Familien auch ganz in diese Gebiete entlang der Handelswege und verkauften ihren gesamten Besitz in Thak Khola. Diese Familien stammten im allgemeinen nicht aus Tukche, Larjung und Kobang.

Verbunden mit dem Bau der Straße wurde in Bhairawa ein sog. Pension Camp für die Gurkha-Soldaten gebaut. Über den geplanten Bau dieser neuen wirtschaftlichen Ressource hatten Hitman Subbha und seine Familie schon früher durch ihre guten Beziehungen zu den Ranas erfahren, und so kauften sie viel Boden in und um Bhairawa, welches jetzt auch als Grenzort begann, Bedeutung zu erlangen. Die Subbha waren die ersten, welche Versorgungsaufträge, sog. „contracts", für dieses Camp erhielten.

Mit der neuen Regierung unter König Tribhuvan mit seinem Premier B.P. Koirala wurde auch die Öffnung von Schulen für jeden, der die Ausbildung zahlen konnte, veranlaßt. Unter den Ranas war es nur deren Angehörigen und einigen auserwählten Günstlingen gewährt, Schulen zu besuchen (u.a. auch den Subbha-Familien). Die Tamang Thakali, die im allgemeinen das nötige Geld aufbrachten, legten großen Wert darauf, ihren Kindern eine gute Ausbildung zu gewährleisten. Mit ihrem Weitblick hatten sie durchaus erkannt, welche Möglichkeiten sich für ihre Kinder damit in Zukunft ergeben könnten.

Obwohl neben den Subbha und deren Mitarbeitern nun schon ein gewisser Teil aus Thak Khola abgewandert war, pflegten diese Thakali nach wie vor engen Kontakt mit ihren verbliebenen Verwandten in Thak Khola und fanden sich dort zu Festen und Zeremonien ein. Sie besaßen auch zum größten Teil noch Ländereien dort, welche in der Zwischenzeit verpachtet worden waren. Nach altbewährtem Muster betrieben die in Thak Khola verbliebenen Thakali Handel mit Tibet und Indien. Seit der Öffnung des Handels 1928 ging es vielen von ihnen finanziell besser als vorher, sie konnten mittlerweile auch von den Einkünften als Zwischenhändler leben. Manzardo beschreibt sehr treffend: „The Thakalis became increasingly sedentary, for there was no longer any purpose in setting out on dangerous trips to Tibet, since their agence, both hired men, working for commission and bond servants, could do the job as well" (1978:42). Warum diese zweite Gruppe der „bodenständigen, traditionell" orientierten Thakali auch genötigt wurden, in andere Zentren Nepals zu migrieren, und wie der traditionelle Handel in Thak Khola nach 1962 damit verbunden zum Erliegen kam, hat einen historischen Auslöser.

Vor diesem Zeitpunkt, zwischen 1954 und 1959/60, bestanden noch grundsätzliche Verschiedenheiten in Ideen und Lebensausblicken der Tamang Thakali aus Thaksatsae und der inzwischen in den Süden migrierten Thakali. Normalerweise hätten sich diese verschiedenen Interessengruppen in eine ländliche und eine halbstädtisch-urbane Organisation weiter aufgespalten, beide nach wie vor unter der politischen Führung der Subbha, die jedoch ihr Hauptaugenmerk bereits ganz auf die neuen wirtschaftlichen Möglichkeiten in Kathmandu und im Terai gelenkt hatten. Doch zu dieser Entwicklung sollte es nicht kommen.

2. Nach 1959

1959/60 überquerten 60.000 tibetische Flüchtlinge vor den einrückenden Chinesen die Grenze nach Nepal. Die erste Flüchtlingswelle bestand hauptsächlich aus sog. Drokpas (Nomaden) vom Changthang-Hochplateau. Anschließend flohen außerdem viele Khampas nach Nepal, die zum Teil in der Folgezeit von der nepalischtibetischen Grenze aus gegen China militärische Überfälle organisierten.

Die Flüchtlingsbewegung übervölkerte auch die Täler des Mustang-Distriktes und führte mangels genügender Futterweiden für das Vieh der Flüchtlinge und der Einwohner und mangels Nahrungsmittel und Getreide für alle zu enormen Versorgungsproblemen und Katastrophen. Im tibetischen Flüchtlingslager in Chairo bei Marpha, 1961 von Schweizern erbaut, starben 11% der Bewohner. Um das Problem der Überweidung zu beheben und um überhaupt existieren zu können, verkauften die Flüchtlinge das, was von ihren Herden noch übrig geblieben war, Yak, Dzoppa, Schafe und Ziegen. Da jedoch sowohl die Bewohner Baragaons, Mustangs als auch die Thakali (alle drei Gruppen) damit Handel trieben, bedeutete dieser Verkauf von Vieh zu Schleuderpreisen für sie einen großen finanziellen Verlust, wenn ihre Tiere selbst nicht schon der Katastrophe zum Opfer gefallen waren.

Hinzu kam, daß die Chinesen den Erwerb von neuen Herden, nachdem die alten einmal verkauft waren, durch die Grenzschließung verhinderten. So konnten die alten Kontingente später nicht mehr aufgestockt werden, und eine beträchtliche Handelseinnahmequelle ging verloren.

Ungefähr zur selben Zeit wurden vom Terai aus die ersten Straßen in die Berge, nach Pokhara und Kathmandu gebaut (Tribhuvan Rajpath und Sonauli Rajpath), auch die nordindische Flußebene wurde infrastrukturell besser erschlossen, und so gelangte aus Indien importiertes, raffiniertes Salz zu billigeren Preisen nach Nepal ins Terai und in das mittlere Bergland. Diese Entwicklung unterminierte den gesamten Handel der Thakali aus Thaksatsae, obwohl diese unter Leitung von Subbha Hitman inzwischen auf Salz im nördlichen Mustang gestoßen waren und eine eigene Salzmine unterhielten (die übrigens heute noch ein kleines Gebiet im Mustang-Distrikt versorgt).

Ein anderer gravierender Faktor war die steigende Unsicherheit in Thak Khola, unter den Flüchtlingen befand sich, wie schon erwähnt, eine Gruppe von kriegerischen tibetischen Nomaden, die auch dem Dalai Lama Geleitschutz gegeben hatten, genannt Khampas. Angeblich sollen sie schon seit 1956 vom CIA unterstützt worden sein (MANZARDO 1978:46). Zwischen 1960 und 1971 halfen die Amerikaner ihnen, eine selbständige Truppe von ca. 2000 Mann in Mustang aufzubauen, um Angriffe auf Tibet ausführen zu können.

Einer der Gründe für ihr Versagen soll die mangelnde Versorgung und finanzielle Unterstützung, die zu langsam funktionierte, gewesen sein, und das in einem Gebiet, welches überbevölkert war und unterproduzierte! Da sich in Nepal respektive auch Thak Khola Gerüchte sehr schnell in die Welt setzen lassen – und sich genau so schnell verbreiten –, fiel es leicht, die Khampas für die mangelnde Sicherheit der Bewohner im Mustang-Distrikt bzw. Thak Khola und auch für angebliche Übergriffe auf Handelskarawanen verantwortlich zu machen. Die Subbha und deren Anhänger behaupten heute noch, daß die Khampas ihre Höfe sowie ihre Handelskarawanen angegriffen und beraubt hätten, deswegen sei es unerträglich für die Tamang Thakali gewesen, weiter in Thak Khola zu leben.

Nach IIJIMA (1977:72-82) veranlaßte diese unheilvolle Entwicklung nun den Subbha Hitman, die in Thak verbliebenen Tamang Thakali zu überzeugen, in sicherere, tiefer gelegene Regionen, also Pokhara, Middle Ranges, Kathmandu und das Terai, abzuwandern.

Wahrscheinlich ist (zu dieser Ansicht kam ich nach vielen Gesprächen mit den Einwohnern aus Baragaon, Lho/Mantang und Thakali aller drei Gruppen), daß die Khampas aufgrund mangelnder Versorgung seitens der Amerikaner, welche die Khampas nach dem Abkommen Nixons mit China ganz im Stich und sich selbst überließen, einige Male die Höfe der reichen Thakali Subbha überfielen, um sich Nahrungsmittel zu verschaffen. Doch abgesehen davon (die Thakali Subbha waren nicht überall beliebt) hatten die Khampa im allgemeinen einen guten Ruf im Mustang Distrikt. Man begegnete ihnen mit Respekt, waren ihre militärischen Ausfälle gegen die Chinesen doch durchaus im Interesse der im allgemeinen dem Dalai Lama ergebenen Bevölkerung Mustangs (Ausnahme zum Teil Tamang Thakali, die hinduisiert waren). Der Konflikt um die Khampas kulminierte in einer Auseinandersetzung dieser mit der nepalischen Armee Anfang der 70er Jahre in Jomosom und Umgebung. Es gab Tote und Verletzte, die meisten Khampas wurden in Lagern untergebracht – zum Teil mit anderen tibetischen Flüchtlingen in Nepal.

Interessant ist, gerade im Gegensatz zu den Aussagen der Subbha, welche die Khampas gerne als raubende Mörderbanden darstellen (im Einklang später mit der nepalesischen Regierung als Legitimierung ihres Vorgehens Anfang der 70er Jahre), daß z.B. in Jomosom Tamang Thakali-Händlerfamilien, die nach Öffnung des Handels 1928 an Reichtum und Einfluß gewonnen hatten und begannen, eine Konkurrenz für die Subbha zu werden, mit diesen Khampas gute Geschäftsbeziehungen pflegten und in Zeiten ihrer Liquidität diese mit Nahrungsmitteln in einem ihrer Hauptlager – Ghaisang – unterhalb des Tilicho-Sees über Jomosom gelegen, versorgten.

Auch die Yhulkasummi und Mawatan Thakali berichten im allgemeinen nur Positives über die Khampas. Die von den Tamang Thakali unterdrückten und als bond-servants benutzten Yhulkasummi, Mawatan, Bewohner Baragaons und Lho/Mantangs konnten eine gewisse Schadenfreude den Subbha gegenüber nur schwer verhehlen. Für sie bedeutete die Präsenz der Khampas oft auch eher Erleichterung und Schutz in ihrer Situation.

Im gleichen Zeitraum liegen die expandierenden Geschäfte der Subbha im Süden. Für sie war die Entwicklung in Thak Khola, verbunden mit den Gerüchten über die Khampas, welche sie wahrscheinlich selber in die Welt gesetzt hatten, willkommener Anlaß, die Tamang Thakali von dort abzuziehen und für ihre wirtschaftlichen Interessen in den Middle Ranges und im Süden anzusetzen. Das Netzwerk war inzwischen so gut ausgebaut, daß sich die wirtschaftlichen Aktivitäten vollkommen in diesen Bereich verlagern ließen. Die politische Vormachtstellung der Subbha war immer noch stark genug, um die Geschicke der Tamang Thakali in ihrem Sinne zu beeinflussen.

Wie von den Subbha erwartet, verließ nun ein Großteil der traditionsbewußten und bodenständigen Thakali Thak Khola und wanderte ab. Das weitverzweigte Handelsnetz kam ihnen jetzt zugute. Laut Angaben der Informanten sollen schon 1967 nur noch 20% der Bevölkerung in Tukche Tamang Thakali gewesen sein. Doch anscheinend waren sich 1960/62 die Subbha nicht ganz darüber im klaren, wieviele Tamang Thakali Thak Khola nun wirklich verlassen würden. Nach Aussagen von Informanten, bestätigt durch Ausführungen MANZARDOS (1976:437), versuchten nämlich die 13 Mukhyas (Dorfvorsteher der Tamang Thakali in Thak Khola) zu dieser Zeit herauszufinden, ob die Region auch in Zukunft Chancen haben würde, organisatorisches Zentrum der Tamang Thakali zu bleiben. So konnten die Mukhya – respektive die Subbha – einen Überblick über den Grad der Abwanderungsbereitschaft und damit verbunden der Notwendigkeit des Aufbaus neuer organisatorischer Zentren im Süden verschaffen. „When the Thakalis first began to abandon the region an attempt was made to continue Thak Khola as the organizational center for the Thakalis. The thirteen mukhiyas themselves travelled from place to place visiting their former constituant clients, telling them of recent decisions made by the council and asking their participation and support. In addition, they collected a tax, based not on the migrants present holdings, but rather on his holdings, or former holding in Thak Khola. The money from this tax was meant to keep the council functioning, but lack of enthusiasm and difficulties in travel caused the system to eventually be abandoned. Few Thakalis however sold their land holdings in Thak Khola. This was partly because the land was worthless and buyers were hard to find".

Ein Großteil der Bevölkerung, vor allem Tukches, nahm den Ratschlag Subbha Hitmans an, und eine Massenmigration nach Butwal, Kathmandu, Pokhara, Bhairawa und in Ortschaften der neu entstandenen Straßen in Westnepal setzte ein. Solche Tamang Thakali, die sich zuvor zum einen mit Ackerbau und Viehzucht und zum anderen mit Handel in nur kleinerem Maßstab beschäftigt hatten, ließen sich bevorzugt in mittelgroßen oder gerade entstehenden Orten wie Tansen und Muglin und der Region Myagdi (entlang der wichtigsten Verkehrsverbindungen) nieder.

3. der Subbha

Subbha Hitman, sowie sein zweitältester Sohn Subbha Krishnaman, versuchten derweil direkt in Indien Unternehmen aufzubauen. Doch nachdem sie hierbei – als Quasi-Ausländer – auf Schwierigkeiten stießen, kehrten beide nach Butwal/Bhairawa zurück. Sie eröffneten in Bhairawa als Familienunternehmen eine Reismühle und Ölpresse. Hitmans ältester Sohn Anangaman kümmerte sich zur gleichen Zeit um die Familiengeschäfte in Kathmandu; er war verantwortlich für die Zusammenarbeit mit der in Kathmandu sitzenden Administration des Landes, die maßgeblich an der Auftragsverteilung an Unternehmen mitwirkte. Hitmans drittältester Sohn Indraman, der einer der letzten Subbha-Angehörigen war, der Tukche verließ und bis dahin die Geschäfte in Thak Khola, Lho/Mantang und Dolpo kontrolliert hatte, ließ sich anschließend zuerst in Pokhara nieder. Später, nachdem dort der erste städtische Organisationskörper der Tamang Thakali mit seiner Unterstützung aufgebaut und die Kontrolle darüber in die Hände einer der Subbha verpflichteten Vertrauensperson gelegt worden war, siedelte er in das ökonomisch expandierende Kathmandu um. Yogendraman, der viertälteste Sohn Hitmans, der, wie sein Vater, politisch sehr aktiv war, wurde in Kathmandu stellvertretender Landwirtschaftsminister im Kabinett von B.P. Koirala, dem ersten Premier Nepals nach der Machtkonsolidierung der Shahas unter König Tribhuvan. Nachdem B. P. Koiralas Kabinett von König Tribhuvans Sohn Mahendra abgesetzt worden war (Mahendra stellte sich selbst wieder an die Spitze des Parlamentes), wurde Yogendraman inhaftiert, wie viele Politiker, die zur Partei Koiralas zählten. Nach mehreren Jahren Haft wurde er entlassen, starb jedoch kurz danach an den Folgen eines mysteriösen Autounfalles. Man vermutete, daß er einer staatspolitischen Intrige zum Opfer gefallen war. Die Thakali, vor allem die Jugendlichen verehren ihn noch heute sehr. Die Subbha-Familie unterstützt den Mythos um seine Person, da er als Integrationsfigur für die fortschrittlich ausgerichteten Tamang Thakali gilt, deren Ansichten oft von denen der Subbha abweichen. Der jüngste Sohn Hitmans Bupendraman wurde einer der bedeutensten Dichter Nepals und bis zu seinem Tod zum Vorstand der Royal Nepalese Academy ernannt. Als erster Tamang Thakali absolvierte er seinerzeit seine Examina an der Benares-Hindu-Universität. Sein Beispiel ermutigte die Thakali-Jugend, heute gibt es einige bekannte Thakali-Dichter in Nepal.

Außer der Familie Subbha Hitmans, dessen politischer Weitblick und unternehmerisches Geschick in der Tradition seines Urgroßvaters Kalu Ram/Balbir steht und hervorragend unter den Subbha-Angehörigen war, ließen sich auch die Familien seiner drei Brüder in den größeren Ortschaften Nepals nieder und expandierten mit ihren Unternehmen. Im Gegensatz zu seinen Brüdern hatte Hitman schon eine ungewöhnliche Kindheit hinter sich. Im Alter von zwölf Jahren, nach dem Tod seines Vaters Harkaman, nahm seine Mutter ihn mit nach Kathmandu, wo er dem Rana-Premier Chandra Shamsher und verschiedenen Mitgliedern der königlichen Familie vorgestellt wurde. Diese Verbindung wurde aufrechterhalten und die sich daraus ergebenden Beziehungen sollten später die wirtschaftliche und kulturelle Entwicklung der Tamang Thakali beeinflussen. Hitmans Brüder Mohanman, Guptaman und Chet Man verblieben in Thak Khola und kümmerten sich um die Geschäfte dort. Guptamans Sohn Govindaman, der früher verantwortlich war für die Verwaltung des Bereichs Thak Khola und Panchgaon/Yhulnga, engagierte sich gemeinsam mit Indraman im Tourismusgewerbe in Kathmandu und übernahm später einige Großaufträge des Staates (z.B. „contracts" für die Durchführung des Baus öffentlicher Gebäude). Seine beiden Brüder emigrierten nach England und leben dort heute als niedergelassene Ärzte. Govinda hat inzwischen in Tukche, nachdem dieses durch den Obstanbau wieder an wirtschaftlicher Attraktivität gewonnen hatte, eine eigene Destillerie aufgebaut. Nach dem Tod Govindas 1986, er starb an Krebs, übernahm sein zweitältester Sohn die Destillerie im Alter von nur 22 Jahren.

Die Kinder von Hitmans Bruder Mohanman genießen unter den Tamang Thakali ebenso hohes Ansehen als Subbha-Angehörige und hielten wichtige Posten sowie in Thak Khola als auch später im Süden inne. Heute üben jedoch die Nachkommen Hitmans immer noch größeren Einfluß als die Kinder von Mohanman, Chet Man und Guptaman aus. Das führte oftmals zu Auseinandersetzungen, welche die aufstrebende, sich von den Subbha unabhängig machende Thakali-Mittelschicht für ihre Zwecke ausnutzte. Der älteste von Mohanmans Kindern Lalitman siedelte sich in dem ökonomisch aufstrebenden Nepalganj an, in der Nähe der indisch-nepalischen Grenze im Westen Nepal. Bis 1988 ließen sich insgesamt sieben Thakali-Haushalte dort nieder. Als „contractor" arbeitet Lalitman für die Regierung, hat große Besitzungen in Nepalganj und betreibt u.a. eine Sägemühle. Sein Bruder Shankarman hat Grundbesitz sowohl in Kathmandu als auch in Thak Khola, wo er heute immer noch den Sommer verbringt. Auch er arbeitete vorher als „contractor" und war derjenige, der auch nach den Veränderungen 1959 konstant die Entwicklung in Thak Khola im Auge behielt. Sofort, nachdem in Marpha unter Madhan Rai und Pasang Sherpa die Regierungsfarm gegründet und damit verbunden der Obstanbau in Thak Khola angekurbelt wurde, kehrte er wieder nach Tukche zurück. Da er genügend Geld besaß, konnte er seine Besitzungen zu einer größeren Obstplantage umbauen und erwähnt sehr oft, er sei eigentlich der erste in ganz Thak Khola gewesen, der Apfelplantagen angelegt hätte. In Absprache mit seinen Vettern kontrolliert er auch die Salzvorkommen in Mustang. Er war bis in jüngste Zeit immer noch Oberhaupt der 13 Mukhya.

Eine interessante Rolle innerhalb der Subbha-Familie spielt auch ihr jüngster Bruder Shamsherman. Er galt früher als Außenseiter der Familie, ging in Indien zur Schule und kam dort in Kontakt mit Anhängern von sozialistisch ausgerichteten

Parteien (Verschiedene Thakali-Subbha Kinder kamen damals in Kontakt mit der Congress Party Indiens und wurden später Anhänger B.P. Koiralas in Nepal). Seine aus diesen Verbindungen resultierenden Ideen wurden von seiner Familie mit äußerster Skepsis aufgenommen, denn sie rüttelten an den Grundfesten der Legitimation der Subbha-Aristokratie und stellten diese zum Teil in Frage. Später sollte er mit Unterstützung von indischen Geschäftsfreunden einer der größten Unternehmer innerhalb Nepals werden. Bis zu seinem Tod Ende 1986 befand er sich in ständiger Auseinandersetzung mit seinen Verwandten. Auch war er einer der wenigen Subbha-Angehörigen der Nachfolgegeneration, der nach wie vor den buddhistischen Vorstellungen gegenüber aufgeschlossen war, was sich z.B. in seiner offiziellen Unterstützung von buddhistischen Konferenzen in Nepal äußerte, sehr zum Ärger der übrigen Subbha. Seine Einstellung und all die Schwierigkeiten, die damit verbunden sind, schlug sich nieder in der Erziehung seiner vier Kinder. Auf der anderen Seite diente er gerade migrierten jungen Thakali als Vorbild und Beispiel für individuellen Erfolg innerhalb der Tamang Thakali, denn Shamsherman bekannte sich trotz allem zum städtischen Verbund der Tamang Thakali und stand hinter dem „Ideal", die Tamang Thakali als geschlossene, kulturell und ökonomisch unabhängige Einheit zu sehen.

Hitmans Bruder Chet Man starb früh und hinterließ nur einen Sohn Chandraman, welcher sich später in Pokhara niederließ und dort am Hotelgewerbe maßgeblich beteiligt war. Nichtsdestotrotz lag die Verantwortung der städtischen Organisation in Pokhara nicht in seinen Händen, sondern wurde kontrolliert von einem Subbha Hitman, später seinem ältesten Sohn Anangaman – verpflichteten Thakali, was die Rolle Hitmans nochmals verdeutlicht. Auch Chandraman verstarb im Jahre 1986. Er hinterließ einen Adoptivsohn, einen Chettri, der zwar angesehen unter den Thakali ist, aber offiziell wenig Einfluß genießt.

In Bhairawa ließen sich die Nachfahren von Subbha Harkamans (Vater von Hitman und dessen Brüder) Bruder Ganeshman nieder. Auch sie bekamen als „contractors" größere Aufträge vom Staat und besitzen heute Ländereien sowie gutgehende Bekleidungsgeschäfte dort, Säge- und Ölmühlen.

Obwohl der Titel eines Subbha offiziell abgeschafft war, wurden und werden auch heute noch nach wie vor die Mitglieder der Lhakang Lineage (Familienzweig aus dem Sherchan-Clan, dem die Subbha zuzurechnen sind) so tituliert, bzw. werden sie „Khasi" (für Männer) und „Maya" (für Frauen) benannt, Ehrenbezeugungen, der Palastsprache entnommen. Die Autorität der nachfolgenden Generation von Hitman und seinen Brüdern war noch fast unumstritten. Sie repräsentierte in Städten wie Kathmandu, Pokhara, Butwal und Bhairawa die Tamang Thakali nach außen hin. Ihre Vertreter standen an den Spitzen der verschiedenen internen sozialen Organisationen und Finanzierungsmodellen, wie z.B. den „dhikuri". Bei Streitigkeiten waren sie es im allgemeinen, die zur Schlichtung hinzugezogen wurden. Doch schon damals begannen die ersten Auseinandersetzungen mit anderen finanziell aufstrebenden Tamang Thakali. Die Enkel von Hitman und seinen Brüdern spüren heute die Auswirkungen der, durch die Migration von Thak Khola in den Süden neu entstandenen Perspektiven und finanziellen Möglichkeiten, die sich dadurch für die Tamang Thakali eröffneten. Ihre Position ist nicht mehr selbstverständlich, auch haben einige jüngere „Subbha-Nachfahren" teilweise Probleme mit dem eigenen Rollenverständnis.

B. Das Wanderungsverhalten der Mawatan und Yhulkasummi Thakali

Die Mawatan Thakali begannen auch, im Unterschied zu den Yhulkasummi, stetig nach 1959/60 in den Süden, vornehmlich nach Pokhara, zu migrieren. Die ersten vier Mawatan-Familien jedoch ließen sich kurz nach 1959 in Bhairawa nieder. Sie gehörten zu den Angestellten der Subbha und kamen im Zuge ihres Arbeitsverhältnisses zu diesen dorthin. Ihre Vorfahren hatten schon für die Subbha gearbeitet und sich seinerzeit in Kobang niedergelassen, woher auch diese vier Familien stammen. Sie wurden bei Gründung der städtischen Organisation der Tamang Thakali in Bhairawa mit in deren Verbund einbezogen und sind insofern Ausnahmefälle, da sie auch im allgemeinen mehr Umgang mit den Tamang Thakali pflegen.

Durch ihre klimatisch bedingte jahreszeitliche Wanderung hielten sich schon vor 1959 viele Mawatan-Haushalte im Winter mehrere Wochen in Pokhara und Umgebung auf. Die Veränderungen, die in Thak Khola nach 1959 entstanden, und die sich bessernden sozialen und ökonomischen Verhältnisse in den Middle Ranges und vor allem entlang der neuen Straßen, veranlaßte viele Mawatan aus ihrem Ursprungsgebiet abzuwandern. Allerdings setzte der Hauptwanderungsstrom erst Ende der 60er Jahre ein, einige Jahre später als bei den Tamang Thakali und steigerte sich bis ca. 1984. Zwischen 1985 und 1988 waren keine Abwanderungen mehr von Marpha in den Süden zu beobachten, es sei denn, es handelte sich um Studenten, die zu Ausbildungszwecken migrierten und wohl möglich später nicht mehr auf das elterliche Anwesen in Marpha zurückkehren, sondern sich in Pokhara oder Umgebung ansiedeln werden (auch abgesehen von der nach wie vor stattfindenden jahreszeitlichen Migration in den Wintermonaten, welche aber sehr zurückgegangen ist in den letzten Jahren). Die Angaben hier beziehen sich auf Abwanderungen unmittelbar aus Marpha, bei neuer Existenzgründung im Süden. Oftmals geht diese einher mit der „official separation" der Söhne eines Haushaltes bei „Pensionierung" des Vaters mit 61 Jahren.

Im allgemeinen war zu beobachten, daß solche Mawatan-Haushalte, die es gewohnt waren, sich im Winter einige Monate in Pokhara oder Umgebung zur Unterhaltung von bhatti shops aufzuhalten, bei sich bessernder Infrastruktur auch mehr verdienen konnten. So begannen sie, ihre Aufenthalte in Pokhara oder anderswo zu verlängern. Zur selben Zeit, als neue Straßen und Gebäude die Handelsmöglichkeiten zwischen Kathmandu – Pokhara – indisch-nepalische Grenze verbesserten, erhöhte sich auch die Abwanderungsrate der Mawatan aus Marpha bzw. ihre Aufenthalte im Süden verlängerten sich. Schließlich wurden aus den saisonalen Niederlassungen semipermanente.

Das bedeutete, im Gegensatz zu den meisten Tamang Thakali, daß ein Teil der Mawatan turnusmäßig sowohl in Marpha als auch im Süden lebte. Denn durch die Ansiedlung der Horticulture Farm in Marpha und der damit verbundenen Erlernung der Technik des Obstanbaus stiegen die Einnahmemöglichkeiten und Verbesserungen des Lebensstandards dort. Doch war der Obst- und Gemüseanbau mit einer Planung auf längere Zeit verbunden, erst einmal mußte investiert werden. So ist es zu erklären, daß Ende der 60er Jahre, obwohl die Farm schon damals existierte, trotz alledem eine Abwanderungswelle in den Süden einsetzte. Begünstigt durch die Überschaubarkeit und zahlenmäßige Begrenztheit der ethnischen Gruppe bzw. des Ortes und unterstützt durch die homogene Sozialstruktur, fiel eine solche Planung sicher leichter als bei den Yhulkasummi oder den Tamang Thakali, deren Gruppe, wie vorher beschrieben, in verschiedene Einkommenskategorien zu gliedern war. Das im Süden erwirtschaftete Geld konnte in Marpha wieder zum Ausbau der eigenen Farmen angelegt werden.

Die Beweggründe der Yhulkasummi permanent in den Süden zu migrieren waren anderer Art. Normalerweise hielten sie sich früher, vor 1959, wie auch die Mawatan, saisonal in den Wintermonaten in Pokhara und entlang einiger Handelswege auf, um ebenso batti shops zu unterhalten.

Im Gegensatz zu den Mawatan, von denen sich immer mehr Haushalte in den 70er Jahren permanent (behielten aber im allgemeinen ihren Landbesitz in Marpha) in Pokhara und Umgebung niederließen, um kleinere Unternehmen, Geschäfte und größere Hotel zu betreiben, waren es bis 1982 nur zehn Familien – 1986 dreizehn Yhulkasummi-Familien –, die sich permanent und sogar zum größten Teil bei Verkauf ihres vormaligen Landbesitzes in Thini und Chimang zwischen Pokhara und der indisch-nepalischen Grenze ansiedelten. Auffälligerweise stammen die permanent migrierten Familien nur aus diesen beiden Orten. Ich führe das auf die soziale Homogenität der Bevölkerung Syangs zurück: Viele Frauen der dort angesiedelten Haushalte werden, laut Aussagen verschiedener Informanten, allgemein bei den Thakali als sog. Hexen bzw. als „pumi" (thak.) oder „bokshi" (nep.) bezeichnet. Die Kategorie der pumi unterscheidet sich von derjenigen, deren Mitglieder die rituellen Getränke, wie Chang, mittels „schlechter Einflüsse" versäuern können – den sog. mhang (thak.) – und von der Kategorie, deren Angehörige als von „bösen Kräften" unbeeinflußt gelten – den sog. normalen Thakali-Frauen. Die Fähigkeiten der pumi- und mhang-Mitglieder können nur von Frauen ausgeführt werden, jedoch auch von Männern übertragen werden. Daher werden Männer, die nicht der pumi- oder mhang-Kategorie angehören, jedoch eine pumi- oder mhang Thakali heiraten, als gefährlich angesehen – ebenso wie die Töchter und Söhne einer solchen Verbindung. Heute noch ist es den Thakali in Thak Khola – und bedingt auch den migrierten Thakali – wichtig (allen drei Gruppen), nicht in eine dieser beiden Kategorien einzuheiraten. Laut Informanten hängt die spezielle Entwicklung in Syang mit einer nicht datierbaren Anordnung des Klans der früheren Königsfamilie von Thini zusammen, welche besagte, daß sämtliche Frauen, die als verhext galten, mit ihren Angehörigen aus Thini fortziehen und eine eigene Siedlung gründen sollten. Verifizierbar sind diese Aussagen heute nicht mehr, es handelt sich um eine Legende, die aber allgemein in Thak Khola bekannt ist.

Interessanterweise handelt es sich bei den permanent migrierten Haushalten fast ausschließlich, bis auf zwei Ausnahmen, um soziale Problemfälle, die wahrscheinlich bei weiterem Aufenthalt in Yhulnga Schwierigkeiten ausgesetzt, nicht in die Dorfgemeinschaft integriert worden wären wegen unehelicher Kinder, Heirat mit Nicht-Thakali, Scheidung der Frau, selten auch wegen Witwen, die für den Tod ihres Mannes verantwortlich gemacht werden oder wegen finanziell schlechter Situation. Diese Migrationen setzten kurz nach 1959 ein, die Haushalte erhofften sich im Süden bessere Zukunftsperspektiven. Heute geht es ihnen wirtschaftlich erheblich besser als vorher.

Die Zahl derjenigen, die im Winter saisonal migrierten, lag im Verhältnis zu den Mawatan höher. Wie ich 1982 feststellten konnte, begannen sich die saisonalen Winteraufenthalte jedoch auszudehnen, so daß man inzwischen von semipermanenten Aufenthaltsperioden in Pokhara und entlang der Straße zur indischen Grenze sprechen kann. Bis 1986 stabilisierte sich diese Entwicklung. Das lag u.a. daran, daß die Lebenshaltungskosten in Thak Khola/Yhulnga vor allem im Winter inzwischen recht hoch geworden sind und die Yhulkasummi im Verhältnis dazu mit batti shops und Mulitransportgeschäften im Süden besser verdienen konnten. Die saisonalen Perioden verlängerten sich von den üblichen drei bis vier Monaten auf fünf bis sechs Monate. Zu den allgemeinen Aussaatzeiten kehrten sie wieder nach Thak Khola zurück, zumeist von Ende Mai bis zur letzten Ernte im November. Anschließend kümmern sich die Frauen um ihre Tee-shops entlang der Bushaltestellen an den Straßen; ihre Männer unterhalten zur gleichen Zeit Transportgeschäfte mit Mulikarawanen.

Während der Prozentsatz der Schulinternate besuchenden Kinder aus Marpha seit Migrationsbeginn Ende der 60er Jahre konstant stieg, ist ein Beginn dieser Entwicklung erst seit ca. 1985 bei den Yhulkasummi zu verzeichnen. 1987 gingen z.B. inzwischen dreizehn Kinder in Kathmandu zur Schule, zwei davon auf die bekanntesten Jesuitenschulen im Lande, wohin früher normalerweise nur die Kinder der Subbha-Familien geschickt wurden. Die jungen Yhulkasummi Thakali gehen im allgemeinen in Pokhara und Kathmandu zur Ausbildung auf Landwirtschafts- und Gartenbauschulen, mit der Absicht, ihre neu erlernten Fähigkeiten anschließend wieder in Yhulnga auf den Gehöften ihrer Eltern anwenden zu können, wie meine Umfragen ergaben. Auffällig ist dieses Verhalten im Gegensatz zu den jungen Mawatan, die sich nach ihrem Studium inzwischen bevorzugt z.B. zu Ingenieuren oder Staatsbeamten ausbilden lassen und nur noch bedingt zurückkehren nach Marpha, um dort einen Hausstand zu gründen.

Wie meine Forschungen zwischen den Jahren 1981 und 1986 ergaben, hat sich der Lebensstandard in den drei Dörfern Thini, Syang und Chimang in den letzten fünf Jahren nach 1981 wesentlich verbessert. Der Anteil der sozial schwach gestellten Familien reduzierte sich inzwischen auf einige wenige Haushalte, in jedem Dorf zwei bis drei Familien. Anders als bei den Tamang Thakali und Mawatan (wo sich eine ökonomisch sehr gut gestellte Oberschicht herauszubilden beginnt), stabilisierte das gestiegene Einkommen aus den saisonalen und später semipermanenten Migrationsaufenthalten, vor allem durch die Mulitransportgeschäfte, die wirtschaftliche Situation bei den Yhulkasummi allgemein. Bis jetzt hat sich noch keine „Elite", wie dies bei den Tamang Thakali schon Mitte des 19. Jahrhunderts einsetzte und sich bei den Mawatan seit Ende der 60er Jahr entwickelte, herausgebildet.

Laut Aussagen von Informanten ist diese Entwicklung auch auf die Tatsache zurückzuführen, daß durch die bei ihnen zuerst saisonal verlaufende Migration, die Yhulkasummi Gelegenheit bekamen, mit anderen Bevölkerungsgruppen geschäftliche Beziehungen aufzunehmen. Damit verknüpft war eine zwar langsame, aber stetige Akkumulation und Zirkulation von Geldmitteln, die es ihnen letztlich ermöglichte, dhikuris (Finanzierungsmodell, das vor allem durch die Thakali in Nepal bekannt geworden ist. Siehe dazu Messerschmidt 1973) zu bilden. 95% der befragten Yhulkasummi (bei Befragung jeden fünften Haushaltes in Yhulnga) gaben 1986 diese Finanzierungsform als Grundlage ihres verbesserten Lebensstandardes an.

Nur so hätten sie Mittel zur Verfügung gehabt, mehr Mulis zum Ausbau des Transportwesens anschaffen zu können, was einherging mit der semipermanenten Migration in den Süden und dadurch bedingt mit der Stabilisierung der ökonomischen Situation in Yhulnga (Die drei Ortschaften verzeichnen kaum Einnahmen aus dem Tourismusgeschäft, da sie abseits der Trekkingroute liegen).

Nun waren auch die finanziellen Möglichkeiten geschaffen, den Besuch von Schulen und Ausbildungsstätten in Pokhara und Kathmandu bestreiten zu können. Auch die Voraussetzungen, den Obst- und Gemüseanbau zu erweitern, bestanden damit. In den letzten sieben Jahren begannen die Yhulkasummi z.B., sich intensiver um die Anlage von Apfelplantagen zu bemühen.

Auf meine Frage, warum sie vergleichsweise spät dhikuris zur Kapitalverbesserung einsetzten, wurde mir neben dem Motiv der erhöhten Geldzirkulation durch Kontakte im Süden auch die vormalige Abhängigkeit als „bond servants" von den Subbha angegeben, die es ihnen nicht ermöglichte, andere Handelskontakte aufzunehmen. Erst nachdem die Tamang Thakali-Migrationswelle eingesetzt hatte, konnten sich die Yhulkasummi von diesen Beziehungen freimachen. Außerdem hätte damals die Bildung des Panchayat-Systems den freien Handel unterstützt. Die vormaligen Anführer der Dorfgemeinschaft bzw. ihre Nachfahren waren bis vor kurzem im allgemeinen auch Repräsentanten des Panchayats. (Seit 1990 ist in Nepal das Panchayatsystem zugunsten eines Mehrparteiensystems abgeschafft worden. Als dieser Artikel konzipiert wurde, war noch nicht abzusehen, wann neue Wahlen in Thak Khola stattfinden werden). Parallel einher mit dieser Entwicklung ging in den letzten sieben Jahren die Abnahme der Unterhaltung von bhattis während der semipermanenten Migration im Winter. Immer mehr Frauen aus Yhulnga können inzwischen auf diese Einnahmequelle verzichten, da die Einkünfte und der Ausbau der Transportgeschäfte gewinnbringender sind. Auch ist die Konkurrenz in diesem Erwerbszweig in den letzten Jahren gewachsen; angespornt durch den Erfolg, den die Yhulkasummi, Baragaonli und früher auch die Mawatan auf diesem Gebiet hatten, errichteten inzwischen andere einkommensschwache Bevölkerungsgruppen (z.B. Gurung, Magar, Chettri) bhattis an den verkehrsgünstig gelegenen Knotenpunkten in und um Pokhara und entlang der Straßen zur indischen Grenze.

Abschließend möchte ich nochmals auf die Korrelation der migrationsauslösenden Faktoren untereinander verweisen. Durch den besonderen Status der Tamang Thakali als Händler mit einer ausgeprägten Hierarchie, die sich aufgrund bestimmter historischer Ereignisse und ökonomischer Voraussetzungen ergeben hatte, setzte die Migration bei den Mawatan und Yhulkasummi in den Süden und die Middle Ranges erst später ein. Ausgelöst wurde sie vor allem durch den Zusammenbruch des transhimalayischen Handels nach 1959, führte aber danach zu verschiedenen Erscheinungsbildern innerhalb der Migration. Die Gruppe der mit den Subbha kooperierenden Tamang Thakali war zum Teil schon vor diesem Zeitraum in den Süden abgewandert und kam im Vergleich zu den beiden anderen Thakali-Gruppen aus Marpha, Thini, Chimang und Syang eher in den Genuß der Vorzüge eines sich entwickelnden Erziehungswesens, besserer Ausbildungsmöglichkeiten, medizinischer Versorgung und wirtschaftlicher Entwicklung im Süden, Kathmandu und Pokhara. Diese Generation der Tamang Thakali war sehr bedacht auf oben genannte Vorteile und baute darauf fußend neue Unternehmen auf und bezog außerdem andere Tamang Thakali nach deren Migration 1959 mit in diese Geschäfte ein, was zum Ausbau ihres Handelsnetzes beitrug. Seit Ende der achtziger Jahre ist zu bemerken, daß die Folgegeneration, ihre Kinder also, immer weniger Wert auf schulisches Weiterkommen und Anstellungen im staatlichen Dienst legen (die sehr schlecht bezahlt sind), da die Unternehmen ihrer Eltern florieren und ihnen im Vergleich dazu der Nutzen von langjähriger Ausbildung sowie Schul- und Universitätsbesuche nicht einleuchten.

Die Mawatan, welche erst Ende der 60er Jahre – also eine Folgegeneration später nach Pokhara und in die Middle Ranges kam, legen nach wie vor noch sehr viel Wert auf schulische Ausbildung, was meine Umfragen zeigten. Da sie historisch gesehen niemals einen solch exponierten Händlerstatus wie die Tamang Thakali innehatten, bestanden auch nach Migration in den Süden nicht entsprechend gute wirtschaftliche Verbindungen. Diese wurden erst langsam aufgebaut und sind auch heute noch nicht vergleichbar mit denen der Tamang Thakali. So kann man jetzt beobachten, daß ein Großteil ihrer Kinder mehr Interesse als z.B. die Tamang Thakali an Ausbildungen für den staatlichen Dienst zeigen, mit zwar geringerem, aber gesichertem Einkommen.

Die Yhulkasummi erholten sich erst nach Abwanderung der Tamang Thakali von der früheren Beeinflussung durch diese bzw. der Subbha-Familien. Langsam bauten sie ihre Einkommensressourcen im Süden, basierend auf saisonaler Migration, aus. Erst mit daraus resultierender verbesserter Einkommenssituation, die mit beitrug zu dem sich ändernden Wanderungsverhalten – hier zur semipermanenten Migration – fingen sie an, die ökonomischen und sozialen Vorteile des Südens für sich zu nutzen, was sich an den steigenden Schulbesuchszahlen ihrer Kinder in den letzten sieben Jahren zeigt.

Diskussion und Ausblick

„Nepals's history is one of syncretism of different cultures, religions, languages and people. It does not have an example of deliberate formal domination of one by another. Occasionally there have been attempts to formalize one socio-cultural stucture and style, such as the caste system and a hierarchy of ethnic groups. But the composition and nature of Nepali society has been such that ultimately each of those attempts has only been partially accepted... People have gone back to the natural process of integration and syncretization of styles, cultures and languages rather than adopt completely a borrowed form of culture and way of life" (D.B. BISTA 1982:1).

BISTA's Bemerkungen zur Komplexität der nepalischen Gesellschaft und den Versuchen, diese zu formalisieren und zu kategorisieren, können übertragen werden auf Ansätze von verschiedenster Seite, die Thakali – im besonderen die Tamang Thakali – von und vor anderen ethnischen Gruppen in Nepal abzugrenzen und hervorzuheben, was in der Außergewöhnlichkeit, in der sie oft dargestellt werden, zu einem recht verzerrten – überemphatisch interpretierten Bild dieser Ethnie als Repräsentanten einer „typischen Händlergruppe" aus dem Himalayaraum, innerhalb der „üblichen" nepalischen Kulturwandelprozesse führte. „Entrepreneurship" und die Fähigkeit, sich neuen Situationen – wirtschaftlicher, religiöser, sozialer Natur – anzupassen bzw. darauf zu reagieren und entsprechende Handlungsweisen zu entwickeln, wurden mit der Gruppe der Thakali schlechthin assoziiert, als dem hervorragenden Beispiel einer Ethnie, die sich von ursprünglichen traditionellen Händlern hin zum modernen Unternehmertum der neuen nepalischen Gesellschaft entwickelt hat.

Doch um mit den Worten Bistas, wohl einem der sensibelsten Kennern der nepalischen Kultur zu sprechen: „This has often encouraged an emphasis on isolated exclusive views of **communities** rather than a search for trends of openness, acceptance, adaptability and social understanding... A great majority of the people of Nepal do not have any problem identifying themselves with one cultural linguistic or ethnic group or another at **one level**, and with Nepali society in general at **another level**" (1982:2). Er unterscheidet die Züge der nepalischen Gesellschaft von anderen, indem er besonders auf die Mannigfaltigkeit und Verschiedenheit der unterschiedlichen Gruppen Nepals verweist, die gemeinschaftlich eine Einheit ausmachen, welche heute das Wesen der Gesellschaft dort insgesamt bestimmt. Ihm kommt es vor allem auf die kognitive Erfassung der unterschiedlichen Charakteristika der einzelnen Gruppen an, unter religiösen, wirtschaftlichen, geographischen, klimatischen, historischen, politischen oder sozialen Kriterien, um aus der sich daraus entfaltenden Konvergenz insgesamt einen für Nepal ganz spezifischen Kulturwandelprozeß abzuleiten, den er mit dem Begriff „Nepalization" kennzeichnet.

Seines Erachtens werden die Thakali höchst einseitig dargestellt, und er schließt sich in dieser Meinung Messerschmidt an, der von einer Kurzsichtigkeit in Bezug auf die Einschätzung dieser Ethnie spricht: „Our vision of change and adaption among them (gemeint sind die Thakali – Anm. d. Verf.) has been, in a word, myopic, without sufficient historical perspective" (1982:266).

A. MANZARDO führte 1978 noch aus, daß aufgrund der besonderen Fähigkeit der Tamang Thakali, sich ändernden Situationen adäquat anzupassen – z.B. durch Veränderung ihrer religiösen Gebräuche, Verleugnung der tibetisch klingenden Sprache – was er als sog. „impression management" bezeichnete (Begriff nach GOFFMAN 1959), womit er besonders ihre Reaktion auf sich wandelnde wirtschaftliche Gegebenheiten meinte, damit zu rechnen sei, daß, bedingt durch den kulturellen Wandel, der Kultur der Thakali ein „rapides Ende" beschert sei. Inzwischen, 1982, interpretierte er den Begriff „impression management" jedoch als – quasi – Eigenschaft der Thakali, als Hang zum Opportunismus der gesamten Gruppe (gemeint sind die Tamang Thakali), um so einen besseren Stand und Status in der nepalischen Gesellschaft zu erreichen, der sich auch in Zukunft auf diesem Hintergrund weiterentwickeln würde. „Impression management requires group unity, but it is a major tool of the Thakalis' opportunism... By imitating their rulers the Thakalis were made stewards of the land and greatly expanded there well. Cooperation helped them to carry off their conspiracies against the rest for they confirmed each other's religious fiction while keeping their own religious practices secret and their society private" (MANZARDO 1982:58). Sowohl BISTA als auch MESSERSCHMIDT und MANZARDO sehen das Verhalten der Thakali im historischen Zusammenhang als Beispiel für „Kontinuität innerhalb des kulturellen Wandels" an, wo, wie Manzardo oben beschrieb, nach außen hin bestimmte Maßnahmen ergriffen werden, die zum Vorteil der Gruppe dienen (z.B. Wechsel von religiösen Gebräuchen – der Göttin Nari Jhyowa wurde die hinduistische Bezeichnung Maha Laxmi verliehen, ihr Verehrungskult blieb aber derselbe; Wechsel von Dorf – zu Samaj-Organisation, dem städtischen Zusammenschluß der Thakali), intrakulturell allerdings die Inhalte noch denselben Charakter besitzen wie vorher. Daher könnte man die Identität der Thakali-Kultur – hinter ihrer Fassade nach außen hin – durchaus als konservativ – verwurzelt mit alten Traditionen – bezeichnen, was sich auch in Zukunft weiter fortsetzen wird. Dieser Prozeß hat jedoch nichts Außergewöhnliches an sich – ist also nicht Thakali-spezifisch, sondern kann genausogut auf andere Ethnien in Nepal angewendet werden, wobei die Funktionen der verschiedenen Faktoren, die eine ethnische Gruppe von anderen unterscheidet, nie ohne den historischen Hintergrund, auf dem sie gewachsen sind, gesehen werden dürfen. Es ist außergewöhnlich, daß auf so engem Territorium wie in Nepal derartig viele verschiedene ethnische Gruppen leben, geprägt von unterschiedlicher Identität, Ursprung und Gebräuchen. Unter anderem erklären die topographischen Barrieren des Himalaya und seiner Vorberge, die es ermöglichten, daß schwer zugängliche kulturelle Rückzugsgebiete entstehen konnten, dieses Bild (SCHWEINFURTH 1982:19). Während sich im Kathmandu-Tal und im Terai vorzugsweise aus Indien migrierende Gruppen niederließen und vermischten, entstand in den Parbatya – den Vorbergen des Himalayamassivs – ein Konglomerat verschiedener sich untereinander mischender Gruppen, vornehmlich aus dem zentralasiatischen, indischen oder osttibetischen Raum. Man kann Nepal in vier unterschiedliche kulturelle Zonen einteilen: den inneren Himalaya, die Parbatya, das Kathmandu-Tal und das Terai, die sich jeweils durch unterschiedliche Identität und Lebensweise der Bevölkerung dort auszeichnen und unterscheiden. Ständig wechselnde Herrschaftsverhältnisse, kriegerische Auseinandersetzungen, damit verbundene Expansion der Territorien und daraus resultierende Änderung der Landbesitzverhältnisse, Einbeziehung der ethnischen Gruppen in Staatenbünde und letztendlich die Zusammenfassung zum nepalischen Staat unter Pritvi Narayan Shah – all diese Faktoren einen die unterschiedlichen Einwohner dieser vier Regionen und prägen das Bild Nepals heute – drücken das aus, was BISTA unter „Nepalization" versteht. „... ethnic boundaries are maintained in each case by a limited set of cultural features. The persistence of the unit then depends on the persistence of these cultural differenciae, while continuity can also be specified through the changes of the unit brought about by changes in the boundary – defining cultural differenciae", um es mit den Worten von Frederik BARTH zu verdeutlichen (1969:38).

Obwohl jede Bevölkerungsgruppe in Nepal auf ihre Art (bestimmt durch ihre kulturelle Indentität) den nationalen kulturellen Wandel mit vorantreibt, gibt es nichtsdestotrotz ins Auge fallende ethnische Gruppen, wo anscheinend größere Veränderungen stattgefunden haben als bei den übrigen nepalischen Gruppen. Dazu gehören zweifelsohne die **Thakali**, was besonders auf ihren Standort in einem kulturellen Übergangsbereich zwischen den beiden Zonen des inneren Himalaya und der Parbatya zurückzuführen ist sowie auf die wirtschaftlichen und historischen Veränderungen in diesem Gebiet. Allgemein gesehen handelt es sich meist um Händlergruppen bzw. Ethnien, die neben der Subsistenzsicherung Handel in großem Maßstab betrieben haben und mit vielen verschiedenen Kontaktzonen in Berührung kamen, was zu einem Konglomerat verschiedener kultureller Elemente innerhalb ihrer eigenen Gruppe führte und ihre weitere Ausrichtung prägte.

Anhand der Untersuchung der unterschiedlichen Migrationsformen der **drei Thakali-Gruppen** sollte versucht werden, die Interdependenz und Korrelation der verschiedenen Kulturelemente dieser drei Gruppen aufzuzeigen, in deren Konsequenz sich auch die drei migrierten Gruppen entwickelten – also ganz im Sinne der „Nepalization". Anhand der unterschiedlichen Migrationsweisen lassen sich besonders deutlich auch die kulturellen Überschichtungen und ökonomischen Veränderungen der drei Thakali-Gruppen darstellen.

Weder Bista noch Messerschmidt erwähnten einen meines Erachtens sehr wichtigen Aspekt, der Teil des Prozesses der „Nepalization" ist, aber besonders gewürdigt werden muß, da ansonsten bestimmte Handlungsweisen von ethnischen Gruppen – in diesem Fall der Tamang Thakali – nicht verständlich wären. „The Thakalis were not the only group in the area which had the potential to become powerful traders, nor were they the largest subgroup. The Thakalis were subject to **pressures** which were the result of frequent changes of rulers, because of wars between larger groups living in the area" (MANZARDO 1982:58). Wie Manzardo hier beschrieben hat, ist ein wichtiger Gesichtspunkt des sozialen Wandels innerhalb des „Nepalization"-Prozesses der **Antrieb**, verursacht durch eine „**Elite**", die eine andere Elite bzw. abgesicherte Klasse durch ein Verbot oder eine Maßnahme sozial degradiert hat, so daß sich die degradierte/unterdrückte Gruppe als Reaktion darauf besonders bemüht, ihre eigene Weiterentwicklung auch voranzutreiben. Ein Beispiel hierfür sind die Newar, die von den sie umgebenden hinduistischen Gruppen ins Abseits gedrängt wurden, einen den Brahmanen und Chettri untergeordneten Kastenstatus erhielten und aus dem „Einflußbereich des Palastes" vertrieben wurden. Sie erlangten in den letzten Jahren durch gemeinsame Aktivitäten und Identifikation z.B. über religiöse Zeremonien oder Feste wie dem Neujahrsfest erneuten Zusammenhalt in der Gruppe. Dieser Zusammenhalt stärkte ihren Einfluß in der nepalischen Gesellschaft und verhalf ihnen allgemein zu größerer Beachtung.

Diejenigen ethnischen Gruppenverbände, die, wenn es um die Verteilung von wirtschaftlichen Ressourcen und Machtbereichen geht, zahlenmäßig anderen Gruppen überlegen sind, genießen, was Effektivität und Durchsetzungskraft ihrer Ansichten und Vorschläge angeht, einen größeren Vorteil wie z. B. die Newar im Vergleich zu den Thakali.

Hat sich eine Bevölkerungsgruppe/ethnische Gruppe durch gemeinsame Übereinkunft erst einmal zu gemeinsamen Aktivitäten entschlossen, so besteht aber vor allem auch eine Gefahr dadurch, daß eine eventuelle wirtschaftliche Macht von einzelnen Gruppen/Lineages/Individuen innerhalb dieses Verbandes monopolisiert wird (wie bei den Tamang Thakali Subbha in Konkurrenz zu anderen Tamang Thakali-Händlern Mitte des 19. Jahrhunderts geschehen, als es um die Einigung um den Zollkontrakt ging). Dadurch kann eine „Krise im Kreislauf der Eliten" einsetzen, wodurch die soziale Mobilität der Gruppe stagnieren kann und die wirtschaftliche Expansion/Entwicklung bzw. die politische gedrosselt wird. Dies geschieht z.B. zur Zeit bei den migrierten Tamang Thakali in Kathmandu, wo Kompetenzschwierigkeiten um die Weiterführung des Samaj (städtische Organisation der Tamang Thakali hier in Kathmandu) entstanden sind, wo Prestige und Status der verschiedenen Tamang Thakali-Individuen eine große Rolle spielen (Auseinandersetzung des Präsidenten des Jugendverbandes mit den Subbha).

Hier wirkt auch wieder der erhöhte soziale Druck der hinduistisch orientierten Gesellschaft Kathmandus zusätzlich, in der das nepalische Kastenwesen –obgleich offiziell abgeschafft – noch erschwerend wirkt, die Reaktion der Tamang Thakali also dementsprechend stärker sein muß – wenn man von Manzardos These ausgeht – als in den anderen migrierten Niederlassungen der Thakali allgemein.

Im übrigen vereint sich dieser Aspekt bei den Tamang Thakali in Kathmandu mit den typischen Merkmalen einer arbeitsteilig-pluralistischen Gesellschaft, in der die Stadtbevölkerung dem „westlichen" Einfluß sehr viel stärker ausgesetzt ist, so daß traditionelle kulturelle Elemente der semiurbanen/ländlichen Gruppen oft allein aus Zeitgründen abgelegt werden (Verkürzung von verschiedenen Zeremonien bei den Tamang Thakali in Kathmandu).

Das Schwanken zwischen egalitären und zentralistischen Tendenzen innerhalb der Tamang Thakali in Kathmandu – die politische „Oszillation" – die vom Streben nach Dominanz und der dadurch hervorgerufenen Gegenreaktion/Rebellion in Gang gehalten wird (Auseinandersetzung/Kampf der „Neureichen" mit den Subbha um die besten wirtschaftlichen Ressourcen/Pfründe), läßt sich sicherlich in den nächsten Jahrzehnten weiterhin in Kathmandu feststellen.

Die Entwicklung der Yhulkasummi und Mawatan wird in der Folgezeit von weiteren wirtschaftlichen Expansionen und von der Eroberung neuer Märkte außerhalb Thak Kholas in den Gebieten ihrer permanenten und semipermanenten Niederlassungen abhängig sein. Wichtiger Gesichtspunkt ist hier der Ausbau der wirtschaftlichen Ressourcen in Thak Khola, um so eine Abwanderung weiterer Gruppen in den Süden aufzuhalten, wie dies bisher teilweise schon gelang.

Summary:
The Thakali people of Thak Khola, Central Nepal, and their migratory manners

The Thakali people of Thak Khola in the Mustang District, situated between the Annapurna and the Dhaulagiri Massif in the Central Himalayas, are predominantly agriculturalists and stockbreeders. However, during the last thirty years, they became known for cultivating different fruits and vegetables. In the 80'ies Thak Khola became a well-known trekking area. But in particular, the Thakalis were known as large-scale traders. Based upon the social division into the three different Thakali groups, the Tamang Thakalis, the Marphali Thakalis and the Yhulkasummi Thakalis, their migratory manners covering the period between 1928 and 1988 are analyzed. With the migrated Thakalis one could observe an increasing impact from the Hindu-oriented society during the last decades in Central and Southern Nepal. In the three distinct Thakali groups this tendency was noticable in varying degrees, mainly dependent upon their economical background, but also relative to their social position, acquired due to historical circumstances. From the analysis of the different forms of migration among the three Thakali groups, the attempt is made to describe the interdependence and correlation of various cultural factors which determine the development of the Thakalis. Finally, their migratory manners are discussed in the light of the notion of "Nepalization".

Literaturverzeichnis

AGRAWAL, G.R. (1982): Basic needs in Nepal. In: WAGNER, N. u. H.C. RIEGER (eds.): Grundbedürfnisse als Gegenstand der Entwicklungspolitik. Wiesbaden.
BANISTER, J.u.S. THAPA (1981): The population dynamics of Nepal. Paper Nr. 78, East-West Population Institute. Honolulu.
BARTH, F. (1967): On the Study of Social Change. In: American Anthropologist, vol. 69.
BARTH, F. (1969): Ethnic groups and boundaries. The social organization of cultural difference. Boston.
BISTA, D.B. (1976): Pattern of Migration in Nepal. Colloques internationaux du CNRS. Nr. 268. Himalaya: Ecologie, Ethnologie. Paris.
BISTA, D.B. (1982): The Process of Nepalization. In: Monumenta Serindica, Nr. 10. Tokio.
BLAIKIE, P.M. et al. (1976): The Effekts of Roads in West Central Nepal. 3 vols. Norwich.
BLAIKIE, P. (1981): Capitalism, the environmental degradation. Some issues of method. In: Development Studies: Discussion Paper 81. Norwich.
BLAIKIE, P., J. CAMERON, D. SEDDON (1977): Centre, periphery and access in West Central Nepal. Approaches to social and spatial relations of inequality. Monographs in Development Studies, No. 5. Norwich.
BLAIKIE, P., J. CAMERON, D. SEDDON (1979): Road provision and the changing role of towns in West-Central Nepal. Development Studies: Discussion Paper 49. Norwich.
BLAIKIE, P., J. CAMERON, D. SEDDON (1980): Nepal in crisis. Growth and stagnation at the periphery. Neu Delhi. Oxford.
BRAUEN, M. (ed.): Nepal – Leben – Überleben. Zürich.
CALDWELL, J.C. (1976): Toward a restatement of demographic transition theory. In: Population and Development Review, vol. 1 (3-4).

CAPLAN, L.(1970): Land and Social Change in East Nepal. Berkeley.
CEDA (Centre for Economic Development and Administration) (1973): Migration in Nepal: Implications for Spatial Development. Kathmandu.
CEDA (Centre for Economic Development and Administration) (1977): Migration in Nepal: A Study of Far Western Development Region. Kathmandu.
CHHETRI, R.B. (1986): Migration, Adaption and Socio-Cultural Change. In: Contribution to Nepalese Studies, vol. 13 (3 -August).
CONNELL, J. et al. (1977): Migration From Rural Areas: The Evidence From Village Studies. New Delhi.
DOBREMEZ, J.F. (1977): Le Népal, écologie et biogéographie. Paris..
DUMONT, L. (1966): Homo hierarchicus. Essai sur le système des castes. Paris.
FESTINGER, L. (1957): A Theory of Cognitive Dissonance. Evanston.
FISHER, J.F. (1968): Trans-Himalayan Traders, Economy, Society and Culture in Northwest Nepal. Berkeley.
FISHER, J.F. (ed.) (1978a): Himalayan Anthropology – The Indo- Tibetan Interface. The Hague.
FISHER, J.F. (1978b): Homo Hierarchicus Nepalensis. A Cultural Subspecies. In: FISHER, J.F. (ed.): Himalayan Anthropology. The Hague.
FORT, M. (1974): Paysage de la Kali Gandaki. In: Objects et Mondes, vol. 14.
FRICKE, T.E. (1984): And another to plough the fields ... economy, demography and the household in a Tamang village of North Central Nepal. Ph.D. Dissertation, University of Wisconsin, Madison.
FÜRER-HAIMENDORF, C.VON (ed.) (1966a): Caste and Kin in Nepal, India and Ceylon: Anthropological Studies in Hindu-Buddhist Contact Zones. Bombay.
FÜRER-HAIMENDORF, C.VON (1966b): Caste Concepts and Status Distinctions in Buddhist Communities of Western Nepal. In: FÜRER-HAIMENDORF (ed.): Caste and Kin in Nepal, India and Ceylon: Anthropological Studies in Hindu-Buddhist Contact Zones. Bombay.
FÜRER-HAIMENDORF, C.VON (1975): Himalayan Traders: Life in Highland Nepal. London.
FÜRER-HAIMENDORF, C.VON (1977): The Changing Fortunes of Nepal's High Altitude Dwellers. In: FÜRER-HAIMENDORF, C.VON (ED.): Contributions to the Anthropology of Nepal. Bombay, New Delhi.
GAIGE, F.H. (1975): Regionalism and National Unity in Nepal. Berkeley.
GAUCHAN, S.P. (1985): Thakali samaj ra thakali yuba barga. [Thakali Society and Thakali Youth]. In: Phalo, vol. 2.
GOFFMAN, E. (1959): The Presentation of Self in Everyday Life. New York.
GOLDSTEIN, M.C. (1976): Culture, Population, Ecology and Development: A View from North-West Nepal. In: Colloques International du Centre National de la Recherche Scientifique. Paris.
GOLDSTEIN, S., A. GOLDSTEIN (1981): Surveys of Migration in Developing Countries: A Methodological Review Paper No. 71. Honolulu.
HEIDE, S.V.D. (1988a): Feldforschung bei den Thakali. In: Nepal Information, Nr. 58 (Dez. 1986), 20. Jg., Köln.
HEIDE, S.V.D. (1988b): Some Demographic Notes and a Short Description of Migratory Pattern of the Thakalis. In: Nepal Information, Nr. 61 (Mai 1988), 22. Jg., Köln.
HEIDE, S.V.D. (1988c): The Thakalis of Northwestern Nepal. Kathmandu.
HEIDE, S.V.D. (1988d): Thakali Field Studies – Identification Problems. In: Journal of the Nepal Research Centre, vol. VIII. Stuttgart.
HODGSON, B.H. (1874): Essays on the Language, Literature and Religion of Nepal and Tibet. London.
HÖFER, A. (1978): A New Rural Elite in Central Nepal. In: FISHER, J.F. (ed.): Himalayan Anthropology: The Indo-Tibetan Interface. The Hague.
HÖFER, A. (1979): The Caste Hierarchy and the State in Nepal. A Study of the Muluki Ain of 1854. Innsbruck.
IIJIMA, S. (1963): Hinduization of an Himalayan Tribe in Nepal. In: Kroeber Anthropological Society Papers, vol. 29. Berkeley.

IIJIMA, S. (1977): A Note on the Thakali Leadership. In: Himalaya, Ecologie-Ethnologie. Paris 1977.
IIJIMA, S. (1982): The Thakalis: Traditional and Modern. In: Bista, D.B.; S. Iijima et al. (eds.): Anthropological and Linguistic Studies of the Gandaki Area in Nepal. Tokio.
KAWAKITA, J. (1957): Ethno-Geographical Observations of the Nepal Himalaya. In: Kihara, H. (ed.): Peoples of Nepal Himalaya. Kyoto.
KLEINERT, C. (1973): Haus- und Siedlungsformen im Nepal-Himalaya unter Berücksichtigung klimatischer Faktoren. Hochgebirgsforschung, Bd.4. Innsbruck, München.
KLEINERT, C. (1983): Siedlung und Umwelt im zentralen Himalaya. Geoecological Research, vol. 4. Wiesbaden.
MANZARDO, A.E. (1976a): Ecological Factors in Migration in Two Panchayats of Far Western Nepal. In: Colloques Internationaux du C.N.R.S., No. 268. Paris.
MANZARDO A.E. (1976b): Factors in the Regeneration of Thak Khola. In: Colloques Internationaux du C.N.R.S., No. 268, Paris.
MANZARDO, A.E. (1978): To be Kings of the North: Community, Adaption and Impression Management in the Thakalis of Western Nepal. Diss. Phil. Madison.
MANZARDO, A.E. (1982): Impresssion Management and Economic Growth: The Case of the Thakalis of Dhaulagiri Zone. In: Kailash, vol. 9 (1). Kathmandu.
MANZARDO, A.E. (1984): High Altitude Animal Husbandry and the Thakalis of Thak Khola: Biology and Trade in the Himalayas. In: Contributions to Nepalese Studies, vol. 11 (2).
MESSERSCHMIDT, D.A. (1973): „Dhikur": Rotating Credit Associations in Nepal. Paper presented at the 9th International Congress of Anthropological and Ethnological Sciences. Chicago.
MESSERSCHMIDT, D.A. (1982): The Thakali of Nepal: Historical Continuity and Socio-Cultural Change. In: Ethnohistory, vol. 29 (4).
NEW ERA (1981): Study on Inter-Regional Migration in Nepal. H.M.G.Nepal. Kathmandu.
OJHA, D.P. (1983): History of Land Settlement in Nepal Tarai. In: Contributions to Nepalese Studies, vol. 11 (1). Kathmandu.
OKADA, F. (1970): Preliminary Report of Regional Development Areas in Nepal. H.M.G. Nepal. Kathmandu.
RAI, N.K. et al. (1976): Ecological factors in migration in two panchayats of far western Nepal. In: Himalaya: Ecologie-Ethnologie. Paris.
RANA, P.S.J.B. (1971): Towards an Integrated Policy of National Integration. In: Aspects of Development Administration. CEDA Study Series, occasional papers, No. 2. Kathmandu.
RANA, P.S.J.B. & K.P. MALLA (EDS.) (1973): Nepal in Perspective. CEDA. Kathmandu.
RANA, P.S.J.B. & Y.S. THAPA (1975): Population migration: nature and scope. In: UPADHAYA, D. & J.V. ABUEVA (EDS.): Population and Development in Nepal. Kathmandu.
REGMI, M.C. (1978): Petition of Subbha Ram Pradas Thakali. In: Regmi Research Series, Year 10, No. 1.
REGMI, M.C. (1979): Thak and Thini, 1811. In: Regmi Research Series, Year 11, No. 4.
REGMI, M.C. (1980): Petition of the Inhabitants of Thini Village. In: Regmi Research Series, Year 12, No. 5.
REGMI, M.C. (1981a): Revenue Collection in Thak. In: Regmi Research Series, Year 13, No. 1.
REGMI, M.C. (1981b): Petition of Khamba and Thakali Traders. In: Regmi Research Series, Year 13, No. 8.
REGMI, M.C. (1984): Petition of Khamba Traders. In: Regmi Research Series, Year 16, No. 6.
SCHWEINFURTH, U. (1965): Der Himalaya – Landschaftsscheide, Rückzugsgebiet und politisches Spannungsfeld. In: Geographische Zeitschrift, 53 (4), pp.241-260.
SCHWEINFURTH, U. (1982): Der Innere Himalaya – Rückzugsgebiet, Interferenzzone, Eigenentwicklung. In: Beiträge zur Hochgebirgsforschung und zur allgemeinen Geographie. Festschrift H. Uhlig, 2.Bd. Erdkundl. Wiss., H. 59, pp. 15-24.
SHARMA, P.R. (1977): Caste, Social Mobility and Sanskritization: A Study of Nepal's Old Legal Code. In: Kailash, vol. 5 (4).
SHARMA, P.R. (1979): Culture and Religion: Its Historical Background. In: RANA, P.S. & K.P. MALLA (EDS.): Nepal in Perspective. Kathmandu.

SHARMA, P.R. (1983): Nepali Culture and Society. A Historical Perspective. In: Contributions to Nepalese Studies, vol. 10 (1&2). Kathmandu.

SHARMA, P.R. (1986): Ethnicity and National Integration in Nepal: A Statement of the Problem. In: Contributions to Nepalese Studies, vol. 13 (2). Kathmandu.

THAKALI, S.S. (1983): Mul bandej [Main Restrictions]. Thakali Sewa Samiti Central Office. Kobang (Mustang District).

THAKALI, S.S. (1984): Thakali sewa samiti ko karyakram tatha dhikuri niyamabali [The Programme of the Thakali Service Association and Rules of Dhikuri]. Thakali Sewa Samati Central Office. Kobang (Mustang District).

THAPA, S. (1982): Migration and Urbanization in Nepal: Research Issues and Challenges. In: Himalaya Research Bulletin, Bd. II (2). New York.

TOFFIN, G. (1976): The phenomenon of migration in a Himalayan valley in central Nepal. In: Mountain Environment and Development. Kathmandu.

VALEIX, P. (1974): Marpha: aspects humaines et économiques d'un village du Pac Gau. In: Objects et Mondes, No. 14.

VINDING, M. (1984): Making a Living in the Nepal Himalayas: The Case of the Thakalis of Mustang District. In: Contributions to Nepalese Studies, vol. 12 (1).

WEINER, M. (1973): The political demography of Nepal. In: Asian Survey, vol. 13 (6).

Georg MIEHE:

Vegetationskundliche Beiträge zur Klimageographie im Hochgebirge am Beispiel des Langtang Himal (Nepal)

Problemstellung und Methoden

Hochgebirge sind die am engräumigsten differenzierten Klimaregionen, deren Witterung und Klima jedoch nur in seltenen Fällen über vieljährige Meßreihen von Klimastationen erschließbar sind. Da überdies die Stationen meist in Dauersiedlungen betrieben werden und damit in der ‚Trockenen Talstufe‘ (vgl. SCHWEINFURTH 1956) liegen, geben die Daten solcher Stationen für die meist saisonal dichtbevölkerten Täler zwar zutreffende, für das ganze Gebirge aber unrepräsentativ trockene Verhältnisse wieder. Das gilt besonders für die flächenmäßig bedeutendsten feuchten Hanglagen. Eine landschaftsökologische Raumbewertung, auch für landesplanerische Zwecke, wird sich selbst auf absehbare Zeit nicht auf ein Netz von Klimastationen stützen können, das die nötige Differenzierungsmöglichkeit bietet. Damit bleibt die Vegetation als homogenste und längste Klimameßreihe eines jeden Ortes im Hochgebirge unverzichtbare Grundlage der Klimaforschung. Die Interpretation ihrer Zeigerwerte setzt, sofern nicht wie in Mitteleuropa Zeigerwerte bekannt sind (ELLENBERG et al. (1991)), zum einen die Artenkenntnis (und damit die Zusammenarbeit mit der Systematischen Botanik) voraus, denn nur Zeigerwerte bis zur Art bestimmter Pflanzen sind dem überregionalen Vergleich dienlich, zum anderen ist es nötig, zwischen hypsozonalen und extrazonalen Vorkommen (MIEHE 1986) zu unterscheiden, da nur hypsozonale Vorkommen der Normalstandorte Klimazeiger sind, während extrazonale Vorkommen nur die Bedingungen von Sondernischenstandorten wiedergeben, welche vom Allgemeinklima abweichen. Die in solchen ökologischen Nischen wachsenden Pflanzen konnten mit dem ‚Biotopwechsel zur Erhaltung ihrer relativen Standortkonstanz‘ (H.&E. WALTER 1953) möglicherweise einer Änderung der zonalen Standortbedingungen entgehen und haben in ihren vom Hauptareal getrennten Exklaven Zeugenwert für die Klimageschichte. Eine klimageographische Raumgliederung muß damit, wenn auf der Grundlage der Verbreitung von Arten kartiert wird, zwischen hypsozonalen und extrazonalen Vorkommen unterscheiden; fehlt diese Differenzierung, sind Fehler unvermeidbar.

Obwohl Niederschlag und Bewölkung die Temperaturverhältnisse, wie sie sich aus den Klimadaten von Stationen des Vorlandes oder von Tallagen errechnen, bedeutend überlagern können (FLOHN 1958, DOMRÖS 1978), ist die thermische Gliederung eines Gebirges meist weniger problematisch als die hygrische. Es soll deshalb im folgenden versucht werden, anhand von Pflanzenarealen eine hygrische Gliederung von zwei Gebirgslandschaften vorzunehmen, und zwar mit Humiditätsstufen, wie sie auf der Grundlage physiognomischer Merkmale von Epiphyten durch ELLENBERG (1975) in den tropischen Anden aufgestellt wurden. Die Humiditätsstufen bedürfen der zukünftigen Grenzwertbestimmung durch Klimastationen und

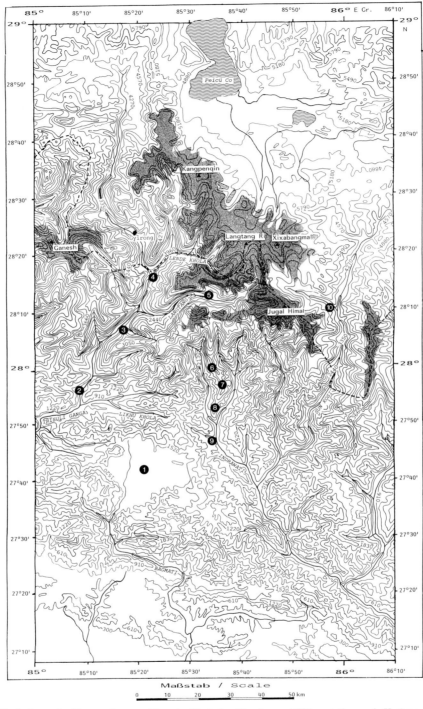

Abb. 1: Lage des Untersuchungsgebietes im Zentralen Himalaya mit Klimastationen: 1=Kathmandu; 2=Trisuli; 3=Dunche; 4=Timure; 5=Kiangjing; 6=Tarke Ghyang; 7=Sermathang; 8=Dubachaur; 9=Baunepati; 10=Nyalam.
Quellen: MIEHE 1990a, verändert; ONC H 9, verändert.

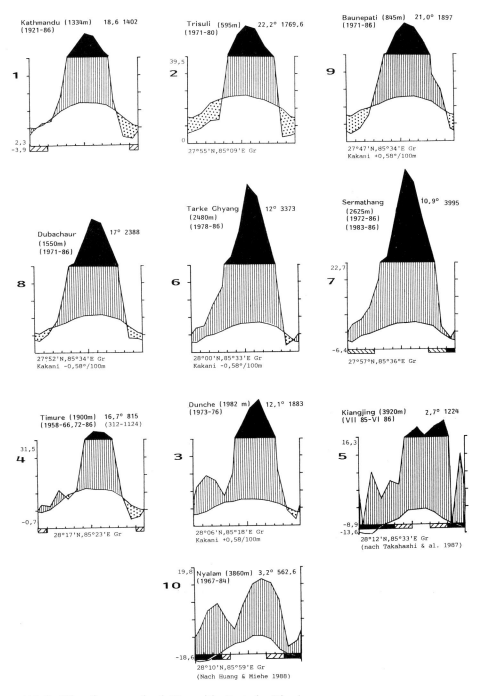

Abb. 2: Klimadiagramme (nach Walter) im Zentralen Himalaya.
Quellen: Sofern nicht anders angegeben nach Climat. Rec. Nepal.

sind nur in wenigen Lokalitäten durch Klimastationen grob zu ermitteln (s.u.). Zur Abgrenzung von Humiditätsstufen in Wäldern sollen Epiphyten herangezogen werden. Zur Abgrenzung des Humiditätsgefälles in der alpinen Stufe werden auch auf absehbare Zeit keine Klimadaten zur Korrelation verfügbar sein, jedoch geben wenigstens in diesem holarktischen Hochgebirge einige auch in den europäischen Gebirgen verbreitete Flechten und Moose sichere Zeigerwerte. Die überwiegend für den Östlichen Himalaya endemischen Gefäßpflanzen können in ihrem Zeigerwert dagegen nur in Kenntnis der Witterungsverhältnisse eingeordnet werden.

Lage des Untersuchungsgebietes und Kenntnisstand

Das Untersuchungsgebiet (s. Abb. 1) liegt im östlichen Zentralen Himalaya (sensu SCHWEINFURTH 1957), stellt jedoch, wenn pflanzenarealgeographische Kriterien zugrundegelegt werden, den westlichsten Teil der osthimalayischen Floren- (und Klima)region dar (Miehe 1990a) und hat Anteil an zwei Gebirgslandschaften und Klimaregionen des Himalaya. Im Süden, nach Norden abgeschirmt durch Ausläufer des Jugal Himal und damit der südlichsten Ketten des Hohen Himalaya, ist die Quertallandschaft des Helambu offen gegen die aus südwestlichen und südöstlichen Richtungen an das Gebirge herangeführten advektiven Niederschläge der sommerlichen Regenzeit. Die breiten Torrentenbetten der tropischen Stufe gehen in ca. 1200 m in Kerbtäler über, welche sich oberhalb von 3500 m zu Trogtälern weiten, deren Talböden von Murkegeln eingenommen werden. Steile Flanken gehen oberhalb von 3800 bis 4000 m in Hangschultern und Hochflächen über, die von Kartreppen gegliedert und von nival zugeschärften Graten bis 5000 m überragt werden. Die Gletscher reichen derzeit bis 4800 m hinab. Im Regenschatten jener südlichsten Kette des Hohen Himalaya und gegen die vergletscherten Hochtäler des Himalaya-Hauptkammes, welche in die alpinen Steppen Süd-Tibets entwässern, mit über 6000 m hohen Kämmen abgeschirmt, liegt das Langtang-Tal, ein nach Westen offenes Längstal des Inneren Himalaya. Seine Kerbtalstrecke von ca. 15 km reicht von der Einmündung in die Himalaya-Durchbruchsschlucht des Trisuli Ganga in 1400 m bis zum Übergang in den trogförmigen Hochtalboden in 3000 m Höhe. Der Hochtalboden, auf einer West-Ost-Erstreckung von etwa 23 km bis 4500 m ansteigend, von Murkegeln und dem Wildbachbett des Langtang-Flusses eingenommen, biegt im Talschluß nach Norden um; schuttbedeckte Talgletscher nehmen dort den Talboden ein. Die steilen Felsflanken des Tals sind durch Kare gegliedert, im oberen Talabschnitt auch durch Seitentäler unterbrochen, deren Gletscher den Haupttalboden mit ihren Podestmoränen sperren. Im mittleren Hochtalboden bildet das Bergsturzmassiv von Yala (vgl. HEUBERGER et al. 1984) eine in 4800 m gelegene mittelgebirgsartige Hochfläche.

Der klimageographische Kenntnisstand bezüglich dieses Teils des Himalaya stützt sich zum einen auf die Daten der Klimastationen des Untersuchungsgebietes und seiner Umgebung sowie auf Beobachtungen zu den klimageographischen Leithorizonten der oberen Waldgrenze, der Grenzen periglazialer Formung und der klimatischen Schneegrenze sowie verwandter Erscheinungen. Der Indikatorwert von oberer Waldgrenze und der Untergrenze periglazialer Formung ist durch die seit ca. 300 Jahren anhaltende Brandrodung und die Weidewirtschaft (BEUG & MIEHE in prep.) eingeschränkt; der potentielle natürliche Verlauf beider Grenzen ist nur mit Mühe zu rekonstruieren. Die klimatische Schneegrenze steigt peripherzentral, von der Südabdachung zum Inneren Himalaya von 5100 auf 5300 m (ZHENG et al. 1984) an, die Gletscher erreichen jedoch im Inneren Himalaya die Waldstufe (4000 m) und die untere Mattenstufe (4500 m), während sie in der Südabdachung nur wenig tiefer als die Obergrenze geschlossener Matten (4800 bis 5000 m) hinabstoßen. Die vergletscherte Fläche in der Himalaya-Südabdachung beträgt weniger als $1/5$ der Gletscherflächen des Hohen Himalaya, womit sowohl die Meereshöhe der tiefsten aktuellen Eisrandlagen als auch die Eisbedeckung sich gegenläufig zum Niederschlagsgradienten verhalten, wie er aus den in der Waldstufe gelegenen Klimastationen ersichtlich ist. Da die Jahressummen des Niederschlags von der Südabdachung zum Inneren Himalaya etwa auf $1/4$ abnehmen, die Sommerregen (Juni bis Mitte September) aber auf weniger als $1/5$, ist wahrscheinlich, daß für die Gletscherernährung am Himalaya-Hauptkamm der advektive Winterniederschlag maßgeblich ist und wir mit mindestens zwei Stockwerken hoher Niederschläge rechnen müssen. Das Niederschlagsregime in der Waldstufe ist durch monsunalen Niederschlag geprägt, der Niederschlag im Firnfeldniveau oberhalb von 5000 m von Winterniederschlägen aus Westen. Die Niederschläge in der Waldstufe sind mit unterschiedlich langen Reihen recht gut bekannt; in der Zusammenschau der Tagessummen des Niederschlags der Stationen des nepalischen Wetterdienstes sowie der Messungen von SCHMIDT-VOGT (1990) am Chyochyo Danda und eigener Daten aus dem Helambu (MIEHE 1990a) kann die Stufe höchsten Niederschlags im Sommer in der Himalaya-Südabdachung zwischen 3000 und 3600 m vermutet werden. Die Niederschlagsstruktur der Gletscherregion dagegen ist auf spärliche Beobachtungen und wenige Stichprobenmessungen angewiesen. Wolkenbeobachtungen zeigen, daß auch im Monsun mit Stratusbewölkung aus Südwesten und Südosten mit hohem Niederschlag am Himalaya-Hauptkamm zu rechnen ist und zudem der Hauptkamm die höchste Staulage darstellt, welche im Luv und im Bereich der am Hauptkamm sich bildenden Föhnmauer auch im Sommer Niederschlag erhält (MIEHE 1990a, S.495, Photo 84). Welchen Zeigerwert Zackeneis hat, ist ungeklärt. Da sowohl in der Südabdachung als auch im Langtang Zackeneis fehlt, es im Khumbu Himal aber typisch ist und dort mit Niederschlägen (April-November 1956: 390 mm, s. KRAUS 1966) korreliert werden kann, wäre es möglich anzunehmen, daß Zackeneis bei Niederschlägen von mehr als 400 bis 500 mm/a fehlt.

Die Daten von Klima- und Niederschlagsstationen geben zwar in Zahlen faßbare, aber nicht unbedingt repräsentative Informationen über den Klimacharakter; sie sind auf das Dauersiedlungsgebiet beschränkt und reichen damit in der Himalaya-Südabdachung nur bis in die mittlere Nebelwaldstufe (2615 m), im Inneren Himalaya bis nahe an die obere Waldgrenze (3920 m). Aus dem Untersuchungsgebiet und seiner Umgebung wurden die Daten von 6 Klima- und 4 Niederschlagsstationen herangezogen. Die Reihen sind inhomogen (Kiangjing: Juli 1985 bis 4.7.1986; Kathmandu: 1921-1986) und daher nur mit Vorbehalt zu vergleichen. Um dennoch eine grobe Vorstellung vom Klima zu geben, sind die Daten im Verhältnis 10° = 20 mm nach GAUSSEN in der graphischen Darstellung von WALTER (1955) umgesetzt worden. Für Stationen mit fehlenden Temperaturmessungen diente das in Kammlage in der nördlichen Umrahmung des Kathmandu-Beckens befindliche Kakani (2064 m, 27°48'N, 85°15'E Gr.) als Referenzstation für die Temperaturkurve; der Gradient wurde mit 0,58°C/100 m angenommen. Die Klimastationen des Kathmandu-Beckens sind wegen der winterlichen Inversions-Wetterlagen für diesen Zweck ungeeignet.

Allen Klimadiagrammen ist die sommerliche Regenzeit gemeinsam. Die Ausprägung und Dauer perhumider, relativ humider und relativ arider Jahreszeiten, die Deutlichkeit eines uni-, bi- oder trimodalen Niederschlagsregimes, die Schwankungen der Niederschläge sowie die Frostgrenzen legen die Unterscheidung von 6 Klima-Typen nahe.

1. Tropische Talstufe in der Himalaya-Südabdachung (Klimadiagramm Trisuli, Baunepati): Stufe des immergrünen Dipterocarpaceen-Waldes. Diese Klimaregion hat bei 1200 m ihre Obergrenze. Die Jahresmitteltemperatur liegt zwischen 20 und 24°C, die max. Temperaturamplitude beträgt 40°; die Stufe ist nahezu frostfrei. Die Klimadiagramme repräsentieren ein Monsunklima mit dem typischen Gegensatz zwischen einer geschlossenen Trockenzeit von 4 bis 6 relativ ariden Monaten im Winterhalbjahr und einer geschlossenen sommerlichen Regenzeit von 5 bis 6 perhumiden Monaten. Winter- und Frühjahrsniederschläge beschränken sich wegen der geringen Meereshöhe und der Abschirmung gegen Westen durch Kämme der Himalaya-Vorketten auf wenige und unregelmäßig schwankende Ereignisse. Der Juli hat die höchsten Monatssummen des Niederschlags.

2. Subtropische Kammlage in der Himalaya-Südabdachung (Klimadiagramm Dubachaur): Das Klimadiagramm repräsentiert die Stufe immergrüner sinojaponischer Lauraceen, Fagaceen und Magnoliaceen-Wälder („tropisch immergrüner Bergwald' sensu SCHWEINFURTH 1957) zwischen 1000/1200 und 2000 m. Die Jahresmitteltemperatur beträgt etwa 17°C; an der Untergrenze dieser subtropisch-immergrünen Laubwälder hat der kälteste Monat eine Mitteltemperatur von 13°C, an der Obergrenze von 6°C. Das mittlere Minimum des kältesten Monats kann an der Obergrenze bei 0°C liegen, die Zahl der Frosttage schwankt (1976: 0; 1980: 26; Climat. Rec. Nepal). An der Untergrenze ist mit absoluten Minima von 2° zu rechnen. Eine winterliche Schneedecke, auch nur von wenigen Tagen, ist nicht bekannt. Ähnlich wie die tropische Talstufe hat auch diese Klimaregion ein deutlich unimodales Niederschlagsregime mit Sommerregen in 6 perhumiden Monaten. Die winterliche Trockenzeit ist wesentlich verkürzt (2 bis 4 relativ aride Monate). Die Abschirmung nach Westen gegen die Winterniederschläge ist geringer, die Ereignisse jedoch sind so unregelmäßig und schwach, daß sich keine ‚kleine Regenzeit' der Winter- und Frühjahrsregen abzeichnet. Insgesamt sind die Niederschläge ein knappes Viertel höher als in der tropischen Talstufe.

3. **Subtropische Talstufe** im Bereich des Himalaya-Hauptkamms (Klimadiagramm Dunche, Timure): Beide Stationen befinden sich etwa in gleicher Distanz zur Subtropengrenze wie Dubachaur, welche hier mit peripher-zentral ansteigenden Höhengrenzen in ca. 2200 m liegt. Ihre Unterscheidung als eigener Klimadiagramm-Typ resultiert aus ihrer Lage in der 'Trockenen Talstufe' (SCHWEINFURTH 1956) und aus ihrer Nähe zum Himalaya-Hauptkamm. Die Unterschiede zwischen beiden Stationen, die sich vor allem in der Jahresmitteltemperatur und der Summe der Sommerregen niederschlagen, resultieren wahrscheinlich aus ihrer Lage im Durchbruchstal des Trisuli Ganga (Bhote Kosi): Dunche liegt noch im Einflußbereich der das Tal heraufdrückenden monsunalen Bewölkung auf einer Hangschulter 600 m über der Tiefenlinie, während Timure, 21 km weiter stromauf, im Talgrund liegt und so 50% weniger Sommerregen erhält als Dunche und in den Genuß höherer Einstrahlung über dem wolkenfreien Talboden kommt. Der bedeutendste Unterschied zu den vorangehend beschriebenen Klimatypen besteht in der Niederschlagsverteilung: Trotz der geringen Meereshöhe erhalten beide Stationen Frühjahrs- und Winterregen, die etwa 10% der Sommerregen betragen. Durch dieses bimodale Niederschlagsregime schrumpft die winterliche Trockenzeit auf 2 bis 3 Monate zusammen, wobei die vormonsunale ‚kleine Trockenzeit' vor allem in Timure starken Schwankungen unterworfen ist. Die bimodale Niederschlagsverteilung mit einer ‚kleinen Regenzeit' im Frühjahr ist bei 85°E Gr. in der Mitte des Gebirgsbogens an die Lage nahe dem Himalaya-Hauptkamm gebunden, während ein ähnlicher Klimadiagramm-Typ im Himalaya-Vorland erst ca. 700 km weiter WNW zu finden ist.

4. **Kammlage der oberen Montanstufe in der Himalaya-Südabdachung** (Klimadiagramme Sermathang, Tarke Ghyang): Beide Klimadiagramme repräsentieren die Bedingungen an der Dauersiedlungs-Obergrenze in der Staulage der Himalaya-Südabdachung; sie liegen etwa in der Mitte der Nebelwaldstufe in Kamm- (Sermathang) und Hanglage (Tarke Ghyang). Die Jahresmitteltemperatur beträgt hier ca. 11°C; im Zeitraum von 1983 bis 1986 (Sermathang) ist pro Jahr mit 60 bis 70 Frosttagen zu rechnen; die bislang tiefste Temperatur beträgt -6,4°C. Die Zeit zwischen März und Oktober ist gewöhnlich frostfrei. Die Niederschlagsverteilung entspricht derjenigen in der Kammlage der Subtropenstufe, d.h. die sommerliche Regenzeit hat 5 bis 6 perhumide Monate, die Summe ist jedoch etwa doppelt so hoch. Die beiden Stationen gehören damit zu den niederschlagsreichsten im Himalaya (Lumle 5524 mm (1984: 6290 mm), Num 4477 mm, Gangtok 3452 mm, Sarbhang 4020 mm, Darjeeling 3320 mm, Pashighat 4491 mm), liegen aber, außer Darjeeling, 1000 bis 2500 m höher. Die Winterniederschläge sind etwa so hoch wie in den 500 m tiefer und 12 bis 21 km weiter nördlich gelegenen Stationen der subtropisch ‚Trockenen Talstufe', betragen hier jedoch nur 2,5% des Gesamtniederschlags. Die Trockenzeit ist auf etwa einen Monat beschränkt.

5. **Hochtalböden im Inneren Himalaya** (Klimadiagramme Kiangjing, Nyalam): Beide Stationen haben mit Timure etwa die gleiche Lage im Gebirge, zwischen den höchsten Ketten des Himalaya-Hauptkamms, gemeinsam, liegen jedoch ca. 2000 m

höher. Die Jahresmitteltemperatur beträgt ca. 3°C. Nyalam hat 2 Monate mit mehr als 10°C Monatsmitteltemperatur; in Kiangjing beträgt die höchste Monatsmitteltemperatur 9,4°C (TAKAHASHI et al. 1987). Nyalam ist heute von diffusen Zwergstrauchheiden wenig nördlich der aktuellen Waldgrenze umgeben: Sowohl die Niederschlagsverteilung (ganzjährig relativ humid) als auch die Niederschlagssumme lassen im Vergleich mit ähnlichen Klimdiagrammen des Inneren Himalaya (Manang: offener *Pinus wallichiana-Juniperus indica*-Wald; MIEHE 1982) den Schluß zu, daß es sich um ein Waldklima handelt. Kiangjing liegt im baumfreien Grund eines Tales, auf dessen Schatthang dichter Nebelwald bis zu 170 m über die Station hinaufreicht; hier ist ohne Rückschlüsse sicher, daß es sich um ein Waldklima handelt. Die Jahressumme des Niederschlags beträgt hier mehr als das Doppelte von Nyalam und etwa $^1/_4$ der Nebelwaldstationen in der Himalaya-Südabdachung. Sehr viel deutlicher als in der subtropischen ‚Trockenen Talstufe' im Bereich des Hohen Himalaya ist hier der Niederschlag bi-, vielleicht sogar trimodal. War bei jenen Stationen unterhalb 2000 m das Verhältnis des Winter- und Frühjahrsregens zum Sommerregen wie 1:10, so ist es in Kiangjing wie 1:3 und in Nyalam wie 1:2. Die beiden Stationen gehören damit zum Klima-Typ des Inneren Himalaya, wo das bimodale Niederschlagsregime bis in den Ost-Himalaya (Bomi) erhalten bleibt. Die Gegenüberstellung der Klimadiagramme von Kiangjing und Tarke Ghyang zeigt für die Sommerniederschläge eine deutlich gegenläufige Tendenz, die sich aus dem Luv/Lee-Gegensatz erklärt.

6. Subtropische intramontane Becken (Klimadiagramm Kathmandu): Das Klima des Beckens von Kathmandu ist durch seine Reliefsituation unrepräsentativ für das Untersuchungsgebiet, der Bezug auf diese Klimastationen aber wegen ihrer fast 100-jährigen Meßreihe unerläßlich. Der Jahresgang der Temperatur ist durch winterliche Inversionswetterlagen mit absoluten Tiefsttemperaturen von -3,9°C (in Bodennähe wahrscheinlich -6,0°C) gekennzeichnet, was für die Subtropenstufe ungewöhnlich ist. Die Niederschlagsverteilung ist in manchen Jahren bimodal, die Frühjahrsregen betragen mitunter etwa 15% der Summe von 5 perhumiden Sommermonaten. Die Trockenzeit ist zweigeteilt in eine meist auf den Vormonsun (Mai) beschränkte Dürre vor Einsetzen der Sommerregen und die Wintermonate November bis Januar, welche bis auf wenige Ereignisse niederschlagsfrei sind. Die Frühjahrsregen und das Einsetzen des Monsuns schwanken, so daß je nach Länge der Reihe die Deutlichkeit des bimodalen Regimes unterschiedlich ausfallen kann.

Diese 6 Klimadiagramm-Typen können zwar eine grobe Vorstellung von der reliefabhängigen Niederschlagsverteilung in diesem Teil des Zentralen Himalaya geben; die Stationen liegen jedoch alle außerhalb des engeren Untersuchungsgebietes, der alpinen Stufe. Immerhin ist zu zeigen, daß das Klima des Helambu mit den stärksten Staulagen im gesamten Himalaya zum Klimadiagramm-Typ der ‚Hill-Stations' gehört und der Langtang mit ausgeprägter Leelage das bimodale Niederschlagsregime des Inneren Himalaya hat.

Epiphyten als Klimazeiger in der Waldstufe

Überpflanzen sind ausgezeichnete Klima-Zeigerpflanzen, da sie Transpirationsverluste nicht aus dem durchwurzelten Boden ausgleichen können, sondern auf konstante Feuchtigkeitsverhältnisse stärker angewiesen als Gefäßpflanzen, sofern sie nicht durch besondere Überdauerungsorgane wie Pseudobulben (epiphytische Orchideen) oder sekundäre Poikilohydrie (Felsspaltenfarne und rosettige Gesneriaceen-Arten) an saisonale Austrocknung angepaßt sind. Unter den Epiphyten sind Flechten und Moose besonders sensible Humiditätszeiger, da sie durch keine Epidermis vor Feuchtigkeitsverlusten geschützt sind. Zur Erfassung von Humiditätsstufen in den Wäldern Zentral-Nepals soll im folgenden die Verbreitung der drei wichtigsten epiphytischen Lebensformengruppen beschrieben werden.

In der Waldstufe des Helambu und Langtang gibt es etwa 100 obligate epiphytische Kormophytenarten, von denen etwa die Hälfte Farne und Bärlappgewächse sind. Unter den Blütenpflanzen sind mit 24 Arten die Orchideen vorherrschend, gefolgt von Gesneriaceen (8 Arten), Begoniaceen (4 Arten), Zingiberaceen (3 Arten), Glossulariaceen (2 Arten), Araliaceen (2 Arten), Ericaceen (2 Arten), Piperaceen (1 Art) und Urticaceen (1 Art).

Die Verbreitung der morphologischen Merkmale von Blütenpflanzen und Pteridophyten im Untersuchungsgebiet zeigt, daß die vermeintliche Anpassung an saisonale Trockenheit auch für so unterschiedliche Gruppen das gemeinsame Merkmal ist. Die Orchideen auf schwach bemooster Rinde oder zwischen Blatt- und Strauchflechten auf Rinde oder Fels haben mit Pseudobulben sukkulente Merkmale; sie sind überwiegend winter- resp. trockenkahl, und die Blätter sind skleromorph. Innerhalb des Untersuchungsgebietes besiedeln sie auf Sonnhängen oberhalb 1900 m in Gemeinschaft mit Blattflechten und lockeren Laubmoosrasen exponierte Felsen und im lichten Schatten von Laubbäumen je nach ihrer Größe entweder den dickastigen Kroneninnenraum in Gemeinschaft mit schwachem Moosbesatz oder die dünnen Zweige der Kronenperipherie, hier zusammen mit Blatt-, Strauch- und Bartflechten. Da Flechten auch geringen Nebelniederschlag nutzen können und aktiv sind, während die Gefäßpflanzen noch völlig abgetrocknet erscheinen, profitieren die epiphytischen Gefäßpflanzen von dem durch die Flechten ausgekämmten, durch sie sonst nicht nutzbaren Nebelniederschlag; überdies haben ihre Wurzeln durch die Flechten Verdunstungsschutz. Die Stufe größter Verbreitung bulbenwüchsiger, sukkulenter und über das kryptogamenbedeckte Substrat meist deutlich herausragender epiphytischer Orchideen liegt zwischen 2000 und 2500 m. In den meist weniger gestörten Wäldern der Schatthänge sind epiphytische Orchideen auf den äußersten Kronenraum beschränkt; im lichtarmen, vom überwiegend immergrünen Kronendach abgeschirmten Bestandesklima fehlen sie völlig.

In diesen schattigen Wäldern der unteren Nebelwaldstufe sind Überpflanzen auf den von lückigen, dünnen und lockeren Laubmoospolstern teilweise bedeckten Blöcken keinesfalls bestandesprägend, sondern sklerophylle, bodenrankende Lianen. Die Epiphyten sind meist auf Überhänge oder Steilflanken abgedrängt. Sukkulenz (*Elatostema* spp., *Peperomia tetraphylla*) herrscht bei den wenigen, kaum cm-hohen immergrünen Blütenpflanzen-Epilithen vor. Hier sind im Gegensatz zu den

Sonnhängen skleromorphe Pteridophyten-Überpflanzen zumindest typisch, wenngleich in der Regenzeit auch nicht vorherrschend. Auf flach geneigten Felsen siedeln die hartschuppig-sukkulenten Bärlapparten, an Steilflächen skleromorphe immergrüne Farne (*Asplenium* spp., *Elaphoglossum conforme*, *Loxogramme duclouxii*, *L. involuta*). Die drei nächst größeren Gruppen von Blütenpflanzen-Epiphyten (Gesneriaceen, Begoniaceen, Zingiberaceen) sind mehrheitlich durch meist auf Fels haftende, verdickte Überdauerungsorgane ausgezeichnet, die im trockenen Winterhalbjahr in einem dichten Laubmoosteppich verborgen sind. Sie sind sommergrün. Ihre Obergrenze liegt zwischen 2800 und 3000 m. Sowohl die Ausbildung von geschützten Überdauerungsorganen in einer Höhenstufe, in der sicher größere Bergnebelbefeuchtung, höherer Niederschlag und eine größere Anzahl von Frosttagen gegeben sind als in der Hauptverbreitungszone immergrüner epiphytischer Orchideen, als auch die Areale der betroffenen Gattungen zeigen, daß die Wuchsform mit Winterkälte und weniger mit Wintertrockenheit zu erklären ist. Zu dieser Gruppe gehört auch die in der Moosverkleidung der Stämme mit Pseudobulben überdauernde sommergrüne *Pleione hookeriana*, die höchstvorkommende epiphytische Orchidee.

Im Gegensatz zu den im Moos geschützten tropischen Epiphyten bilden die epiphytischen *Ribes laciniatum*, *R. takare*, *Acanthopanax cissifolius*, *Pentapanax leschenaultii*, *Vaccinium retusum* und *V. nummularia* Sträucher und kleine Bäume, welche lediglich vom Wasserhaltevermögen der dichten Moosumhüllung der Felsblöcke und Stämme profitieren. Ihr chamaephytischer bis phanerophytischer Wuchs erhebt sie aus der üppigen Moosschicht, welche ihr Vorkommen begleitet. Zu dieser Gruppe gehören auch *Rhododendron dalhousiae* sowie *R. lindleyi*, *R. vaccinioides*, *R. pendulum* und *R. camelliiflorum*, welche unter ähnlich humiden Standortbedingungen östlich des Dudh Kosi (86°40'E Gr.) verbreitet sind. Diese epiphytischen immergrünen Sträucher dürften einen sicheren Zeigerwert für sehr hohe Humidität haben, da sie auch im Winterhalbjahr auf eine Durchfeuchtung der epiphytischen Moosdecke angewiesen sind. Zwischen 2500 und 3500 m ist die Zahl der hauptsächlich annuellen fakultativen Epiphyten (*Pilea racemosa*, *Acronema* spp. *Impatiens* spp.) ebenfalls am größten. Sie haben im dichten Moosteppich ein ausreichend feuchtes und durchwurzelbares Substrat und können an den unteren Stämmen sowie auf Felsblöcken von der üppigen sommergrünen Farnflur nicht ausgedunkelt werden.

Die sommergrünen epiphytischen Farne sind in der Regenzeit in allen Höhenstufen des Untersuchungsgebietes die vorherrschenden Gefäßpflanzen-Epiphyten. Zwischen 2500 und 3000 m sind sie am artenreichsten vertreten. In ihrem Verhältnis zum epiphytischen Flechten- und Moosbesatz lassen sich zwei Gruppen deutlich unterscheiden. Die erste Gruppe wird von *Drynaria propinqua* (bis ca. 2000 m) und *D. mollis* (bis ca. 3000 m) repräsentiert: Die mit einem fingerdicken, außerordentlich fest an der Rinde anhaftenden Rhizom ausgestatteten Farne bevorzugen geringen Mooswuchs und sind deshalb weder im Kroneninnenraum noch in feuchtesten Teilen des Untersuchungsgebietes häufig, sondern im äußeren Kronenraum der höchsten Baumschicht (vorzugsweise *Quercus semecarpifolia*) und an Bestandesrändern oder auf geschneitelten Wirtsbäumen zu finden. Sie konkurrieren hier mit

Vegetationskundliche Beiträge zur Klimageographie 165

Photo 1: *Sulcaria virens* - Bartflechten auf *Rhododendron arboreum* v. *cinnamomeum* zeigen Bergnebel - Luvlagen an SW-exponiertem Grat in 3350 m. 11.5.1986. Photo: G. MIEHE

Photo 2: Epiphytische Blattflechten (*Heterodermia rubescens*, *Everniastrum cirrhatum*) umhüllen die Zweige der Kronenperipherie von *Quercus semecarpifolia* und kämmen den Bergnebel aus. Die überwiegend immergrüne Eiche ist hier (episodisch) im Vormonsun laubwerfend.
7.5.1986, 16.00h. Photo: G. Miehe

Blatt-, Strauch- und Bartflechten. Mit den rasch verbraunenden, aber dauerhaften Nischenblättern sammeln sie Detritus, vor allem Eichenlaub; der halbmeterlange fertile Wedel fällt im Oktober ab. Da der Boden in *Quercus semecarpifolia*-Wäldern auffällig reichlich von abgebrochenen, dicht mit *Drynaria* besetzten Ästen aller Zersetzungsstadien übersät ist, kann angenommen werden, daß regenzeitliche Wasseransammmlung in dem von den Nischenblättern aufgefangenen Mull zu Überlastung und Pilzbefall bei längerer Durchfeuchtung (POELT, mdl.) und damit zu Astbruch führt. *Drynaria mollis* zeigt mit *Sulcaria virens* (Photo 2) etwa die Bergnebellagen zwischen 2500 und 3000 m an.

Die zweite Gruppe von epiphytischen Farnen kriecht mit meist nur wenige mm dickem Rhizom auf moosbesetzter und auch völlig von kissenartigen Lebermoos-Hochrasen umhüllter Rinde. Nach ihrer Blattmorphologie läßt sich eine bis in die Mattenstufe vorstoßende artenreiche Gruppe von Farnen mit mesomorphen, z.T. auch schwach skleromorphen Wedeln (Davalliaceae, vor allem Polypodiaceae, Photo 3) und eine Gruppe von Farnen mit malakophyllen Wedeln (*Oleandra wallichii*, *Lepisorus scolopendrium*) unterscheiden. Letztere sind nur in einer Höhenstufe zwischen 2600 und 3000 m häufiger und fehlen an unbeschatteten exponierten Standorten. Da *Oleandra wallichii* und *Lepisorus scolopendrium* augenscheinlich eine Wärmemangel-Obergrenze haben, zeigt ihr Vorkommen zwischen 2600 und 3000 m lediglich stetig hohe Luftfeuchtigkeit in dieser Höhe an, jedoch nicht unbedingt eine Humiditätsabnahme oberhalb 3000 m.

Im Gegensatz zu den radikanten Gefäßpflanzen-Epiphyten, welche sich mit einer verdickten Cuticula, Blattabwurf und besonderen, häufig verborgenen oder durch skleromorphen Bau geschützten Speicherorganen den jahreszeitlichen Veränderungen der Wasserzufuhr und Temperatur wenigstens teilweise entziehen können, sind Moose völlig auf die Wasserzufuhr durch Niederschlag angewiesen und können bei Trockenheit lediglich in latentem Zustand verharren. Zusammen mit ihrer weiten Temperaturamplitude, ihren generell geringeren Temperaturansprüchen, aber einer größeren Sensibilität für Feuchtigkeitsschwankungen haben die Moose als Indikatoren den Vorteil, daß sie Feuchtigkeitsstufen ohne den überlagernden Effekt von Temperaturgrenzen anzeigen. Der Bestand an epiphytischen und epilithischen Moosen ist maßgeblich von den mikroklimatischen Bedingungen abhängig; es soll deshalb vornehmlich die Wuchsformen-Verteilung und der Anteil von Laub- und Lebermoosen an der Epiphytenvegetation im Bestandesklima geschlossener Wälder bis zur Krummholz-Obergrenze verglichen werden.

In den immergrünen Laubwäldern des Schatthangs bei 2000 m (*Lithocarpus elegans*, *Michelia kisopa*, *Betula alnoides*) sind die Stämme von *Betula alnoides* trotz der sich streifig abschälenden Rinde mit lockeren Teppichen aus *Brachythecium*, *Thuidium* und *Plagiomnium* spp. fleckenweise bedeckt, während die glatte Rinde von *Lithocarpus*, *Ficus* und *Michelia* vorwiegend durch Krustenflechten bedeckt ist. Auf Felsblöcken sind kleine Laubmoos-Herden, häufiger aber sehr lockere Laubmoos-Teppiche vorherrschend; Lebermoose sind nur sporadisch vertreten. Die Laubmoose nehmen hier einen geringeren Deckungsgrad ein als die bodenrankenden Lianen oder Farne; Bodenmoose sind ausgesprochen selten. Auf dem Sonnhang

Photo 3: Epiphytische Lebermooshochrasen aus *Herbertus* spp. mit sommergrünen rhizoiden *Lepisorus clathratus* auf *Rhododendron campanulatum* in der Strauchschicht von *Juniperus recurva*-Wäldern der Himalaya-Südabdachung in 3420 m zeigen ganzjährig perhumides Klima mit wahrscheinlich mehr als 4000 mm zwischen Juni und September an. 3.8.1986, 9.20h. Photo: G. Miehe

gleicher Meereshöhe herrschen in den lichtdurchfluteten Offenwäldern Krustenflechten und mit zunehmender Höhe auch Blattflechten in größerer Zahl vor; Laubmoose sind auf die Nord-Seiten der Stämme und auf beschattete Verzweigungen beschränkt. Es herrschen harte, flache Polster (ø meist < 5 cm) und relativ dichte, goldbraune Entodontaceen-Filze ebenfalls geringer Ausdehnung vor. Zwischen der meist feuerbeeinflußten Gramineenflur treten auf lehmigen Böden kleine Laubmoos-Herden und versteckte Kurzrasen gegen regenzeitliche Algenüberzüge und Fluren von *Selaginella chrysocaulos* zurück.

Oberhalb von 2500 m ist eine deutliche Veränderung festzustellen: In allen Wäldern überzieht eine nahezu geschlossene Moosdecke Stämme, Äste und dickere Zweige sowie Felsblöcke. In ihrer Mächtigkeit zeigt sie Abstufungen zwischen den Staulagen der Himalaya-Südabdachung und den gemäßigten Leelagen. Die Moosdecke des Bodens hängt von der Laubschüttung und der Streuzersetzung ab: in gleicher Meereshöhe und Exposition haben Tannenwälder oft eine geschlossene Moosdecke, während der Boden in *Rhododendron arboreum* v. *roseum*-Wäldern von der breitblätterigen und obendrein schwer zersetzbaren Streu bedeckt bleibt.

Im geschlossenen Bestand ist vorzugsweise in den Strauchschichten und unteren Baumschichten der Behang mit Bartmoos vorherrschend und für eine Höhenstufe zwischen 2500 und 3000 m charakteristisch. In den dünnen Zweigen der hüft- bis mannshohen Strauchschichten sind, in einer Reihe abnehmender Humidität, in den Staulagen *Barbella*- und *Duthiella*-Gehänge vorherrschend, auf dem Schatthang mäßiger Leelagen *Calyptothecium*-, *Neckeropsis*- und *Trachypus*-Bärte und in der Bergnebellage des Haupttal-Kondensationsniveaus in *Quercus semecarpifolia-Tsuga*-Wäldern *Meteorium*-Behang. In dieser Stufe und vor allem in den Wäldern der Himalaya-Südabdachung treten nun auch Lebermoose hervor: *Ptychanthus* bildet kurze Bärte, *Frullania* überspinnt locker verzweigt Stämme und *Scapania*, *Herbertus* und *Plagiochila* bilden bis kopfgroße Kissen, welche im inneren Kronenraum von *Quercus semecarpifolia* und *Tsuga* die Äste umhüllen.

Oberhalb von 3000 m kann die epiphytische und epilithische Moosverteilung des leeseitigen Langtang-Hochtalbodens mit den Staulagen der Himalaya-Südabdachung verglichen werden. Die Gegenüberstellung des Epiphytenbesatzes der *Quercus semecarpifolia*-Wälder an der Schwelle zwischen Schluchtstrecke und Hochtalboden des Langtang mit demjenigen der *Quercus semecarpifolia*-Wälder in Staulagen der Südabdachung zeigt das starke Humiditätsgefälle: Im Langtang sind Äste und Stämme völlig von *Drynaria mollis* umwuchert, und nur wenige *Entodon*-Teppiche sind dazwischen sichtbar, während *Drynaria* in den Eichen der Himalaya-Südabdachung nur den äußersten Kronenraum besetzt und ansonsten die genannten Lebermoos-Kissen die Äste einhüllen. Die Stämme in Birkenwäldern des Langtang-Schatthangs sind zwar auch teilweise moosbedeckt, jedoch herrschen flache Teppiche und kleine Laubmoos-Polster vor, die sich mit der Rinde abschälen, wenn ihre wassergesättigte Auflast zu groß wird. Felsblöcke und niedrig liegende Stämme tragen meist eine Decke aus *Actinothuidium hookeri* und *Abietinella abietina*.

Eine ausgeprägte Stufe höchster Humidität läßt sich im Langtang-Hochtalboden nicht durch Epiphytenbewuchs ausweisen; es kann lediglich anhand der Lebermoos- und Laubmoos-Verteilung sowie der Verbreitung von Strauch- und Bartflechten festgestellt werden, wo engräumig begrenzt sehr hohe Humidität wahrscheinlich ist. Innerhalb der Waldstufe und im Bereich der oberen Waldgrenze sind lediglich zwei Lokalitäten mit auffällig üppigen Lebermoos-Polstern gefunden worden. Sie liegen in N- und NW-Exposition und sind deutliche Bergnebel-Luvlagen. Es sind extrazonale Vorkommen; der Langtang-Hochtalboden mit Jahresniederschlägen von ca. 1200 mm ist selbst mit dem nicht gemessenen Nebelniederschlag zu trocken, um eine üppige epiphytische Moosvegetation zu haben.

Der Bartmoos-Behang, welcher oberhalb 2500 m auf Zweigen und dünneren Ästen unter geschlossenem Kronendach die vorherrschende und charakteristische Lebensform ist, tritt oberhalb 3000 m zurück, und in einer Stufe zwischen etwa 3000 und 3200 m bestimmen ganz überwiegend Lebermoose die Epiphytenvegetation in allen Expositionen, nicht nur in der unmittelbaren Südabdachung, sondern auch in gemäßigten Leelagen. Astverhüllende, kopfgroße Lebermoos-Hochrasen, welche den üppigsten Epiphytenbewuchs des Untersuchungsgebietes darstellen, sind wegen ihrer in feuchtem Zustand bedeutenden Auflast überwiegend auf solide Wirtsbäume, welche die Rinde nicht schälen können, beschränkt. Es nimmt deshalb nicht wunder, daß Tannen, die zudem das am besten abgeschirmte Bestandesklima herstellen, in allen Abdachungen (außer dem Langtang-Hochtalboden) den größten Lebermoos-Hochrasen auf ihren weitausladenden Ästen Platz bieten können. Die übrigen Gehölze, welche oberhalb 3000 m bestandesbildend werden, haben alle die Eigenschaft, ihre Rinde zu schälen und sich dadurch der Überpflanzenlast zu entledigen (Photo 3).

Tannenwald reicht nun in vielen Abdachungen weiter hinauf als bis 3200 m, so daß in seinem Bestandesklima die Höhenstufe solcher Epiphyten-Vorkommen häufig bis 3600 m reichen kann. Zudem sind dort, wo die Höhenstufen der Vegetation weder durch Regenschattenlage noch durch geringe Bergflanken-Ausdehnung eingeschränkt sind, die Lebermoos-Polster nicht unbedingt an solide Wirtsbäume ohne schälende Rinde gebunden: Das Vorkommen von Lebermoos-Hochrasen und einer 5 bis 15 cm dicken Lebermooshülle um dickere Äste und Stämme reicht dort von etwa 3300 m bis zu den höchstgelegenen geschlossenen *Juniperus recurva*-Wäldern in 3930 m (Photo 3). Die 8-12m hohen Wacholder auf 25°-30° steilen E- und SSE-exponierten Hängen sind vollständig umhüllt, obwohl sie kein geschlossenes Kronendach bilden. Das Lebermooswachstum ist hier augenscheinlich schneller, als sich die Wacholder-Borke abschält. Die Rhododendren der Strauchschicht sind nicht derart vollständig ummantelt, weil ausgedehnte Hochrasen auf der hautartig glatten Rinde an steilen Ästen oder Stämmen abgleiten können.

Der Epiphytenbesatz ändert sich innerhalb einer Distanz von ca. 100 Höhenmetern dort, wo der Wacholder-Wald von bis zu 3m hohem Krummholz aus *Juniperus recurva* abgelöst wird: Die üppige Lebermoosumhüllung fehlt vollständig, und die senkrecht abschälende Rinde ist von lockeren und dünnen Laubmoos-Teppichen aus *Pylaisia brevirostris*, *Oncophorus wahlenbergii* und *Hypnum setschwanicum* bedeckt; im übrigen herrschen Krustenflechten (*Pertusaria alpina*), Blatt- und Strauchflechten vor. Lebermoos-Hochrasen, welche in größerer Meereshöhe liegen, sind extrazonal kontrahiert im Einstrahlungsschutz der N-Exposition. Der Biotopwechsel derjenigen Lebermoosarten, welche die Wacholderbäume an der oberen Waldgrenze umhüllen, weist darauf hin, daß die Obergrenze der expositionsübergreifenden und damit hypsozonalen Lebermoos-Dominanz nicht eine Kältegrenze ist, sondern mit höherer Wahrscheinlichkeit eine Humiditätsgrenze. Dabei ist wichtig, das sie nicht an die Bestandesbedingungen eines Waldes geknüpft zu sein scheint, da der beschriebene Wacholder-Wald einen geringeren Kronenschluß hatte als das sehr viel dichter abschirmende Wacholder-Krummholz. Das läßt vermuten, daß in der Tat die obere Grenze der konvektiven Bewölkung im Winterhalbjahr diesen überraschenden Wechsel auf engem Raum auslöst.

Unter der Voraussetzung, daß die aus weitgespannten Beobachtungen resultierende Erfahrung, (vgl. HERZOG 1926, MÜLLER 1954), wonach Lebermoose (insbesondere die Gattungen *Herbertus*, *Plagiochila* und *Scapania*, welche im Untersuchungsgebiet die üppigste Lebermoos-Epiphytenvegetation bilden) sichere Zeigerwerte für langandauernde hohe Humidität haben, auf das Untersuchungsgebiet übertragbar ist, liegt die Stufe höchster Humidität in der Südabdachung des Untersuchungsgebietes zwischen 3200 und 3900 m. Dies gilt für Flanken, die weder im Regenschatten anderer Gebirgsketten liegen, noch durch geringe Flankenausdehnung der konvektiven Bewölkung eingeschränkte Bildungsbedingungen bieten und im übrigen nicht im Einflußbereich der winterlichen West-Winde liegen, welche die Lage des oberen Kondensationsniveaus beeinflussen können.

Für das Vorkommen von Flechten gilt hohe Luftfeuchtigkeit zwar generell als günstig, jedoch ist bei der Beschreibung des Vorkommens von Gefäßpflanzen- und Moos-Epiphyten deutlich geworden, daß Flechten im Untersuchungsgebiet stets mit Lagen vorliebnehmen, deren Humidität geringer ist, als es für epiphytische Gefäßpflanzen und Moose noch tolerabel wäre. Ihre Verbreitung zeigt damit nicht die kontinuierlich höchste Luftfeuchtigkeit an, sondern das Auftreten von Bergnebel mit raschem Wechsel von hoher Luftfeuchtigkeit und Sonne. Diese Bedingungen sind typisch für den Schwankungsbereich des unteren und des oberen Kondensationsniveaus und für exponierte Flanken und Grate, wo der Talwind Bergnebelschwaden entlangbläst. Charakteristische Blattflechten des äußeren Kronenraums am unteren Kondensationsniveau sind *Heterodermia rubescens*, während *H. boryi* und *Everniastrum nepalense* in der gesamten Nebelwaldstufe vor-

o *Heterodermia boryi* Fée   * *Heterodermia rubescens* (Räsänen) Awasthi
+ *Everniastrum nepalense* (Taylor) Hale   • *Bryoria* spp.

Abb. 3: Strauchflechten zwischen Nebelwaldstufe und unterer Mattenstufe als Bergnebelzeiger. Quelle: MIEHE 1990a, verändert. Die Grundkarte wurde freundlicherweise von Prof. Dr. Rü. FINSTERWALDER, München, zur Verfügung gestellt.

kommen. *Bryoria*-Strauchflechten bezeichnen die Bergnebellagen in Zwergstrauchheiden der unteren Mattenstufe (s. Abb. 3).

Die auffälligsten Flechtenvorkommen des Untersuchungsgebietes liegen an windbestrichenen Waldrändern und auf exponierten, solitär stehenden Bäumen oberhalb 2500 m (Photo 2). Sie zeigen die Häufigkeit von windbewegtem Bergnebel an: es sind die exponierten, von *Quercus semecarpifolia* bestandenen Grate in den Flanken des Trisuli Ganga in 3000 bis 3350 m, wo *Sulcaria virens* sowie *Usnea* sp. meterlange Bärte bilden, und der Waldrand am Hangfuß der N-exponierten Flanke des Langtang-Hochtalbodens, wo *Usnea* bei 3800 m vorhangartig auf *Betula utilis* wächst. Ansonsten ordnen sich die Zonen, wo Flechten die größtflächige Epiphytenvegetation bilden, randlich zu denjenigen Zonen an, in denen Laub- und Lebermoose vorherrschen. Die tiefstgelegene Zone dominanten Flechtenbewuchses liegt, abhängig von der Flankenausdehnung, zwischen 1800 und 2400 m, wo Blatt- und Strauchflechten Felsblöcke überziehen und die Peripherie der Baumkronen einnehmen. Während des Monsuns Ende August war am späten Vormittag im wabernden Bergnebel bei starker Strahlung zwischen 2200 und 2400 m beeindruckend, daß die Gefäßpflanzen-Flur völlig trocken blieb, der Blattflechten-Teppich aber bereits befeuchtet und aktiv war.

Eine zweite Zone dominanten Flechtenvorkommens liegt im Krummholzgürtel der Himalaya-Südabdachung, wo Krusten- und Blattflechten die abschilfernde Rinde von *Juniperus recurva* f. *caesp.* bewohnen. Die dritte Zone nimmt den gesamten Hochtalboden des Langtang ein. Neben den erwähnten *Usnea*-Vorkommen sind es vor allem *Heterodermia boryi* und *Bryoria* spp., welche bis in die untere Mattenstufe die Zweige mit ihrem schwärzlichen Strauchflor umhüllen und Lagen stärkerer Bergnebel-Befeuchtung anzeigen.

Faßt man die Zeigerwerte aller Überpflanzen der Luvlagen und der gemäßigten Regenschattenlagen zusammen, so liegt die maximale Ausdehnung derjenigen Stufe, welche in ihrem Klima maßgeblich von konvektiver Bewölkung beeinflußt wird, zwischen 2000 und 3900 m. Diese Spanne kann durch das Relief bedeutend eingeengt sein. Sowohl am tiefstgelegenen mittleren wie am höchstgelegenen oberen Kondensationsniveau zeigt der Blatt-, Strauch- und Nabelflechten-Besatz eine Zone an, in der Bergnebel mit schnellem Wechsel von Einstrahlung vorherrscht. Zwischen 2500 und 3000 m folgt eine Stufe, in der sich im engen standörtlichen Mosaik abhängig von ihren hygrischen und statischen Ansprüchen Flechten, Farne, Blütenpflanzen, Laubmoose und Lebermoose die Standorte teilen und je nach dem Grad hygrischer Kontinentalität überwiegen: In Staulagen der Himalaya-Südabdachung sind Bartmoose in den Strauchschichten und Lebermoose im Kroneninnenraum der Baumschichten bestandesprägend, während in den gemäßigten Leelagen die Kronenperipherie durch Farne und Strauchflechten eingenommen wird und im Bestandesinnern Bartmoos überwiegt.

Bei größter Flankenausdehnung und ohne abschirmende Vorketten folgt oberhalb von 3000 m die Stufe des üppigsten Lebermoos-Vorkommens, welches bei 3900 m abrupt an eine Stufe trockenheitsangepaßter Laubmoose und Flechten stößt. Da die dominanten Lebermoos-Gattungen weltweit ausschließlich von Standorten höchster Humidität bekannt und damit geeicht sind, ist sicher, daß sie auch im

Untersuchungsgebiet die Stufe höchster Humidität anzeigen. Aus den Witterungsbeobachtungen ist zu schließen, daß die Obergrenze konvektiver Bewölkung des Winterhalbjahrs für das Zurücktreten der Lebermoose an der Waldgrenze ausschlaggebend ist. In den Leelagen des Inneren Himalaya ist nicht mehr die Ausdehnung und Verweildauer eines konvektiven Wolkengürtels für die Humiditätsverhältnisse maßgebend, sondern die Talwindhangbewölkung, welche in den Flanken dieses nach Westen offenen Längstales feuchtkühle Luvlagen und trockenwarme Leelagen schafft: alle der zungenartig talaufwärts sich vorschiebenden Talwindhangbewölkung ausgesetzten Hänge tragen dichten Strauchflechtenbesatz (bis zur oberen Waldgrenze *Heterodermia* spp. und *Usnea* spp., in den niederalpinen Zwergstrauchheiden *Bryoria* spp., s. Abb. 3) und Laubmoos-Hochrasen mit hohem Anteil von Lebermoosen im Bestandesschutz der Wälder oder Heiden. Das Vorkommen von *Bryoria* spp. zeigt zuverlässig die mittlere maximale Ausdehnung der Talwindhangbewölkung bis zur Kältegrenze von *Bryoria* an, die bei ca. 4600 m vermutet werden kann.

Möglichkeiten klimageographischer Differenzierung in der Mattenstufe anhand von Punkt-Verbreitungskarten

Die klimageographischen Differenzierungsmöglichkeiten, welche der Zustand der Pflanzendecke bietet, reichen allenfalls zur Unterscheidung von humiden (geschlossene Pflanzendecke), semiariden (offene, aber regelmäßig/diffuse Fluren) und ariden (pflanzenfreie Normalstandorte, kontrahierte Vegetation in Wasserzufuhrlagen) Klimaregionen (vgl. WALTER 1973). Demnach ist das Untersuchungsgebiet als humid einzustufen, da die Pflanzendecke geschlossen ist, wenngleich auch der Mangel an Feuchtigkeit und Feinsubstrat stellenweise nur die Bildung einer geschlossenen Krustenflechtendecke zuließ. Die weitere Differenzierung des humiden Klimabereichs soll nun anhand der Verbreitungskartierung von Arten mit enger hygrischer Spannweite untersucht werden, wobei die epiphytischen Lebermoose an der oberen Waldgrenze den perhumiden Schwellenwert bilden und die Verbreitung anderer, auch in Europa vorkommender Thallophyten Anhaltspunkte für die Abgrenzung zwischen eu-, sub- und semihumid geben. Diese von ELLENBERG (1975) ausgeführte relative Gliederung bedarf der Eichung durch Klimadaten, die freilich nur dann wirklich Aufschluß über die Klimaverhältnisse geben, wenn sowohl der Nebel- als auch der Schneeniederschlag zuverlässig erfaßt sind. Damit ist zumindest im Untersuchungsgebiet auf absehbare Zeit nicht zu rechnen. Da extrazonale Vorkommen eine klimageographische Gliederung ad absurdum führen können, werden hier nur eigene Herbarbelege in Kenntnis der Standortbedingungen herangezogen. Unter den Arten von subalpin/alpiner Verbreitung sind 280 ausgewählt und etwa 3500 Belege in Punkt-Verbreitungskarten eingetragen worden. Die Auswertung ergab, daß das Untersuchungsgebiet kein klimatisches Kontinuum darstellt, sondern sich durch deutliche Schwellen und Grenzsäume auszeichnet, welche die Abgrenzung von Humiditätsstufen rechtfertigen. Im folgenden sollen einzelne Klimaregionen anhand repräsentativer ‚Zeigerpflanzen' vorgestellt werden.

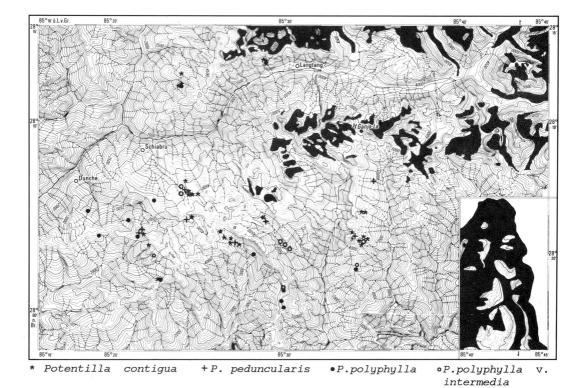

| * Potentilla contigua | +P. peduncularis | •P.polyphylla | ∘P.polyphylla v. intermedia |

Abb. 4: Sub- bis niederalpin/perhumides Areal von *Potentilla* spp. im Helambu und Langtang.

Die in Abb. 4 eingetragenen Fundorte von habituell ähnlichen *Potentilla* spp. reichen aus der oberen Nebelwaldstufe bis in die untere Mattenstufe und nehmen damit einen Bereich zwischen der Obergrenze einer Stufe hohen Sommerniederschlags und dem oberen Schwankungsbereich des konvektiven Wolkengürtels im Winterhalbjahr ein. Sie sind Kulturfolger und überziehen sommerlich staunasse Ebenheiten in der Umgebung von Almen mit einer geschlossenen Rosettendecke, die vom Vieh nicht gefressen wird. Ihr Vorkommen ist auf die Himalaya-Südabdachung und die Flanken des Trisuli Ganga beschränkt. Im Langtang fehlen sie, mit Ausnahme jenes Teils der orographisch rechten Langtang-Flanke, welcher der die Schluchtstrecke des Langtang heraufdrückenden Bewölkung voll ausgesetzt ist; es handelt sich also um extrazonal feuchte Standorte.

Im Gegensatz dazu sind die Hochstauden der Umbelliferenart *Pleurospermum rotundatum* (Abb. 5) auf denjenigen Teil des Langtang-Hochtalbodens beschränkt, der potentiell von subhumiden, *Usnea*-verhangenen Nebelwäldern und Krummholz aus *Rhododendron campanulatum* (Schatthang) sowie *Juniperus recurva* (Sonnhang) eingenommen wird. Durch einjährige Niederschlagsmessungen im Langtang

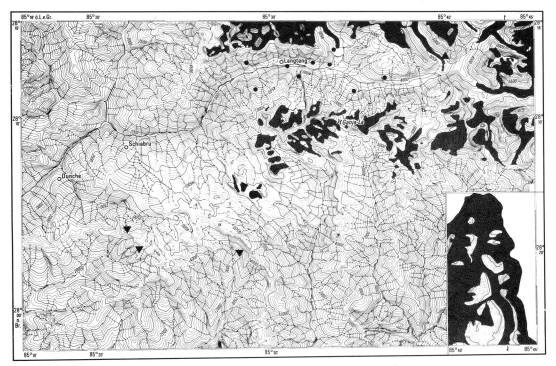

• *Pleurospermum rotundatum* (DC.) C.B.Clarke: zonal   ▼▲ : extrazonal

Abb. 5: Sub- bis niederalpin/subhumides Areal von *Pleurospermun rotundatum* im Langtang mit extrazonalen Vorkommen im Helambu.

(1976/77: 1024 mm, BORRADAILE et al.) und in Kiangjing (s. Abb. 2: 1224 mm) kann der Sommerniederschlag auf 700 bis 800 mm geschätzt werden; er beträgt demnach 20% des Sommerniederschlags der Himalaya-Südabdachung. In der Karte sind vier Vorkommen außerhalb des subhumiden Areals eingetragen, die demonstrieren, daß nur die Unterscheidung zwischen zonalen und extrazonalen Standorten eine klimageographische Grenzziehung erlaubt: die drei Funde in der Himalaya-Südabdachung stammen aus extrazonal trockenen Standorten auf Felsleisten, das Vorkommen im oberen Langtang befindet sich in einer extrazonal feuchten Wasserzufuhrlage am Fuß einer Felswand.

Das Areal der breitblätterigen Compositen-Staude *Dubyaea hispida* (Abb. 6) überlappt sich mit dem Areal von *Pleurospermum*, jedoch besetzt *Dubyaea* im subhumiden Teil ihres Vorkommens stets trockene Standorte. Der Sommerniederschlag für dieses semihumide Areal kann auf 500 bis 700 mm geschätzt werden. Es ist potentiell ein Bereich an der Feuchtegrenze von *Juniperus indica*-Krummholz und heute durch Triftweide und Brandrodung zu Halbtrockenrasen bzw. ‚Steppenheide' degradiert.

• *Dubyaea hispida* DC.

Abb. 6: Sub- bis niederalpin/semihumides Areal von *Dubyaea hispida* im Langtang

Potentilla forrestii (Abb. 7) nimmt etwa den gleichen Feuchtigkeitsbereich ein wie *Dubyaea*, hat jedoch geringere Temperaturansprüche und seine höchsten Vorkommen an der Mattenstufenobergrenze bzw. inselartigen Mattenvorposten in der Frostschuttstufe in 5120 m.

Das Areal von *Androsace delavayi* (Abb. 8) überlappt sich z.T. mit dem von *Potentilla forrestii* in deren feuchtesten hochalpinen Standorten, nimmt jedoch im obersten Teil des Langtang Standorte ein, die von der monsunalen Talwindhangbewölkung nicht mehr erreicht werden. Sie können aufgrund einer geschlossenen Pflanzendecke noch als humid eingestuft werden, jedoch ist hier an der Grenze zum semiariden Bereich die Bildung einer Rohhumusdecke auf Standorte mit sandigem oder feinerem Substrat angewiesen. Lediglich durch die Krustenflechtenbedeckung, welche gröberes Substrat überzieht, bleibt die Vegetationsdecke geschlossen.

Gleichfalls hochalpines Areal, jedoch im euhumiden Feuchtigkeitsspektrum hat *Androsace lehmannii*. Sind die lockeren Rosettenpolster von *Androsace delavayi* von krustenbeflechtetem Schutt umgeben, der allenfalls noch von offenen Laubmoos-Decken überzogen wird, so wachsen die Radialvollkugelpolster von *Androsace*

• *Potentilla forrestii* W.W.Sm.

Abb. 7: Alpin/semihumides Areal von *Potentilla forrestii* im Langtang

lehmannii in wenigstens monsunal feuchtigkeitsgetränkten Lebermoosrasen aus *Marsupella revoluta*, welches mit den Flechtenhochrasen von *Stereocaulon glareosum* die Besiedlung und Bodenbildung auch auf gröberem Substrat einleitet. Ähnlich wie bei *Pleurospermum* hat *Androsace lehmannii* zwei extrazonale Vorkommen im Areal von *Androsace delavayi*: es handelt sich um Standorte, an denen mit langem Schneeschutz und Durchfeuchtung von abtauenden Leewächten gerechnet werden muß.

Gestützt auf Witterungsbeobachtungen zwischen März und Dezember (1986) und flankiert durch kurze Meßreihen von Klimastationen sowie auf die Kenntnis der Wuchsorte, wodurch die Unterscheidung zonaler und extrazonaler Standorte möglich wird, kann für ein sonst in seiner klimatischen Differenzierung unbekanntes Gebiet durch Punkt-Verbreitungskarten von Pflanzenarten mit enger Temperatur- und Humiditätsamplitude eine klimageographische Gliederung vorgenommen werden.

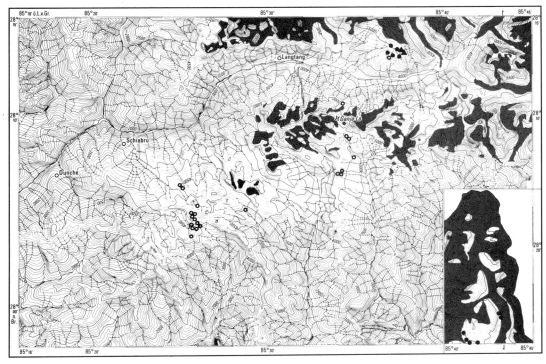

• *Androsace delavayi* Franch.   ○ *Androsace lehmannii* Wall. ex Duby
▲ extrazonal

Abb. 8: Hochalpin/euhumides Areal von *Androsace lehmannii* und hochalpin/semihumides Areal von *Androsace delavayi* im Langtang und Helambu.

Zeugenwert von Arealdisjunktionen

Getrennte Pflanzenareale sind wichtige Zeugen der Erd- und Klimageschichte (vgl. WALTER & STRAKA 1970); sie sollten auch im Himalaya Aufschluß über die Klimageschichte dieses Gebirges geben können. Bei der Interpretation von Arealdisjunktionen im Himalaya müssen jedoch eine Reihe von Einschränkungen gemacht werden, da nur wenige seiner Gebirgsgruppen bezüglich ihres Artenbestandes gut erforscht sind und vor allem der mutmaßlich artenreichste Teil des Gebirges (89-99°E Gr.) kaum bekannt ist (vgl. STEARN 1976, SCHWEINFURTH & SCHWEINFURTH-MARBY 1975), bislang nur wenige der zwischen den englischen und schottischen Florenwerken (HARA et al. 1978-82, GRIERSON & LONG 1983ff.) einerseits und der chinesischen Flora of Xizang (WU CHEN-YIH 1983-86) andererseits bestehenden Synonyma durch nachfolgende Revisionen einzelner Gruppen, die europäische und chinesische Herbarien berücksichtigen, geklärt werden konnten, und die Aufsammlungen im Himalaya recht selektiv erfolgten, so daß etwa Gräser, Cyperaceen, Umbelliferen, Moose und Flechten unterrepräsentiert sind, ansprechende und für die Gartenkultur geeignete Arten (*Rhododendron* spp. und andere Ziersträucher, Primulaceen, Orchideen) dagegen so zuverlässig gesammelt wurden, daß die bestehenden Lücken mit großer Wahrscheinlichkeit echte Arealdisjunktionen wiedergeben.

Erste Hinweise, daß Arealdisjunktionen bestehen, finden sich bei BURKILL (1913), der die Vegetation der Kashia Hills und der Himalaya-Vorketten zwischen der Gangesebene und Kathmandu vergleicht; Kingdon WARD (1936) macht auf Disjunktionen zwischen der Ostabdachung von Hoch-Tibet und dem Nordwest-Himalaya aufmerksam, die von STEARN (1960), der 10 Arealtypen für den Himalaya aufstellt, nicht weiter berücksichtigt werden, denn er sieht den Gebirgsbogen vornehmlich als ‚route of emigration and colonization from the east and north-west'. Es ist das Verdienst Adam STAINTONS, gestützt auf seine herausragende Florenkenntnis den Hinweis Kingdon WARDs aufgegriffen zu haben mit der Erstbenennung der ‚East Nepal-Sikkim Gap' (1972). Er beschreibt damit erstmals im Himalaya eine Arealdisjunktion, die Hinweise auf die Klimageschichte des Himalaya und Süd-Tibets geben könnte. STAINTON stellt fest, daß einige Arten, deren Verbreitungsschwerpunkt im westlichen Himalaya liegt, von ihren (spärlicher belegten) Vorkommen in West-Bhutan bis West-China durch eine Disjunktion getrennt sind, welche zwischen Ost-Nepal und Sikkim im Gebiet hoher Monsunniederschläge liegt. Unter der Maßgabe, der Gebirgsbogen sei auch für die (westhimalayischen) Taxa mit geringen Feuchtigkeitsansprüchen ein Wanderweg gewesen, welcher die Bildung eines geschlossenen Areals ermöglicht hatte, würden solche Areale durch ‚some small shift in climatic conditions or by further elevation of the mountain chain to form a more effective rainscreen' (STAINTON 1972, p.163) getrennt worden sein.

Aufbauend auf den Befunden STAINTONs und seiner Interpretation sollen im folgenden weitere Typen von Arealdisjunktionen im Zentralen und Östlichen Himalaya beschrieben werden, um über die Klimageschichte und ihre Beziehung zur Gebirgsbildung am Südrand Hochasiens möglicherweise weiteren Aufschluß zu erhalten. Vor einer klimageschichtlichen Erörterung von Arealdisjunktionen sollte zuerst versucht werden, die Möglichkeit anthropo-zoogener oder endo-avichorer Ausbreitung von Arten auszuschließen. Der Karawanenhandel im Himalaya dient überwiegend dem Güteraustausch zwischen den Bewässerungsoasen der Trockengebiete Tibets und den subtropischen Naßreis-Landschaften der Himalaya-Vorketten, ist also Nord-Süd-ausgerichtet; ähnlich verlaufen die Pilgerrouten. Der Güteraustausch kann jedoch auch in west-östlicher Richtung erfolgen (Eisenwaren aus Kalimpong, etwa Karawanenglocken, im Thak Khola). Eine weitere Verbreitungsmöglichkeit besteht durch die Landnahme von Tibetern mit ihren Herden, welche den Hauptkamm überschreitend in die Nebelwaldstufe des Inneren Himalaya oder der Himalaya-Südabdachung eindrangen. Disjunkte Vorkommen von Lägerflurarten oder Ruderalpflanzen, die ihr Hauptverbreitungsgebiet in Tibet haben, dürften so erklärt werden können. Über Tierwanderungen im Himalaya ist, außer dem Vogelzug, nichts bekannt; die Mehrzahl der Zugrichtungen von jahres-

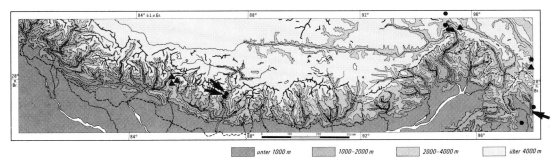

▲ *Acanthopanax evodiaefolius* Franch.
➤ *Rhododendron trichocladum* Franch.ssp. *nepalense* Hara
• *Rhododendron mekongense* Franch.v. *mekongense*

Abb. 9: Arealdisjunktionen in der Nebelwaldstufe des östlichen Himalaya mutmaßlich infolge der post-pliozänen Gebirgsbildung-und Klimageschichte.

zeitlichen Vogelwanderungen ist Nord-Süd-gerichtet (vgl. WERNER), in der Streichrichtung des Gebirges ist nur ein Adlerzug bekannt (FLEMING), dem keine chorologische Bedeutung beigemessen zu werden braucht. Zur Beurteilung des Stellenwerts von tiergebundener Verbreitung ist entscheidend, daß die bekannten Wanderungen und die bislang entdeckten Disjunktionen in keinem Zusammenhang stehen; damit kommt diese Möglichkeit der Entstehung von Disjunktionen nicht in Betracht.

Ordnet man die bislang aus den Herbarien und der Literatur erschlossenen Verbreitungslücken im Himalaya nach der Distanz zwischen Exklave und Hauptareal, so dürfte die in Abb. 9 eingetragene Verbreitung der baumförmigen Araliacee *Acanthopanax evodiaefolius* und der strauchigen *Rhododendron trichocladum* und *R. mekongense* die bedeutendste Disjunktion aufweisen. Sowohl die Araliacee als auch die Rhododendren sind auffällige Gehölze der mittleren und oberen Nebelwaldstufe. *Acanthopanax evodiaefolius* ist in Yünnan (YÜ, CHING, FORREST und Kingdon WARD) im burmesisch/südost-tibetischen Grenzgebiet gesammelt worden und ist durch ZHANG (1988) für die Wälder bei Bomi (28°52'N/95°46'E Gr.) belegt. Zu den Vorkommen im Helambu besteht eine Disjunktion von mehr als 1000 km. Etwas kleiner ist die Verbreitungslücke für *Rhododendron mekongense* und *R. trichocladum*, die ein disjunktes Vorkommen im Barun Khola, in der westlichen Arun-Flanke haben, sonst für Nebelwälder nördlich des Tsangpo-Durchbruchs und für Nord-Burma und Yünnan belegt sind. Im Gegensatz zu der Disjunktion von *Acanthopanax* ist die Exklave im Barun-Tal auch für andere Rhododendren belegt (vgl. MIEHE 1990a, S.143ff.) und kann als eine der bemerkenswertesten Fundstellen gelten (vgl. CULLEN 1980, S.155). Da Vögel oder andere Tiere und Wanderherden oder Karawanen für diese Disjunktionen nach derzeitiger Kenntnis nicht in Frage kommen, bleibt die Ausbreitung durch den Wind zu erörtern. Für die Araliacee kann wegen der schweren Früchte dies ganz sicher ausgeschlossen werden, für die z.T. geflügelten Rhododendronsamen, zudem die kleinsten des Subgenus (s. CULLEN 1980, S.20: ax, ay), ist eine Windverbreitung möglich, jedoch sind die beiden Sträucher allenfalls den talaufwärts, d.h. überwiegend nach Norden wehenden Talwinden ausgesetzt, nicht jedoch Höhenströmungen, die geeignet wären, diese Distanzen zu überbrücken. Für die Zeit nach der Samenreife sind östliche oder nordöstliche Winde nicht bekannt, und der im Winterhalbjahr vorherrschende Strahlstrom würde einer Verbreitung nach Westen entgegenwirken, kommt im übrigen wegen der zu geringen Meereshöhe des Vorkommens der Rhododendren nicht in Frage. Ein weiterer Gesichtspunkt, die heutige Verbreitung nicht auf den Wind oder sonstige Transportmöglichkeiten zurückzuführen, liegt im Relief begründet: ein von Südosten nach Nordwesten ausschwingendes Gebirge, das durch tiefe Quertäler in einzelne Bergstöcke getrennt ist, kommt als Wanderweg in der von STEARN (1960, S.168) beschriebenen Weise nicht in Frage. Lediglich die Hügelländer Süd-Tibets oder die Gangesebene würden vom Relief her als Wanderweg dienen können. Die Gangesebene würde nur unter der Annahme einer Temperaturabsenkung von ca. 14°C als Wanderweg offenstehen; für die Absenkung der oberen Nebelwaldstufe in das Niveau der weniger tief zertalten Himalaya-Vorketten wäre eine Temperaturdepression von ca. 9°C nötig. Für eine Tieferschaltung von Höhengrenzen um ca. 1500 m könnte der Zeitraum des Hochglazials vermutet werden (vgl. HÖVERMANN & SÜSSENBERGER 1986). In beiden Fällen bleiben die Feuchtigkeitsverhältnisse unberücksichtigt. Da für den Zeitraum einer bedeutenden Temperaturerniedrigung wahrscheinlich auch mit größerer Trockenheit zu rechnen wäre, ist eine ‚Wanderung' für Gehölze perhumider Standortbedingungen nicht eben plausibel; sie dürften in extrazonal feuchten Sondernischenstandorten kontrahiert geblieben sein. Für eine Ausbreitung über die Hügelländer Süd-Tibets bedarf es sowohl einer Temperaturerhöhung (um ca. 8 bis 10°C) als auch einer Verschiebung der Humiditätsverhältnisse von jetzt semiariden/semihumiden zu perhumiden Bedingungen (d.h. ein Anstieg des Jahresniederschlags von 200 bis 500 mm auf 3000 bis 5000 mm). Da es bislang für so einschneidende Klimaveränderungen mindestens im Postglazial keine Befunde gibt und die heutigen disjunkten Vorkommen von den Hügelländern Süd-Tibets durch den Himalaya-Hauptkamm getrennt werden, sind für ein geschlossenes Areal sowohl grundlegend andere klimatische als auch andere Reliefverhältnisse Voraussetzung. Betrachtet man die Konfiguration der von lorbeerartigen, immergrünen Gehölzen eu- bis perhumider Humiditätsansprüche gebildeten Vegetationszone in Ost- und Südasien, so ist die schlauchartige Verengung der in den Bergländern Südostasiens ausgedehnten Lorbeerwaldzone nach Westen, in der Südabdachung des Himalaya, augenfällig. Es entsteht der Eindruck, das Hochland von Tibet habe den westlichen Teil dieses Landschaftsgürtels auf ein schmales Band an seiner Südseite zusammengedrängt. Für das Spät-Pliozän werden aus Funden von *Quercus semecarpifolia* in 5700/5900 m aus der Nordabdachung des Xixabangma euhumide immergrüne Wälder in 2500 bis 3000 m angenommen (XU REN 1981, S.142). Damit kann vermutet werden, daß seit dem Pliozän der Gürtel feuchter, immergrüner Laubwälder sukzessive zu dem schmalen Band wurde, wie es sich heute darstellt. Die

Vorkommen von *Acanthopanax* und der Rhododendren wären demnach nicht das Resultat einer Wanderung, sondern einer Arealtrennung im Laufe der Heraushebung des Tibetischen Plateaus.

Im Gegensatz zu der eben beschriebenen Arealtrennung von Gehölzen der Nebelwaldstufe in der Himalaya-Südabdachung betrifft eine weitere Arealdisjunktion Arten sub- bis semihumider Koniferenwälder des Inneren Himalaya. Diese Disjunktion wurde von STAINTON (1972) als ‚East Nepal-Sikkim Gap' beschrieben. Während für die Reliktvorkommen, wie sie in Abb. 9 dargestellt sind, keine Übereinstimmungen mit gegenwärtigen Relief- und Klimaverhältnissen feststellbar sind, ist die Ausdehnung der Verbreitungslücke für Arten intramontaner Koniferenwälder mit ihren Humiditäts- und Temperaturansprüchen korrelierbar.

Ribes alpestre (Abb. 10) ist durch seine Vorkommen im Thak Khola als semihumid einschätzbar (vgl. MIEHE 1990a, S.150), desgleichen *Arisaema flavum* (Abb. 11). Sowohl der Johannisbeerstrauch als auch die Aracee haben ein Areal, das von Afghanistan bis nach Südwest-China reicht (POLUNIN & STAINTON 1984); *Ribes alpestre* fehlt jedoch zwischen 84° und 89°E Gr., *Arisaema flavum* zwischen 85° und 89°. Ihre heutigen Vorkommen sind auf solche Teile des Himalaya beschränkt,

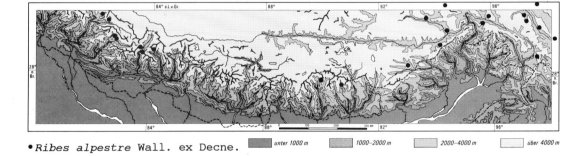

• *Ribes alpestre* Wall. ex Decne.

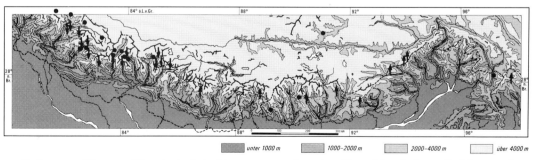

• *Arisaema flavum* (Forsk.) Schott → *Cypripedium himalaicum* Rolfe apud Hemsl.

Abb. 10: Arealdisjunktionen des semiariden Areals von *Ribes alpestre* (Nach MIEHE 1990a).
Abb. 11: Arealdisjunktionen des semiariden Areals von *Arisaema flavum* und des subhumiden Areals von *Cypripedium himalaicum*.

die zwar relativ stark zertalt sind und damit Standorte in der Waldstufe bieten, jedoch vom Einfluß monsunaler Sommerregen weitgehend abgeschirmt bleiben. Sie fehlen in Zentral- und Ost-Nepal sowie in Sikkim, denn dort hat bei insgesamt höherem Monsunniederschlag und einer weniger hermetischen Regenschattenlage der Inneren Täler die Waldstufe Jahresniederschläge von meist 1000 mm und mehr. Sie wären dort heute mit der Monsunflora nicht mehr konkurrenzfähig. Da beide Arten in der ‚Trockenen Talstufe' West-Bhutans und Südost-Tibets wieder belegt sind, kann angenommen werden, daß zwischen 84° und 89°E Gr., wo beide heute fehlen, einmal semihumide Klimaverhältnisse geherrscht haben und wir einen geschlossenen Koniferengürtel aus Fichten und Zypressen vermuten müssen.

Cupressus und *Picea* haben heute Arealdisjunktionen, die denen von *Ribes alpestre* und *Viburnum cotinifolium* entsprechen, jedoch ist es in den jeweiligen Arealteilen vikariierend zur Bildung neuer Arten gekommen: Statt der westhimalayischen (78°-84°E Gr.) *Cupressus torulosa* mit semihumiden Feuchtigkeitsansprüchen tritt in Bhutan *Cupressus corneyana* in der mittleren Nebelwaldstufe auf (GRIERSON & LONG 1983, S.52), während *Cupressus gigantea* in subhumiden Wäldern Südost-Tibets vorkommt (welchen Stellenwert Fundortangaben von *Cupressus*

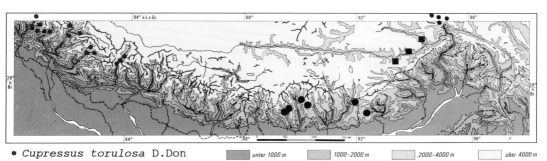

- *Cupressus torulosa* D.Don
- *Cupressus corneyana* Carrière
- *Cupressus gigantea* Cheng & L.K.Fu

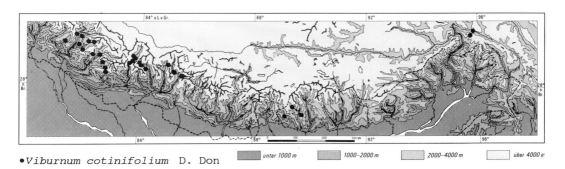

- *Viburnum cotinifolium* D. Don

Abb. 12: Arealdisjunktionen und Vikarianz bei *Cupressus* im Zentralen und Östlichen Himalaya (nach MIEHE 1990b).

Abb. 13: Arealdisjunktion des subhumiden Areals von *Viburnum cotinifolium* (nach MIEHE 1990a).

torulosa im Yi'ong Zangbo (s. ZHANG 1988, S.59) haben, ist hier nicht zu klären). Ähnlich haben sich bei den himalayischen Fichten neue Arten gebildet: *Picea smithiana* reicht von Afghanistan bis ins Langtang, jenseits der ‚East Nepal-Sikkim Gap' treten in Bhutan *Picea spinulosa* und *P. brachytyla* auf und, wahrscheinlich ohne Verbreitungslücke, am oberen Manas und Kuru Chu schließt *Picea likiangensis* mit ihren Varietäten an (POLUNIN & STAINTON 1984, S.385, GRIERSON & LONG 1983, S.48, 50). Die Arealdisjunktion zwischen *P. smithiana* und *P. spinulosa* entspricht der Verbreitungslücke von Arten subhumider Standorte, die eine wesentlich kleinere Verbreitungslücke haben als die semihumiden Areale.

Ohne Vikarianz zeigt *Viburnum cotinifolium* (Abb. 13) aus der Strauchschicht von *Quercus semecarpifolia-Pinus wallichiana*-Wälder eine Arealdisjunktion zwischen 85°40' und 89°E Gr. (ähnlich *Bergenia ciliata*, *Arabis pterosperma*, *Actea spicata* v. *acuminata*, *Cypripedium cordigerum*, *Ribes himalense*, *Caragana sukiensis*, vgl. MIEHE 1990a, S.151-153).

Für eine weitere Artengruppe, die hier in Abb. 11 von *Cypripedium himalaicum* repräsentiert wird, sind zwar nicht Arealdisjunktionen von mehreren 100 km kennzeichnend, jedoch kann auch nicht von einem geschlossenen Areal gesprochen werden, denn die Vorkommen sind auf die subalpine bis niederalpine Stufe einzelner Hochtäler beschränkt, welche im Schwankungsbereich des oberen Kondensationsniveaus liegen bzw. von der Talwindhangbewölkung noch erreicht werden.

Während für den Frauenschuh eine Verbreitung durch den Wind möglich ist, kann dies für die Beeren von *Juniperus indica* sicher ausgeschlossen werden. Der im ganzen Himalaya verbreitete Wacholder ist für Sonnhänge an der Trockengrenze des Waldes typisch und bildet auf solchen Hängen meist offene Wälder, die zu ihrer Obergrenze fließend in am Grunde verzweigte Krummholzwälder und schließlich in Strauch- und Zwergstrauchdickichte übergehen. In den Hochtälern des Östlichen Himalaya, d.h. vom Langtang an ostwärts, fehlen die baumwüchsigen *Juniperus indica*; ihre Höhenstufe wird dort von eu- bis subhumiden Nebelwäldern eingenommen, lediglich die Strauchform tritt auf und zwar beschränkt auf diejenigen Abschnitte der Hochtäler, die in die niederalpine Stufe (4000 bis 4500/4800 m) hinabreichen, jedoch für Gehölze der Nebelwaldstufe bzw. deren Krummholzgürtel zu trocken sind. Die heutigen Vorkommen des strauchwüchsigen *Juniperus indica* wären demnach isolierte Relikte des einst geschlossenen Gürtels von semihumiden Wacholderwäldern: die Höhenstufe baumförmiger Wacholder wurde von den Gehölzen der Nebelwaldstufe usurpiert und es stand ihnen, in den nach Norden geschlossenen Hochtälern, kein ‚Fluchtweg' offen. Der Interpretation dieser Befunde folgend, würde für den Himalaya die heutige Bedeutung monsunaler Niederschläge nicht seit jeher gültig gewesen sein, sondern möglicherweise nur für eine klimageschichtliche Periode jüngeren, aber noch unbekannten Alters.

Im Gegensatz zur postulierten Klimaveränderung in der Himalaya-Südabdachung gibt es in Süd-Tibet vielfältige Hinweise auf eine anhaltende Austrocknung, dokumentiert an alten Seespiegelständen und an Rohhumusrelikten, welche heute, vom Himalaya-Föhn auf ihrer Südseite korradiert, vor Deflationspflastern und Pflanzengesellschaften der ‚alpinen Steppe' (SCHWEINFURTH 1957) zurückweichen, jedoch zu einer noch unbekannten Feuchtphase (‚*Kobresia pygmaea*-Zeit', MIEHE 1988) die

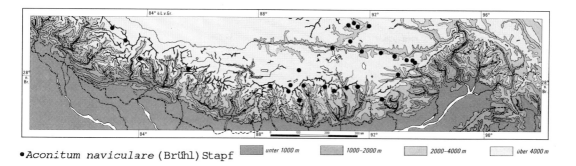

Abb. 14: Arealdisjunktion des alpinen Areals von *Aconitum naviculare* (nach Miehe 1990a).

Mattenstufe mit einem geschlossenen Cyperaceenrasen bedeckten. Auch mit Arealdisjunktionen läßt sich diese Klimaveränderung belegen und zwar durch Verbreitungslücken von Arten der alpinen Stufe, welche in Ost-Tibet und dem östlichen Inneren Himalaya vorkommen, in den alpinen Steppen aber fehlen (vgl. Abb. 14). Andere Hinweise geben uns disjunkte Vorkommen in extrazonalen Sondernischenstandorten wie etwa *Gentiana ornata*, der im Inneren Himalaya in hypsozonalen Cyperaceenrasen zu finden ist, in den alpinen Steppen Süd-Tibets jedoch nur im extrazonalen Quellrasen vorkommt.

Hinweise auf Feuchtphasen in Tibet liefern pollenanalytische Befunde aus West-Tibet (34°35'N, 80°20'E) für 9900± 420yr BP und 6420± 420yr BP von GASSE et al. (1991) sowie aus dem Changtang und Süd-Tibet, welche für die postglaziale Wärmezeit (7000-5500 yrs. b.p.) Niederschläge vermuten lassen, die um 100 bis 300 mm höher waren als heute (s. LI TIANCHI 1988). Das würde, etwa für Süd-Tibet, repräsentiert durch die Klimastation Tingri mit 263 mm/a (s. HUANG & MIEHE 1988), bedeuten, daß die Niederschläge 500 mm/a betrugen, womit für diesen trockensten Teil Süd-Tibets immerhin mit Offenwald aus *Juniperus indica* zu rechnen wäre. Wenn nicht durch laufende Pollenanalysen Feuchtphasen jüngeren Datums eingegrenzt werden können, müßten wir seit 5500 Jahren mit einer Austrocknung Süd-Tibets rechnen. Die für Süd-Tibet postulierten Offenwälder würden dann nur in den noch von Monsunausläufern erreichten Himalaya-Durchbruchsschluchten (Humla Karnali, Thak Khola, Sun Kosi (Trisuli Ganga), Arun, Kuru Chu, Manas) Refugien gefunden haben. Demnach wäre die semi-bis subhumide Flora des Inneren Himalaya, wie sie heute in einem zerstückelten Areal erhalten ist, sowohl von Süden (durch stärkere monsunale Niederschläge) als auch von Norden (durch zunehmende Trockenheit in Süd-Tibet) in den Inneren Himalaya abgedrängt worden. Die Wetterbeobachtungen in Süd-Tibet mit Föhnereignissen und gleichzeitig hohem Niederschlag in der Himalaya-Südabdachung stellen zumindest heute einen Zusammenhang zwischen hohem Niederschlag in der Südabdachung und austrocknenden Föhnwinden in der Nordabdachung her, also eine Gleichzeitigkeit gegenläufiger Humiditätsverhältnisse. Es kann bislang nur vermutet werden, daß dies auch für die jüngere Klimageschichte gilt.

Zusammenfassung

Klimageographische Untersuchungen in Hochgebirgen werden einerseits mit der engräumigsten mesoklimatischen Differenzierung und andererseits mit der schlechtesten meteorologischen Datenlage konfrontiert; für die Hochlagen von Gebirgen jenseits der Vollökumene gilt dies besonders. Hier bieten nur Zeigerwerte der Vegetation eine verläßliche Grundlage. Anhand der dominanten Epiphyten wird eine Dreiteilung der hochmontanen Stufe vorgeschlagen:

1. Die untere Nebelwaldstufe (2000-2500 m) beginnt mit einer schlagartigen Zunahme von epiphytischen Blatt-, Strauch- und Bartflechten und regengrünen *Selaginella* spp. Im abschirmenden Bestandesklima des Waldes sind epiphytische Farne dominant, in sonnseitigen Offenwäldern skleromorphe Orchideen, die zusammen mit den Flechten des äußeren Kronenraums die zeitweilige Austrocknung überdauern können. Im Monsun ist für diese Stufe der Wechsel von starker Einstrahlung (bis zum späten Vormittag), nässendem Bergnebel und Regen typisch; nachmittags liegt die Stufe im Bergnebel, in der winterlichen Trockenzeit im Wolkenschatten des Bergnebels, der die mittlere und obere Nebelwaldstufe einhüllt.
2. Zwischen 2500 und 3000 m liegt die mittlere Nebelwaldstufe. Epiphytische Leitformen des äußeren Kronenraums sind auf Ästen haftende Farne (*Drynaria mollis*); die Zweige sind mit Bartflechten behangen. Der Kroneninnenraum und die Strauchschicht haben dichten Bartmoosbehang.
3. In der oberen Nebelwaldstufe von 3000 m bis zur oberen Waldgrenze (in der Himalaya-Südabdachung max. 3900 m) verhüllen in feuchtesten Luvlagen 10 cm dicke Lebermoospolster Stämme und Äste. Im äußeren Kronenraum dominiert *Usnea*-Behang. Das Auftreten dieser Lebermoose definiert die Stufe ganzjährig höchster Humidität. Sie wird nach oben begrenzt durch den oberen Schwankungsbereich eines winterlichen konvektiven Wolkengürtels.

In Ergänzung dazu sind häufige Bergnebellagen durch das Auftreten von epiphytischen Strauch-, Blatt- und Bartflechten ausgewiesen.

Die Klimaregionen der Mattenstufe sind durch Punkt-Verbreitungskarten alpiner Arten mit engem Temperatur- und Feuchtigkeitsspektrum kartierbar, wobei extrazonale Standorte eigens ausgewiesen werden müssen. Demnach hat das Untersuchungsgebiet in der Himalaya-Südabdachung eine perhumide untere und eine euhumide obere Mattenstufe, während der Innere Himalaya in der subalpinen Stufe als subhumid und in der Mattenstufe als sub- bis semihumid eingeordnet wird.

Mit arealkundlichen Mitteln werden klimageschichtliche Überlegungen angestellt: Exklaven perhumider Gehölze im Nepal-Himalaya, deren Hauptareal in Yünnan liegt und deren Arealgrenzen weder mit Relief- noch mit Klimagrenzen übereinstimmen, werden als Tertiärrelikte eingeordnet und das in der Himalaya-Südabdachung nach Nordwesten ausgreifende schmale Band himalayischer Wälder nicht als das Ergebnis von Wanderungen verstanden, sondern als die mit der Heraushebung Tibets verengte und in isolierte Gebirgsstöcke getrennte Peripherie südostasiatischer Bergwälder. Arealdisjunktionen sub- bis semihumider Arten des Inneren Himalaya deuten darauf hin, daß durch die Gleichzeitigkeit zunehmenden monsunalen Niederschlags in der Himalaya-Südabdachung und dadurch stärkerer Föhnwirkung mit Austrocknung in der Himalaya-Nordabdachung ein Gürtel intramontaner Koniferenwälder getrennt wurde.

Danksagung

Geländearbeit und Auswertung, einschließlich von Aufenthalten am British Museum (Natural History), London, wurden von der Deutschen Forschungsgemeinschaft finanziert. Meiner Frau Sabine danke ich für ihre Unterstützung sowohl während der Feldarbeiten als auch während der Auswertung. Für die Bestimmung des Expeditionsherbars habe ich einem großen Kreis von Systematischen Botanikern zu danken, ganz besonders jedoch Herrn Prof. Dr. Josef POELT, Graz, dafür, daß er uns auf gemeinsamen Exkursionen in die Kryptogamenkunde einführte und die Bearbeitung des Flechtenherbars übernahm. Dem Keeper of Botany und dem Curator of the General Herbarium des British Museum (Natural History), London, danke ich für die gewährte Gastfreundschaft und Unterstützung. Herrn Tilmann LIESS, Heidelberg, gilt mein Dank für die redaktionelle Überarbeitung. Herrn Klaus LÜDTKE, Bernshausen, bin ich erneut für seine Sorgfalt und Geduld bei der Textverarbeitung zu Dank verpflichtet.

Vorliegende Ausführungen gehen auf einen Vortrag im Kolloquium des Instituts für Geographie am Südasien-Institut der Universität Heidelberg zurück. Ich danke Herrn Prof. Dr. U. SCHWEINFURTH für diese erneute Möglichkeit des anregenden Gedankenaustausches.

Summary:
Plant Geography and Climatic Research in High Mountain Areas
(Langtang Himal, Nepal)

Climatic research in mountain areas has to deal with the most complex mesoclimatic patterns due to the influence of relief. Usually there is no network of climatic stations. This in particular applies to the cloud forest belt and the alpine belt. Here the vegetation and its climatic indicative value gives the only appropriate climatic information.

Based on a nine month fieldwork 1986 in the Langtang-Helambu area in Central Nepal, north of Kathmandu, the interpretation of plant life forms and their distribution, especially of epiphytes, reveals the following climatic classification:
1. The lower cloud forest belt begins at 2000 m a.s.l., indicated by the sudden appearance of epiphytic foliose, fruticose and beard-lichens as the dominant epiphytes. Together with epiphytic scleromorphic orchids, which can withstand seasonal drought as well as the lichens, they cover rocks and trees in open woodlands of the sunny slope and the outer crown periphery of the closed lauraceous forests of the shady slopes, where epiphytic ferns are the dominant epiphytes. During the rainy season (June to September) the lower cloud forest

belt is exposed to strong radiation (until late morning) and wettening mist and rain in the afternoon, when it is covered by clouds. During the dry season (November to May), this belt is shaded by those clouds which cover the medium and upper cloud forest belt.
2. The medium cloud forest belt is situated between 2500 and 3000 m a.s.l.. The dominant epiphytes of the outer crown periphery of the trees are rain-green ferns (*Drynaria mollis*), which are closely attached to branches, and beard-lichens on twigs. The interior parts of the crown as well as the lauraceous trees of the lower tree layers and the shrubs are covered by beard-mosses.
3. In the upper cloud forest belt (between 3000 m and the upper timber-line at a maximum altitude of 3900 m a.s.l.), branches and stems are completely covered by thick layers of hepatics, especially on the perhumid southern slopes of the Himalaya. The twigs of the crown periphery are covered with beard lichens. The zonal distribution of these hepatic epiphytes defines the altitudinal belt of continuous most humid conditions. The upper limit of hepatics is found at the upper forest line, which coincides with the upper margin of the convective cloud belt in winter.

Apart from this altitudinal zonation, such slopes which are strongly exposed to the clouds of the valley-wind circulation show an exuberant cover of crustose, foliose and beard-lichens.

The differentiation of the climatic regions of the alpine belt resulted from the interpretation of distribution maps of such plants which show narrow ecological amplitudes concerning temperature and humidity. Only records of zonal occurrence were taken into consideration; extrazonal records were indicated especially. According to this evaluation, the lower alpine belt of the southern side of Main Himalayan Range is perhumid, and the upper alpine belt is subhumid. In the rain-shadow of the Inner Himalaya, the subalpine belt reveals to be subhumid, while the alpine belt was sub- to semihumid climatic conditions.

The occurence of plants of South-East-Asian origin in the most humid parts of the Langtang and Helambu area, which are nowadays separated from their main distribution centres, can only be explained as relics of the pre-pleistocene belt of tropical lauraceous rainforests. The latter was squeezed out into an narrow strip along the southern slope of the Himalayas during the uplift of the Tibetan Plateau.

According to the present relief situation of isolated mountains, separated from each other by deep gorges, it seems not plausible that the Himalayas could have acted as a 'route of emigration and colonization from the East...' (STEARN 1960, S.168).

In the Inner Himalayas, disjunct records of plants with sub- to semihumid areas indicate that a closed inner-himalayan coniferous belt was squeezed out and isolated during a hypothetical increase of the summer rainfall on the southern slopes of the Himalayas, simultaneously with an increasing desiccation of South Tibet caused by the Himalaya-Föhn.

Literatur

BEUG, H.-J. & G. MIEHE (in prep.): Untersuchungen zur Vegetations- und Siedlungsgeschichte des Langtang-Tals (Innerer Himalaya, Nepal).

BORRADAILE, L., M. GREEN, L. MOON, P. ROBINSON & A. TAIT (1977-82): Langtang National Park Management Plan 1977-1982. Kathmandu. (HMG/UNDP/FAO Project NEP/72/002, Field Document No. 7; Durham University Himalayan Expedition, Mimeo, Dept. of Geography, Library, Durham University).

BURKILL, J.H. (1913): Notes from a Journey to Nepal. In: Rec. Bot. Surv. India, 6, pp.59-140.

Climatological records of Nepal 1967-1968, 1969, 1970, 1971-1975, 1976-1980, 1981-1982, 1983-1984, 1985-1986. Suppl. Data 1948-1975. Department of Irrigation, Hydrology, and Meteorology, Ministry of Water Resources, Kathmandu.

CULLEN, J. (1980): A Revision of Rhododendron. 1. Subgenus Rhododendron & Pogonanthum. In: Notes RBG Edinburgh, 39(1), pp.1-207.

DOMRÖS, M. (1978): Temporal and Spatial Variations of Rainfall in the Himalaya with Particular Reference to Mountain Ecosystems. In: J. Nepal Research Centre, 2/3, pp.49-67.

ELLENBERG, H. (1975): Vegetationsstufen in perhumiden bis perariden Bereichen der tropischen Anden. In: Phytocoenologia, 2, pp.368-387.

– , H.E. WEBER, R. DÜLL, V. WIRTH, W. WERNER, D. PAULISSEN (1991): Zeigerwerte von Pflanzen in Mitteleuropa. Göttingen (=Scripta Geobotanica 18).

FLEMING, R.L. (1983): An East-West *Aquila* Eagle Migration in the Himalayas. In: J. Bombay Natural Hist. Soc., 80, pp.58-62.

FLOHN, H. (1958): Beiträge zur Klimakunde von Hochasien. In: Erdkunde, 12, pp.294-308.

GASSE, F., M. ARNOLD, J.C. FONTES, M. FORT, E. GIBERT, A. HUC, LI BINGYAN, LI YUANGFANG, LIN QING, F. MÉLIÈRES, E. VAN CAMPO, WANG FUBAO & ZHANG QINGSONG (1991): A 13.000-year climate record from Western Tibet. In: Nature, 353, pp. 742-745.

GRIERSON, A.J.C. & D.G. LONG (1983, 1984, 1987): Flora of Bhutan. Including a Record of Plants from Sikkim. Vol. 1,1-3. Edinburgh.

HARA, H., A.O. CHATER & L.H.J. WILLIAMS (1982): An Enumeration of the Flowering Plants of Nepal. Vol. 3. London.

– , W.T. STEARN & L.H.J. WILLIAMS (1978): An Enumeration of the Flowering Plants of Nepal. Vol. 1 . London.

– & L.H.J. WILLIAMS (1979): An Enumeration of the Flowering Plants of Nepal. Vol. 2. London.

HERZOG, T. (1926): Geographie der Moose. Jena.

HEUBERGER, H., L. MASCH, E. PREUSS & A. SCHRÖCKER (1984): Quaternary Landslides and Rock Fusion in Central Nepal and in the Tyrolean Alps. In: Mountain Research and Development, 4, pp.345-362.

HÖVERMANN, J. & H. SÜSSENBERGER (1986): Zur Klimageschichte Hoch- und Ostasiens. In: Berliner Geogr. Studien, 20, pp.173-186.

HUANG RONGFU & G. MIEHE (1988): An annotated list of plants from southern Tibet. In: Willdenowia, 18, pp.81-112.

KRAUS, H. (1966): Das Klima von Nepal. – In: W. HELLMICH (Ed.): Khumbu Himal, 5, pp. 301-321. Berlin.

LI TIANCHI (1988): A Preliminary Study on the Climatic and Environmental Changes at the Turn from Pleistocene to Holocene in East Asia. In: GeoJournal, 17, pp.649-657.

MIEHE, G. (1982): Vegetationsgeographische Untersuchungen im Dhaulagiri- und Annapurna-Himalaya. Vaduz. (=Dissertationes Botanicae, 66,1,2).

– (1986): The ecological law of 'Relative Habitat Constancy and Changing Biotope' as applied to multizonal high mountain areas. – In: HOU HSIOHYU & M. NUMATA (EDS.): Proceed. Intern. Symp. Mountain Vegetation, pp.56-59. Beijing.

– (1988): Geoecological reconnaissance in the alpine belt of southern Tibet. In: GeoJournal, 17, pp.635-648.

– (1990a): Langtang Himal. – Flora und Vegetation als Klimazeiger und -zeugen im Himalaya. A Prodromus of the Vegetation Ecology of the Himalayas. Mit einer kommentierten Flechtenliste

von Josef POELT. Stuttgart. (=Dissertationes Botanicae, 158).
- (1990b): Der Himalaya, eine multizonale Gebirgsregion. In: H. WALTER u. S.-W. BRECKLE: Ökologie der Erde, Bd.4, pp.181-230. Stuttgart.

MÜLLER, K. (1957): Die Lebermoose Europas. Eine Gesamtdarstellung der europäischen Arten. Aus dem Nachlaß herausgegeben und ergänzt von Th. HERZOG. Leipzig. (=Dr. L. Rabenhorst's Kryptogamenflora von Deutschland, Österreich und der Schweiz. VI. Bd., 2. Abt., 3. Aufl.)

POLUNIN, O. & A. STAINTON (1984): Flowers of the Himalaya. Delhi.

SCHMIDT-VOGT, D. (1990): High altitude forests in the Jugal Himal (Eastern central Nepal): forest types and human impact. Stuttgart. (=Geoecological Research, 6)

SCHWEINFURTH, U. (1956): Über klimatische Trockentäler im Himalaya. In: Erdkunde, 10, pp.297-302.
- (1957): Die horizontale und vertikale Verbreitung der Vegetation im Himalaya. Bonn (=Bonner Geogr. Abh., 20).
- & H. SCHWEINFURTH-MARBY (1975): Exploration in the Eastern Himalayas and the River Gorge Country of Southeastern Tibet: Francis (Frank) Kingdon WARD (1885-1958). – An annotated bibliography with a map of the area his expeditions. Wiesbaden (=Geoecological Research, 3).

STAINTON, [J.D.] A. (1972): Forests of Nepal. London.
- (1988): Flowers of the Himalaya. A supplement. Delhi.

STEARN, W.T. (1960): *Allium* and *Milula* in the Central and Eastern Himalaya. In: Bull. Brit. Mus. nat. Hist. (Bot.), 2, pp.161-191 + App.
- (1976): Frank Ludlow (1885-1972) and the Ludlow-Sherriff-Expeditions to Bhutan and South-Eastern Tibet of 1933-1950. In: Bull. Brit. Mus. nat. Hist. (Bot.), 5, pp.241-268.

TAKAHASHI, S., H. MOTOYAMA, K. KAWASHIMA, Y. MORINGGA, K. SEKO, H. IIDA, H. KUBOTA & N.R. TURADAHR (1987): Summary of meteorological data at Kyangchen in Langtang Valley, Nepal Himalayas, 1985-1986. In: Bull. Glacier Research, 5, pp.121-128; Japanese Soc. Snow and Ice.

WALTER, H. (1955): Die Klimadiagramme als Mittel zur Beurteilung der Klimaverhältnisse für ökologische, vegetationskundliche und landwirtschaftliche Zwecke. In: Ber. Deutsch. Bot. Ges., 68, pp.331-344.
- (1973): Die Vegetation der Erde in öko-physiologischer Betrachtung. I.: Die tropischen und subtropischen Zonen. 3. umgearb. Aufl. Stuttgart.
- & E. WALTER (1953): Einige allgemeine Ergebnisse unserer Forschungsreise nach Südwestafrika 1952/53: Das Gesetz der relativen Standortskonstanz; das Wesen der Pflanzengemeinschaften. In: Ber. Deutsch. Bot. Ges., 66, pp.228-236.
- & H. STRAKA (1970): Arealkunde. Floristisch-historische Geobotanik. 2. neubearb. Aufl. Stuttgart. (=Einführung in die Phytologie III,2).

WARD, Kingdon F. (1936): A Sketch of the Vegetation and Geography of Tibet (The Hooker Lecture). In: Proceed. Linn. Soc., 148, pp.133-160.

WERNER, W. (1990): Ceylons Pflanzen- und Tierwelt - Auf Haeckels Spuren. In: Portrait unserer Erde, I.: Inseln; pp.1-13.

WU CHEN-YIH (1983-86): Flora Xizangica, 5 vols. Beijing.

XU REN (1981): Vegetational Changes in the Past and the Uplift of Qinghai-Xizang Plateau. In: Liu Dong-Sheng (Ed.): Proceed. Symp. Qinghai-Xizang (Tibet) Plateau. Beijing, pp.139-144.

ZHANG JING-WEI (ED.)(1988): Vegetation of Xizang (Tibet). Beijing (in chin.).

ZHENG BENXING, O. WATANABE & D.D. MULMI (1984): Glacier Features and their Variations in the Langtang Himal Region of Nepal. In: K. HIGUCHI (ED.): Glacial Studies in Langtang Valley. Report of the Glacier Boring Project 1981-82 in the Nepal Himalaya, pp.121-127. Kyoto.

Karten und Atlanten

FINSTERWALDER, Rü. (1987): Helambu- Langtang 1:100.000. Bayr. Landesvermessungsamt München (=Nepal-Kartenwerk d. Arbeitsgemeinschaft für Vergleichende Hochgebirgsforschung; Nr.8).

KOSTKA, R., G. MOSER, G. PATZELT & E. SCHNEIDER (1990): Langthang Himal (Ost, West) 1:50.000 (Alpenvereinskarte). Innsbruck und Wien.

Manuskript eingereicht Juni 1990.

Dietrich SCHMIDT-VOGT:

Die Gebirgsweidewirtschaft in den Vorbergen des Jugal Himal (Nepal)

Von 1982 bis 1984 führte ich auf einem Bergrücken im östlichen Zentralen Nepal-Himalaya eine geoökologische Analyse der Höhenwälder zwischen 2700 und 3700 m durch.[1] Ziel der Studie war eine Beschreibung der wichtigsten Waldtypen nach strukturellen Merkmalen unter besonderer Berücksichtigung menschlicher Einflüsse. Die Bestandesstrukturanalysen wurden daher ergänzt durch Untersuchungen zur Waldnutzung auf der Grundlage von Beobachtungen und Befragungen. Schon während der ersten Wanderungen durch die Bergwälder oberhalb 3000 m im Oktober 1982, kurz nach Rückzug des Monsuns, wurde ich auf die noch frischen Spuren einer soeben zu Ende gegangenen Weidesaison – Reste von Unterkünften auf Lichtungen mit spärlicher, kurz abgeweideter, Grasnarbe – aufmerksam. Im Verlauf weiterer Aufenthalte in den Bergen verdichteten die Beobachtungen sich zum Bild einer komplexen saisonalen Gebirgsweidewirtschaft, bei der mehrere Weidewirtschaftssysteme nebeneinander existieren. Die Auswirkungen von Viehweide, Viehtritt, Feuer, Holzeinschlag etc., in der Gebirgslandschaft, vor allem auf Waldfläche und Waldstruktur, veranlaßten mich, der Gebirgsweidewirtschaft im Rahmen meiner Untersuchungen zur Waldnutzung besondere Aufmerksamkeit zu widmen. Hinzu kam, daß die äußeren Umstände meiner Feldforschungen für ein Studium der Gebirgsweidewirtschaft besonders günstig waren. Zwischen Oktober 1983 und Dezember 1984 verbrachte ich jeden Monat mindestens zwei Wochen in über 3000 m Höhe im Zeltlager auf dem Bergrücken Chyochyo Danda – meinem Arbeitsgebiet –, war also in der Lage, die Weidenutzung dort über einen vollständigen Jahreszeitenzyklus hinweg zu beobachten. Von Juni bis August, in der Zeit, während der sowohl die Monsunniederschläge als auch der Weidebetrieb in den Hochlagen ihren Höhepunkt erreichen, stellte ich die Profilaufnahmen in den Wäldern ganz ein, um mich dem Studium der Gebirgsweidewirtschaft ausschließlich zu widmen. In diesen Monaten habe ich mit meinem Geländeassistenten Tsewang LAMA ausgedehnte Wanderungen durch die Weidegründe unternommen, in den Unterkünften der Hirten gewohnt und Informationen durch Beobachtungen und im Gespräch gesammelt. Dabei wurden standardisierte Formen der Befragung – der Fragebogen, aber auch das systematische Ausfragen mit Notizbuch und Stift – vermieden. Neugierde gilt nicht als Tugend, und die Hirten, wenn ihr Mißtrauen erwacht ist, wissen sich vor dem aufdringlichen Frager durch Schweigen oder gezielte Fehlinformation zu schützen. Ich habe daher meinen Assistenten gebeten, Fragen möglichst zwanglos in die abendliche Unterhaltung am Feuer einzuflechten. Meine Kenntnis des Nepali hatte in der Zwischenzeit einen Stand erreicht, der es mir ermöglichte, einem Gespräch zu folgen. Meist wurden nur einfache Unterhal-

---

1   Dietrich Schmidt-Vogt: High altitude forests in the Jugal Himal (eastern Central Nepal): forest types and human impact. Geoecol. Res. Vol. 6. Stuttgart: Steiner, 1990.

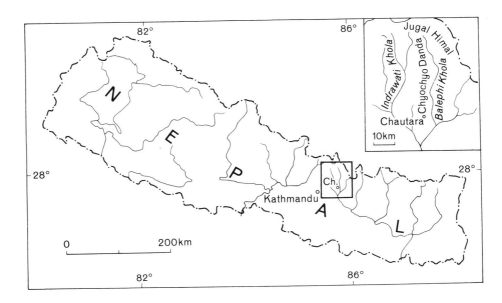

Abb. 1: Übersichtskarte; Lage des Arbeitsgebietes

tungen geführt, da auch viele Hirten Nepali nicht fließend sprechen konnten. Die Fragen, auf die ich so Antworten zu erhalten suchte, bezogen sich auf
- den Herkunftsort der Hirten;
- ihre ethnische Zugehörigkeit;
- die Herdenstärke und -zusammensetzung;
- Veränderung der Stückzahlen in der jüngeren Vergangenheit;
- die Herdenwanderungen, d.h. die Termine, zu denen die Herden das Dorf verlassen und wieder zurückkehren, die Namen der Weideplätze, sowie die Daten der Ankunft und des Weiterziehens;
- die Durchführung der Arbeit auf den Feldern während der Weidesaison;
- die Funktion der Viehhaltung in der Wirtschaft der einzelnen Haushalte: Subsistenz oder Bareinkünfte;
- die Geschichte der Weidewirtschaft in den Familien: haben frühere Generationen Weidewanderungen unternommen? Werden dieselben Weiden noch benutzt, oder andere?
- Tätigkeiten, die mit dem Wald zu tun haben, z.B. Bau von Unterkünften, Sammeln von Feuerholz etc.

Trotz des Bemühens um ein behutsames Vorgehen war die Bereitschaft der Hirten, Informationen zu erteilen, unterschiedlich. Auffallende Unterschiede gab es zwischen den ethnischen Hauptgruppen dieses Gebietes, den Tamang und den Sherpa. Während die Sherpa sich mitteilsam verhielten, waren die Tamang schwerer zugänglich. Die Bewohner der Dörfer Bhotang und Bhotenamlang erwiesen sich sogar als ausgesprochen feindselig. Auskünfte über sie konnte ich daher nur aus zweiter Hand erhalten.

Das Arbeitsgebiet: Natur- und Lebensraum

Zwischen Indrawati Khola und Balephi Khola steigt einer der für die Südabdachung des östlichen und zentralen Nepal-Himalaya so charakteristischen, in nord-südlicher Richtung verlaufenden, Bergrücken zum Jugal Himal hin an (Abb. 1 u. 2). Er erreicht nördlich von Chautara über 3000 m Höhe, trägt von dort an den Namen Kamikharka Danda, weiter nördlich, Chyochyo Danda (Photo 1). Bei etwa 28°N steigt er über 4000 m und wird hier nach einer dem Gott Shiva geweihten Gruppe von fünf Seen Panch Pokhari Lekh genannt (Photo 2).

Die Vorberge des Jugal Himal gehören dem Äußeren Himalaya an (nach der Landschaftsgliederung des Himalaya durch SCHWEINFURTH 1957): sie sind, auf der Südflanke der Hauptkette, den Niederschlägen des SW-Monsuns ausgesetzt, landwirtschaftlich intensiv genutzt, dicht besiedelt, und waren vormals auch dicht bewaldet.

Die Niederschläge sind hoch. Die Station Chautara (1767 m) verzeichnet einen durchschnittlichen Jahresniederschlag von 2107 mm; der größte Teil davon fällt in der Zeit des SW-Monsuns, von Juni bis September. Niederschlagsmenge wie auch Dauer der Regenzeit nehmen mit der Höhe zu. Vormonsunaler Niederschlag, in der Form konvektiver Schauer, setzte 1984, in 3000 m Höhe, im März ein, nahm im April, begleitet von heftigen Gewittern, zu, und erreichte im Mai eine solche Intensität, daß sich der Übergang zur Monsun-Regenzeit kaum spürbar vollzog. Regen fiel in diesen Höhenlagen täglich von Anfang Mai bis Mitte September. Meist dauerten die Regenfälle nur einige Stunden und ereigneten sich zu ganz unterschiedlichen Tages- und Nachtzeiten. Es gab allerdings auch Perioden mit tagelang anhaltendem Dauerregen.

Während der Regenzeit lag die untere Wolkengrenze am Tag bei 2000-2100 m. Die Hänge darüber waren fast unausgesetzt in Wolken gehüllt. Alles ist in dieser Zeit von Feuchtigkeit durchtränkt und überzogen. Der Moosbehang der Bäume ist von Nässe so schwer, daß die Rinde, z.B. von *Rhododendron arboreum*, durch das Gewicht nach unten gezogen, sich an manchen Stellen vom Stamm schält. Ein feuchter Film auf Steinen und Felsen erschwert das Gehen auf den steilen Bergpfaden. Die Kleider sind immer klamm und können nur am Feuer getrocknet werden.

Mit dem Monsun kommen auch die Blutegel. Ihr Erscheinen markierte im Mai 1984 den Übergang von den sporadischen Schauern der Vormonsunzeit zu den täglichen Regenfällen der Monsunzeit. Die Untergrenze ihres Vorkommens wird durch Feuchtigkeit bestimmt und entspricht der monsunzeitlichen Kondensationsgrenze bei 2000-2100 m. Nach oben wird ihrer Verbreitung durch die abnehmende Temperatur Grenzen gesetzt. Oberhalb 3400 m findet man keine Blutegel mehr, obwohl ein höhenbedingtes Nachlassen der Niederschläge in dieser Stufe noch nicht festzustellen ist. Hirten und Herdentiere, die durch die Zone der Blutegel ziehen oder sich dort aufhalten, haben unter ihnen zu leiden. Ausgewachsenes Großvieh, wie Rinder oder Büffel, werden von Blutegeln, die sich mit Vorliebe im Spalt der Hufe festsaugen, allenfalls belästigt. Hühner und Raben folgen ihnen, um die vollgesaugten und abgefallenen Blutegel aufzupicken. Junge Tiere dagegen sind

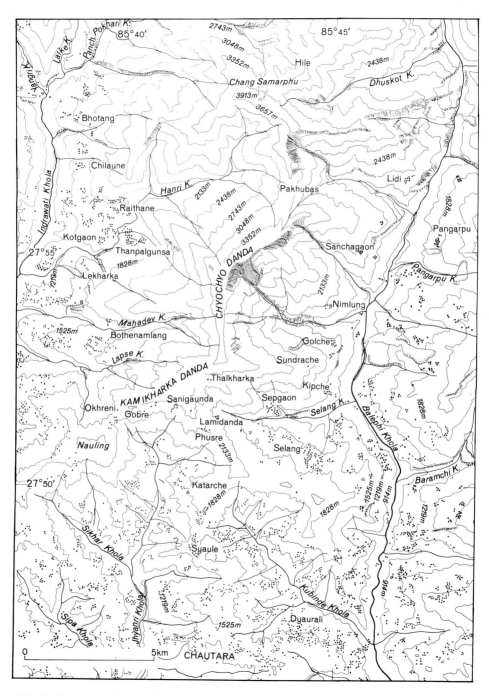

Abb. 2: Karte des Arbeitsgebietes.

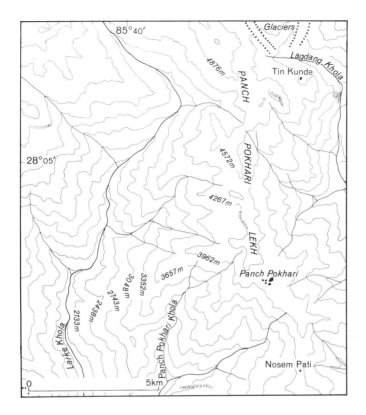

Abb. 2: Karte des Arbeitsgebietes; nördliche Fortsetzung.

stärker gefährdet und werden nachts mit in die Unterkünfte genommen. Schafe scheinen im besonderen unter der Blutegelplage zu leiden – wahrscheinlich ist dies mit ein Grund dafür, daß Schafherden nahezu ausschließlich auf Hochweiden über 3400 m grasen.

Nach Ende der Regenzeit herrschten in den Hochlagen für vergleichsweise kurze Zeit trockene Bedingungen. Von Dezember 1983 bis Januar 1984 fiel dort Schnee. Er bildete oberhalb 3400 m eine geschlossene Decke, darunter, bis zur unteren Schneefallgrenze bei 2200 m, Schneeflecken auf N- und W-exponierten Hängen und in Senken.

Bei 3000 m sanken die Nachttemperaturen ab Oktober unter 0°C. Bis in den Februar herrschte täglicher Frostwechsel; an Tagen mit wechselnder Bewölkung pendelte das Thermometer mehrere Male zwischen dem Plus- und dem Minusbereich. Im Boden kam es in dieser Zeit zur Kammeisbildung.

Photo 1: Chyochyo Danda von N aus gesehen. (3.3.1984/3450 m).

Photo 2: Einer der fünf Karseen von Panch Pokhari. 11.8.1984/4100 m).

Die Waldböden sind aufgrund des hohen Glimmeranteils der stark metamorphisierten Gneisse – der in diesem Gebiet am häufigsten vorkommenden Gesteinsart – ausgesprochen sandig. Nach Entfernung des schützenden Waldkleides sind sie unter dem Einfluß der monsunalen Regenfälle, der trockenzeitlichen Kammeisbildung, sowie der Überweidung und des Viehtritts gegen Bodenerosion besonders anfällig.

Der Einfluß des Menschen ist in den einzelnen Höhenstufen verschieden. Fallaubwälder und immergrüne Laubwälder zwischen 600 m und 2700 m erfüllen eine wichtige Funktion im Feldbau der Bergbauern und sind demzufolge gefährdet. Das gilt im Besonderen für die Wälder im Bereich dichter Besiedlung und intensiven Anbaus, von denen nur isolierte und degradierte Restbestände erhalten sind:
– Fallaubwälder (Salwälder): *Shorea robusta*; von den Talböden bis auf 1200 m;
– immergrüne Bergwälder: *Castanopsis* spp., *Quercus* spp., *Schima wallichii* auf feuchten Standorten; *Pinus roxburghii* auf trockenen Standorten; 1200-1800 m.

Die Obergrenzen der Dauersiedlungen und des Dauerfeldbaus verlaufen durch die
– Laubwaldstufe des immergrünen Höhen- und Nebelwaldes: *Quercus semecarpifolia*; 1800-2700 m.

Geschlossene Wälder sind im oberen Bereich dieser Höhenstufe zwar noch erhalten, aber aufgrund ihrer Lage in Nähe der Felder aufgelichtet und degradiert.

In den oberhalb anschließenden Höhenstufen gibt es keine Dauersiedlungen mehr, die Wälder dort erfüllen keine Funktion im Dauerfeldbau. Sie liegen dagegen ganz im Bereich der Gebirgsweidewirtschaft:
– Nadelwaldstufe des immergrünen Höhen- und Nebelwaldes: *Abies spectabilis*, *Tsuga dumosa*, *Rhododendron arboreum*, *Rhododendron barbatum*; 2700-3600 m;
– subalpine Wälder: *Betula utilis*, *Rhododendron campanulatum*, *Juniperus recurva*; 3400-3700 m.

Feldbau und Viehhaltung der Gebirgsbauern

Die beiden wichtigsten ethnischen Gruppen in diesem Gebiet sind Tamang und Sherpa. Die Sherpa sind später zugewandert und haben sich auf den Hängen über den Tamang angesiedelt.

Die Tamang sind im Besitz der besten landwirtschaftlichen Flächen, von den Tälern des Indrawati und des Balephi Khola bis auf 2000 m. Auf bewässertem Land (khet) wird Naßreis angebaut. Die Reispflanzen werden im Juni, mit Einsetzen der regelmäßigen Monsunniederschläge, von den Saatbeeten auf die bewässerten Terrassen ausgepflanzt. Die Reisernte beginnt im Oktober. Nach der Ernte liegen die Reisterrassen entweder brach oder werden mit Winterweizen bepflanzt, der im darauffolgenden April geerntet wird. Neben dem bewässerten Land gibt es Flächen, die im Regenfeldbau bestellt werden (bari). Die wichtigste Sommerfrucht auf den bari-Terrassen ist der Mais, der oft im Verband mit Hirse angebaut wird. Der Mais wird im März, die Hirse im Juni gepflanzt; geerntet werden der Mais im Juli und im

Photo 3: Goth auf abgeernteter Terrasse. Vor der goth ist Futterlaub aufgeschüttet. (9.2.1984/2530 m).

Photo 4: Kulturlandschaft im Tal des Jhyanri Khola, westl. von Chautara. Auf den Rändern der im Regenfeldbau bewirtschafteten Terrassen stehen Schneitelbäume. (19.7.1984/1400 m).

November die Hirse. Felder, auf denen Mais mit Hirse angebaut worden ist, liegen nach der Hirseernte brach; ist nur Mais angebaut worden, folgt Weizen als Winterfrucht. Neben Reis, Mais und Hirse werden noch eine Vielzahl anderer Feldfrüchte wie Bohnen, Sojabohnen, Linsen, Senf etc. kultiviert.

Jeder Haushalt besitzt im Durchschnitt 5-6 Stück Großvieh – Wasserbüffel, Ochsen, Kühe – sowie etwa 5 Stück Kleinvieh: Schafe und Ziegen (WYATT-SMITH 1982, p.6). Vieh wird hauptsächlich für die Arbeit auf den Feldern und als Düngerquelle genutzt. Die Ochsen ziehen den Pflug; Wasserbüffel sind die wichtigsten Produzenten für Naturdünger und Milch. Auch Kühe geben Milch, allerdings in geringeren Mengen. Fleisch, meist das der Ziegen, aber auch vom Wasserbüffel, wird nur zu seltenen Gelegenheiten verzehrt. Die Viehhaltung ist mit dem Feldbau eng verflochten, denn Viehdung ist der wichtigste Nährstofflieferant für die Ackerflächen. Nur Wasserbüffel werden im Stall gehalten, ihr Dung dort eingesammelt und auf die Felder getragen. Die anderen Tiere grasen auf Weideflächen im Gemeindebesitz oder werden auf die abgeernteten Felder gebracht, um dort den Dünger direkt in den Boden zu bringen. Es gibt keinen Futteranbau, und die Versorgung der Tiere schwankt im Jahresverlauf sowohl hinsichtlich der Futtermenge als auch der Futterquellen. Grünfutter ist während der Regenzeit, Juni bis September, in ausreichender Menge vorhanden: frisches Gras auf Gemeindeweiden und Terrassenrändern, sowie Maisstengel und -blätter nach der Maisernte im Juni (Weise 1984). Die Bewohner der am höchsten gelegenen Tamang-Dörfer Bhotang (1890 m), Thanpalgunsa (1670 m), Lekharka (1670 m), Bhotenamlang (1830 m), Golche (1580 m) und Nimlung (1750 m) treiben ihr Vieh in dieser Zeit auf Weidelichtungen in den Bergwäldern und auf die Hochweiden oberhalb der Waldgrenze.

In der Trockenzeit bleiben die Tiere auf den abgeernteten Feldern, weiden die Stoppeln ab, und bringen den Dünger direkt aus. Sie können sich aber nicht frei über die Felder bewegen, sondern werden entweder angepflockt oder in Einfriedungen gehalten. Bauern beaufsichtigen das Vieh und übernachten in einem einfachen Unterstand – einer goth (Photo 3). Tiere, Zäune und goth werden in regelmäßigen Abständen verlegt, um sicherzustellen daß alle Flächen gleichmäßig gedüngt werden. Dabei wird darauf geachtet, daß die Düngung kurz vor Auspflanzen der nächsten Frucht erfolgt. Eine ausführliche Darstellung dieses Systems findet sich bei BERTHET-BONDET (1983), BERTHET-BONDET et al. (1986) und METZ (1989). Zusätzlich werden die Tiere mit Ernterückständen, mit Reis-, Hirse- und Weizenstroh, sowie mit Futterlaub gefüttert (WEISE 1984). Das Laub wird nicht nur aus dem Wald geholt, sondern auch von Bäumen auf der Feldflur geschneitelt. Bäume, die sich im Privatbesitz der Bauern befinden und nicht nur zur Futterlaub- sondern auch zur Brennholzgewinnung genutzt werden, stehen einzeln oder in Gruppen auf Feldern und Terrassenrändern (Photo 4), und stellen ein charakteristisches Element der Kulturlandschaft im Äußeren Nepal Himalaya dar (CARTER & GILMOUR 1989). Bevorzugte Futterbaumarten in diesem Gebiet sind *Artocarpus lakoocha, Litsea polyantha, Brassaiopsis haunla, Grewia tiliaefolia, Saurauia napaulensis, Ficus nemoralis, Buddleja asiatica, Ficus clavata, Wendlandia exserta, Bauhinia variegata, Ficus lacor, Ficus cunia, Ficus roxburghii (Panday* 1982, p.79). Shresta (1982, p.54) schätzt, daß in der Umgebung von Chautara 25% des Grünfutters während der

Photo 5: Chauri auf Kamikharka. (8.10.1984/2900 m).

Trockenzeit von Bäumen im Privatbesitz und 75% aus dem Wald stammen. Insgesamt liefern die Wälder 23% der gesamten Futtermenge. Laub wird nicht nur als Futter, sondern auch als Stallstreu genutzt. Laubstreu und Viehdung werden kompostiert und vor dem Auspflanzen auf die Felder gebracht. Für diesen Zweck werden nach MAHAT et al. (1987b, p.128) die folgenden Arten verwendet: *Schima wallichii, Castanopsis indica, Terminalia tomentosa, Engelhardia spicata, Bassia butyracea, Litsea oblonga, Myrica esculenta, Rhododendron arboreum, Alnus nepalensis, Juglans regia, Castanopsis tribuloides, Shorea robusta, Pinus roxburghii*.

Durch den Viehbestand und dessen Funktion im Feldbau besteht ein Zusammenhang zwischen Landwirtschaft und Wald, sind Acker- und Weideflächen eng verklammert. Die Viehfütterung und die damit verknüpfte Düngung der Felder hält einen steten Nährstofffluß vom Wald zu den Äckern in Gang. Die Wälder als Nährstofflager zur Erhaltung der Bodenfruchtbarkeit sind damit ‚Versorgungswälder' im Sinne von HESKE (1931) – notwendige Ergänzungsflächen zur landwirtschaflichen Nutzfläche. WYATT-SMITH (1982, p.8) schätzt, daß 2,8 ha Wald erforderlich sind, um die Produktivität auf 1 ha Acker zu erhalten. Berechnungen für Chautara ergeben ein günstigeres Verhältnis von 1,33:1 (MAHAT et al. 1987a, pp.66-67).

Die Sherpa sind aus dem Solukhumbu eingewandert und bearbeiten das weniger produktive Land über den Tamang. Ein lockeres Band kleiner Weiler und einzelner Gehöfte zieht sich über die Südhänge des Chyochyo Danda: Gobre

(2350 m), Okhreni (2230 m), Sanigaunda (2350 m), Phusre (2280 m) und Lamidanda (2150 m). Ein weiteres Sherpa-Dorf, Sundrache (2350 m), befindet sich auf dem Ostabhang. Dauerfeldbau auf bari-Terrassen wird bis in eine Höhe von 2400 m betrieben; keines der Sherpa-Dörfer besitzt bewässerbares Land. Als wichtigste Feldfrüchte werden Mais, Hirse und Kartoffeln während der Regenzeit, Weizen und Gerste während der Trockenzeit angebaut.

Die Sherpa der Dörfer Sundrache, Okhreni, Lamidanda, Phusre und Sanigaunda züchten ‚chauri' – eine Kreuzung aus Yak und Tieflandrind (Photo 5). Die chauri-Haltung unterscheidet sich wesentlich von der oben beschriebenen Viehhaltung in den Dörfern der Tamang und wird in einem folgenden Abschnitt ausführlich beschrieben.

Die Gebirgsweidewirtschaft

Der bleibende Eindruck eines längeren Aufenthaltes im Monsun-exponierten Äußeren Nepal-Himalaya ist die ständige Anwesenheit des Menschen im Gebirge. Oberhalb der Anbaugrenzen manifestiert sich diese Anwesenheit vor allem durch die Gebirgsweidewirtschaft. Hirten und Herden trifft man auf Chyochyo Danda, mit Ausnahme der kältesten Zeit zwischen Mitte Dezember und Mitte Februar, das ganze Jahr über an. Ihre Zahl erreicht ein Maximum während der Regenzeit, wenn Tiere nicht nur auf Weidelichtungen im immergrünen Höhen- und Nebelwald, sondern auch in die Stufe der subalpinen Wälder und der alpinen Matten getrieben werden.

Der Weidebetrieb auf Chyochyo Danda ist komplex. Drei Systeme existieren nebeneinander:
– die Almwirtschaft mit chauri;
– der Auftrieb gemischter Herden;
– der Auftrieb von Schafen und Ziegen.
Die drei Systeme unterscheiden sich durch
– die ethnische Zugehörigkeit der Hirten;
– die Zusammensetzung der Herden;
– die Dauer der Weidesaison;
– die vertikale Spanne der Weidewanderungen;
– die Funktion der Viehhaltung in der Wirtschaft der Haushalte.

Die Nutzung der Weidegründe ist, im Gegensatz zu der weitgehend unkontrollierten Waldnutzung, klar geregelt. Der Bergrücken ist in Weidezonen gegliedert, jede Zone ist einem Dorf zugeordnet (Abb. 3); einzelne Weidegründe werden als kharka bezeichnet. Für die Nutzung der kharkas muß eine Gebühr – meist in Form von Naturalien wie Butter und Wolle – entrichtet werden. Die Höhe der Gebühr liegt fest und richtet sich nicht nach der Dauer der Nutzung. Wenn Tiere die Grenzen der Weidezonen überschreiten, muß Strafe gezahlt werden.

Jede kharka hat einen Namen. Die Namen bezeichnen topographische Eigenschaften (z.B. Thalkharka: thal = Teller, d.h. eine Senke, die wie ein Teller geformt ist; Phedikharka: phedi = Talboden), Bodenbeschaffenheit (z.B. Baluakharka: balua = Sand; Hilekharka: hile = Schlamm), die ethnische Gruppe, die regelmäßig zu

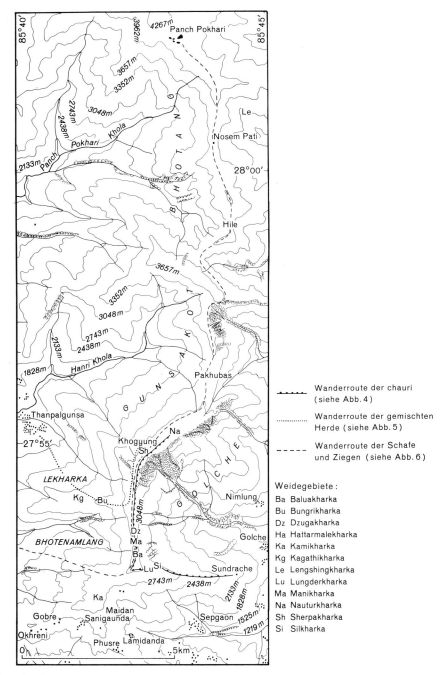

Abb. 3: Gebirgsweidewirtschaft auf Chyochyo Danda: Weidezonen; Lage der im Text erwähnten Weideplätze; Wanderrouten.

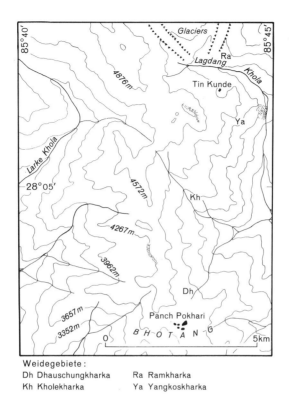

Weidegebiete:
Dh Dhauschungkharka   Ra Ramkharka
Kh Kholekharka   Ya Yangkoskharka

Abb. 3: Gebirgsweidewirtschaft auf Chyochyo Danda:...; nördl. Fortsetzung.

einer Kharka kommt (z.B. Sherpakharka), Tiere (z.B. Dzugakharka: dzuga = Blutegel) oder Gegenstände (z.B. Silkharka: sil = ein Gestell, auf dem Gras getrocknet wird; Lungderkharka: lungder = Gebetsfahne). Die Häufigkeit der Ortsnamen, die mit ‚kharka' enden, gibt einen Hinweis auf die Bedeutung der Weidewirtschaft.

Die Dauer der Nutzung ist unterschiedlich. Kharkas in der subalpinen und alpinen Stufe werden nur in der Regenzeit genutzt, wohingegen kharkas im Bereich des immergrünen Höhen- und Nebelwaldes schon in der Vormonsunzeit und nach Ende der Regenzeit bis weit in die nachmonsunale Trockenperiode beweidet werden. Auf ihnen ist auch die Fluktuation der Herden größer; manche Lichtungen dienen den Hirten und ihren Tieren nur als Rastpunkte auf dem Weg zu den Hochweiden.

1. Die Almwirtschaft mit chauri

Die Zucht und Haltung von chauri auf Chyochyo Danda wird ausschließlich von Sherpa betrieben. Mir wurde berichtet, daß in früheren Zeiten auch die Tamang sich mit der Haltung von chauri versucht, die Tiere schließlich aber an die Sherpa verkauft hätten.

Im Gegensatz zu anderen Formen der Viehhaltung in diesem Gebiet ist die Haltung von chauri nicht subsistenzorientiert, sondern wird vor allen Dingen betrieben, um Bareinkünfte aus dem Verkauf von Butter und Käse zu erwirtschaften.

Die Weidewirtschaft der Sherpa ist im eigentlichen Sinne Alm- und Sennwirtschaft, da Butter und Käse während der Aufenthalte auf den Weiden hergestellt werden. Die Milch wird selten im Rohzustand verkauft oder konsumiert. Sie wird nach dem Melken erhitzt und zwei bis drei Tage in einem Holzgefäß an einem warmen Platz aufbewahrt, bis sie sich zu Sauermilch, ‚dhoi‘, gewandelt hat. Die dazu notwendigen Milchsäurebakterien sind aufgrund des langen Gebrauchs in dem Holzgefäß vorhanden. Um Butter herzustellen wird die Sauermilch in einem großen Holzfaß unter regelmäßiger Zugabe von warmem Wasser gequirlt. Die übriggebliebene Buttermilch, ‚moi‘, wird durch Erhitzen und anschließendes Auspressen und Trocknen über dem Feuer zu Käse weiterverarbeitet (siehe dazu ALIROL 1979, pp. 150-155).

Die Milchprodukte werden in Kathmandu verkauft. Der Bedarf an Butter zur Nahrung, aber auch für zeremonielle Zwecke, ist bei Buddhisten lamaistischer Prägung groß. Aufgrund der großen Zahl von Flüchtlingen aus Tibet, die sich in Kathmandu angesiedelt haben, ist dort ein aufnahmefähiger Markt entstanden. Hinzu kommt, daß die Verkehrsverbindung nach Kathmandu besser geworden ist. Früher mußten Butter und Käse auf der alten Route des Salzhandels mit Tibet, von Chautara nach Baunepati im Tal des Indrawati Khola und von dort über Sankhu am nordöstlichen Rand des Kathmandu-Tales nach Kathmandu, getragen werden. Seit dem Bau einer Stichstraße von Dolalghat am Arniko Highway nach Chautara durch das Nepal-Australia Forestry Project ist es möglich geworden, die Produkte direkt mit öffentlichen Verkehrsmitteln von Chautara nach Kathmandu zu transportieren. Die Reise nach Kathmandu wird einmal monatlich, manchmal auch nur zweimal innerhalb dreier Monate entweder vom Haushaltsvorstand selbst oder von einem Verwandten, der für diesen Dienst bezahlt wird, unternommen.

In einigen Familien werden chauri seit drei Generationen gezüchtet. Ich traf aber auch Sherpa, die neu in diesem Geschäft waren, manche hatten es erst drei oder vier Jahre zuvor aufgenommen. Ein Hirte war darunter, der 1984 seine erste Saison auf den Bergweiden verbrachte. Die gute Marktsituation und der Bau der Straße nach Chautara haben offensichtlich dazu geführt, daß mehr Familien als früher ihr Glück mit der Haltung von chauri versuchen. Es gibt aber auch andere, denen das Leben auf den kharkas während der Regenzeit zu hart geworden ist und die durch die verbesserte Verbindung nach Kathmandu verlockt werden, dort Lohnarbeit zu suchen.

1.a.) Die Haltung von chauri und der Feldbau

Im Gegensatz zur Viehhaltung der Tamang, die eine ergänzende Funktion zum Feldbau erfüllt und diesem soweit untergeordnet ist, daß der Zeitplan der Herdenwanderungen vom Anbaukalender vorgegeben wird, ist die Haltung der chauri in der Wirtschaft der Sherpa-Haushalte dem Feldbau vorangestellt oder zumindest von diesem weitgehend unabhängig. Die Bewegungen der Herden werden nur in einem geringen Maß von den Erfordernissen des Feldbaus beeinflußt. Während der Saat- und Erntezeiten, wenn die Arbeit auf den Feldern am intensivsten ist, werden die Herden in erreichbare Nähe, zu den am tiefsten gelegenen kharkas, gebracht. Die am weitesten entfernten kharkas werden nur aufgesucht, wenn ausgesät worden ist, und vor Beginn der Ernte wieder verlassen.

Da die Herden die meiste Zeit des Jahres nicht in Nähe des Dorfes verbringen, ist ihr Beitrag zur Düngung der Felder gering. Nur auf Balua- und auf Lungderkharka habe ich gesehen, daß Dung gesammelt und in Körben zu den drei Stunden entfernten Feldern getragen wurde.

1.b.) Weidesaison

Chauri bleiben länger auf den Bergweiden als alles andere Vieh. 1984 sah ich die ersten chauri bereits am 14. Januar auf Hattarmalekharka (3050 m), wo zu dieser Zeit noch Schnee lag. Die Tiere mußten offensichtlich von einer tiefergelegenen kharka aufgestiegen sein. Bei Maidan traf ich einen Sherpa, der dort am 31.1. angekommen war und beabsichtigte, seine Herde Ende Februar nach Hattarmalekharka zu treiben. Gegen Jahresende, in der ersten Dezemberhälfte, traf ich noch

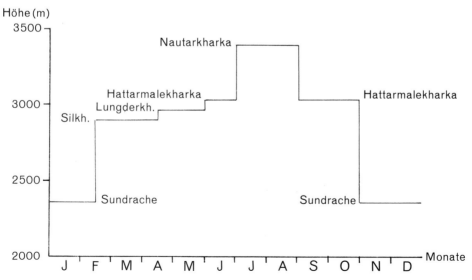

Abb. 4: Almwirtschaft mit chauri: Darstellung der vertikalen Bewegungen einer chauri-Herde, sowie der Dauer der Aufenthalte an den Weideplätzen.

Photo 6: Chauri-Herde auf Kamikharka. (27.2.1984/2900 m).

Hirten und chauri auf Baluakharka (3100 m). Die meisten Familien verbringen acht bis neun Monate, zwischen Februar und November, auf Chyochyo Danda. Der Weidebetrieb währt in den Bergwäldern also beinahe über das ganze Jahr. Nur während der kältesten Wochen im Dezember und Januar hält sich dort kein Vieh auf.

1.c.) Weidewanderungen

Chauri wechseln den Weideplatz öfter als andere Herden. Ursache dafür ist die lange Zeit, die sie auf Weidelichtungen in den Bergwäldern verbringen (Photo 6). Die Überweidung dieser Lichtungen, der Wechsel der Jahreszeiten und die Anforderungen des Feldbaus beeinflussen die Wanderungen zwischen den Weidegründen. Die Wanderung einer Herde ist in Abb. 3 dargestellt, die vertikale Spanne dieser Wanderung und die Dauer der Aufenthalte auf den einzelnen kharkas in Abb. 4.

Die meiste Zeit verbringen die Herden im Bereich der Nadelwaldstufe des immergrünen Höhen- und Nebelwaldes. Im Februar und März, wenn das Wetter noch unsicher und Schneefall zu jeder Zeit möglich ist, werden Weidelichtungen unter 3000 m bevorzugt. Im April, wenn die ersten Vormonsun-Schauer schon frischen Graswuchs hervorgebracht haben, ziehen sie zu den kharkas in Kammlage, auf 3000 m. Hier, immer noch in erreichbarer Entfernung zu den Feldern, bleiben sie bis zum Ende der Saatzeit im Juni. Ende Juni wandern sie weiter zu Weiden auf 3400 m oder darüber. Die Nordgrenze der chauri-Weidewanderungen liegt bei Nosem Pati, die Obergrenze bei 3700 m. Der Wechsel zu den am höchsten gelegenen Weiden wird unternommen, um den Druck von den zu diesem Zeitpunkt bereits übernutzten Weidelichtungen in den Nadelwäldern zu nehmen, aber auch, um wenigstens für einige Wochen den Blutegeln zu entgehen. Ende August oder Anfang September, d.h. vor Beginn der Ernte, steigen einige Herden wieder auf 3000 m ab, andere kehren dann bereits in ihre Dörfer zurück. Die, welche länger bleiben, steigen allmählich, bei stetig sinkenden Temperaturen, zu immer tiefer gelegenen kharkas, bis sie schließlich, meist im November oder zu Anfang Dezember, ihre Dörfern erreichen. Durchschnittlich werden auf jeder Weidestation zwei Monate verbracht.

Wanderwege, sowie der zeitliche Verlauf der Wanderungen ändern sich von Jahr zu Jahr nur wenig. Familien, in denen die chauri-Zucht schon seit Generationen betrieben wird, nutzen oft noch die Weiden, die schon von Vätern und Großvätern aufgesucht worden sind. Neben den Wanderungen zwischen den Weideplätzen finden auch Bewegungen im Tagesrhythmus statt. Zu Beginn der Weidesaison, solange noch ausreichend Gras auf den Weidelichtungen steht, bleibt das Vieh den ganzen Tag über in der Nähe der Unterkünfte. Später, wenn Gräser und Kräuter abgeweidet oder in den aufgeweichten Boden getrampelt worden sind, werden die Tiere jeden Morgen in den Wald oder zu weiter entfernt gelegenen Weideplätzen geführt und abends zurückgebracht. Oft streifen einzelne chauri allein durch den Wald und müssen mit einiger Mühe gesucht und eingefangen werden.

1.d.) Zusammensetzung und Größe der Herden; Eigentumsverhältnisse

Die meisten Herden bestehen nur aus chauri, in seltenen Fällen werden auch Ochsen, Kühe, Schafe und Ziegen mit auf die Bergweiden genommen. Auch Hühner halten sich in der Nähe der Unterkünfte auf.

Eine Herde von 20-25 chauri gilt als groß, und eine Familie ist mit der Arbeit vollauf beschäftigt. Die größte Herde, die ich sah, bestand aus 54 chauri. Andere Herden zählten zwischen 12 und 16, die kleinsten zwischen 7 und 8 Tiere. 1984 habe ich zwischen Kamikharka und Pakhubas, zwischen 2800 m und 3400 m, 156 chauri gezählt. Die Herdengrößen haben sich, nach Angaben der Hirten, in der jüngeren Vergangenheit nicht verändert. Offensichtlich ist aber die Gesamtzahl der Tiere angestiegen, da einige Familien die chauri-Haltung erst vor kurzem aufgenommen haben.

1.e.) Koordination der Arbeit

Die Vorrangstellung der chauri-Haltung in der Wirtschaft eines Sherpa-Haushaltes zeigt sich auch daran, daß meist die ganze Familie mit der Herde zieht (Photo 7). Die Aufgaben, die der Weidebetrieb mit sich bringt, sind so zahlreich und arbeitsintensiv, daß mindestens 4-6 Personen nötig sind, um sie zu bewältigen. Sind in einer Familie nicht genug Kinder da, werden entfernte Verwandte oder Kinder

Photo 7: Sherpa mit Tochter auf Lungderkharka. (2.5.1984/2950 m).

anderer Familien gegen Bezahlung beschäftigt. Zu den täglichen Arbeiten auf einer kharka gehören das Hüten der Tiere, Melken, Herstellen von Butter und Käse, Holzsammeln, Grasschneiden, Laubschneiteln, sowie das Sammeln von Pilzen und der Rinde von *Daphne bholua* zur Papierherstellung. In den ruhigen Stunden werden Körbe, Bambusmatten und andere Haushaltsgegenstände für Eigenbedarf, aber auch für den Verkauf hergestellt.

2. Der Auftrieb gemischter Herden

Gemischte Herden, bestehend aus Wasserbüffeln, Ochsen, Kühen, Schafen und Ziegen, werden von den Tamang zu den Bergweiden auf der Westflanke des Chyochyo Danda getrieben. Die Tamang sind in erster Linie Ackerbauern. Die Viehhaltung erfüllt eine Ergänzungsfunktion zum Feldbau, die im vorangegangenen Abschnitt über Viehhaltung und Feldbau beschrieben worden ist.

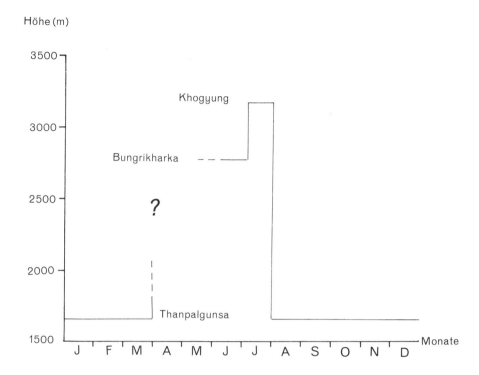

Abb. 5: Auftrieb gemischter Herden: Darstellung der vertikalen Bewegungen einer gemischten Herde, sowie der Dauer der Aufenthalte an den Weideplätzen.

2.a.) Weidesaison

Der zeitliche Verlauf der Herdenwanderungen wird durch den Anbaukalender, genauer, durch die Termine des Maisanbaus bestimmt. Die Herden verlassen die Dörfer Ende März, wenn der Mais auf den bari-Terrassen ausgepflanzt worden ist und auf der Feldflur kein Platz mehr für das Vieh ist. Der Viehtrieb wird nicht, wie bei der chauri-Wirtschaft, durch die Erfordernisse der Viehhaltung, sondern durch die Erfordernisse des Feldbaus motiviert. Nicht um es zu ergiebigeren Weiden oder in eine gesündere Höhenlage zu bringen, sondern um es während der Hauptanbauperiode von der Feldflur, in der es Schaden anrichten könnte, zu entfernen, wird das Vieh zu den Bergweiden getrieben. Die Herden kehren zurück gegen Ende Juli oder in der ersten Augusthälfte, wenn der Mais abgeerntet worden ist und die Felder vor Aussaat des Winterweizens gedüngt werden müssen. Insgesamt bleiben sie vier bis viereinhalb Monate auf den Bergweiden.

2.b.) Weidewanderungen

Die Herden bleiben immer innerhalb der Weidezone des Dorfes, aus dem sie stammen. Das Vieh aus Thanpalgunsa weidet zwischen Khogyung und Pakhubas, das von Bhotang zwischen Hile und Nosem Pati. Einige Herden steigen direkt zu den Hauptweideplätzen über 3200 m auf, andere dagegen machen auf einer oder auf mehreren Weidelichtungen Station, bevor sie zu den offenen Hochweiden weiterziehen. Oft verbringen sie mehr Zeit auf den Weidelichtungen als auf den Weiden über der Waldgrenze. Das Beispiel einer solchen Wanderung ist in Abb. 3 und Abb. 5 dargestellt. Diese Herde wurde nach Verlassen des Dorfes, Ende März, zunächst zu einer Weidelichtung in 2500 m Höhe, deren genaue Lage ich nicht feststellen konnte, gebracht. Dort blieb sie zweieinhalb Monate, bis Mitte Juni, und zog dann weiter zu einer anderen Weidelichtung auf 2800 m, wo sie sich nur zwei Wochen aufhielt. Von dort schließlich wanderte sie weiter zur Hochweide bei Khogyung, über 3200 m, blieb dort den Juli über und kehrte Ende Juli ohne Zwischenaufenthalt nach Thanpalgunsa zurück. Von insgesamt vier Monaten in den Bergen verbrachte die Herde drei auf Weidelichtungen im Bergwald und nur einen auf Weiden oberhalb der Waldgrenze. Ich traf gemischte Herden bis zu einer Höhe von 3700 m, bei Nosem Pati, an. Sogar Wasserbüffel wurden in diese Höhen mitgenommen, und es war für mich ein Erlebnis ganz eigener Art, diese Tiere, die man sonst mit der Landschaft tropischer Tiefländer in Verbindung bringt, hier im subalpinen *Rhododendron*-Krummholz weiden zu sehen.

2.c.) Zusammensetzung und Größe der Herden; Eigentumsverhältnisse.

Die Herden sind immer gemischt, da die Bauern ihren gesamten Viehbestand auf die Weiden bringen, die Zusammensetzung aber wechselt. Einige bestanden aus Büffeln, Kühen, Ochsen, Schafen, Ziegen, sogar Hühnern, und repräsentierten so das gesamte Spektrum der Viehhaltung der Tamang; andere bestanden nur aus zwei oder drei der genannten Viehsorten.

Die Größe der Herden ist unterschiedlich; sie hängt vom Reichtum der einzelnen Bauern ab, aber auch davon, ob Bauern nur ihre eigenen Tiere auf die Bergweiden treiben, oder sich mit anderen zusammenschließen. Als Beispiel soll hier der Viehbestand einiger ausgewählter kharkas aufgeführt werden:
– untere Bungrikharka: 17 Kühe, 6 Schafe, 51 Ziegen;
– obere Bungrikharka: 7 Kühe, 8 Schafe, 12 Ziegen;
– Kagathikharka: 5 Kühe, 14 Büffel;
– Sherpakharka: 32 Kühe, 50 Schafe, 5 Ziegen;
– Chyochyo Dandakharka (bei Khogyung): 42 Kühe, 5 Büffel, 250 Schafe.

Nach meinen Schätzungen bringen die Tamang von Thanpalgunsa 400-500 Kühe, 40-50 Büffel, 500-600 Schafe und ca. 400 Ziegen auf die Weiden zwischen Khogyung und Pakhubas. Für die Dörfer Bhotang und Bhotenamlang habe ich keine Angaben erhalten bzw. selbst erheben können.

2.d.) Koordination der Arbeit

Da die Viehhaltung dem Landbau untergeordnet ist, begleitet nur ein Familienmitglied die Herden auf ihren Wanderungen, während der Rest der Familie zurückbleibt, um die Felder zu bestellen. Meistens gehen die Männer mit den Tieren; Frauen und Kinder bleiben im Dorf. In der besonders arbeitsintensiven Zeit des Reisauspflanzens werden entweder Saisonarbeiter angeworben oder die Männer von den Weiden zurückgerufen. Meistens schließen zwei oder drei Bauern ihre Tiere zu einer Herde zusammen und teilen sich die Arbeit auf der kharka. Sie sind damit auch in der Lage, ihr Vieh in der Obhut der anderen zu lassen, wenn sie zum Dorf absteigen müssen. Lebensmittel werden entweder von den Männern selbst bei ihrer Rückkehr oder von anderen Familienmitgliedern zu den kharkas gebracht.

3. Der Auftrieb von Schafen und Ziegen

Im Gegensatz zu den bisher beschriebenen Formen des Weidebetriebes ist der Auftrieb von Schafen und Ziegen nicht Domäne einer bestimmten ethnischen Gruppe. Zwischen Manikharka und Tin Kunde traf ich auf Herden aus Lamidanda, Golche, Sundrache, Bhotenamlang, Lidi, Nimlung, Sanchagaon, Katarche und Pangarpu. Die Hirten waren Sherpa, Tamang und Gurung. Schafe und Ziegen werden, wie das andere Vieh auch, auf die Bergweiden getrieben, um während der Hauptanbauzeit von der Feldflur entfernt zu werden und um den Graswuchs der während des Monsuns stärker beregneten Hochlagen zu nutzen. Es spielen daneben aber auch Faktoren eine Rolle, die dafür verantwortlich sind, daß Schafe und Ziegen getrennt vom anderen Vieh wandern. Oben wurde gezeigt, auf welche Weise die Wanderungen gemischter Herden mit dem Maisanbau abgestimmt sind. Eine vergleichbare Korrelation konnte im Fall des Auftriebs von Schafen und Ziegen nicht festgestellt werden.

Schaf- und Ziegenherden verlassen die Dörfer früher und kehren später zurück als die gemischten Herden. In Dörfern, in denen Reisterrassen bewirtschaftet werden, wäre eine Korrelation mit dem Reisanbau denkbar, da der Auftrieb der Tiere vor dem Auspflanzen des Reises beginnt und vor der Reisernte im Oktober endet. ALIROL (1979, p.106) weist in seiner Studie der Weidewirtschaft im Kalinchok darauf hin, daß das unterschiedliche Weideverhalten von Schafen und Ziegen, die Futterpflanzen akzeptieren, welche von anderem Vieh abgelehnt werden, für die Sonderung der Herden verantwortlich sein kann. Auch seien sie aufgrund ihres Herdeninstinktes nicht für die Waldweide geeignet, dagegen aber für Wanderungen über lange Distanzen und den Aufenthalt auf offenen Weiden.

3.a.) Weidesaison

Die Weidewanderung der Schaf- und Ziegenherde folgt dem Rhythmus des Monsuns. Die ersten Herden steigen Mitte Mai, andere Mitte Juni auf, wenn die Monsunniederschläge auf dem Höhenniveau der Heimatdörfer (um 1700 m) einsetzen. Ihre Rückkehr, zwischen Ende August und Mitte September, fällt mit dem Ende der

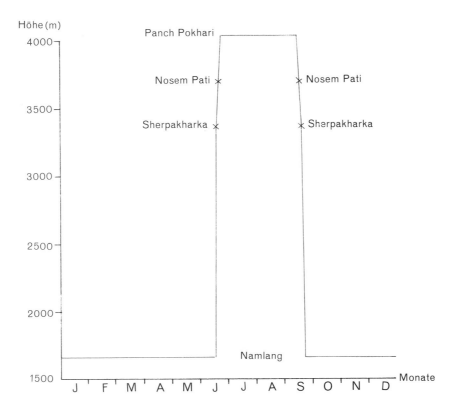

Abb. 6: Auftrieb von Schaf- und Ziegenherden: Darstellung der vertikalen Bewegungen einer Schaf- und Ziegenherde, sowie der Dauer der Aufenthalte an den Weideplätzen.

Regenzeit unter 2000 m zusammen. Insgesamt verbringen die Herden zweieinhalb bis vier Monate in den Bergen.

3.b.) Weidewanderungen

Während bei den anderen Weidesystemen in einer Saison mehrere Weidegründe aufgesucht werden, die meiste Zeit aber auf Weidelichtungen im Bergwald verbracht wird, werden Schafe und Ziegen direkt zu den Hochweiden über der Waldgrenze getrieben und bleiben dort, auf einem Weideplatz, bis zu ihrer Rückkehr. Die Herden legen die Wegstrecke durch die bewaldete Höhenregion so schnell wie möglich zurück, und nutzen Weidelichtungen am Weg nur zur Übernachtung. Die Zahl der Weidelichtungen, an denen für die Nacht haltgemacht wird, hängt von der Distanz zwischen dem Dorf und den Hochweiden ab. Die Rückkehr wird auf derselben Route unternommen, wird bei denselben Weidelichtungen unterbrochen und nimmt auch die gleiche Zeit in Anspruch. Die Wanderung einer Herde ist in

Die Gebirgsweidewirtschaft in den Vorbergen des Jugal Himal 213

Photo 8: Schaf- und Ziegenherde bei Yangkoskharka. Blick nach S ins Tal des Balephi Khola. (13.8.1984/4150 m).

Photo 9: Tin Kunde. (13.8.1984/4200 m).

Abb. 3 und in Abb. 6 dargestellt. Die meisten Hirten benötigen nicht mehr als vier Tage, um den Weg zwischen ihrem Dorf auf etwa 1700 m und den äußersten Weiden über 4000 m zurückzulegen.

Schafe und Ziegen grasen auf den Weiden über 3700 m (Photo 8), zu denen das andere Vieh nicht gebracht wird. Von dieser Regel gab es nur eine Ausnahme – die Herde eines Sherpa von Sundrache, die die ganze Saison auf der Weidelichtung Manikharka in 3100 m Höhe verbrachte. Die nördliche Grenze, die gleichzeitig Obergrenze der Gebirgsweidewirtschaft in diesem Gebiet ist, verläuft bei Tin Kunde in 4200 m Höhe, unmittelbar unter den Zungen der Gletscher, die vom Tilmans Col herabreichen (Photo 9). Ramkharka, der äußerste Vorposten der Weidewirtschaft, liegt gerade unter der Seitenmoräne eines dieser Gletscher. Dabei ist bemerkenswert, daß hier, nicht wie in anderen Teilen des Nepal-Himalaya, wo Sherpa leben, im Khumbu oder im Helambu zum Beispiel, diese, sondern die Tamang die am höchsten gelegenen Weiden nutzen. Die Nutzung der einzelnen Weideflächen ist flexibel, manche Hirten suchen jedes Jahr eine andere auf.

3.c.) Zusammensetzung und Größe der Herden; Eigentumsverhältnisse

In den meisten Herden sind Ziegen zahlreicher als Schafe. Tab. 1 zeigt die Größe und Zusammensetzung einiger Herden auf Weiden zwischen Nosem Pati und Tin Kunde. Die Angaben beruhen auf Mitteilungen der Hirten.

Tab. 1: Größe und Zusammensetzung von Schaf- und Ziegenherden.

Name des Weide- platzes	Zahl der Ziegen	Zahl der Schafe	Gesamtzahl der Herde
Lengshingkharka	70	24	94
	70	20	90
	40	80	120
Panch Pokhari	10	40	50
	30	40	70
	55	39	94
	120	80	200
	20	24	44
Dhauschungkharka	140	60	200
Kholekharka	70	50	120
	80	60	140
Yangkoskharka	300	90	390
Tin Kunde	120	60	180
Ramkharka	140	155	295
Gesamt	1265	822	1987

Die Mortalität der Tiere während der Weidesaison ist hoch. Hirten bei Dhauschungkharka berichteten von Verlusten von insgesamt 45 Tieren in der Weidesaison 1984. Die meisten Verluste werden durch Krankheit oder Unfälle, z.B. Abstürze von Felsklippen verursacht. Oft begleiten die Besitzer ihre Tiere und schließen sich mit Freunden und Verwandten zusammen, die ebenfalls mit ihren Tieren unterwegs sind. Die Herden in Panch Pokhari wurden alle entweder von ihren Besitzern oder von deren Familienangehörigen gehütet. Hirten auf den kharkas nördlich von Panch Pokhari hatten zusätzlich zu ihren eigenen Tieren auch noch die anderer Dorfbewohner in ihrer Obhut. Eine Herde bestand aus Tieren, die vier verschiedenen Familien gehörten.

3.d.) Koordination der Arbeit

Fast immer gehen Männer mit den Herden. Hat einer nur die eigenen Tiere zu beaufsichtigen, wird er meist von einem anderen Familienmitglied begleitet. Es ist aber gebräuchlich, daß mehrere Männer eines Dorfes ihre Tiere zu einer Herde zusammenschließen und sich gemeinsam auf den Weg machen.

Frauen und Kinder arbeiten auf den Feldern, während die Männer auf den Weiden sind. Lebensmittel werden von Verwandten oder von anderen Bewohnern des Dorfes zwei bis dreimal pro Weidesaison zu den kharkas gebracht.

Auswirkungen der Weidewirtschaft in der Gebirgslandschaft

1. Auswirkungen des weidenden Viehs

In den Bergwäldern ist der Einfluß des weidenden Viehs lokalisiert und wirkt sich am stärksten auf den Weidelichtungen und in deren näherer Umgebung, sowie an den Rändern der Waldpfade aus. Weidevieh hält sich selten im geschlossenen Waldbestand auf. Es kann vorkommen, daß chauri oder Kühe allein durch den Wald streifen, im allgemeinen aber achten die Hirten darauf, daß die Herden auf Weideplätzen und Wegen zusammenbleiben. Schafe und Ziegen halten aufgrund ihres Herdeninstinktes engeren Kontakt und dringen während ihrer Wanderungen zu den Hochweiden kaum tiefer in die Wälder vor.

Der Weidedruck ist am stärksten auf den Weidelichtungen (Photo 10). Nicht immer ist eindeutig festzustellen, wie sie entstanden sind. Einige mögen auf lokale Waldbrände zurückzuführen sein, andere waren ehemals Außenäcker, auf denen temporär Kartoffeln angebaut worden sind, und die nach Aufgabe des Anbaus dem Weidevieh überlassen wurden. Bei einigen von diesen sind noch Spuren der Terrassierung zu erkennen. Die meisten Lichtungen haben einen nahezu kreisrunden Grundriß. Die Vegetation ist aufgrund der langdauernden Anwesenheit des Weideviehs beeinflußt und verändert (Photo 11).

Überdüngung des Bodens führt zur Ausbreitung von Lägerfluren. Im August bedeckt ein gelber Blütenteppich von *Senecio chrysanthemoides* Weidelichtungen bei 3000 m. Die Waldränder sind von einem Übergangsstreifen von *Rhododendron*

Photo 10: Weidelichtungen auf dem Chyochyo Danda Westhang. Blick aus einer Position zwischen Baluarkharka und Hattarmalekharka nach SSW. (1.12.1984/3200 m).

Photo 11: Weideunkräuter und Dornsträucher auf Baluakharka. (7.6.1984/3100 m).

Photo 12: Bodenabspülung auf einer Weidelichtung. (25.4.1984/2850 m).

arboreum oder *Viburnum erubescens* gesäumt. Das weidende Vieh bewirkt auf den Lichtungen, im angrenzenden Wald, und entlang den Wegrändern ein verstärktes Auftreten von dornigen und verbißresistenten Arten wie *Berberis aristata*, *Berberis wallichiana*, *Rosa* spp. und, unter 2700 m, *Mahonia nepaulensis*, ganz allgemein also die Ausbreitung einer mehr xerophytischen Strauchvegetation (SCHWEINFURTH 1983, pp.302-303). Auch das häufige Vorkommen von *Viburnum erubescens*, an den Waldrändern und im geschlossenen Bestand, ist auf Waldweide zurückzuführen (RICHARD 1980, p.149).

Weidelichtungen dehnen sich aus, denn sobald die Grasnarbe nach längerer Nutzung abgeweidet ist, dringt das Vieh in die Waldränder ein und zerstört dort die Verjüngung. Das weitgehende Fehlen von Naturverjüngung im geschlossenen Bestand – ein charakteristisches Merkmal der Höhenwälder, vor allem in der Nadelwaldstufe – kann allerdings nicht allein dem Weidevieh zugeschrieben werden. Natürliche Faktoren, wie die Schattenwirkung des geschlossenen Kronendaches und der verjüngungshemmende Einfluß der *Rhododendron*-Unterschicht, die durch Schatten und die Akkumulation einer dicken Auflage der sich nur langsam zersetzenden *Rhododendron*-Laubstreu die Ansamung verhindert, müssen auch berücksichtigt werden (SCHMIDT-VOGT 1990a).

Weidelichtungen sind auch Ansatzpunkte für die Bodenerosion. Im Verlauf der Regenzeit verwandelt sich der Boden unter der Einwirkung des Viehtritts und der täglich niedergehenden Regenfälle in eine morastige und schlüpfrige Oberfläche. Auf den meisten Lichtungen haben sich Gullies gebildet. Erhebungen, auf denen Sträucher wachsen, die den Boden festgehalten haben, zeugen von einem früheren Oberflächenniveau (Photo 12). Der entscheidende Faktor, der das Ausmaß der Bodenerosion auf den Weidelichtungen bedingt, ist die Anwesenheit des Viehs während der Regenzeit, d.h. das Zusammenwirken von Überweidung und Viehtritt mit heftigen und lang anhaltenden Niederschlägen. Die Öffnung des Kronendachses allein, ohne die zusätzliche Einwirkung des Weideviehs, hätte nicht einen ähnlich destruktiven Effekt.

Der Einfluß des Viehs ist wesentlich intensiver auf den Hochweiden über der Waldgrenze und wirkt dort auch weitflächiger. Dafür ist einmal die größere Zahl der Tiere verantwortlich, aber auch die Tatsache, daß hier vor allem Ziegen und Schafe sich aufhalten.

Die Zeichen der Überweidung sind überall sichtbar. Dornsträucher, meistens *Berberis aristata*, breiten sich auf den Weiden aus. Da sie vom Vieh an den Rändern angefressen werden, haben sie Polsterformen angenommen (daß Ziegen tatsächlich die Blätter von *Berberis aristata* abweiden, habe ich in der Umgebung von Panch Pokhari oft beobachten können). *Cotoneaster microphylla* bildet ausgedehnte Teppiche. Auf überdüngtem Boden, in der Nähe der Hirten-Unterkünfte, wächst *Euphorbia wallichiana*.

Sind die Weiden erschöpft, wird das Vieh jeden Morgen in die tiefer gelegenen Wälder getrieben und kehrt abends zurück. Vor allem auf den kharkas nördlich von Panch Pokhari, deren Weidefläche begrenzt ist, wird der tägliche Abstieg in die Stufe der subalpinen Gehölze praktiziert.

Weidegräser und -kräuter werden von Schafen und Ziegen äußerst kurz abgefressen, die Hänge sind von Viehgangeln wie mit einem dichten Maschennetz überzogen.

Der das ganze Jahr über stattfindende Angriff auf die sandigen, leicht erodierbaren Böden – während der Trockenzeit durch Kammeisbildung und Solifluktionsprozesse, während der Regenzeit durch Viehtritt und Abspülung – hat beschleunigte Bodenerosion zur Folge. Hinzu kommt, daß die Angriffsfläche stetig zunimmt. Die Vegetationszerstörung durch Weide und Viehtritt vergrößert die Fläche, auf der das Kammeis wirksam werden kann. Das Zurückdrängen der *Rhododendron*-Dickichte durch Abschlagen der Äste für Brennholzgewinnung wiederum vergrößert die Fläche, auf der Überweidung und Viehtritt stattfinden.

Die Hochweiden sind von tief eingeschnittenen Erosionsrinnen durchzogen (Photo 13); die Bodenoberfläche ist tiefer verlegt worden, wie an isolierten, schuttumflossenen Resten des ehemaligen Bodenniveaus zu erkennen ist (Photo 14). Die Folgen der Überweidung sind auch im Wald zu erkennen. Muren, die ihren Ursprung auf den Hochweiden haben, sind in die Wälder eingebrochen und haben Abflusslinien für den monsunalen Niederschlag geschaffen.

Die Gebirgsweidewirtschaft in den Vorbergen des Jugal Himal   219

Photo 13:   Gully auf der Hochweide zwischen Khogyung und Nauturkharka. (27.11.1984/3400 m).

Photo 14:   Bodenerosion in der Nähe von Nauturkharka. (30.11.1984/3450 m).

Photo 15: Durch Feuer zerstörter Bestand von *Juniperus recurva* in der Nähe von Hile. (3.3.1984 / 3500 m).

2. Feuer

Feuer wird von den Hirten in der Trockenzeit eingesetzt, um auf den Weiden frischen Graswuchs anzuregen und um den Wettbewerb durch Holzpflanzen in Grenzen zu halten. Solche Brände greifen leicht auf angrenzende Wälder über, wirken sich aber in jeder Waldstufe anders aus (SCHMIDT-VOGT 1990b). Vom Feuer am stärksten gezeichnet ist die subalpine Stufe, in der, wie mir berichtet wurde, Waldbrände auch absichtlich gelegt werden, um die Weidefläche zu vergrößern (siehe dazu ALIROL 1979). Im besonderen Maße feuergefährdet sind *Juniperus recurva* Bestände, einmal weil das Holz von Juniperus wegen des hohen Harzgehaltes leicht entzündlich ist, aber auch aus Gründen, die mit der standörtlichen Verbreitung zusammenhängen. *Juniperus*-Bestände wachsen auf S-exponierten Hängen, die aufgrund der spärlichen oder ganz fehlenden winterlichen Schneebedeckung nach der Schneeschmelze sehr schnell austrocknen.

Im Arbeitsgebiet sind alle reifen *Juniperus*-Wälder mit Bäumen bis zu 15 m Höhe durch Feuer zerstört worden (Photo 15). Übriggeblieben sind nur niedrige Formationen mit Pflanzen um 6 m Höhe. Isolierte Reste dieser Vegetation auf grasbedeckten Südhängen zeigen an, daß früher hier ausgedehntere Bestände existiert haben müssen, auf die, nachdem sie vom Feuer beseitigt worden sind, Gras gefolgt ist.

Die Entfernung des Waldkleides führt in diesen Höhenlagen einen grundlegenden Wandel der Umweltbedingungen in Bodennähe herbei. Oberboden und Bodenvegetation unterliegen nicht mehr dem mildernden Einfluß des Bestandesklimas. Der in der kalten Jahreszeit täglich stattfindende Frostwechsel wirkt bis in die obersten Bodenschichten; Kammeis bildet sich, sprengt die Vegetationsdecke auf und lockert den Oberboden. Während des Monsuns ist die Bodenoberfläche den Niederschlägen, die in 3000 – 4000 m besonders heftig sind, schutzlos ausgesetzt. Die klimatischen Einflüsse auf den entwaldeten Flächen werden verstärkt durch Überweidung und Viehtritt.

3. Die Errichtung von Unterkünften

Die Unterkünfte, in denen sich die Hirten und das Jungvieh auf den Bergweiden aufhalten, werden mit dem Wort ‚goth' bezeichnet; die Hirten nennen sich danach selbst ‚gothalo'. Es gibt verschiedene Erscheinungsformen der goth, die sich nach Bauweise, Baumaterial und Grad der Haltbarkeit unterscheiden. Unterkünfte der Hirten werden auch bei KLEINERT (1983, p.121) erwähnt. Für eine ausführliche Beschreibung siehe ALIROL (1979, 1981). Die verschiedenen Typen sind sich in Grundriß und Aufteilung ähnlich (siehe Abb. 7). Der Grundriß ist rechteckig; die Orientierung der Seiten ist nicht festgelegt und wird von der örtlichen Topographie bestimmt – der Eingang der goth zeigt immer zur Weide.

Die goth ist in zwei Abschnitte unterteilt. Eine Hälfte ist Wohn- und Arbeitsfläche der Hirten (Photo 16); hier werden die Arbeitsgeräte für das Melken, Buttermachen und Schafscheren aufbewahrt. In der anderen Hälfte wird während der Nacht das Jungvieh an einer Futterkrippe gehalten (Photo 17). Die Sherpa bezeichnen diesen Teil der goth als ‚tatua'. Zwischen den beiden Hälften befindet sich die Feuerstelle, und über ihr ein Gestell, ‚sarang' genannt, auf dem feuchtes Holz getrocknet wird. Manche Unterkünfte werden von einem einfachen Zaun umgeben. Auf den Hochweiden werden Schafe und Ziegen manchmal in gesonderten Ställen oder unter einer aufgespannten Plane gehalten.

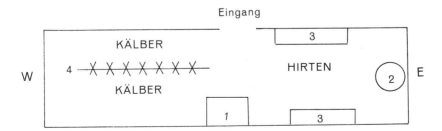

Abb. 7: Grundriß einer goth auf Baluakharka;
    1: sarang: Feuerstelle mit Trockengestell
    2: tholung: Butterfaß
    3: Gestelle
    4: Futterkrippe

Photo 16: Blick in die von den Hirten bewohnte Hälfte einer goth.

Photo 17: Blick in die Stallhälfte einer goth.

Die Unterkünfte auf den Weidelichtungen sind temporäre Gebilde. Das Stützgerüst besteht aus *Rhododendron*-Ästen, als Dachbalken dienen die schlanken Stämme junger Tannen. Der Rahmen wird mit Bambusmatten, die aus den Dörfern heraufgetragen worden sind, abgedeckt; mitunter werden zusätzlich Plastikplanen über die Bambusmatten gebreitet (Photos 18 u. 19). Der Boden ist in dem Abschnitt, der von den Hirten bewohnt wird, bloß, wird aber in dem Abschnitt, der für das Jungvieh bestimmt ist, mit Stallstreu aufgeschüttet (Photo 17). Als Einfriedung werden um die goth belaubte *Rhododendron*-Äste in den Boden gesteckt.

Wenn eine Herde weiterzieht, werden die Bambusmatten mitgenommen, der Holzrahmen bleibt stehen. Hält er der kalten Jahreszeit stand, kann er in der nächsten Weidesaison wiederbenutzt werden; in den meisten Fällen aber wird ein neuer Rahmen errichtet. Das alljährliche Fällen junger Tannen für den Bau der temporären Unterkünfte wirkt sich in der Umgebung der Weidlichtungen auf die Altersstruktur der Waldbestände aus. Die jüngeren Baumgenerationen sind oft vollständig entfernt worden, nur eine Oberschicht voll ausgewachsener Bäume ist erhalten geblieben.

Stabiler gebaut und für den Dauergebrauch bestimmt ist die goth über der Waldgrenze, wo Holz nicht mehr ohne weiteres verfügbar ist. Die Wände bestehen aus aufgeschichteten Steinplatten, das Dach wird mit Schindeln, die mit der Axt aus dem Stamm der Himalaya-Tanne herausgespalten werden, gedeckt. Als Dachbalken werden auch hier Stämme junger Tannen verwendet. Der Boden der Wohnhälfte ist mit Holzplanken ausgelegt, die Stallhälfte mit Streumaterial aufgeschüttet. Bevor die Hirten zu Ende der Weidesaison absteigen, wird das Dach abgedeckt, damit die Schindeln unter der Schneelast nicht einbiegen oder brechen. Sie und die Bodenplanken werden zu einem Haufen geschichtet und zugedeckt.

Manche Unterkünfte verbinden Merkmale der bisher beschriebenen Typen. So gibt es solche mit Holzgerüst und einem Dach aus Holzschindeln; bei anderen befindet sich auf der hangwärtigen Seite eine Steinwand, der Rest ist Holzgerüst, abgedeckt mit Bambusmatten.

Die Bauweise einer goth wird von verschiedenen Faktoren beeinflußt, vor allem durch die Verfügbarkeit von Material und Besonderheiten des spezifischen Weidesystems. Unterkünfte auf Weidelichtungen sind fast ausschließlich aus leicht beschaffbarem Pflanzenmaterial hergestellt (Photo 19). Ihr vergänglicher Charakter ist zudem Ausdruck der im Bereich der Bergwälder größeren Herdenmobilität. Mit zunehmender Höhe nimmt der Anteil an Holz in der Konstruktion ab. Unterkünfte auf Weiden über 4000 m bestehen nur noch aus Steinwällen und werden mit Bambusmatten gedeckt (Photo 20).

4. Brennholz

Die Feuerstelle in der goth ist oft den ganzen Tag in Betrieb. Die Hirten benötigen das Feuer nicht allein zum Kochen, sondern auch um sich in dieser Höhenlage bei der immer kühlen und feuchten Witterung warm zu halten. Auf den chauri-Almen wird Milch zweimal am Tag, nach dem morgendlichen und nach dem abendlichen Melken, erhitzt. Das ständig brennende Feuer erfüllt auch einen Selbstzweck, da nur

Photo 18: Neu erstellter Rahmen einer goth auf Dzugakharka. Daneben die noch zusammengerollte Bambusmatte zum Abdecken der Konstruktion (7.6.1984/3200 m).

Photo 19: Goth auf Lungderkharka. (2.9.1984/2950 m).

Die Gebirgsweidewirtschaft in den Vorbergen des Jugal Himal 225

Photo 20: Goth bei Tin Kunde. (13.8.1984/4175 m).

Photo 21: Dauschungkharka. Neben die goth sind *Rhododendron campanulatum*-Äste als Brennholz und *Juniperus recurva*-Zweige als Stallstreu aufgeschichtet. (12.8.1984/4150 m)

auf diese Weise feuchtes Holz getrocknet und der Brennholzvorrat gesichert werden kann.

Hirten auf den Weidelichtungen im Bergwald bevorzugen das Holz von *Rhododendron arboreum* und *Rhododendron barbatum*. Die dichte Faser des *Rhododendron*-Holzes erzeugt ein Feuer, das, bei großer Hitzeentwicklung, langsam brennt, und daher für die Herstellung von Butter und Käse gut geeignet ist. Trockene *Rhododendron*-Blätter dienen als Zunder, um das Feuer in Gang zu setzen.

In der subalpinen Stufe wird das Holz von *Juniperus* bevorzugt. Ist es nicht verfügbar, wird *Rhododendron campanulatum* verwendet (Photo 21).

Der Brennholzverbrauch ist hoch. Wenn ich in den Unterkünften der Sherpa übernachtete, sah ich die Kinder mindestens jeden zweiten Tag Traglasten mit Holz heranschleppen. Auf meine Fragen nach dem Brennholzverbrauch erhielt ich Auskünfte, die zwischen einem bhari (einer Traglast, ca. 30 kg) und zwanzig bhari pro Woche variierten. Zwei oder drei bhari pro Woche erscheinen als ein plausibler Durchschnitt.

Tab. 2: Brennholzverbrauch nach Auskünften von Hirten

Name des Weideplatzes	Holzart	Menge pro Woche (bhari)
Nauturkharka 1 :	*Rhododendron barbatum* *Rhododendron campanulatum*	2-3
Nauturkharka 2 :	*Rhododendron campanulatum*	1
Lengshingkharka :	*Rhododendron campanulatum*	20
Panch Pokhari 1 :	*Juniperus recurva* *Rhododendron campanulatum*	4-5
Panch Pokhari 2 :	*Rhododendron campanulatum*	3-4
Panch Pokhari 3 :	*Rhododendron campanulatum*	20
Panch Pokhari 4 :	*Rhododendron campanulatum*	1
Dhauschungkharka:	*Rhododendron campanulatum*	14
Kholekharka :	*Juniperus recurva*	3-4
Tin Kunde :	*Juniperus recurva* *Rhododendron campanulatum*	2

Die Zahlen hinter den Namen der Weideplätze bezeichnen einzelne Unterkünfte.

Photo 22: Zur Gewinnung von Stallstreu geschneitelte Tannen am Waldrand bei Kamikharka. (2.9.1984/2900 m).

Zwischen Kamikharka und Nosem Pati ist Feuerholz in ausreichender Menge vorhanden, und es wird nicht viel Zeit auf das Sammeln verwendet. Von Panch Pokhari nach Norden zu wird die Situation aber immer schwieriger. Die Hirten müssen, um Brennholz zu holen, von den Hochweiden in die Stufe der subalpinen Gehölze absteigen; sie benötigen dazu zwischen einer und vier Stunden. Der Einfluß der Brennholznutzung ist vor allem in der subalpinen Stufe zu beobachten, wo die *Rhododendron campanulatum*-Dickichte immer weiter zurückgestutzt werden.

5. Stallstreu

In den Unterkünften auf Weidelichtungen im Nadelwald wird der Bereich, in dem sich das Jungvieh die Nacht über aufhält, mit Zweigen aufgeschüttet, die von den Tannen geschneitelt worden sind (Photo 17). Zwei Traglasten werden benötigt, um den Boden zu bedecken; die Streu wird einmal in der Woche gewechselt. Die Bäume am Rand der Lichtungen weisen deutliche Spuren dieser Form der Nutzung auf (Photo 22). Auf kharkas im subalpinen Bereich wird der Boden mit *Juniperus*-Zweigen aufgeschüttet, und auch hier wird die Streu einmal wöchentlich gewechselt (Photo 21). In Panch Pokhari habe ich in zwei goth gesehen, daß Bambus, der von unten herauftransportiert worden ist, als Stallstreu benutzt wurde.

Zusammenfassung

Die Viehaltung nimmt im Äußeren Himalaya eine Schlüsselstellung in der Relation des Menschen zu seiner Umwelt ein.

In dem Höhenbereich, der Dauerfeldbau zuläßt, stellt die Viehhaltung einen engen Zusammenhang zwischen Feld und Wald her. Durch die Fütterung mit Laub, das zu einem Teil in Wäldern geschneitelt wird, und durch die Verwendung von Viehdung vermischt mit Gründünger zur Erhaltung der Bodenfruchbarkeit, findet ein einseitiger Nährstofftransfer von bewaldeten zu kultivierten Flächen statt, der schon seit langer Zeit im Gang ist und wesentlich zur Degradierung der Laubwälder zwischen 600 m und 2700 m beigetragen hat.

Die Fernweidewirtschaft in den Hochlagen des Gebirges trägt den Einfluß des Menschen über die Obergrenzen der Dauersiedlungen und des Dauerfeldbaus hinaus in die montanen und subalpinen Wälder, sowie in die alpine Stufe. Der Weidebetrieb ist saisonal gebunden, dennoch halten sich manche Hirten fast das ganze Jahr über auf den Bergweiden auf; die ersten steigen kurz nach der Schneeschmelze auf, die letzten kurz vor den ersten Schneefällen ab. Die Hauptweidesaison jedoch ist der Monsun, und zu keiner anderen Zeit des Jahres ist die Präsenz des Menschen in den Bergen so ausgeprägt. Hirten und Weidetiere erfüllen die Bergwälder und Bergweiden mit der Betriebsamkeit, die, während der Trockenzeit nur aus den Tälern heraufklingt.

Die Zeit des größten Weidedruckes fällt so in die Monate mit den heftigsten Niederschlägen. Boden, der durch Überweidung entblößt und durch die Hufe des Viehs gelockert worden ist, wird abgespült. Störungs- und Zerstörungsprozesse sind aber auch in der Trockenzeit wirksam. Feuer, das auf Weiden gelegt wird, um Graswuchs anzuregen, kann auf Wälder übergreifen und so die Fläche für Weideeinflüsse vergrößern. In der kalten Jahreszeit finden bei täglichem Frostwechsel in den oberen Bodenschichten der entwaldeten und überweideten Flächen Solifluktionsprozesse statt, die zuvor, unter dem mäßigenden Einfluß eines Bestandesklimas, nicht in dem Ausmaß wirksam werden konnten. Klimatische Einflüsse verbinden sich mit vom Menschen verursachten Einflüssen, oder werden von ihnen begünstigt, und führen zu einer Beschleunigung von Bodenabtragsprozessen.

Die Auswirkungen sind in den einzelnen Höhenstufen unterschiedlich; am stärksten betroffen ist die subalpine Stufe – der einzige Höhenbereich im gesamten Gebiet, in dem in jüngster Vergangenheit flächenhaft Waldzerstörung stattgefunden hat. So wirkt die Viehhaltung am nachhaltigsten siedlungsnah – durch das Laubschneiteln –, sowie siedlungsfern – durch Ferneweidewirtschaft in der subalpinen und der alpinen Stufe –, während die Wälder der oberen Montanstufe weniger stark betroffen sind.

Summary:
Pastoralism in the foothills of the Jugal Himal

In the Outer Himalaya of Nepal, livestock is a crucial component of man's relation to his environment, acting as a link between forest and farmland within the range of permanent farming. The practices of feeding animals with leaves, which are obtained by lopping trees, and of fertilizing fields with a mixture of animal dung and dry leaves, which are collected from the forest floor, result in a constant transfer of nutrients from forest to farmland. This process has been in operation for a long time, contributing significantly to the degradation of broadleaved forests between 600 m and 2700 m.

Human impact is carried beyond the upper limit of permanent settlements and permanent farming, into the realm of montane and subalpine forests, as well as of alpine associations, by migratory pastoralism. Although grazing in the mountains is a seasonal activity, some pastoralists remain on the high pastures almost the whole year round, ascending right after snowmelt and descending just before the first snowfall. Monsoon is the main grazing season and at no other time of the year is the presence of man as conspicuous as then. Mountain forests and pastures resound with the noise from people and animals, which, during the dry season, is only a faint sound, travelling up from the valleys.

During monsoon, maximum grazing pressure coincides with intense precipitation. Soil, exposed by overgrazing and loosened by trampling, is transported downhill. Processes of disturbance and destruction are, however, not confined to the rainy season, but take place in the dry season as well. Fire, purposely started on pastures in order to stimulate the growth of grasses, may also spread into forests, converting them to grassland and thus increasing the area subject to grazing influence. In the cold season, frequent temperature fluctuations around 0°C near ground level induce solifluction processes at the soil surface of deforested and overgrazed areas, which cannot become effective under forest cover. Climatic conditions combine with or are augmented by anthropogenic influences, resulting in accelerated soil erosion.

The effects of grazing vary in the different altitudinal zones; they are most strongly felt in the subalpine zone – the only place in the study area, where large-scale deforestation has taken place in the recent past. The impact from livestock-keeping is intense not only far away from settlements, i.e. in the subalpine and alpine zone due to migratory pastoralism, but also near settlements, due to lopping of trees for leaf fodder. The intermediate montane zone, on the other hand, is only moderately affected.

Literatur

ALIROL, P. (1979): Transhuming animal husbandry systems in the Kalinchowk region (Central Nepal): a comprehensive study of animal husbandry on the southern slopes of the Himalayas. Bern.

– (1981): Habitat des pasteurs transhumants népalais. In: TOFFIN, G. (ed.): L'homme et la maison en Himalaya. Cahiers Népalais, pp.187-198. Paris.

BERTHET-BONDET, J. (1983): The livestock breeding and management system in the Himalayan foothills: a case study in Salme (Nepal). Paris.

–, C. BERTHET-BONDET, J. BONNEMAIRE, & J.H. THEISSIER (1986): L'elevage dans les collines himalayennes: le cas de Salme. In: DOBREMEZ, J.F. (ed.): Les collines du Népal central: écosystèmes, structures sociales et systèmes agraires. Vol. II, pp.137-185. Paris.

BLAMONT, D. (1983): L'occupation de l'espace par un système agro-pastoral dans les montagnes du Centre-Est du Népal. In: Les Cahiers d'Outre-Mer, No. 143, pp.201-229.

CARTER, A.S. & D.A. GILMOUR (1989): Increase in tree cover on private farm land in Central Nepal. In: Mountain Res. and Development, Vol.9, No.4, pp.381-391.
HESKE, F. (1931): Probleme der Walderhaltung im Himalaya. In: Tharandter Forstl. Jahrbuch, Bd. 82, pp.545-594. Berlin.
JOSHI, D. (1982): Yak and chauri husbandry in Nepal. Kathmandu.
KLEINERT, C. (1973): Hochalmen im Nepal Himalaya. In: Jahrbuch DAV, pp.122-128.
– (1983): Siedlung und Umwelt im zentralen Himalaya. Geoecological Res. Vol. 4. Wiesbaden.
MAGIN, R. (1949): Der Einfluß der Waldweide im oberbayerischen Hochgebirge auf Boden, Zuwachs und Ertrag des Waldes. Diss. München.
MAHAT, T.B.S., D.M. GRIFFIN & K.R. SHEPHERD (1987a): Human impact on some forests of the Middle Hills of Nepal. Part 3. Forests in the subsistence economy of Sindhu Palchok and Kabhre Palanchok. In: Mountain Res. and Development, Vol. 7, No.1, pp.53-70.
–, D.M. GRIFFIN & K.R. SHEPHERD (1987b): Human impact on some forests of the Middle Hills of Nepal. Part 4. A detailed study in southeast Sindhu Palchok and northeast Kabhre Palanchok. In: Mountain Research and Development, Vol. 7, No. 2, pp.111-134.
METZ, J.J. (1987): An outline of the forest use practices of an upper elevation village of west Nepal. In: Banko Janakari, Vol. 1, No. 3, pp.21-28.
– (1989): The goth system of resource use at Chimkhola, Nepal. Unveröff. Diss. Univ. of Wisconsin, Madison.
MIEHE, G. (1984): Waldnutzung im Himalaya: Beispiel Dhauladhar, Himachal Pradesh, Indien. In: Praxis Geographie, 10, pp.36-41.
NITZ, H.J. (1966): Formen bäuerlicher Landnutzung und ihre räumliche Anordnung im Vorderen Himalaya von Kumaon. In: Heidelberger Geogr. Arbeiten, 15, pp.311-330.
PANDAY, Kk (1982): Fodder trees and tree fodder in Nepal. Kathmandu.
RICHARD, D. (1980): Variations de la structure, de l'architecture et de la biomasse des forêts du centre Népal. Grenoble.
SCHMIDT-VOGT, D. (1990a): High altitude forests in the Jugal Himal (eastern Central Nepal): forest types and human impact. Geoecological Res. Vol. 6. Stuttgart.
– (1990b): Fire in high altitude forests of the Nepal Himalaya. In: GOLDAMMER, J.G.; JENKINS, M.J. (eds.): Fire in ecosystem dynamics, pp.191-199. The Hague.
SCHWEINFURTH, U. (1957): Die horizontale und vertikale Verbreitung der Vegetation im Himalaya. Bonner Geogr. Abh. 20. Bonn.
– (1983): Man's impact on vegetation and landscape in the Himalayas. In: HOLZNER, W., WERGER, M., IKUSIMA, I. (eds.): Man's impact on vegetation, pp.297-390. The Hague, London.
SHEPHERD, K.R. (1985): Managing the forest and agricultural systems together for stability and productivity in the Middle Hills of Nepal. Chengdu, China.
SHRESTA, R.L. (1982): The relationship between the forest and the farming system in Chautara, Nepal, with special reference to livestock production. M.A. thesis, Canberra.
TROLL, C. (1973): Die Höhenstaffelung des Bauern- und Wanderhirtentums im Nanga Parbat-Gebiet (Indus-Himalaya): In: RATHJENS, C., C. TROLL & H. UHLIG (eds.): Vergleichende Kulturgeographie der Hochgebirge des Südl. Asien. Erdwiss. Forschg., Bd. 5, pp.43-48. Wiesbaden.
UHLIG, H. (1975): Bergbauern und Hirten im Himalaya. In: 40. Deutscher Geographentag Innsbruck, pp.549-586. Wiesbaden.
WEISE, S. (1984): The monsoon feeding system for ruminants: a case study of three panchayats in the Sindhupalchok District of Nepal. Winterthur.
WYATT-SMITH, J. (1982): The agricultural system in the hills of Nepal: the ratio of agricultural to forest land and the problem of animal fodder. APROSC Occasional Papers 1. Kathmandu.

Jochen MARTENS:

Bodenlebende Arthropoda im zentralen Himalaya:
Bestandsaufnahme, Wege zur Vielfalt und ökologische Nischen *

Einleitung

Der Himalaya ist wahrscheinlich das ökologisch vielseitigste und reichhaltigste Gebirge der Erde, zugleich stellen die Arthropoda die bei weitem formenreichste Tiergruppe dar, die die Erde besiedelt. Bereits aus diesen weiten Rahmenbedingungen läßt sich ableiten, daß die Arthropoden-Fauna des Himalaya vielfältig diversifiziert sein muß. Die in den letzten Jahrzehnten durchgeführten Erhebungen haben diesen Verdacht immer wieder bestätigt, aber erst in allerjüngster Zeit beginnt sich das Ausmaß dieses Reichtums an verschiedenen Taxa abzuzeichnen. Nach wie vor ist die Vielfalt schwer zu überschauen, sie ist auch bei weitem nicht hinlänglich erfaßt oder gar in den Wechselwirkungen von Konkurrenz um Ressourcen analysiert. Bezogen auf unsere Kenntnisse um die Arthropoda des Himalaya stehen wir heute etwa dort, wo der Brite B.H. HODGSON um die Mitte des vergangenen Jahrhunderts seine Position hatte: Damals eröffnete sich ihm im Himalaya eine weitgehend unbekannte Wirbeltier-Fauna, deren Artenbestand und Verbreitung er zu durchdringen suchte. Aber er hatte es nur mit einem Bruchteil jener Artenzahlen zu tun, mit denen sich der Arthropoden-Kenner auseinanderzusetzen hat. Wir haben heute den Vorteil, daß das Gebiet verkehrsmäßig besser erschlossen ist und politische Restriktionen zwar immer noch gegeben sind, sich aber nur noch geringfügig auswirken, wenn wir uns auf den Gebirgsteil beschränken, der sich mit dem Staat Nepal deckt. Alle Beispiele über die Formenvielfalt stammen aus diesem Teil des Gebirges. Die westlich anschließenden Gebiete von Kumaon, Garhwal, Jammu und Kashmir (einschließlich Ladakh) sind schon viel weniger gut bekannt, und der östliche Himalaya-Abschnitt von Bhutan an ostwärts ist hinsichtlich seiner Arthropoden-Fauna bis heute so gut wie unbekannt geblieben. Das gilt in besonderem Ausmaß für die bodenlebenden Formen, für die sogar erst seit vergleichsweise kurzer Zeit adäquate Sammeltechniken zur Verfügung stehen. Allein dieser wenig bekannten Gruppe soll diese Übersicht gewidmet sein.

Bestandsaufnahme

In Nepal hat sie erst mit der Öffnung des Landes für Ausländer in den Jahren ab 1950/51 begonnen. Der weltweit wenig beachteten Bodenfauna haben sich im Himalaya vor allem Forscher(gruppen) aus Kanada, der Schweiz, aus Frankreich

---

*) Aus dem Institut für Zoologie der Johannes Gutenberg-Universität Mainz. – Results of the Himalaya Expeditions of J. MARTENS, No. 189 - For No. 188 see: Fragmenta ent., Roma, 25, 1993. - J.M. sponsored by Deutscher Akademischer Austauschdienst and Deutsche Forschungsgemeinschaft

U. Schweinfurth (Hrsg.): Neue Forschungen im Himalaya. Erdkundliches Wissen, Bd. 112.
© 1993 by Franz Steiner Verlag Stuttgart

und aus Deutschland angenommen. In diesem Beitrag stelle ich hauptsächlich Ergebnisse vor, die ich im Verlauf meiner eigenen Tätigkeit im Himalaya gewonnen habe. Meine Arbeit dort basiert auf dem glücklichen Umstand, daß ich das Land wiederholt zu längeren Feldaufenthalten bereisen konnte. Seit 1969 habe ich Nepal sechs Mal besucht und mich dort über zwei Jahre aufgehalten (MARTENS 1987a). Ich konnte während aller Jahreszeiten im Freiland arbeiten, und auf den Reisen ab 1983 hatte ich in Dr. Wolfgang SCHAWALLER einen Mitarbeiter, der nachhaltig half, die Bodenfauna noch intensiver zu erfassen als zuvor. Zugleich muß hier jener weltweit verteilten Spezialisten gedacht werden, die meist begeistert, manchmal nur widerwillig die Bearbeitung meiner Ausbeuten übernommen haben. Nur dank ihrer Hilfe ist es möglich, diesen Bericht zu erstatten.

Wege zur Formenvielfalt

Einwanderung

Der Himalaya ist ein vergleichsweise junges, tertiäres Faltengebirge. Auch unter biologischem Aspekt entwickelte sich das Gebirge mit enormer Dynamik. Je höher die Barriere wuchs, die das jetzige Hochasien von Südasien trennt, um so mehr bestimmte sie das lokale Klima selbst. Sie schuf damit Voraussetzungen, die sich auf Floren- und Faunenverteilung bis heute markant auswirken: Den sommerlich monsunfeuchten Süd-Flanken stehen die weitgehend regentrockenen Nord-Seiten gegenüber, scharf getrennt durch den Gebirgsgrat. Im Südost-Nordwest-Gradient verringern sich die Niederschläge kontinuierlich und nivellieren schließlich die markante klimatische Trennung von Nord- und Süd-Flanke. Und selbst zwischen Nord- und Süd-Seite existieren an vielen Stellen, nicht nur Nepals, kleinräumige Mosaike in der Verteilung der Niederschläge, die vermittelnden „Inneren Täler" (SCHWEINFURTH 1957, TROLL 1967). Bereits das ermöglicht Vielfalt der Biotope und differenzierende Einnischung von Flora und Fauna. Hinzu kommt die große Vertikalerstreckung des Gebirges, die die höchsten überhaupt bekannten Vorposten der Arthropoden-Besiedlung in Gebirgen ermöglicht. Dem Taxonom, Systematiker, Zoogeograph und Ökologen stehen hier Populationen in einem vertikalen Arealgürtel von über 6000 m zur Verfügung.

Die sich ständig ändernde Gebirgsorographie und die sich folglich immer weiter auffächernden ökologischen Bedingungen machten das Gebirge zu einem Einwanderungsgebiet für Teile der Floren und Faunen der angrenzenden Teile von Paläarktis und Orientalis. Heute stellt der Himalaya ein immer wieder zitiertes Schnitt- und Mischgebiet der Fauna Zentral- und S- bis SO-Asiens dar. Herkunftsgebiete der Einwanderungen lassen sich vielfältig nachweisen, zumal der Himalaya (oder Teile von ihm) für viele Floren- und Faunen-Elemente lediglich mehr oder weniger große Anhänge eines im übrigen deutlich größeren Areals außerhalb des Gebirges ist. Himalaya-endemische Arten haben vielfach nahe Verwandte auf dem Art- und/oder Gattungsniveau in den umliegenden Regionen; das sind deutliche Hinweise auf den eigenen Ursprung.

Wir unterscheiden im wesentlichen folgende Herkunftsgebiete für die meisten Faunen-Elemente des Himalaya (MARTENS 1984):
1) Zentral-Asien: Arten der Hochsteppen nördlich der Hauptkette und Gebirgsanteile über der Baumgrenze, meist nicht unter 4000 m, aufwärts bis 6000 m, örtlich noch höher; zumeist beschränkt auf die Inneren Täler und die Nord-Flanken (zentralasiatische Komponente).
2) Westasien: Arten xerophiler Wälder, in den zentralen Himalaya von Westen eingewandert. Sie erreichen die Ostgrenze im Bereich von Dhaulagiri und Annapurna. Das sind vielfach mediterrane bzw. altmediterrane Arten ohne einheitliche Höhenstufenbevorzugung (westasiatisch-himalayanische Komponente).
3) West-China: Aus Gebieten östlich des Himalaya eingewanderte Arten, Herkunftsgebiete hauptsächlich in den orographisch reich gegliederten Gebieten West-Chinas, oft an starke Monsun-Niederschläge adaptiert. Hauptlebensraum in der temperierten *Rhododendron*-Koniferen-Stufe zwischen 2800 und 4200 m (westchinesische Komponente).
4) Indochina: Herkunft ebenfalls aus östlich des Himalaya gelegenen Gebieten. Das sind tropische bis subtropische Arten der südöstlichen orientalischen Region, die entlang des Südfußes des Himalaya nach (Nord)Westen einwanderten. Sie besiedeln heute Höhen zwischen 2000 und 3500 m in der Stufe der *Castanopsis-Quercus*-Lorbeer-Wälder (indochinesische Komponente).
5) Tropisches Indien: Diese Arten ereichten den Himalaya-Südfuß von Süden und steigen allenfalls bis 2000 m auf, viele von ihnen nur zu viel geringeren Höhen. Entlang tief eingeschnittener Flußtäler können sie weit nach Norden an den Fuß der Hauptkette vordringen (Tropisch-indische Komponente).

Unterarten

Die allgegenwärtigen Vorgänge der Einwanderung aus umliegenden Faunengebieten werden ergänzt, teilweise sogar verwischt durch Artbildungsvorgänge. Sie haben die Fauna, in hohem Maße auch die Bodenfauna, nachhaltig beeinflußt (MARTENS 1979):

Im Verlaufe der Himalaya-Auffaltung eingewanderte Arten haben sich vielfach in Tochterformen unterschiedlichen Ranges aufgespalten und bilden heute markant ausgeprägte Unterarten oder gar „Artenschwärme" kleinräumig verbreiteter Neoendemiten. Der ökologisch besonders vielfältige Himalaya bildet für Speziationsprozesse ideale Voraussetzungen: Physiographische Barrieren separieren lokale Populationen, vor allem in jenen Tiergruppen, die nur über gering entwickelte Verbreitungsstrategien verfügen. Unter den bodenlebenden Arthropoden sind solche Gruppen besonders zahlreich. Lokal adaptierte Anpassungen äußern sich in morphologischen und ökologisch/physiologischen Differenzierungen. In den meisten Fällen etablieren sich neue Arten. In der schroffen Gebirgswelt des Himalaya, in der die Voraussetzungen für nachhaltige Separation kleiner Populationen besonders gut sind, läuft dieser Prozess zudem wahrscheinlich relativ schnell ab.

Anfangsstadien der Aufspaltung in lokal meist gut, vor allem morphologisch gekennzeichnete Unterarten (Subspezies) zeigen im Himalaya selbst vergleichsweise gut bewegliche Arten des Bodens bzw. der Bodenauflage. Unter den Weberknechten (Opiliones) zeigt die Gagrelline *Harmanda instructa* ROEWER vier solcher Subspezies, die sich geographisch vertreten und die in Kontaktzonen auch zu hybridisieren vermögen. In der äußeren Morphologie sind diese Formen z.T. markant verschieden, z.B. mit blaugrünen Schillerstrukturfarben der Oberseite bei der Nominatform, die den drei anderen Unterarten fehlt. Andere Merkmale, die für die Artabgrenzung relevant sind, z.B. Genitalmorphologie und Form des Augenhügels, sind bei allen vier Subspezies bemerkenswert einheitlich geblieben (Martens 1987b).

Artenschwärme

Artbildung in so extrem kleinräumig strukturierendem Gebirge wie dem Himalaya resultiert in zahlreichen, engverwandten Arten, Neoendemiten. Sind ihre Ausbreitungsmöglichkeiten gering, sind sie nicht oder nur sehr beschränkt in der Lage, ihre Areale übereinanderzuschieben, selbst wenn sie ökologisch kompatibel sind. Die Tausendfüßer- (Diplopoda-) Gattung *Nepalmatoiulus* MAURIÈS ist vom zentralen Himalaya und großen Teilen Chinas südlich bis nahe der Süd-Spitze der Malaiischen Halbinsel verbreitet (ENGHOFF 1987). Von den 52 bis jetzt beschriebenen Arten stammen allein 17 aus dem Himalaya von Kumaon bis Bhutan, und die meisten vikariieren kleinräumig. Nur vereinzelt kommen zwei Arten sympatrisch oder gar syntop vor. Das betrifft lediglich ein oder zwei Arten, die sich sekundär über größere Teile der Gebirgskette auszubreiten vermochten, z.B. *N. generalis* ENGHOFF, der vom Süd-Dhaulagiri bis zum Einzugsbereich des Tamur in Ost-Nepal reicht.

Leben in einem Talsystem mehrere nahverwandte Arten, vermögen sie in vielen Fällen auch nebeneinander zu leben, soweit die ökologischen Ansprüche divergieren und konkurrenzarmes oder gar konkurrenzfreies „Nebeneinander" erlauben. In der Tausendfüßer- (Diplopoda-) Familie Fuhrmannodesmidae finden wir artverschiedene Faunen im Einzugsbereich der Oberläufe von Tamur und Arun (Abb. 1). Zwar stimmen in beiden Tälern die Gattungen *Hingstonia* CARL und *Sholaphilus* CARL überein, doch kennen wir vom Arun bisher vier Arten aus beiden Gattungen, vom Tamur drei, die jeweils nur in einem dieser Täler vorkommen. In beiden Talsystemen sind kleinräumige sympatrische Vorkommen zwischen diesen Arten die Regel (GOLOVATCH 1990).

Die Bodenstreu-bewohnenden, kurzbeinigen Weberknechte (Opiliones) der Gattung *Biantes* SIMON leben in Nepal und angrenzenden östlichen Himalaya-Teilen artenreich als kleinräumig verbreitete Neoendemiten (MARTENS 1978). Bis zu drei Arten kommen lokal sogar syntop vor. Da sie nicht nur in der Körpergröße verschieden sind, sondern auch in den Proportionen der Pedipalpen, mit denen die Nahrungstiere überwältigt werden, nutzen sie wahrscheinlich unterschiedliche Nahrungsspektren (Abb. 2).

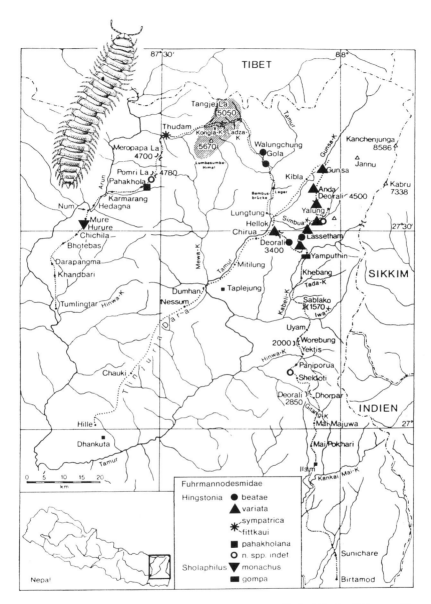

Abb. 1. Verbreitung der Arten der Gattungen *Hingstonia* und *Sholaphilus* im Einzugsgebiet von oberem Arun und Tamur in Nordost-Nepal. In beiden Tälern leben Arten beider Gattungen, doch jeweils verschiedene Arten. Innerhalb beider Talsysteme können die Arten auch sympatrisch vorkommen (nach GOLOVATCH 1990).

Fig.1. Distribution of the species of genera *Hingstonia* and *Sholphilus* in the catchment area of upper courses of Arun and Tamur, NE Nepal. In both valleys live but different species of both genera. Species occur sympatrically in both valley systems (according to GOLOVATCH 1990).

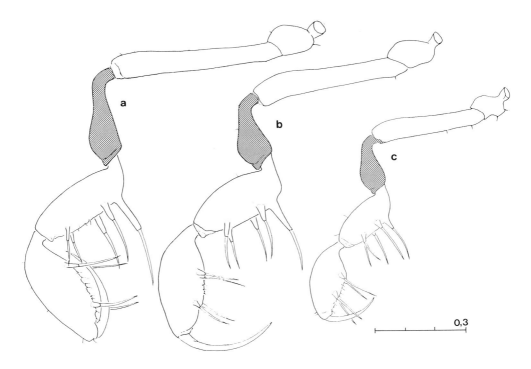

Abb. 2. Größen- und Proportions-Unterschiede der Pedipalpen dreier sympatrisch lebender *Biantes*-Arten aus dem südwestlichen Dhaulagiri-Gebiet.
Gerasterte Glieder sind die Patellen; sie zeigen besonders markante Unterschiede. – a) *B. pernepalicus*, b) *B. magar*, c) *B. dilatatus*. Maßstab in mm (verändert nach MARTENS 1978).

Fig. 2. Differences in size and proportions of pedipalp members of three *Biantes* species from SW Dhaulagiri.
The patellae displaying prominent differences are stippled. Scale in mm (altered after MARTENS 1978).

Adaptive Radiation – morphologisch

Diese Differenzierung nahe verwandter Arten, die sich zunächst an äußeren Merkmalen des Körperbaues erkennen läßt, hat in der extremen Gebirgswelt einen weiteren Effekt. So wie die ökologische Differenz der einzelnen Arten kleinschrittig zunimmt, so vergrößert sich insgesamt die „ökologische Potenz" – nicht jeder einzelnen Spezies, sondern sie ergibt sich als Summe der verschiedenen Habitatnutzung („Einnischung") aller Arten der jeweiligen Gattung. Innerhalb einer solchen adaptiven Radiation kann sich die Vertikalverbreitung der Arten einer Gattung ganz erheblich vergrößern. Für viele Spezies entspricht sie nun keinesfalls mehr jenem klimatischen bzw. zoogeographischen Bereich, aus dem die Vorläuferart in den Himalaya einwanderte.

Einige Beispiele mögen das erläutern. Die orientalisch-tropisch verbreiteten Arten der schon erwähnten Gattung *Biantes* SIMON haben sich im zentralen und östlichen Himalaya (West-Nepal bis Bhutan), weniger auch im trockenen Kashmir, extrem kleinräumig aufgespalten. 18 Arten sind bisher beschrieben, etwa weitere 2o Arten sind gesammelt, aber bisher nicht bearbeitet worden. Ihre vertikale Verbreitung liegt zwischen 180 m und 4300 m. Mindestens eine Art, *pernepalicus* MARTENS, hat lokal sogar die Waldzone verlassen und ist in die alpine Mattenzone eingedrungen. Diese und einige andere Arten haben sich den harten paläarktischen Klimabedingungen angepaßt und sich gänzlich aus der orientalischen Region gelöst. Selbst weit auf der Nordseite der Gebirgskette sind sie gefunden worden, z.B. an Rara- und Phoksumdo-See in West-Nepal. Doch scheint selbst in diesen Trockengebieten Wald als Biotop unabdingbar zu sein. Insgesamt liegt die größte „Artendichte" dieser Gattung zwischen 2200 und 3300 m auf der Südflanke des Gebirges, in der Zone besonders hoher Niederschläge und starker Diversität der Waldflora.

Die Linyphiidae- (Baldachinspinnen)-Gattung *Lepthyphantes* MENGE ist in der Holarktis mit nahezu 200 Arten weitverbreitet – kleine Tiere mit kryptischer

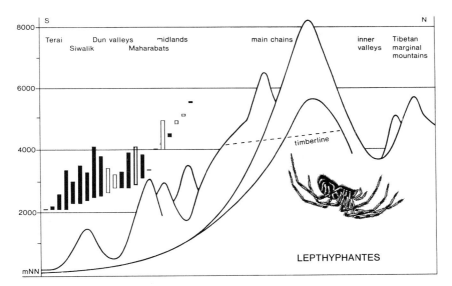

Abb. 3. Vertikalverbreitung der *Lepthyphantes*-Arten des Nepal-Himalaya. Keine Art unterschreitet 2000 m; damit weist sich die Gattung als paläarktisch aus.
Weiße Balken dünn umrandet: Arten der Inneren Täler und der Nord-Flanke, von links: *uzbekistanicus himalayensis, nebulosoides, sherpa, setifer, alticola*. Weißer Balken fett umrandet: Art der Süd- und Nord-Flanke: *martensi* (nach Rohdaten aus TANASEVITCH 1987).

Fig.3. Vertical distribution of *Lepthyphantes* species of the Nepal Himalayas. None of the species descends below 2000 m thus being characterized as Palaearctic in origin.
White bars with thin line: species of the Inner Valleys and of the northern slopes (dry areas), from left to right: *uzbekistanicus himalayensis, nebulosoides, sherpa, setifer, alticola*. White bar with thick line: species of southern as well as of northern slopes: *martensi* (drawn from data in TANASEVITCH 1987).

Lebensweise in der Bodenstreu, unter Steinen, altem Holz, auch hinter Baumrinde. Meine Aufsammlungen in Nepal und Kashmir erbrachten 22 bisher fast ausschließlich unbekannte Arten (TANASEVITCH 1987, THALER 1987). In Nepal nehmen diese Arten einen vertikalen Arealgürtel von etwa 3800 m ein, fehlen aber unter 2000 m. Sehr wahrscheinlich ist es keiner Art gelungen, sich im orientalischen Klimabereich anzusiedeln. Die größte „Artendichte" konzentriert sich nach bisheriger Kenntnis zwischen 2000 und 4000 m. Der mit sechs Arten reichste Fundort, an dem in nahezu allen Monaten gesammelt werden konnte, liegt in einem der Inneren Tälern, in den Nadelwäldern über Tukuche in Thakkhola bei 3000 m (Abb. 3). Weitere Fein-Nischen sind erkennbar: Eine Art, *L. martensi* THALER, gehört zu den ökologisch polyvalenten Spezies mit vergleichsweise weiter Verbreitung mit Nachweisen aus dem Kashmir-Becken und Nepal. In Nepal lebt sie sowohl im vollen Monsun-Einfluß der Süd-Flanke als auch in den Inneren Tälern (Thakkhola, Tal der oberen Barbung Khola, oberer Buri Gandaki). Diese Fundorte sind klimatisch mit jenen in Kashmir vergleichbar. Zwei Arten mittlerer Höhen (*uzbekistanicus himalayensis* TANASEVITCH: 2650 m, *nebulosoides* WUNDERLICH: 2800-3200 m) fand ich nur in den regengeschützten Tälern Thakkholas und Manangs. Bezeichnenderweise sind beide (*uzbekistanicus* in der Nominatform) in den ariden Gebieten des Tien-Shan und Sowjetisch-Mittelasien (*nebulosoides*) weit verbreitet. Andere erst kürzlich in Nepal entdeckte Arten, *alticola, setifer, sherpa* und *yeti*, alle von TANASEVITCH (1987) aus Höhen zwischen 4000 und 5545 m beschrieben, leben in den Inneren Tälern oder sogar nur auf den trockenen weit nord-exponierten Hängen des tibetischen Einzugsgebietes. Sie gehören wahrscheinlich zu einer Artengruppe, die an das rauhe Klima Plateau-Tibets adaptiert ist und die erst ganz mangelhaft bekannt ist.

Ein anderes Beispiel für Konkurrenzvermeidung durch gut erkennbare morphologische Unterschiede kann uns nochmals eine Weberknecht-Gruppe, die Gagrellinen-Gattung *Pokhara* SUZUKI, demonstrieren. Die Gattung umfaßt bis jetzt acht Arten; alle sind auf den kleinen Gebirgsabschnitt zwischen Dhaulagiri und Mt. Everest beschränkt (Martens 1987b) und dem orientalischen Herkunftsgebiet verhaftet geblieben. Zwar kommt eine Art noch in fast 3000 m vor, aber keine ist auf die rein paläarktischen Höhenstufen beschränkt (Abb. 4). Langbeinigen Arten (*orientalis* MARTENS, *kathmandica* MARTENS, *yodai* SUZUKI, *trisulensis* MARTENS) stehen kurzbeinige gegenüber (*uenoi* MARTENS, *minuta* MARTENS, *lineata* SUZUKI, *quadriconica* MARTENS); in der Körpergröße sind alle nahezu übereinstimmend (Abb. 5). Die Arten der ersten Gruppe sind vom Bodensubstrat weitgehend unabhängig und können auch Kraut- und Busch-Strata besiedeln, die der zweiten sind gänzlich „erdgebunden" und leben in der Bodenstreu, unter Holz und Steinen. Alle kurzbeinigen Arten besiedeln ausschließlich allopatrische Areale (Abb. 4 für das Dhaulagiri-Gebiet); die langbeinigen überlagern die Areale der kurzbeinigen und kommen mit ihnen lokal syntop vor. Von den ökologisch plastischeren langbeinigen Arten treffen sich drei im Trisuli-Tal (*trisulensis, orientalis, kathmandica)*; über Präferenda der einzelnen Arten dort ist nichts bekannt.

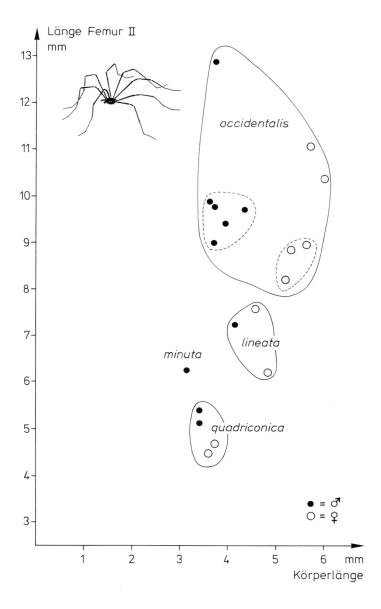

Abb. 4. Streudiagramm aus Körper-Länge und Länge des Femur von Laufbein II der vier *Pokhara*-Arten des Annapurna-Dhaulagiri-Gebietes. Bei markant verschiedener Bein-Länge unterscheidet sich die Länge des Körpers nur wenig. Bei *occidentalis* sind Tiere einer Einzelpopulation durch Strichlinie hervorgehoben. Als „langbeinig" gilt nur *occidentalis*.

Fig.4. Scatter diagram indicating body length and length of femur II of four *Pokhara* species from the Annapurna/Dhaulagiri area. Species distinctly different in leg length differ only slightly in body length. In *P. occidentalis* specimens from different populations are indicated by broken line. Only *P. occidentalis* is considered „long-legged".

Verbreitung von 4 *Pokhara*-Arten im Dhaulagiri-Gebiet

- ● *Pokhara occidentalis*
- □ *P. quadriconica*
- ▲ *P. lineata*
- △ *P. minuta*

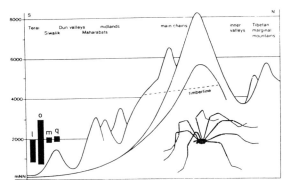

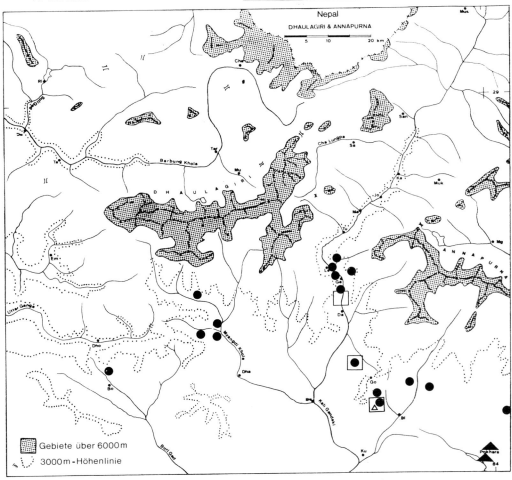

Adaptive Radiation – physiologisch

Bilden sich im Verlauf der adaptiven Radiation Artenschwärme heraus, die ihre ökologische Valenz erweitern, ist es unumgänglich, daß jede einzelne Art ihre Lebensäußerungen in das lokale Mikroklima ihres limitierten Arealgürtels einpaßt. Bei den markanten klimatischen Unterschieden schon auf der Süd-Flanke sind die Anforderungen hoch. Gutes Indiz für spezifische Einpassung sind die Reifezeiten. Sie hängen in hohem Maße von den lokalen klimatischen Bedingungen ab.

Die Gagrellinae mit südost-asiatisch-tropischer Herkunft haben im Himalaya Arten hervorgebracht, die – anders als in der Gattung *Pokhara* – sich von tropisch/ subtropischen Klimabedingungen gelöst haben, tief in den paläarktischen Bereich eingedrungen sind und nun sogar die Waldgrenze erreichen. Das hat erheblichen Einfluß auf die Reifezeiten (Abb. 6). Bei den Arten mit Schwergewicht der Verbreitung in den tiefen Lagen aufwärts bis 2000 m (in stark ausgedünnten Populationen bis 2400 m oder sogar 2700 m) besteht die Regel, daß adulte Exemplare ganzjährig auftreten und in den tieferen Arealanteilen sogar im Winter aktiv bleiben. Die Reifezeit des einzelnen Individuums beträgt oft über 12 Monate; folglich überschneiden sich die Zyklen von „alter" und „neuer" Generation. *Zaleptiolus implicatus* SUZUKI durchläuft in einem Jahr sogar zwei Generationen. Die verschiedenen Generationen lassen sich schon im Freiland leicht erkennen: Die meisten dieser Arten verfärben sich im Verlauf des Adult-Lebens dunkelbraun bis tiefschwarz und setzen sich gegen die jungen noch hellen und nur wenig sklerotisierten Adulten gut ab. In diese Gruppe gehören z.B. *Gagrella varians* WITH, *Zaleptiolus implicatus* SUZUKI und *Pokhara occidentalis* MARTENS (Abb. 6).

In oberen Gebirgslagen mit strengen winterlichen Frösten und z.T. langer Schneebedeckung werden die individuellen Reifezeiten kürzer, und alte und neue Generation überlagern sich nicht mehr (Abb. 6: *Pokhara occidentalis*). In der obersten Vertikalstufe, in diesem Falle in den subalpinen Nadel-/*Rhododendron*-Wäldern, ist die Reifezeit der dort lebenden Arten auf wenige Monate beschränkt, und die Adulten vermögen den Winter nicht zu überdauern. Sie sterben mit Auftreten der ersten Fröste im Oktober und November ab (Abb. 6: *Xerogrella dolpensis* MARTENS, *Harmanda nigrolineata* MARTENS, auch *Harmanda khumbua* MARTENS). Alle Abstufungen dieser Anpassung an die klimatischen Bedingungen sind innerhalb einer Gattung nachweisbar, hier in der artenreichen Gattung *Harmanda* ROEWER.

Die Gagrellinen ursprünglich tropischer Herkunft verhalten sich reproduktionsbiologisch in ihren höchstgelegenen Verbreitungsgebieten wie Weberknechte paläarktischen Ursprunges, die gemäß ihrer Herkunft ohnehin nur die oberen Gebirgslagen besiedeln. In diese Gruppe gehört die tibetisch-himalayanische Gat-

---

Abb. 5. Horizontal- und Vertikal-Verbreitung der vier *Pokhara*-Arten des Dhaulagiri-Annapurna-Gebietes. Keine Art ist in die Inneren Täler oder auf die Nord-Flanke vorgedrungen; auch die Vertikalverbreitung weist auf die orientalische Herkunft der Gattung (nach Rohdaten aus MARTENS 1987b).

Fig.5. Horizontal and vertical distribution of four *Pokhara* species in the Dhaulagiri/Annapurna area. None penetrated into the Inner Valleys and onto the northern slopes. Also vertical distribution points to Oriental origin of the genus (drawn from data in MARTENS 1987b).

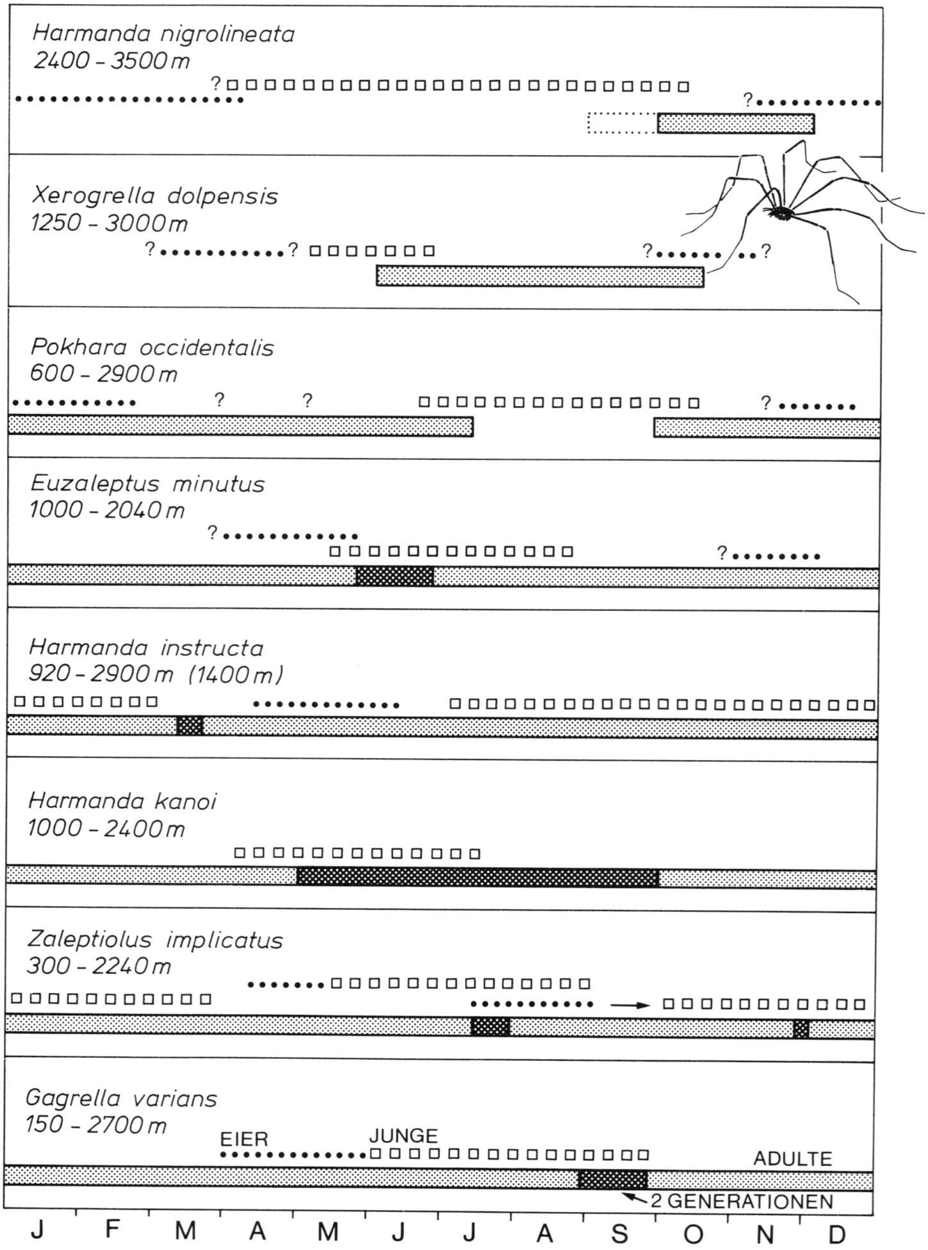

Abb. 6. Jahreszyklus von acht Gagrellinae-Arten des Nepal-Himalaya. Arten der Lagen bis etwa 2000 m (lokal höher) sind ganzjährig reif (heller Raster), alte und neue Generation überlagern sich zeitlich (dunkler Raster). Reifezeiten im oberen Arealgürtel werden je nach Höhenstufe immer kürzer (nach Rohdaten aus MARTENS 1987b).

Fig. 6. Life-cycle of eight Gagrellinae species of the Nepal Himalayas. Species settling up to 2000 m (locally higher) are adult all year round (light stipples), old and new generation overlap (dark stipples). At higher altitudes periods of maturity become shortened (drawn from data in MARTENS 1987b).

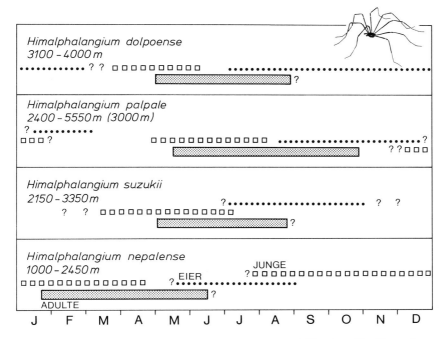

Abb. 7. Jahreszyklus von vier *Himalphalangium*-Arten im Nepal-Himalaya. Nur *H. nepalense* mit vertikalem Areal im orientalischen Bereich durchläuft die Reifezeit hauptsächlich in der kältesten Jahreszeit.
Symbole wie in Abb. 6 (nach Rohdaten aus MARTENS 1973).

Fig. 7. Life-cycle of four *Himalphalangium* species of the Nepal Himalayas. Only *H. nepalense* has its area in the Oriental Realm and is mature mainly during the coldest period of the year. Symbols as in Fig.6 (drawn from data in MARTENS 1973).

tung *Himalphalangium* MARTENS. Adulte von drei der vier Arten leben von Mai bis in den Spätsommer/Herbst, wahrscheinlich bis zu den ersten Frösten. Die Postembryonal-Entwicklung erstreckt sich fast ausnahmslos in die Vormonsun-Zeit (Abb. 7). Lediglich eine Art, *H. nepalense* SUZUKI, die sich dem orientalischen Bereich eingegliedert hat und weitgehend auf ihn beschränkt ist, tritt schon im Januar in die Reifezeit ein und beendet sie bereits im Juni. Die Eier schlüpfen noch im selben Jahr, und die postembryonale Entwicklung ist sogar auf die Wintermonate beschränkt (Martens 1973).

In diesem Fall hat ein Paläarkt seine postembryonale Entwicklung in die kälteste Jahrszeit der milden orientalisch geprägten Winter verlegt, und das Adult-Stadium überschreitet den Beginn des Monsuns nicht. Somit nutzt *H. nepalense* den kühlsten Teil des Jahres zur Entwicklung und findet zu dieser Zeit Bedingungen, die die anderen Arten der Gattung im Frühsommer und während des Monsun in den viel höheren Gebirgsanteilen ausgesetzt sind.

Grenzen der Vertikal-Verbreitung

Arthropoden mit nahezu unbegrenzten Möglichkeiten der ökologischen Einnischung und Anpassung zeigen eindringlich, wo tierisches Leben seine Grenzen findet. Welche Bedingungen im Gebirge limitieren die Bodenfauna ?

Ohrwürmer (Dermaptera) gehen im zentralen Himalaya kaum über 4000 m hinaus und überschreiten somit die Waldgrenze nicht. Die begrenzenden Faktoren sind nicht bekannt; lokal mag, vor allem auf der Nord-Seite, die Trockenheit eine Rolle spielen. Im generell trockenen West-Himalaya leben tatsächlich nur wenige Arten (BRINDLE 1978, 1987). Hinzu kommt, daß die meisten der orientalischen Arten, die den zentralen Himalya dominieren, waldadaptierte Arten sind.

Bei und über 5000 m, also knapp 1000 m über der Waldgrenze, leben noch Vertreter zahlreicher Insekten-, Spinnen- und Tausendfüßer-Ordnungen, so gut wie alle paläarktischer Herkunft. Auf 5545 m, im Gipfelbereich des Berges Kala Pattar gegenüber des Südwest-Fußes des Everest, fand ich am 26. 9. 1970 nach allnächtlichen strengen Frösten z.B. Baldachinspinnen (*Lepthyphantes*, vgl. Abb. 3), Hundertfüßer (*Lithobius*) und Milben (*Caeculus*) aktiv. Räuberische und pflanzenfressende Milben wurden im nahen Makalu-Massiv sogar bis 5900 m nachgewiesen, phytophage Springschwänze (Collembola) noch über 6000 m. Diese und manche andere sind Pionierformen, die geschützt vor den täglichen kurzfristigen Temperatur- und Luftfeuchte-Schwankungen im Gesteinsschutt leben. Es bildete somit eine große Überraschung, als SWAN (1961) davon berichtete, daß bereits die frühen britischen Everest-Expeditionen der Jahre 1922, 1924 und 1936 auf der tibetischen Nord-Seite des Massivs in großen Höhen Springspinnen (Salticidae) entdeckt hätten. Major HINGSTON sammelte sie in Höhen bis 6750 m, Swan (1961) fand sie im Makalu-Massiv auf knapp 6000 m wieder, und auf der tibetischen Seite reichen sie bis 4000 m abwärts. Wanless (1975) beschrieb diese winzigen Arten als *Euophrys omnisuperstes* und *Eu. everestensis*. Auch andere Springspinnen leben in großen Höhen: *Sitticus niveosignatus* SIMON fand ich über dem Dapa-Col am Dhaulagiri bis 5570 m (Żabka 1980). Viele Springspinnen gelten als trockenresistent, und so gut wie alle benötigen hohe Umgebungstemperaturen. Im Hochgebirge des Himalaya nutzen sie die lange sommerliche Sonnenscheindauer in den großen Höhen (Abb. 8), vor allem in den regengeschützen Inneren Tälern und auf der Nord-Flanke. Die dort schon stark ausgedünnte Luft läßt Wärmestrahlen leicht passieren, so daß sich Felsen und Geröllfelder auch dann immer wieder hinreichend erwärmen, wenn die Strahlung nur wenige Minuten anhält (SWAN 1961).

Die räuberischen Springspinnen sind die Endglieder einer „Äolischen Biozönose" (SWAN 1961), die sich in Höhen etwa ab 6100 m etabliert hat, wo höherer Pflanzenwuchs fehlt. Verwertbare pflanzliche Materialien werden als Detritus mit Luftströmungen nach oben geweht. Von ihnen ernähren sich Milben und Springschwänze, auch Larven kleiner Fliegen. An der Spitze dieser flachen Nahrungspyramide stehen die Springspinnen. Wie weit diese Äolische Biozönose nach oben reicht und noch höher gelegene Felswände und günstig exponierte schneefreie Hänge zu erreichen vermag, möglicherweise in Höhen bis nahe 7000 m, wissen wir nicht.

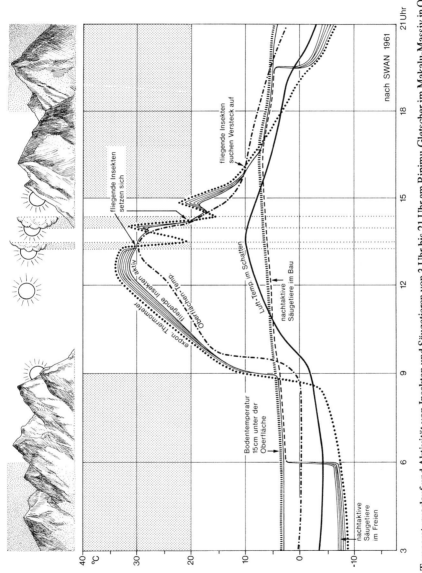

Abb. 8. Temperaturverlauf und Aktivität von Insekten und Säugetieren von 3 Uhr bis 21 Uhr am Ripimu-Gletscher im Makalu-Massiv in Ost-Nepal, 4890 m, 10. 10. 1960. Man beachte die extremen Temperaturwechsel zwischen Tag und Nacht, ebenso kurzfristiger Bewölkung tagsüber. Raster: Sonne bedeckt (nachts oder Beschattung tagsüber) (nach SWAN 1961, verändert).

Fig. 8. Temperature and activity of insects and mammals on Ripimu Glacier in the Makalu massif, E Nepal, 4890 m, from 3 a.m. to 9 p.m., 10 X 1960. Consider strong temperature changes between day and night, also during short periods of cloudiness during the day. Strippled area: sun covered (during the night or by clouds during the day) (altered according to SWAN 1961).

Verbreitung von
12 *Amara*-Arten
im Dhaulagiri-Gebiet

◨ kurzflüglige Arten
■ geflügelte Arten
☐ flügellose Arten
○ keine Nachweise

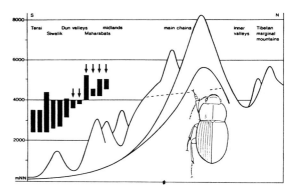

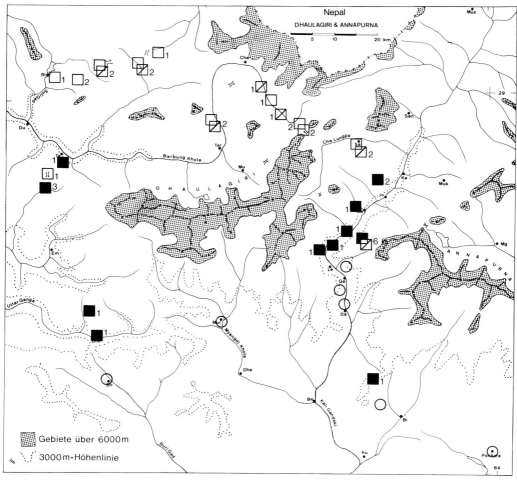

Arthropoden-Leben in großen Höhen wird nicht nur durch Nahrungs- und Wassermangel limitiert, sondern auch die Luftkälte bei fehlender Sonnenstrahlung macht sich hemmend bemerkbar. Folglich „lohnt" es sich in großen Höhen für viele geflügelte Insekten nicht mehr zu fliegen. Starke Winde sind hinderlich, und die Temperaturen der dünnen Luft schwanken selbst während des Tages bei leichter Bewölkung ganz erheblich. Selbst so gewandte Flieger wie die Apollo-Falter sind gezwungen, sofort zu reagieren, wenn leichte Bewölkung auftritt. Sie lassen sich auf erwärmtem Geröll und Felsen nieder, bis die Strahlung die untersten Luftschichten wieder erreicht.

Sporadische Flieger, wie z.B. viele Laufkäfer (Carabidae), die meist ohnehin nur temporär ihr Flugvermögen nutzen, reagieren auf die kaum „kalkulierbaren" klimatischen Bedingungen langfristig konsequent: Die Flugaktivität wird reduziert und schließlich ganz eingestellt; zugleich werden die Hinterflügel reduziert. Die Arten der Gattung *Amara* BONELLI zeigen das besonders markant: Die Gattung ist im Himalaya bis jetzt mit 57 Arten vertreten, und viele der geflügelten Arten nehmen große Areale auch außerhalb des Gebirges ein (HIEKE 1981). In Nepal sind ab 2400 m bis deutlich über 5000 m 19 Arten nachgewiesen worden (HIEKE l.c.). Alle Arten, deren vertikales Areal in Nepal erst in 4000 m, in einem Fall bereits in 3600 m beginnt, sind ungeflügelt; im Dhaulagiri-Annapurna-Gebiet sind das (vgl. Abb. 9) *micans* TSCHITSCHERIN, *arrowi* BALIANI, *martensi* HIEKE, *altissima* HIEKE, *lyrata* HIEKE und *glabella* HIEKE. Geht das Flugvermögen verloren, sind diese Populationen wesentlich weniger mobil, besonders in der ohnehin schon stark limitierenden schroffen Gebirgswelt. Folglich wird der Genfluß stark reduziert; es entstehen lokale Formen, die offensichtlich schnell Artstatus erreichen. Nach Meinung HIEKES (l.c) sind die flügellosen Himalaya-Endemiten wahrscheinlich relativ junge Abkömmlinge alter zentralasiatischer Stammgruppen. Zumindest in Nepal, und für die anderen Hochgebirgsanteile des Himalaya gilt das sicher ebenso, scheinen diese Endemiten in allen großen Massiven vorzukommen, und voll geflügelte Arten leben dort gar nicht (Abb. 9).

An dieser Stelle schließt sich unsere Betrachtung. Wir hatten an mehreren Beispielen gesehen, daß physiographische Barrieren die Artbildung erheblich zu

---

Abb. 9. Horizontal- und Vertikal-Verbreitung von 12 *Amara*-Arten im Dhaulagiri-Annapurna-Gebiet. Kürzflügelige oder flügellose Arten leben fast ausschließlich auf der Nord-Seite der Hauptkette. Diese sieben Arten sind im Vertikal-Profil mit Pfeil gekennzeichnet: von links; *robusta* (ohne Pfeil), *glabella, lyrata, micans, arrowi, martensi, altissima*. *Micans* und *robusta* sind im Himalaya-Gebiet weiter verbreitete Arten, von denen HIEKE annimmt, daß ihre Himalaya-Populationen kurzflügelig sind. Index-Zahlen an den Symbolen: Zahl der Arten am angegebenen Fundort (nach Rohdaten aus HIEKE 1981).

Fig. 9. Horizontal and vertical distribution of 12 *Amara* species in the Dhaulagiri/Annapurna region. Short-winged and wingless species live nearly exclusively at high altitudes on the northern slopes of the main chain. In the vertical profile these species are indicated by arrow; from left: *robusta* (without arrow), *glabella, lyrata, micans, arrowi, martensi, altissima*. *Micans* and *robusta* have extended distributions in the Himalayan region. HIEKE (l.c.) assumes their Himalayan populations being short-winged. Indices near the locality symbols: number of species (according to data in HIEKE 1981).

fördern vermögen. Die Gattung *Amara* demonstriert uns, wie die harten klimatischen Faktoren eine sehr mobile Tiergruppe zwingt, sich den limitierenden Faktoren des Hochgebirges zu unterwerfen, wenn sie dort existieren will. Sie gibt dort das Flugvermögen auf, und die eingangs beschriebenen Mechanismen der lokalen, oft überaus kleinräumigen Einnischung werden auch hier schnell wirksam. Erneut treten uns Populationen und Arten mit stark limitierter Verbreitung entgegen.

Zusammenfassung

Die Bodenfauna des Himalaya ist ein bisher wenig bearbeitetes Feld taxonomischer, systematischer und ökologischer Forschung. Den vielfältigen orographischen und klimatischen Bedingungen der Gebirgskette gliedert sich eine artenreiche Arthropoden-Fauna der Klassen Myriapoda, Arachnida und Insecta ein. Primär ist die Himalaya-Fauna als Einwanderungs-Fauna anzusehen, die sich im Verlauf der Gebirgsauffaltung dort ansiedelte. Gründerarten spalteten sich nach dem Mechanismus der allopatrischen Speziation in oft zahlreiche kleinräumig verbreitete Neoendemiten auf, die noch vielfach streng allopatrisch leben. Die ökologische Potenz solcher Artenschwärme hat sich erheblich vergrößert und äußert sich vor allem in der Vertikalverbreitung. Extreme öko-physiologische Anpassungen lassen sich für die Arten ursprünglich orientalischer Herkunft und umgekehrt paläarktischer Herkunft erschließen, wenngleich die experimentelle Bestätigung noch vielfach fehlt. Diese Anpassungen äußern sich u.a. in stark differenzierten Reifezyklen. Die Vertikalverbreitung der Arthropoden findet im Himalaya eine natürliche Obergrenze; sie ist durch niedrige Temperaturen, Trockenheit und Nahrungsmangel bedingt. Sie liegt bei wenig über 6000 m und wird von den Angehörigen der Äolischen Biozönose gestellt, in der wenige Arthropoden existieren, jedoch keine höheren Pflanzen.

Dank

Der Deutsche Akademische Austauschdienst und die Deutsche Forschungsgemeinschaft untersützten meine Arbeiten in Nepal mit einem Jahresstipendium (DAAD) und mehrfach mit Reisebeihilfen (DFG). Die Feldbausch-Stiftung am Fachbereich Biologie der Universität Mainz stellte Mittel für Sachausgaben bereit. Diesen Institutionen danke ich sehr herzlich für wohlwollende Betreuung meiner Projekte.

Summary:
Soil-dwelling Arthropoda in the Central Himalayas. Species inventory, pathways to diversity, and ecological niches.

Soil-dwelling Arthropoda in the Central Himalayas is up to now a poorly worked up field of taxonomic, systematic and ecological research. To the complex orographic and climatic conditions along the horizontal and vertical axis of the mountain chain refers a species-rich arthropod fauna of the classes Myriapoda, Arachnida and Insecta. Primarily, the Himalayan fauna is to be considered an immigration fauna. Founder-species which originally invaded the mountain chain during its uplift, split according to the mechanism of allopatric speciation into numerous neoendemics which are still presently confined to small distributional areas. Subsequently, the ecological possiblities of those swarms of closely related species were greatly enlarged, mainly in respect to vertical distribution. In consequence, extreme ecophysiological adapations had to be met with by species of originally Oriental and Palaearctic origin, respectively. The upper permanent vertical distribution of arthropods in the Himalayas is close to 6000 m and is limited by climatic (temperature, drought) and biotic factors (shortness of food). This aeolian zone comprises few arthropod species, but lacks flowering plants.

Literatur

BRINDLE, A. (1978).: Dermaptera from Kashmir and Ladakh (Insecta).– In: Senckenbergiana biol., 85 (3/4), pp.203-209. Frankfurt a. M.
- (1987) : New Dermaptera records from Nepal, with descriptions of new species and a review of the Himalayan fauna (Insecta). In: Cour. Forsch.-Inst. Senckenberg, 93, pp.333-351. Frankfurt a. M.
ENGHOFF, H. (1987): Revision of *Nepalmatoiulus* Mauriès 1983 – a Southeast Asiatic genus of millipedes (Diplopoda: Julida: Julidae). In: Cour. Forsch.-Inst. Senckenberg, 93, pp.242-331. Frankfurt a. M.
GOLOVATCH, S.I. (1990): Diplopoda from the Nepal Himalayas. Several additional Polydesmidae and Fuhrmannodesmidae (Polydesmida). In: Spixiana, 13(3), pp.237-252.
HIEKE, F. (1981): Carabidae aus dem Nepal-Himalaya. Das Genus *Amara* Bonelli 1809, mit Revision der Arten des Himalaya (Insecta: Coleoptera). In: Senckenbergina biol., 61 (3/4), pp.187-269. Frankfurt a. M.
MARTENS, J. (1973): Opiliones aus dem Nepal-Himalaya. II. Phalangiidae und Sclerosomatidae (Arachnida). In: Senckenbergiana biol., 54 (1/3), pp.181-217. Frankfurt a. M.
- (1978): Opiliones aus dem Nepal-Himalaya. IV. Biantidae (Arachnida). In: Senckenbergiana biol., 58 (5/6), pp.347-414. Frankfurt a. M.
- (1979): Die Fauna des Nepal-Himalaya - Entstehung und Erforschung. In: Nat. Mus., 109 (7), pp.221-243. Frankfurt a. M.
- (1984): Vertical distribution of Palaearctic and Oriental Faunal components in the Nepal Himalayas. In: Erdwiss. Forsch., 18, pp.321-336. Stuttgart.
- (1987a): Remarks on my Himalayan expeditions.In: Cour. Forsch.- Inst. Senckenberg, 93, pp.7-31. Frankfurt a. M.
- (1987b): Opiliones aus dem Nepal-Himalaya. VI. Gagrellinae (Arachnida: Phalangiidae) In: Cour. Forsch.-Inst. Senckenberg, 93, pp.87-202. Frankfurt a. M.
SCHWEINFURTH, U. (1957): Die horizontale und vertikale Verbreitung der Vegetation im Himalaya. Bonner geogr. Abhandl., 20, Bonn.
SWAN, L. W. (1961): The ecology of the high Himalayas. In: Scient. Amer., 205 (4), pp.69-78. New York.
TANASEVITCH, A. V. (1987): The spider genus *Lepthyphantes* Menge 1866 in Nepal (Arachnida: Araneae: Linyphiidae). In: Cour. Forsch.-Inst. Senckenberg, 93, pp.43-64. Frankfurt a. M.
THALER, K. (1987): Über einige Linyphiidae aus Kashmir (Arachnida: Araneae). In: Cour. Forsch.-Inst. Senckenberg, 93, pp.33-42. Frankfurt a. M.

TROLL, C. (1967): Die klimatische und vegetationsgeographische Gliederung des Himalaya-Systems. In: Khumbu Himal, 1 (5), pp.353-388. Berlin.

WANLESS, F.R. (1975): Spiders of the family Salticidae from the upper slopes of Everest and Makalu. In: Bull. Brit. Arach. Soc., 3 (5), pp.132-136. Loughborough.

ŻABKA; M. (1980): Salticidae from the Nepal Himalayas. *Sitticus niveosignatus* (SIMON 1880) (Araneae).In: Senckenbergina biol., 60 (3/4): pp.241-247; Frankfurt a. M.

Ulrich SCHWEINFURTH:

„Nordwest" und „Nordost":
ein Beitrag zur Politischen Geographie des Himalaya

Vorbemerkung

Die Beschäftigung mit dem Himalaya als einem Phänomen der Politischen Geographie hat sich dem Verfasser aufgedrängt, seit er vor mehr als 40 Jahren mit der Bearbeitung der Vegetation des Gebirges begann. Die Tatsache, dass eine intensive Beschäftigung mit der Vegetation zu einem Interesse am Raum als politischem Phänomen führt, führen kann, zeigt, wie unmittelbar politisches Geschehen mit den physischen Gegebenheiten dieses Raumes verbunden ist.

In diesen 40 Jahren hat sich der Himalaya, wie schon durch die gesamte uns überschaubare Geschichte hindurch, als eine faszinierende Bühne historisch-politischer Entwicklung gezeigt, die hier – im höchsten Gebirge der Erde – von der Umwelt, dem Lebensraum aufs stärkste beeinflusst wird. Der dominanten Hochgebirgsnatur entsprechend wird hier der Mensch und sein „Wesen" viel stärker von der Umwelt bestimmt als anderswo, unter weniger akzentuierten Verhältnissen, wo er auch selbst, seinerseits stärker die weniger beherrschende Umwelt prägend in Erscheinung tritt.

Die für die ursprüngliche pflanzengeographische Arbeit (SCHWEINFURTH 1957) sich allmählich ergebende Begrenzung – „Kabul bis Yangtsekiang" – hat im Laufe der Zeit immer stärker die Parallelen zwischen NW und NE und auch die Unterschiede hervortreten lassen.

Wenn der Verfasser es gewagt hat, im Rahmen des Himalaya-Seminars des Wintersemesters 1989/90, dem der jetzt hier vorliegende Band seine Entstehung verdankt, seine Ideen vorzutragen, so war das noch verhältnismässig „tragbar" gegenüber dem Entschluss, die Quintessenz seiner Überlegungen in einem Aufsatz zu veröffentlichen: die Literatur, gerade zum NW, ist so umfangreich, dass sie nur selektiv angedeutet werden kann.

Im Grunde gebührt dem aufgegriffenen Thema eine Lebensarbeit – und es kann vorausgesagt werden, dass die Dynamik der Entwicklung den geduldig sich an die Probleme heranarbeitenden Forscher allemal überholen wird.

Deshalb, mit allen angedeuteten Vorbehalten, mag dieser Beitrag das gewaltige Gebirge von W bis E als ein klassisches Beispiel raumbedingter menschlicher Entwicklung, Geschichte vorführen – in voller Überzeugung, dass beim endlichen Erscheinen des Bandes das hier Vorgelegte bereits schon wieder hinter der Entwicklung zurückgeblieben sein wird.

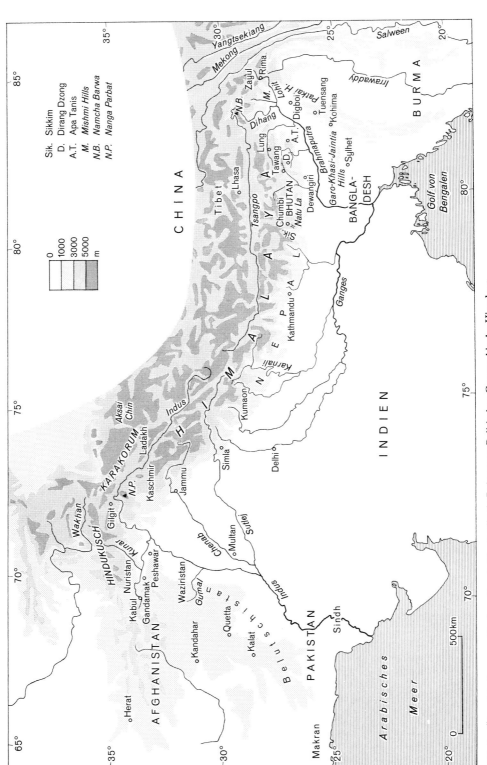

Abb.1: Übersichtskarte zu „Nordwest" und „Nordost": ein Beitrag zur Politischen Geographie des Himalaya.

Einführung

Begriff „Nordwest"- und „Nordost"-Himalaya

Nordwest- und Nordost-Himalaya lässt den Kundigen sogleich an ‚North-West Frontier Province' und ‚North-East Frontier Agency' denken – doch das sind Begriffe, die bereits der Vergangenheit angehören. Was geblieben ist und das eigentliche Thema dieses Beitrages ausmachen soll, ist die politische ‚sensitivity' dieser beiden Gegenden, jener „Ecken", Bereiche im Himalaya, die sich durch die Zeiten hindurch erhalten hat, so lange es geschichtliche Aufzeichnungen gibt, um nicht zu sagen: seit Menschengedenken.

Die geläufigen Bezeichnungen ‚North-West Frontier Province', und ‚North-East Frontier Agency' zeigen die subcontinentale Sicht, aus der heraus wir das Gebirge und damit die im Mittelpunkt der Betrachtung stehenden Bereiche zu sehen pflegen – denn: für den Himalaya selbst würde „West" und „Ost" vollkommen genügen, nichtsdestoweniger sind die überkommenen „Ordnungsprinzipien" zu berücksichtigen.

Es ist auch nicht so, dass nur der „Nordwesten" und der „Nordosten" des Himalaya politisch-geographisch von Bedeutung wären: jedes Stückchen Erdoberfläche ist ein Politikum, ist Ansatz zum „territorialen Imperativ" – doch: im „NW" und „NE" des Himalaya conzentrieren sich immer wieder Kräfte, Bewegungen, wie sonst nirgendwo im Himalaya-System. So, wie die Dinge heute liegen, wo keine Bewegung von Bedeutung in diesen Bereichen ohne weltweite Resonanz bleibt, ist eine Überschrift auf den Himalaya oder auch Asien bezogen eher ein ‚understatement', das die Sicht einschränken könnte; NW- und NE-Himalaya werden bewusst in einen allgemeineren, grösseren Rahmen gestellt: beide Bereiche werden auch in Zukunft „von sich reden machen". Und wenn bei der bewussten Hervorhebung der überregionalen Bedeutung dieser neuralgischen Bereiche die kolonialzeitliche Benennung durchaus zurückfällt in den schon vorbeigerauschten Strom der Geschichte – dann ist festzuhalten, dass jene kolonialpolitische Terminologie doch das politisch Brisante an beiden Bereichen hat bewusst werden lassen.

Kartenbild

Der Blick auf die Karte zeigt: die grandiose Girlande des Himalaya ist nicht zu übersehen – sie „fällt ins Auge": weil sie so offensichtlich Ebene vom Hochland, Peripherie vom zentralen Kern des Kontinentes trennt, weil sie als „Randschwelle" eine so prominente Position im Antlitz der Erde einnimmt – trennend, vermittelnd, je nachdem, zwischen zwei absolut verschiedenen, ja gegensätzlichen Räumen, Lebensräumen, denn bei Fragen der Politischen Geographie haben wir es natürlich stets mit „Leben" zu tun. Und daneben, nicht weniger auffallend, wird in W und E die Girlande gerafft, die Gebirgsketten erscheinen zusammengefasst, zusammengedrängt, „geknotet" – in nicht zu übersehender Weise.

Was sagt das Kartenbild? Was sind die möglichen Folgerungen? Rein topographisch, dass in diesen beiden „Ecken" des Gebirges die Topographie noch wilder, schroffer, schwieriger ist als im Himalaya allgemein, zusammengedrängt doch wahrscheinlich auf Grund tektonischer Gegebenheiten. Wir wissen zudem, dass in diesen beiden Bereichen die Gebirgsbildung prominent am Werke ist: erinnert sei an das Erdbeben von Quetta 1935 – oder das sogenannte Assam-Erdbeben vom 15.8.1950, das eigentlich Zayul-Erdbeben heissen müsste, denn das Epizentrum lag unter dem östlich des oberen Assam-Tals gelegenen tibetischen Distrikt Zayul – doch: wer kennt schon Zayul? – und die Auswirkungen der Katastrophe wurden zuerst aus Assam bekannt.

Also, akzentuierte Topographie, ein topographisch, reliefmässig „wildes Land" – und diese Wildheit immer wieder erneuert, weil die Gebirgsbildung weitergeht, wie die tektonische Unruhe andeutet, wenn auch nicht immer so dramatisch, wie mit Erdbewegungen von der Intensität der genannten Beispiele.

Topographisch schwieriges, „wildes" Land widersetzt sich der Durchdringung von Aussen, aber: es bietet auch besondere Lebensräume, „Nischen": wer sich hier niederlässt, hierher zurückzieht, findet bald heraus, wie der gegebene Standort als Lebensraum zu nutzen ist: beide Bereiche, in W und E, haben das Interesse von Aussen durch Jahrhunderte hindurch angezogen, geradezu „magisch" angezogen – irgendeine Vorstellung vom gelobten Land jenseits? Wer weiss? – aber: die Tatsache des Angezogenseins und „Hier-Durchstossen-Wollens" bzw. „Durchsickerns" ist durch Jahrhunderte hindurch bekannt: sowohl für den W, wie, wenn auch weniger gut belegt, für den E. Bot das hier zusammengeraffte, zersplitterte Gebirge vielleicht doch bessere Durchdringungs-, um nicht zu sagen: Wanderungsmöglichkeiten? Wohl kaum – oder ist es einfach die erfahrungsmässig so viel geringere Ausdehnung des Gebirgskörpers an diesen Knoten, die bei aller Unbill ein doch aufs Ganze gesehen schnelleres Überwinden der schwierigen Gebirgsstrecken versprach? – irgendeine solche Erfahrung muss es ja doch wohl gewesen sein, die immer wieder zur Bevorzugung der einmal bekannten „Wege" führte – im besonderen Masse im Westen.

Quellenlage

Und damit treffen wir zum ersten Male auf einen Unterschied zwischen NW und NE: über den NW sind wir bedeutend besser orientiert, dokumentarisch belegt, weil der NW viel mehr im „Lichte der Geschichte" bekannt geworden ist: vielleicht ist das eine europazentrische, okzidentale Sicht? – der NE scheint dagegen vielmehr „im Dämmer" der dichten, schon tropisch zu nennenden Regenwälder zu bleiben.

Während im W unter der grellen Sonne des Trockengürtels auf den kahlen Flächen alles „offenzuliegen", einsichtbar erscheint, scheint im tropisch-feuchten E alles in den dunkeldämmrigen Wäldern verborgen zu bleiben – oder liegt es vielmehr am Mangel historischer Überlieferung? oder an unserer okzidentalen Ausrichtung bisher, mangelnder Durchdringung orientaler Quellen (so vorhanden)?

Tatsache ist bis heute: wir sind über die historischen Ereignisse und Abläufe im W viel besser orientiert als über die im E: ein wesentlicher Unterschied, aber doch nur ein gradueller, wie sich zeigen wird.

Dieser grundsätzliche Unterschied zeigt sich z.B. auffällig in SPATE's Behandlung von ‚India and Pakistan'. So ausführlich und sensibel SPATE, der mehr als andere Geographen dem historischen Aspekt huldigt, einerseits den NW und die ‚borderlands' im W behandelt (1964, pp.424ff.), so kümmerlich wirkt demgegenüber seine Darstellung der ‚eastern borderlands' (1964, pp.553ff.) oder, noch auffälliger, die entsprechende Behandlung im Einführungskapitel – ‚historical outlines' – wo der NE überhaupt nicht vorkommt (pp.144ff.[1]). Und dazu KIRK (1975), dessen Kartenserie den Schluss nahelegt, dass der NE = das Land nordöstlich des Ganges-Brahmaputra-Mündungsgebietes „historisch" bis heute nicht zählt, ohne „Relevanz" für den Subcontinent geblieben ist, anders ausgedrückt: im Grunde „gar nicht dazugehört" zum Subcontinent, nur von der Topographie, vom topographischen Rahmen her conventionell einbezogen wird.

Politische Organisation des Himalaya im Überblick

Wie zeigt sich die politische Organisation im Himalaya heute? Wir fassen für diesen Überblick die Gebirgswelt zusammen, die vom Arabischen Golf im W bis zum Bengalischen Golf im E den Subcontinent im N umfasst, begrenzt.

Es genügt hier, kurz darauf hinzuweisen, dass dieser grosse Bogen, der den Subcontinent nach N abschliesst, physisch-geographisch, klimatisch, vegetationsmässig von Wüste im W bis zum (rand-)tropischen Regenwald im E reicht; für den Himalaya i.e.S. sind wir über die dreidimensionale Differenzierung der Vegetation in diesem Raum informiert (SCHWEINFURTH 1957 und in diesem Band). Was finden wir heute in diesem weitgespannten physisch-geographischen Rahmen an politischen Strukturen bzw. Problemen?

Balutschistan wird topographisch bestimmt durch Anteil an der basin and range-structure Irans, sowie durch zwei prominente Girlanden, gerafft im Knoten von Quetta. Die Grundstruktur der Bevölkerung ist ‚tribal', vier Hauptgruppen werden unterschieden: Jatti im S, Brahui und Baluchi im Zentrum, Pathanen im N, mit kleineren Gruppen an der Küste. Differenzierung wird betont durch Zugehörigkeit zu verschiedenen Sprachfamilien: die Sprachen der Baluchi und Pathanen gehören zur iranischen Sprachfamilie; das Brahui zum Dravidischen, heute isoliert und geographisch weit entfernt von der Hauptmasse der dravidisch Sprechenden im S des Subcontinentes. Dieses Vorkommen hier im NW wird erklärt als ein hängengebliebener Restbestand der dravidischen Einwanderung durch den NW, einleuchtend zumal, nachdem man in der Induskultur dravidische Elemente gefunden hat. Das einzig Einigende in der Vielfalt scheint der Islam zu sein, der allerdings mit zahlreichen lokalen Eigentümlichkeiten durchsetzt sein soll (SPATE 1964, p.428). Nach der Teilung des britischen Indien hat Pakistan hier das Erbe angetreten und damit auch die von den Briten aus der Indus-Ebene weg weit in das Gebirge hinein vorgetragene Grenze gegen Iran und Afghanistan. In jedem Falle ein schwieriges Randgebiet.

1 Entsprechend SPATE 1967, pp.480ff., pp.600ff., pp.173ff.

Der „NW i.e.S.", zur britischen Zeit die ‚North-West Frontier Province', kann morphologisch-topographisch als der „ausfransende Teil" der afghanischen Gebirge angesehen werden, mit scharfem Abfall zur Indus-Ebene. Während die Strukturen Balutschistans noch überschaubar erscheinen, gilt für den NW i.e.S. ‚fragmentation' in Morphologie und Topographie – und so auch was die Bevölkerung angeht; dabei sind sie alle Pathanen, sprechen Pashtu und werden insgesamt zum sunnitischen Islam gerechnet – man könnte im Vergleich zu Balutschistan also eher „Einheit" erwarten, dagegen herrscht die sprichwörtliche ‚tribal anarchy' des NW, die dem Aussenstehenden – und das blieben, trotz allem, die Briten bis 1947 und sind es wahrscheinlich die pakistanischen Nachfolger bis heute – schwer durchschaubar bleibt, mit ihren wechselnden Fronten und Allianzen: der NW sensu stricto. Hier „imperiale Ordnung" zu etablieren überforderte auch die erfahrenen britischen ‚empire builder': Pakistan hat ein ungelöstes, schweres, finanziell belastendes Erbe übernommen, das einer Lösung näherzubringen die sehr viel geringeren Möglichkeiten des Nachfolgestaates wenig Hoffnung geben.

Die russische Invasion in Afghanistan 1979, die klassische Demonstration der möglichen politischen Entwicklung in Asien, wie sie z.B. Lord Curzon (1966) als nightmare ständig vor Augen hatte, hat nicht nur die Richtigkeit der Vorwärtspolitik der Briten „in den Kontinent" bewiesen, sondern zugleich auch die gesamte Problematik des NW, der ‚North-West Frontier Province' im besonderen, aufgerissen, indem sie klar werden liess, dass diese Gebirgszone bis heute kein Land für Verwaltung im Sinne geordneter politischer Verhältnisse ist: bei Bedrohung von aussen setzt wohl augenblicklich gemeinsamer Abwehrwille ein – mit bemerkenswertem Erfolg, wie der russische Rückzug 1989 zeigte; sobald aber die äussere Bedrohung weicht, brechen die immanenten Differenzen auf in der Auseinandersetzung „jedes mit jedem": bis heute noch nicht transformiert in parlamentarische Formen, sondern in der althergebrachten „Freude", Stolz an kriegerischer Auseinandersetzung ausgetragen, in welchem Zustand man „den NW" heute findet, durch die Flüchtlinge im pakistanischen NW und den „grenzüberschreitenden" Verkehr völlig unübersichtlich und unregierbar geworden: der Charakter des NW im altbekannten, sprichwörtlichen Sinne hat sich „durchgesetzt".

In dem nach Nordosten anschliessenden Bereich des Indus-Durchbruchs ist in den vergangenen Jahren durch die Eröffnung des Karakorum Highway ein entscheidendes neues verkehrsgeographisches Politikum geschaffen worden: diese Strasse verbindet heute die Punjab-Ebene mit Zentralasien, China – vorausgesetzt natürlich, dass keine lokalen Störungen, Erdrutsche etc. auftreten. Dieser Highway durch die Indus-Durchbruchschlucht – „in den Hängen der Indus-Durchbruchschlucht" – und die Vorbereitung dazu hat die Isolierung des Indus Kohistan, einst aus der britisch-indischen Verwaltung ausgeschlossen, wenigstens entlang der Trasse der Strasse aufgelöst – wie weit die Strasse ins Innere in die Nebentäler hinein wirkt, sei dahingestellt. Beträchtlich sind die Auswirkungen im Hunza-Tal (KREUTZMANN 1989, ALLAN 1990).

Zur britischen Zeit folgte nach E das Gebiet von „Kashmir & Jammu", das, mit dem Kerngebiet des Beckens von Kaschmir, von den Fusshügeln des Himalaya (hier des Pir Panjal) im Aksai Chin-Plateau bis auf das zentralasiatische Hochland hinaufreichte (DREW 1857).

Die heutigen Schwierigkeiten von Kaschmir beruhen auf der Tatsache, dass die Bevölkerung mehrheitlich muslimisch ist. Die dominierende Position der orthodoxen Hindu-Oberschicht geht auf die Persönlichkeit des Gulab Singh of Jammu zurück, der eine Art von Vermittlerrolle zwischen Briten und Sikhs wahrzunehmen versuchte – durchaus auch zum eigenen Vorteil in Form z.B. territorialer Acquisitionen. Auseinandersetzungen im Zusammenhang mit der Teilung des Subcontinentes führten zu kriegerischen Aktionen und konnten erst 1948 durch eine Demarkationslinie/ Waffenstillstandslinie (SUKHWAL 1985, p.20) zum Abklingen gebracht werden. Indien behielt das Kerngebiet des Tals von Kaschmir, im S Jammu und Teile von Punch, im N Ladakh östlich des Burzil-Passes. 1957 erklärte die Cashmere Assembly den Staat zu einem integralen Teil der Indischen Union. Dabei ist es bis heute geblieben.

Unabhängig vom indischen Anspruch hat Pakistan einen Teil der Nordabdachung des Karakorum (im Aksai Chin-Gebiet) „in aller Form" an China abgetreten; China hatte hier durch Strassenbau vollendete Tatsachen geschaffen und im Rahmen der Aggression im Herbst 1962 auch im Aksai Chin-Gebiet militärische Präsenz demonstriert. Dies führte in Folge nach 1962 zu einem forcierten Ausbau der indischen Positionen in Ladakh mit Leh als Zentrum.

Aber die erwähnte Waffenstillstandslinie von 1948 ist nicht überall im Gelände festgelegt, zum Beispiel nicht im Gletschergebiet des Karakorum. Alle Jahre wieder tauchen im Hochsommer, im August, Meldungen über örtliche Auseinandersetzungen im Bereich der Gletscher auf, prominent im Gebiet des Siachen-Gletschers, wo die Kampfhandlungen in 5000 m Höhe und mehr stattfinden. Auch nach dem Indo-Pakistanischen Krieg von 1972 gab es hier keine Klärung im Friedensschluss. 1978 plazierte Pakistan fünf Beobachtungsposten am Gletscher, was von indischer Seite entsprechend beantwortet wurde, womit die Akteure am Schauplatz versammelt waren.

Die Waffenstillstandslinie ist nunmehr seit 44 Jahren etabliert; eine gewisse Gewöhnung an den Zustand darf nicht darüber hinwegtäuschen, dass sie an sich als „vorübergehende" Massnahme gedacht war. Das Problem „Kaschmir" besteht weiter, wie auch die immer wieder aufflackernden Unruhen im Lande zeigen. Kaschmir ist der einzige Staat der Indischen Union mit einer muslimischen Mehrheit in der Bevölkerung. (vgl. dazu LAMB 1966, 1991).

Östlich, südöstlich an Kaschmir anschliessend, ist der Himalaya bei übersichtlicheren topographischen Verhältnissen fest in indischer Verwaltung (Himachal Pradesh, Kumaon).

Das unabhängige Nepal nimmt den zentralen Teil des Gebirgswalls im N des Subcontinents ein; die Grenzen des heutigen Nepal wurden zur Zeit der britischen Herrschaft in Indien festgelegt, was umso leichter fiel, als China damals im Himalaya nicht „präsent" war. Das war nicht immer so – Nepal galt als „tributpflichtig" nach Peking. Mit dem Abzug der Briten aus Indien war Nepal entschlossen, einer dem britischen Vorbild folgenden weiteren „Bevormundung" durch Indien zuvorzukommen: mit Erfolg – soweit das die Binnenlage des Landes, die dominierende Macht und physische Nähe Indiens zulassen.[2]

---

2   Für das westliche Nepal („Karnali Zone') vgl. z.B. BISHOP 1990.

Östlich an Nepal anschliessend behauptete der Maharaja von Sikkim zwischen Nepal und dem tibetisch-chinesischen Chumbi- Talkeil eine gewisse, von Britisch-Indien zugestandene Selbstständigkeit. Der Indischen Union war diese Sonderstellung nicht sympathisch – vielleicht fürchtete man chinesischen Einfluss? Jedenfalls wurden die Reste der Unabhängigkeit auf dem Wege demokratischer Wahl (über die grosse Zahl der zugewanderten Nepalis) 1975 beseitigt und Sikkim gleichgeschaltet (RUSTOMJI 1981, 1987). Östlich anschliessend reicht im tibetisch/chinesischen Chumbi-Tal chinesisches Territorium zwischen Sikkim und Bhutan weit nach S, von hohen Gebirgszügen eingeschlossen. Bhutan ist im Gegensatz zu Nepal nach 1947, dem Abzug der Briten aus Indien, weiter unter der aussenpolitischen Dominanz Indiens verblieben; Indien hat im E Diwangiri, jenes Territorium, das die Briten Bhutan einst abgenommen hatten, zurückgegeben: eine Geste des Entgegenkommens, aber natürlich auch eine Aufforderung zum Wohlverhalten. Indien bestimmt nicht nur nach wie vor die Aussenpolitik des Landes, die physische Nähe und Dominanz der Indischen Union ist eine geographisch-politische Tatsache.

Es muss bis heute als ungeklärt gelten, welche Motive die chinesische Führung im Herbst 1962 veranlasst haben, jene Demonstration militärischer Macht im nordöstlichen Himalaya zu inszenieren. Niemand hat mehr getan, friedliche Coexistenz gerade China gegenüber zu deklarieren und zu praktizieren als Indiens Premierminister Nehru. Aber – Indien bestand auf den von den Briten übernommenen Grenzen, so auch im NE, d.h. in der Gebirgsumrandung des Assam-Tals, der sog. McMahon Line (Conferenz von Simla 1914, LAMB 1966), die z.B. besagt, dass die gesamte Südabdachung des Assam-Himalaya indisches Territorium ist, ebenso das Dibang-System östlich des Tsangpo- Durchbruches. Nach chinesischem Standpunkt dagegen ist die gesamte Himalaya-Südabdachung bis zum Fuss des Gebirges im S chinesisches Territorium – so auf allen Karten der Chinesen vermerkt (z.B. Vegetationskarte von China, 1979; Vegetationskarte von Tibet, 1988 – um zwei ganz „unpolitische" Beispiele zu zitieren). Die Chinesen erschienen damals, Ende Oktober 1962, plötzlich, „über Nacht", am Rande der Assam- Ebene, am Fuss des Gebirges – südlich Dirang Dzong im Balipara Frontier Tract und im E am Ausgang des Lohit-Tales – „gegenüber" den Assam-Ölfeldern von Dingboi. Die mangelnde verwaltungsmässige Aufschliessung der nordöstlichen Gebirgsumrahmung durch die indische Regierung – in Nachfolge der britischen Verwaltung – war die Voraussetzung für diese Überraschung, zusammen mit der Fähigkeit der Chinesen, den Assam-Himalaya auf bis dahin unbekannten Gebirgspfaden zu durchqueren, im E, Lohit-Tal = Zayul, immerhin unbemerkt beträchtliche Truppencontingente zusammenzuziehen. Nachdem die Chinesen diese Machtdemonstration erfolgreich zustande gebracht hatten, zogen sie sich wieder zurück, blieben nicht, um das von ihnen geforderte Territorium in Besitz zu nehmen, sondern überliessen es den Indern, die Folgerungen zu ziehen, die nun nach dieser Lektion allerdings der verwaltungsmässigen Durchdringung grössere Aufmerksamkeit schenkten – zumal die Demonstration der Chinesen keineswegs friedlich, vielmehr durchaus militärisch war. Vielleicht war Hauptgrund für die Aktion, Indien für die Aufnahme des Dalai Lama zu strafen bzw. die moralische Unterstützung, die Indien Tibet angedeihen liess gegenüber der Invasion der Chinesen.

Was die Haltung der indischen Regierung im NE angeht, ist das Beispiel Nagaland lehrreich. Britisch-indische Politik im NE zeigt „spiegelbildlich vergleichbare" Verhältnisse zum NW – auf der Grundlage ausserordentlich unübersichtlicher Topographie.

Die im NE ansässigen Nagas, Bergstämme, hill tribes östlicher Provenienz, der Herkunft nach nicht, aber dem Verhalten nach sehr wohl mit den hill tribes im NW vergleichbar, setzten – im Verein mit der Topographie – der verwaltungsmässigen Durchdringung ausserordentliche Hindernisse in den Weg. Wie im NW (i.e.S.) versuchte die britisch-indische Verwaltung mit einem Mindestmass an administrativem Einsatz auszukommen. ‚Somewhere across the hills' verlief durch von Nagas bewohntes Gebirgsland die Grenze nach Burma, was zur britischen Zeit auch deshalb kaum von Bedeutung schien, weil das britische Burma bis 1936 ebenfalls von Delhi aus im Rahmen von „Britisch-Indien und Burma" verwaltet wurde.

Im Moment der Unabhängigkeit Indiens (1947) und Burmas (1948) wurde aus einer reinen Verwaltungsgrenze eine internationale Grenze, deren Verlauf im Gelände noch niemand richtig nachgegangen war. Viel gravierender noch: die Nagas wollten nicht von den Nachfolgern der Briten in New Delhi verwaltet werden: sie erklärten sich unabhängig. Im Verlaufe langjähriger Auseinandersetzungen, z.T. mit massivem militärischen Einsatz, wurde schliesslich 1963 ein Compromiss erreicht – und ‚Nagaland' zum Bundesstaat erhoben – mit einem Maximum an Entgegenkommen und wirtschaftlicher Hilfe, was die Nagas im Rahmen der Indischen Union erreichen konnten.

Die Indische Union hätte, bei einem Nachgeben gegenüber der Unabhängigkeitsforderung der Nagas, mit einer Kettenreaktion rechnen müssen – zumal im NE, möglicherweise aber auch anderswo, und natürlich war auch längst bekannt, dass sowohl Pakistan, damals noch im Osten der Union im heutigen Bangladesh als East Pakistan vertreten, wie auch China die Unruhe in den Naga Hills „mit Aufmerksamkeit" verfolgten.

Die Indische Union ist den Weg der Entwicklung zum Bundesstaaten-Status im NE consequent weitergegangen, so dass heute, von der Ostgrenze Bhutans an sich aneinanderreihen: Arunachal Pradesh, Nagaland, Manipur, Mizoram, so dass man, zumindestens „staatsrechtlich", hierin eine Beruhigung, Consolidierung des NE erblicken kann. Wie es im Inneren dieser Verwaltungseinheiten und an ihren Grenzen nach Burma zu im einzelnen aussieht, ist eine andere Frage, die z.B. auch die bekannte Unfähigkeit der burmesischen Regierung, sich in den ‚hills', auch denen nach Indien zu, durchzusetzen bzw. sie überhaupt verwaltungsmässig „anzugliedern", in Rechnung stellen muss (vgl. z.B. LINTNER 1990, auch WOODMAN 1962).

Kurz: gegenwärtig ist „der NW" bestimmt durch die Situation in Afghanistan nach Abzug der Roten Armee; die – lokalen – Beziehungen über die Durand Line = internationale Grenze hinweg sind so intensiv, dass diese Grenze ‚on the spot' kaum von irgendwelcher Bedeutung ist; ferner sind nicht nur die nordwestlichen Randgebiete Pakistans, sondern der ganze Staat nachhaltig von der Entwicklung in Afghanistan beeinflusst (vgl. z.B. ALLAN 1987), so dass der Begriff „NW" im hier gebrauchten Sinne jetzt durchaus über ‚Khyber Pass' oder auch North-West Frontier Province hinaus gesehen werden kann.

Der Karakorum Highway gehört zu den neuen politischen Gegebenheiten: als Ergebnis chinesisch-pakistanischer Zusammenarbeit kann er als potentiell antiindisch angesehen werden, insofern potentiell ‚destabilisierend'.

Die Waffenstillstandslinie durch das alte Kaschmir hindurch hat sich wohl bewährt bis jetzt – im Sinne von: Bewahrung vor weiteren grösseren Auseinandersetzungen; im einzelnen zeigt sie ihren vorläufigen Charakter.

Der NE erscheint demgegenüber heute von der indischen Seite her „stabilisiert". Zumindest auf der politischen Karte nimmt sich die Organisation des „wilden Nordosten" in Bundesländer „ermutigend" aus. Demgegenüber hält die Regierung in Peking bis heute fest am Anspruch auf die gesamte Südabdachung des östlichen (Assam-) Himalaya, von Bhutan nach E bis Zayul.

Es ist ausser Frage, dass die grössere Brisanz z.Zt. im NW liegt, in den Grenzräumen zu Afghanistan, wo der Einmarsch der Roten Armee, Jahresende 1979, genau das versuchte, was die Herrscher des Britisch-Indien immer als Alptraum fürchteten: das aus dem Gleichgewicht-Geraten der ‚balance of power' in Zentralasien. Die Ereignisse dort seit 1979 (und im NE im Jahre 1962) zeigen an, dass das noch so intensive Deklarieren friedlicher Coexistenz durch die Nachfolger der Briten kein Ersatz ist für weitsichtige, mit allen Gegebenheiten rechnende Machtpolitik.

„Nordwest"- und „Nordost"-Himalaya in ihrer raumbezogenen historischen Entwicklung

Schon dieser kurze Überblick lässt erkennen, wie der differenzierte und differenzierende Raum dieses Gebirgssystems – oder: der „Gebirgswall im Norden" vom Subcontinent aus gesehen – auf den Menschen und seine Handlungen einwirkt, seinen – geschichtlichen – Bewegungen Rahmen gibt. Und es deuten sich schon im Überblick Parallelen an zwischen NW und NE. Diesen möglichen Parallelen ein wenig genauer nachzuspüren, soll eine – so weit in diesem Rahmen mögliche – Vertiefung dienen: Gemeinsamkeiten, Parallelen und auch Unterschiede zu finden in der Entwicklung, immer aber mit dem Blick auf das Gebirge als Ganzes, auf den „Grenzwall im Norden", denn die Entwicklung, die Situation wird nun einmal vom Subcontinent aus gesehen – kein Wunder, denn in den Subcontinent hinein haben die Bewegungen durch das Gebirge gewirkt, vom Subcontinent aus sind Bewegungen in die Gebirgswelt hinein oder auch hindurch und darüber hinaus ausgelöst worden.

Der Himalaya mag dabei zunächst mehr als trennend in der Gegenüberstellung der Lebensräume – Hochland: Tiefebene – gesehen werden, doch ist er zugleich für den Handel auch der vermittelnde Raum zwischen zwei so gegensätzlichen Lebensräumen, und sei es zunächst nur die Tatsache lokalen Tauschhandels, der sogar aus dem unzugänglichen Assam-Himalaya bekannt ist (- mit traditionellen Tauschplätzen, z.B. Lung – FLETCHER 1975, p.90 – nach LUDLOW und SHERRIFF). Handel ist auch sonst überall aus dem Himalaya bekannt, aus dem Indus-Durchbruch, Sutlej-Tal, oberes Karnali-Gebiet in Nordwest-Nepal, Sikkim über den Natu La nach

Lhasa, um nur die bekanntesten Beispiele zu nennen. Doch dieser Handel ist etwas ganz anderes als das Phänomen säkularer Bewegungen, die wir im NW und NE beobachten, wo es sich um ganz andere Dimensionen an menschlicher Bewegung und Zeiträumen handelt.

Der Nordwesten

Balutschistan:

Die Makran-Küste – wüstenhaft, unwirtlich, abweisend – erlebte unter von W vorfühlender arabischer Dominanz Wohlstand und wirtschaftliche Blüte. Im 8. Jahrhundert erfolgte entlang dieser Küste die erste bekannte arabische Invasion nach Sindh, der erste Einbruch des Islam nach Indien (vgl. dazu HOLDICH 1910: ‚Gates of Makran' – mit Karte). Ständig wechselten die Herrschaften – Moguls, Afghanen, Perser. Im 17./18. Jahrhundert versuchte der Khan von Kalat einen stärkeren Zusammenschluss der durch zahllose Stämme bestimmten Verhältnisse im Zentrum des Bereiches, den wir als Balutschistan zusammenfassen – aber auch das war wohl nur ein ‚nomineller' Zusammenschluss und vielleicht auch viel mehr in Abhängigkeit von Delhi bzw. Kandahar (HOLDICH 1901, CAROE 1964, SPATE 1964, p.428). Für die Briten ging es um die Absicherung ihres Herrschaftsbereiches in Indien: die Kontrolle der Zugänge von und nach Herat und Kandahar – Ziele der Absicherung – und (zeitweise wenigstens) Vorwärtspolitik: kontinentwärts. Man lässt sich Territorien vom Khan von Kalat ‚on lease' übergeben, fügt weitere tribal areas hinzu, alles zusammen eine ziemlich complexe Masse, die, als „Balutschistan"[3] zusammengefasst, nach dem Prinzip ‚divide et impera' eingebaut wird in den Absicherungsbereich, „verwaltet". Der Vertrag von Gandamak – nach dem 2. Afghanischen Krieg (1879-1881) – bringt den Gewinn der sog. „nördlichen Territorien" – einen guten Schritt weiter in der Absicherungspolitik im Westen in Richtung Afghanistan (HOLDICH 1901).

Der Wüstencharakter des Landes, die schwierige Topographie, der Mangel an Wasser – das ist der von der Natur gegebene Rahmen für die politische Instabilität des Raumes – eher Nomadismus als feste Siedlungen[4]. Immer erneutes Aufbrechen lokaler Unabhängigkeiten einzelner Stammesoberhäupter hat stets die ebenfalls von Zeit zu Zeit virulente Tendenz zum Zusammenschluss zum Erliegen gebracht. Erst die imperiale Macht aus ihrem Bedürfnis heraus, die „Perle des Empires" zu sichern, versuchte den Bereich politisch-administrativ „in den Griff" zu bekommen, mit leidlichem Erfolg, brachte aber dadurch auch die Idee eines grösseren Zusammenschlusses (‚Greater Baloochistan') zu allgemeinerem Bewusstsein (BALOCH 1987).

---

3 CAROE 1964, p.372: „Baluchistan is a misnomer".
4 Vgl. dazu ausführlich SCHOLZ 1974 und 1992.

Doch die Vorstellung vom „Gebirgsgrenz**wall**" ist eine Illusion: der vielfach „gebrochene", topographisch so schwierige Raum lässt eher Stammesbewusstsein als autochthone, grössere Strukturen wachsen. Das immer mal wieder proklamierte Recht auf Selbstständigkeit, Unabhängigkeit, wo ein Zusammengehörigkeitsgefühl nur in Ansätzen vielleicht vorhanden ist, hat bisher kaum Aussichten auf Verwirklichung erfahren. Im Vergleich zu den historischen Beziehungen im Norden nach Afghanistan hin, im Süden nach Persien/Iran hat die imperiale Macht ohne Zweifel einen gewissen Grad von Consolidierung erreicht, aber schon der Nachfolgestaat, Pakistan, mit weniger Machtmitteln ausgerüstet, hat seine Schwierigkeiten, den einst imperial hergestellten Zusammenschluss dieser seiner grössten und zugleich ärmsten Provinz zu wahren.

Für einen seit alten Zeiten als Durchgangsgebiet bekannten Bereich mit seinen traditionellen Beziehungen nach Afghanistan löste die russische Invasion in Afghanistan (1979) und die dadurch entfesselten Abwehrkräfte die Fiktion der Existenz einer internationalen Grenze weitgehend auf. Wahrscheinlich haben gerade hier die auf den politischen Karten so eindeutig markierten Grenzen in der Wirklichkeit nie existiert – und die Verhältnisse werden „offen" bleiben, solange keine Consolidierung der politischen Verhältnisse in Afghanistan eingetreten sein wird (CAROE 1964; SPATE 1964; BALOCH 1980; 1987; HARRISON 1981; STEWART 1989).

Der Nordwesten i.e.S.:

Das ist das Problemgebiet par excellence (CAROE 1964; SPATE 1964, p.438; DICHTER 1967; ENRIQUEZ 1921; SWINSON 1967), denn hier wird im allgemeinen das grosse „Einfallstor" nach Indien gesehen. Aber wenn man sich auch angewöhnt hat, dieses „Tor" mit dem Stichwort ‚Khyber Pass' zu belegen, so ist das nur ein Teil der Wahrheit: so und so oft wurde die an sich schwierige Passlage des Khyber selbst gemieden bzw. umgangen[5]. Alexander der Grosse soll z.B. den Kunar aufwärts und dann über die leichter begehbaren Pässe nach Swat hinein abgestiegen sein (CAROE 1964 mit Karte). Ebenso Babur (CAROE 1964 dito), der erste Mogul Emperor – wobei daran zu erinnern ist, dass noch früher die Makran-Küste gewählt wurde, auch die Gegenden Multan, Gormal, Todu waren anscheinend interessanter für die frühen Muslim-Einwanderer – d.h.: der NW im weiteren Sinne; das Ziel – Nahziel, wenn man von einem solchen sprechen kann – war wohl immer zunächst das Tal von Peshawar, als Oase im wüstenhaften Nordwesten[6].

In den anarchischen Zeiten der vor-Mogul Muslim-Dynastien oder auch des 18. Jahrhunderts waren Pathanen verbreitet nach E bis Delhi, aber ihr eigentlicher Rückhalt lag im Lande westlich des Indus; man hat deshalb vor der Teilung des Subcontinentes auch vom Indus als der „eigentlichen" Grenze Indiens gesprochen: wenn dazu die Meinung der Vertreter der Vorwärtspolitik gehört wird, die die „wirkliche" Grenze Indiens entlang des Hindukusch sahen bzw. forderten, so ergibt

---

5   CAROE 1964, p.399: „an almost pathless tangle of hills".
6   CAROE 1964, p.390: „the Peshawar Valley ... always acted as a magnet".

sich immerhin das Gebirgsland zwischen Indus und Hindukusch als der grosse Übergangsraum im NW (SPATE 1964, p.439).

Seit den Berichten des Alexander-Zuges hat sich anscheinend so viel nicht in dieser „Ecke" geändert: ‚uncivilised hillmen', von denen SPATE (1964, p.439) meint, dass sie wahrscheinlich von allen früheren grossen Reichen, die vom Hochland Iran-Afghanistan nach Hindustan heruntergereicht haben, mehr ‚incapsulated' wurden, als ‚assimilated' – im Grunde das, was auch die Briten praktizierten, zumal da das zu erwartende Steueraufkommen kaum die Ausgaben für das Eintreiben, geschweige denn irgendwelche weitergehende Verwaltung zu rechtfertigen schienen, so lange jedenfalls Karawanen und offizieller Verkehr nicht ungebührlich belästigt wurden. ‚The tribes were left to missgovern themselves within the wide meshes of a net formed by firmly held roads and key strategic points' (SPATE 1964. p.439), beschreibt die Situation während der britischen Herrschaft.

Der praktische Sinn – oder das Ingenium der Empire-Erfahrung? – erfand die Methode der „stufenweisen Annäherung" an die lokalen Verhältnisse: die internationale Grenze zwischen Britisch-Indien und Afghanistan, sog. Durand Line, wurde – theoretisch! – definiert, „weit oben auf dem Gebirgskamm"; das Gebirgsland zwischen Indus-Ebene und dieser Grenze, die ‚North-Western Hills', wurde aufgeteilt in die sog. ‚administered districts', die ‚tribal agencies', und daran anschliessend weiter gebirgseinwärts das ‚unadministered country'. Diese Lösung berücksichtigt die Tatsache, dass man die ‚tribal agencies' zunächst nur mit strategischen Punkten hier und da durchsetzen konnte – in der Hoffnung, von diesen Standorten aus eine gewisse Übersicht auszuüben, gar nicht zu sprechen von Kontrolle: eine Notlösung, geboren aus der Einsicht durch die Kriege mit Afghanistan, dass man das Land, wenn auch noch so schwierig, eben doch nicht gänzlich sich selbst überlassen konnte. Durch die gesamte Zeit der britischen Herrschaft über den Subcontinent blieb die – aus Empire-Sicht – Unbotmässigkeit der Stämme sprichwörtlich für diesen nordwestlichen Bereich mit Stammesauseinandersetzungen bis hin zu Operationen wie der Waziristan Campagne von 1937 mit 40.000 Mann, einem kostspieligen Feldzug to establish law and order – ‚for the time being' (NEVILL 1912; SPATE 1964, pp.438ff).

Neben den gelegentlichen Strafexpeditionen gehörte Schutz für den einen Stamm und dazu offizielle Erlaubnis, Ermunterung, den oder jenen anderen, besonders unliebsamen, zu überfallen, wirtschaftliche Blockade, Geiselnahme und eine gehörige Mischung von Bestechung, Teilung, Einschüchterung, schliesslich auch hier und da ein – „politischer" – Mord an einem lokalen Häuptling zu den Methoden, wie dieses wilde, „unbotmässige" Land „regiert" wurde (SPATE nimmt für den Britischen Raj die letztgenannte Methode – Mord – ausdrücklich aus). Es ist eher anzunehmen, dass sich unter theoretisch pakistanischer Oberhoheit – aus Mangel an Mitteln – das ‚Missgovernment', (s. oben, SPATE 1964, p.439) noch weiter entwickelt haben wird, bis die afghanische Tragödie den Nordwesten in völliges Chaos gestürzt hat, ihm andererseits eine bisher ungekannte weltpolitische Bedeutung verschaffte, damit zugleich auch Pakistan, dem nominellen Oberherrn.

In der Vergangenheit gab es immer wieder Staatsgründungen, die den Nordwesten insgesamt einschlossen; die Zentren lagen auf der Linie Kabul/Kandahar oder im Punjab, so z.B. z.Zt. der Ghaznaviden und der Ghori-Reiche (11.-12. Jahrhundert), des Mogul- Empire, des afghanischen Durrani-Reiches im 18. Jahrhundert: das ermöglichte bessere Kontrolle, da die Gebirgsausgänge in W und E in einer Hand lagen. Das war den Briten nicht vergönnt. Doch auch diese „gebirgsüberspannenden" Herrschaften, Reiche waren nie von Dauer, ausgenommen z.Zt. der Mogul, so dass die hill tribes alsbald wieder ihre Freiheit gewannen.

Russische Aktivitäten in Zentralasien, die ständige territoriale Ausweitung russischer imperialer Macht im 19. Jahrhundert nach Süden, zwang die Briten zum Schutze Indiens sich immer weiter continentwärts zu engagieren ('Great Game', vgl. z.B. HOPKIRK 1990). Der – später sogenannte – 1. Afghanische Krieg 1841/42 endete mit dem Desaster der völligen Vernichtung des Expeditionscorps von 16.000 Mann – bis auf den einen Überlebenden, der die Kunde überbrachte; der 2. Afghanische Krieg 1879-1881 brachte die wichtige Linie Kabul-Kandahar in britische Hand (s. oben), aber die Kosten, die sprichwörtlich kriegerische Bevölkerung unter Controlle zu halten, führten zu einer Neuorientierung der britischen Politik: Afghanistan als Pufferstaat – unter britischem Einfluss – aufrecht- und auszuhalten. Damit war die Idee der Kontrolle über die westlichen Aus- bzw. Zugänge des Berglandes aufgegeben, während der Vertrag von Gandamak (1879) es den Briten ermöglichte, im S, in Balutschistan, mit der Übernahme der ‚Northern Districts' einen britisch-verwalteten Streifen Landes zwischen Afghanistan und den Bergstämmen Balutschistans einzuschieben. (CAROE 1964, p.375, p.380; SPATE 1964, p.441; STEWART 1989).

Grundlage für den Erfolg solcher Politik war in Balutschistan die grössere Autorität der Stammeshäuptlinge, über die ab 1880 im Wege der indirect rule das Land „assimiliert" werden konnte[7]: eine völlig andere Situation als im N, wo das agency territory, von der internationalen Grenze bis zum Bereich der sog. administrated districts ‚could hardly be said to be ruled at all by the British' (SPATE 1964, p.440, p.441) – ausgenommen an bestimmten strategischen Punkten.

Alle weitere versuchte sog. ‚peaceful penetration' erforderte, neben den materiellen Voraussetzungen, vor allem genaueste Kenntnis der lokalen Verhältnisse, insbesondere der einheimischen Allianzen und lokalen Fehden, d.h. zusätzlich zur Macht diplomatisches Geschick und einen ständig guten Informationsstand über die Vorgänge im Inneren der Bergwelt.

Im Grunde sind die Bergstämme im Nordwesten bis zu einem gewissen Grade immer von der Aussenwelt abhängig, z.B. bzgl. Salz und Winterweide. Nur mit strikter wirtschaftlicher Blockade liess sich Erfolg im Sinne von „verwaltungsmässiger Unterordnung" erreichen; doch das setzte Kontrolle der Gebirgsaus- bzw. -zugänge in E und W voraus. Die heutige Situation ist weit davon entfernt, denn der Einmarsch der Roten Armee in Afghanistan war für die Bergstämme eine Befreiung vor eines Tages doch vielleicht möglicher verwaltungsmässiger „Bedrängung". In der Auflösung aller staatlichen Ordnung in Afghanistan haben sie ihre uneingeschränkte Freiheit zur „Selbstverwirklichung" zurückerhalten[8] mit früher ungeahn-

---

7   SANDEMAN-System CAROE 1964, p.376; SPATE 1964, p.440.
8   CAROE 1964, p.398: 'the preservation of the anarchical freedom'.

ten Möglichkeiten des Waffenbesitzes und der Kriegsführung. Der Rückzug der Roten Armee 1989 ist Zeugnis ihres Erfolges, die Unmöglichkeit sich gegenüber der afghanischen Regierung in Kabul effektiv zu organisieren, bzw. selbst eine effektive Regierung zu bilden, die andere Seite der Medaille.

Die Einsicht, dass eine das ganze Gebirge im NW überspannende Besitznahme zu kostspielig wurde, führte zur Durand Line (1893) (DURAND 1910, HOLDICH 1901), die sozusagen die Gleichgewichtslinie zwischen Britisch-Indien und damaligem Afghanistan repräsentierte – und bis heute als internationale Grenze gilt, unabhängig von den obwaltenden Gegebenheiten. Die Durand Line zerschneidet das Siedlungsgebiet verschiedener Stämme, woraus sich die Möglichkeit immerwährender „Grenzüberschreitungen" = die internationale Grenze missachtender Unternehmungen ergibt – das Schicksal vieler Bergvölker, denen aus der Ebene heraus, vom „grünen Tisch" her internationale Grenzen beschert, auferlegt worden sind (vgl. spiegelbildlich im NE: Nagas; dazu Karte bei CAROE 1964: Tribal locations of the Pathans: mit Durand Line – ‚demarcated' und ‚undemarcated'; dazu auch RITTENBERG 1988).

Was immer Pakistan als Erbe der Situation seit 1947 im NW erreicht hat, ist in Frage gestellt durch die Entwicklung in Afghanistan. Vor dem Einmarsch der Roten Armee wurde schon die Idee eines Pakhtunistan propagiert, um alle Pathanen in einem Reich zu vereinigen, das möglichst incl. Balutschistan bis zum Arabischen Meer reichen sollte (dazu RITTENBERG 1988). Das blieb Propaganda. Der russische Einmarsch in Afghanistan hat in Folge den NW (und damit Pakistan) zumindestens mittelbar mit in die Kampfhandlungen bzw. die ‚logistic' einbezogen, nicht zuletzt durch die Flüchtlinge (ALLAN 1987), aber auch durch (westliche) Hilfe der verschiedensten Art. Was als Endergebnis sich eines Tages herauskristallieren wird, vermag z.Zt. noch niemand zu sagen, zumal ein Ende der Kampfhandlungen – seit 1989 allerdings mehr auf Stammesbasis, z.T., um modernen Gepflogenheiten zu entsprechen, unter dem Namen politischer Parteien – nicht abzusehen ist. In gewisser Weise scheint Afghanistan in einen Zustand zurückgekehrt, der dem Lande nicht fremd ist, der nur vorübergehend abgestellt worden war, als Aussenkräfte sich hier zeitweilig „die Waage hielten". Der NW aber erweist sich erneut – im Laufe einer langen Geschichte – als „Problemgebiet erster Ordnung".

Nördlich Peshawar war die Gebirgswelt in einer Reihe kleinerer „Feudalstaaten", principalities organisiert (COBB 1951; BARTH 1956; FAUTZ 1963; HASERODT 1989; auch SNOY 1983). Die Briten übernahmen diese Art der politischen Organisation, indem sie, ganz wie in Balutschistan (Sandeman-System), die lokalen Potentaten unterstützten und so auch hier in einer Form des indirect rule eine gewisse Controlle ausübten: das setzte, ganz wie in Balutschistan und im Gegensatz zum NW i.e.S. mit seinem ‚almost pathless tangle of hills' und seinem ‚anarchical freedom' (CAROE 1964), das Vorhandensein solcher lokaler Häuptlingspersönlichkeiten voraus, die auch lokal einen gewissen Einfluss auszuüben vermochten (Buner, Swat, Dir, Chitral).

So zeigt die einst von Lord LYTTON als Vizekönig insgesamt als grosse Einheit „vom Meer im Süden bis Peshawar im Norden" und weiter in die Gebirgswelt hinein gesehene North-West Frontier Province im einzelnen durchaus die differen-

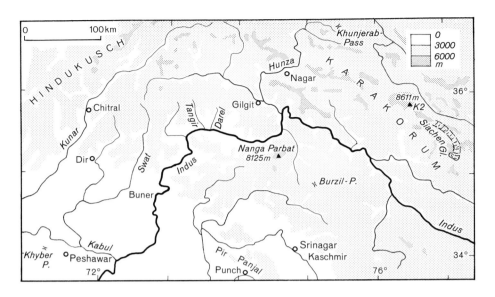

Abb.2: Kartenskizze Indus-Durchbruch.

zierte Behandlung des „divide et impera" imperialer administrativer Organisation, wobei das notorische Waziristan, die spätere North-West Frontier Province sensu stricto, hier: der NW i.e.S. klar im Blick der zentralen Verwaltung bleibt als das Problemgebiet par excellence, das – mögliche – Einfallstor in den Subcontinent von NW her (vgl. dazu auch HOLDICH 1901, 1904, 1910, 1916).

Indus-Durchbruch:

Der Indus-Durchbruch als mögliche Passage im NW wird hier aufgeführt wegen des ganz anderen Charakters von Durchlässigkeit im Vergleich zum NW i.e.S. und NE. Die Arbeiten von JETTMAR in den vergangenen Jahren haben die Andersartigkeit der Durchdringung in diesem Teil des Gebirges deutlich werden lassen.

Seit frühen Zeiten haben sich hier durch das Gebirge Verbindungen entwickelt, jedoch mehr in Form „qualifizierten Individualverkehrs" – Pilger, Händler – anders als im NW, zu schweigen vom NE.

Die so viel breitere Ausdehnung des Gebirgskörpers – Himalaya *und* Karakorum – die akzentuierte Topographie, mit dem auf über 8000 m aufsteigenden Nanga Parbat und entsprechend tiefeingeschnittenen Tälern, bereiten allein schon grösste topographische Schwierigkeiten. Der dreidimensional grandios entwickelten Hochgebirgswelt entspricht eine akzentuierte klimatische Gliederung in äusseren, inneren und tibetischen Himalaya, entsprechend einem Bereich mit Sommerniederschlag (Monsunregen), Winterniederschlag und ganzjähriger Trockenheit (SCHWEINFURTH 1957). Auf dieser klimatischen Differenzierung beruhen die jahreszeitlich unterschiedlichen Schnee- und Wasserstandsverhältnisse, damit die jahreszeitlich unterschiedliche Passierbarkeit von Pässen, Talstrecken und Hanglagen mit der Folge, dass die Querung des Gebirgskörpers mit längeren Zwangsaufenthalten im Innern des Gebirges verbunden war und, wie JETTMAR vermutet, den „Verkehrsteilnehmern" auch die Musse für Inschriften und Felszeichnungen aufzwang (JETTMAR 1987, 1989).

Der der nordindischen Ebene nächstgelegene Teil des Indus-Durchbruchs – Indus Kohistan zur britischen Zeit – galt als ‚tribal' und blieb von der Verwaltung ausgeschlossen, somit weitgehend unbekannt (vgl. SCHWEINFURTH 1957). Die pakistanische Verwaltung hat in Vorbereitung der Durchführung des Karakorum Highway administrative Erschliessung begonnen. JETTMAR verdanken wir so z.B. die ersten genaueren Nachrichten über die Seitentäler von Darel und Tangir (1960, 1983, auch STALEY 1969).

JETTMAR's Beitrag über Bolor (1977), jene frühe Reichsgründung im oberen Indus-Durchbruchstal, Karakorum und Hindukusch, führt tief in die geschichtlichen Zusammenhänge dieses inneren Gebirgsbereiches ein und lässt zugleich früh von N her sich in den Gebirgsraum vortastende Interessen äusserer Kräfte erkennen, der Chinesen zumal, und keineswegs nur friedlich (vgl. dazu auch HOLDICH 1910). Doch der Raum mit seinen gerade für damalige Zeit besonders schwierigen Bedingungen hat das weitere Eindringen verhindert – vor allem mit Heeresmacht – also über den „qualifizierten Individualverkehr" hinaus: eine völlig andere Situation als im NW und im NE.

Strategische Überlegungen auf der Grundlage der nach der Teilung des Britischen Indien gegebenen politischen Situation, zusammen mit den Möglichkeiten, die die Technik heute gewährt, liessen das Indus-Durchbruchstal geeignet erscheinen für jene moderne Strassenverbindung, den Karakorum Highway, die die pakistanische Punjab-Ebene mit Zentralasien verbindet, somit in moderner Zeit eine seit Menschengedenken angestrebte innerasiatische Verbindung zu complettieren. Seit seiner Fertigstellung verbindet der Karakorum Highway die Punjab-Ebene durch Industal und Karakorum über den Khunjerab-Pass (4400 m) mit Zentral- bzw. Hochasien, d.h. China. Natürlich muss man annehmen, dass in erster Linie strategische Gründe zu diesem chinesisch-pakistanischen Gemeinschaftsunternehmen geführt haben werden – und sei es nur, um der Indischen Union die chinesisch-pakistanische Allianz vor Augen zu führen. Gleich wohl kommt der Highway auch friedlichen Zwecken zugute, indem er einst völlig vernachlässigtes Gebiet (Indus Kohistan) erschliesst bzw. die Voraussetzung für eine Erschliessung bietet.

In der nördlich anschliessenden Gilgit Agency, ebenfalls eine von den Briten durchgeführte Zusammenfassung verschiedener lokaler principalities, nahm Hunza eine Sonderstellung ein, die heute durch den mit dem Karakorum Highway gegebenen unmittelbaren Anschluss an die Punjab-Ebene, den Kernraum des pakistanischen Staates, noch stärker herausgestellt erscheint – im Vergleich zu allen anderen tief im Inneren des Gebirgskörpers liegenden Talschaften.

Hunza ist früh bekannt als Durchgangsland für Pilger von Zentralasien bzw. über Zentralasien zu den religiösen Zentren der südasiatischen Peripherie, also trotz seiner Lage tief im Innern des Hochgebirges in Verbindung mit der Aussenwelt, aber auch ausgezeichnet durch die Unternehmungslust seiner Bewohner, die die Chance der Nähe der nach Zentralasien hinaufführenden Pässe zu nutzen wussten und mit der Beherrschung dieser Pässe auf das zentralasiatische Hochland hinaufgriffen, um sich auf ihre Art am innerasiatischen, transasiatischen Karawanenverkehr zu beteiligen (MÜLLER-STELLRECHT 1978). Der auf Zentralasien erweiterte Horizont brachte den Kontakt der Hunzas mit dem Reich der Mitte: chinesischer Gepflogenheit folgend wurde das sich anbahnende Verhältnis auf dem Wege der Tributzahlung geregelt und, wie so oft in der chinesischen Praxis, der Tributzahlende mit einem dem Werte nach viel kostspieligerem Geschenk nach Hause entlassen, damit entsprechend verpflichtet. Hunza blieb die Ausbeutung des Karawanenverkehrs erhalten, das Reich der Mitte hatte sich tief in das Gebirge vorgeschoben einen tributverpflichteten Barbaren-Vasallen gesichert (1761, MÜLLER-STELLRECHT 1978).

Da Kaschmir ähnliche Interessen am Karawanenverkehr verfolgte, gab es Konkurrenz – das kaschmirische Interesse brachte die von S her vorfühlende britische Macht ins Spiel: die balance zwischen den Konkurrenten zu wahren, blieb lange Zeit wichtiger Aspekt britischer Zentralasien-Politik, zumal die Briten, ihrer Meinung nach bereits gefährlich weit im Süden, mit den vorfühlenden Kräften, Kosakenpatrouillen, der von Norden her agierenden imperialen Macht, Russland, confrontiert wurden. D.h.: in Hunza begegneten sich plötzlich ganz konkret die Partner, Teilnehmer, Spieler im Great Game – wobei die zeitweilige Schwäche, Nicht-Präsenz der Chinesen, ganz im Gegensatz zu früheren Zeiten, wohl der britischen Politik entgegenkam (MÜLLER-STELLRECHT 1978, 1983).

So nahm Hunza zur Zeit des vorwiegend britisch-russischen Gegensatzes in Zentralasien eine seiner traditionellen Beziehungen zu Zentralasien entsprechende herausragende Position im innerasiatischen Beziehungsgeflecht ein, was die Briten schnell erkannt hatten. Allein die Tatsache, dass der Karakorum Highway mit modernen Mitteln alten Routen folgt, unterstreicht die nach wie vor besondere Bedeutung dieser, den nach Zentralasien hinaufführenden Pässen nächstgelegenen Talschaft im Innern des Gebirges.

Innerhalb weniger Jahre, bis 1895, gelang es den Briten neben Gilgit, die Territorien Chilas, Hunza, Nagar im Sinne der britischen Zentral-Asien-Politik zu sichern, ja sogar Kontingente aus Hunza am Feldzug in Chitral zu beteiligen , was einmal mehr anzeigt, wie mit ‚divide et impera' meisterhaft zu operieren ist.

Dem Engagement in Hunza folgte die Etablierung des Wakhan-Streifens zwischen Britisch-Indien und Russland – ‚to keep distance' – und des weiteren statt einer zunächst anvisierten Begrenzung mit der „Wasserscheide Karakorum", die Vorverlegung der britischen Interessen auf das Hochland nördlich des Karakorum, um dort die sog. „traditionellen" Weidegründe der Hunzas zu sichern.

Das Ende der britischen Herrschaft in Indien, die Schwierigkeiten Pakistans, sich im Gebirgsinnern nach der Teilung zu etablieren – und die zunächst von China verfolgte Politik der absoluten Abschliessung schienen Hunza in eine isolierte Situation, Sackgasse zurückfallen zu lassen – ‚lost in the high mountains'. Die Auseinandersetzung mit Indien über den Besitz von Kaschmir liess keine gemeinsame Front der beiden Nachfolgestaaten gegenüber China aufkommen – Chinas Übergriffe im Aksai Chin und im Assam-Himalaya (1962) führten zur Confrontation mit Indien, während Pakistan mit China den Kompromiss versuchte, woraus sich Cooperation entwickelte. Die Idee der Strassenverbindung Punjab – Hunza (Indus Valley Road) wurde conzipiert, der erste Jeep erreichte Hunza 1957 – das wurde der Ausgang zum „Gemeinschaftsprojekt" des Karakorum Highway – von der südasiatischen (pakistanischen) Peripherie auf das zentralasiatische Hochland hinauf und nach Peking. 1975 erreichte auf diesem Wege der erste Lastkraftwagen das Hunza-Tal. Im Zuge des damit verstärkten pakistanischen Verwaltungseinflusses wurde 1974 der angestammte Herrscher, der Mir von Hunza, entmachtet (KREUTZMANN: ‚pensioniert'), die pakistanische Verwaltung ohne die bisherigen lokalen Sonderrechte eingeführt.

Der Karakorum Highway folgt zwar auf weiten Strecken uralten transasiatischen Verbindungen, aber entspricht zunächst einem strategischen Konzept – China hat dabei mit Massen von Arbeitskräften geholfen; der Highway dient der Versorgung des pakistanischen Militärs, der Verwaltung: in der Folge wirkt sich diese Strassenverbindung auch im Sinne von Entwicklungshilfe aus – und Hunza kann sich heute durchaus begünstigt fühlen (KREUTZMANN 1987, 1989, 1990, 1991; ALLAN 1990, 1991). Doch Hunza bot, bietet auch Voraussetzungen: es war in den Zeiten britischer Asien-Politik eine herausragende Position im ‚Great Game', die Bewohner des Tales haben selbst schon lange vor der britischen Zeit ihre Position, ihren Standort im Inneren des Hochgebirges und im Besitz der hohen Pässe zu nutzen gewusst (MÜLLER-STELLRECHT 1978). Heute wird als Folge des Karakorum Highway die Zunahme von Mekka-Pilgern aus China vermerkt und dem Tourismus nach Hunza hinein eine Zukunft vorausgesagt. Das Hunza-Tal selbst ist an die Zentrale des Landes in der Punjab-Ebene angeschlossen – wie kein zweites Gebiet in der gesamten Gebirgsumrandung des NW (KREUTZMANN 1989, 1990, 1991; ALLAN 1990, 1991; HUTTENBACK 1978; HOLDICH 1910; LORIMER 1939).

Der Karakorum Highway hat mit den Mitteln moderner Technik im Indus-Durchbruch den alten Traum nach der Durchlässigkeit des Gebirges verwirklicht; aus dem einstigen „qualifizierten Individualverkehr" ist die Möglichkeit neuzeitlichen Massenverkehrs geworden. Das frühere Spannungsverhältnis Hunza: China in Form der Tributverpflichtung ist von der Cooperation Pakistan: China abgelöst, manifestiert im Karakorum Highway, wodurch allerdings in moderner Form die Einwirkungsmöglichkeit der chinesischen Macht unvergleichlich erhöht worden ist, zumal mit dem Verschwinden der raumfremden europäischen Kolonialmacht das wiedererstarkte China wieder voll präsent ist. Mit Mitteln der modernen Technik ist eine neue Situation entstanden, die die Durchlässigkeit des Indus-Durchbruchs erst recht von völlig anderem Charakter zeigt als das, was in diesem Beitrag für NW und NE im Vergleich zur Diskussion gestellt wird. Nichtsdestoweniger aber zeigt sich auch der moderne Highway den Kräften der Natur unterworfen, wie jeder Erdrutsch fühlbar werden lässt (- zu schweigen von der Wetterabhängigkeit des Flugverkehrs in den Tälern des Gebirgsinnern).

Zusammenfassung:

Der als Nordwesten zusammengefasste Teilbereich des Gebirges wurde gegliedert nach Balutschistan, N.W.i.e.S., Indus-Durchbruch vorgestellt. In diesem Teilbereich ist der NW i.e.S. jener Abschnitt, auf den es bei dieser Betrachtung im besonderen ankommt. Auch die Makran-Küste und Balutschistan haben Invasionen erlebt. Doch der N.W. i.e.S., mehr oder weniger die North-West Frontier Province alter imperialer Lesart, repräsentiert jenen Abschnitt des Gebirges, der im Zusammenwirken von Topographie und autochthoner Unruhe, Instabilität und immer wieder durch Einwirkung von aussen als „Pforte" zum Subcontinent angesehen wird. Demgegenüber war die Durchlässigkeit des Indus-Durchbruchs unter den ganz anderen natürlichen Gegebenheiten dieses Gebirgsabschnittes mit ihren jahreszeitlich bedingten Verhältnissen, damit erzwungenen Verzögerungen, Aufenthalten in den Tälern im Gebirgsinnern nie vergleichbar: die durch den Karakorum Highway manifestierte moderne Entwicklung verweist diesen Durchlass erst recht in eine andere Kategorie.

Der Nordosten

Von Bhutans Ostgrenze aus rechnen wir den „NE" im Sinne dieses Beitrages, jenen Teil der Gebirgswelt, der die „NE-Ecke" des Subcontinents ausmacht. Auf den ersten Blick bzw. im Rahmen oberflächlicher Kenntnis mag dieser Raum

Abb.3: Politische Organisation im Nordosten des Subcontinentes (nach: Social and Economic Atlas of India, 1987, Delhi-Oxford, p.7).

„geschichtslos" erscheinen. Man hat das „Gefühl", in den „Dämmer der Regenwälder" einzutreten, die die Südabdachung des Gebirges vom Fuss bis zur Baumgrenze bedecken – doch diese Vorstellung ist wohl in erster Linie vom Gegensatz zur „Offenheit" des wüstenhaften NW bestimmt.

Assam-Himalaya:

Die britische Kolonialverwaltung hat sich relativ spät aus dem Assam-Tal heraus dem Gebirge zugewandt, eigentlich auch nur in Abwehr der gelegentlichen „Überfälle" von „Leuten aus dem Gebirge" auf die in den Teepflanzungen tätigen Arbeiter, also unter dem Eindruck von „Störungen" des sich allmählich in Assam entwickelnden Wirtschaftslebens. Es kam zu sog. ‚missions', Erkundungs-, Strafexpeditionen, die hier und da versuchten, in das Gebirge einzudringen; doch zeigte sich bald, dass sich diese Unternehmungen einer Combination von Schwierigkeiten gegenüber sahen: akzentuierte Topographie, tropisches, feuchtes Klima, üppigste Vegetation und abwehrende Haltung der Gebirgsstämme, die in dieser Umwelt in ihrem Element waren und den Expeditionen schwer zu schaffen machten. Zu diesen Schwierigkeiten kam die Erkenntnis, dass in diesem Gelände wirtschaftlich „nichts zu holen" war.

Nach dem Desaster der Abor-Mission am Austritt des Dihang-Brahmaputra in die Ebene (1911) (z.B.DURBAR 1932), wurde der gesamte Assam-Himalaya (= die Südabdachung des Gebirges östlich von Bhutan) ‚off limits' erklärt: keine „Einreise", auch keine Forschungserlaubnis gewährt. Die Folge davon war, dass sich hier der grösste, zusammenhängende, wissenschaftlich noch unbekannte Teil des Himalaya erstreckte, als die Briten den Subcontinent verliessen (vgl. SCHWEINFURTH 1957: Vegetationskarte und in diesem Band).

Diese Politik begann sich erst zu ändern unter dem Eindruck der japanischen Expansion in SE-Asien: die britisch-indische Regierung entschloss sich zu „Sofortmassnahmen" – so wurde eine Expedition in das Apa Tani-Tal entsandt, Luftlinie 25 km von der Assam-Ebene entfernt, der der Ethnologe FÜRER-HAIMENDORF beigegeben wurde; ihm verdanken wir erste Kenntnis über diese bemerkenswerte Talschaft, noch vor jeder Beeinflussung durch die Aussenwelt (1955, 1956).

Zu weiterer Aufklärung kam es zur britischen Zeit nicht mehr, weil der Rückzug der Japaner – nach Kohima 1944 (SWINSON 1966, ALLEN 1985) – und andere, drängende Kriegsprobleme das unmittelbare Interesse wieder abflauen liessen. D.h. bis zum Abtreten der Briten existierten für den Bereich des Assam-Himalaya bis zum Austritt des Lohit im E nur wenige Arbeiten: z.B. über die Apa Tani (FÜRER-HAIMENDORF; GRAHAM-BOWER 1953), randlich im W BOR's ökologische Analyse der Aka Hills (1938, auch 1952); Beobachtungen von F.K. WARD im Raume Dirang Dzong-Tawang, d.h. von An- bzw. Ausreise nach und von Tibet (vgl. SCHWEINFURTH/ SCHWEINFURTH-MARBY 1975). Dazu sei verwiesen auf ELWYN's ‚India's NE Frontier in the 19th century' (1959), worin eine Menge Einzelangaben zusammengefasst sind. Was aber bis heute fehlt und wohl auch noch nicht möglich ist, ist ein Überblick, Einblick in die Gesamtsituation.

Die indische Verwaltung hat auch hier das britische Erbe angetreten, jedoch allmählich begonnen, hier und da in das Innere einzudringen. FÜRER-HAIMENDORF konnte im Abstand von 20 Jahren das Apa Tani-Tal wieder besuchen und die Veränderungen feststellen.

Nach der chinesischen Aggression 1962 ist die indische Verwaltung im Assam-Himalaya insgesamt aktiver geworden, wenn es auch bis heute schwierig ist, darüber Informationen zu erhalten. Relativ gut sind wir über den Raum Tawang unterrichtet, nahe der Ostgrenze Bhutans, dem 1962 die besondere Aufmerksamkeit der Chinesen galt. Hier hatte sich 1959 der Dalai Lama auf indisches Gebiet begeben, das Kloster Tawang wurde zu seinem ersten Refugium, doch so nahe der tibetisch-chinesischen Grenze nur für einen kurzen Aufenthalt. Tawang ist seitdem tatkräftig entwickelt worden (BONN 1977, NANDA 1982), durch Strasse mit der Assam-Ebene verbunden. Dem Bericht von NANDA zufolge sind aber auch die inneren Bereiche des Gebirgssystems zur tibetisch-chinesischen Grenze hin jetzt besucht worden. Hier, in Mön-Yul, dem sogenannten „Unter"-land von Tibet aus gesehen, reicht tibetisches Volkstum tief in die Gebirgswelt herein, hier sind auch 1962 die Chinesen über Dirang Dzong bis zur Assam-Ebene durchgestossen. Durch NANDA und BONN sind wir immerhin ein wenig über die Anstrengungen der indischen Regierung in diesem Bereich unterrichtet.

Man mag versucht sein, diesen Raum – im Vergleich zum NW – als „geschichtslos" anzusehen; doch dem widerspricht die Klostergründung Tawang ebenso wie die Gründung von Dirang Dzong, die schon im Namen den tibetischen Einfluss anzeigt. Es gibt zudem traditionelle Verbindungen, Tauschhandel durch den Assam-Himalaya, der vermittelt zwischen dem randtropischen Lebensraum der Assam-Ebene und der Gebirgswälder und dem tibetischen Hochland, in dem Salz vom Hochland nach S gelangte und z.B. tropische Gewürze, Reis nach Tibet (FLETCHER 1975 nach LUDLOW & SHERRIFF). Drastisch aber hat die chinesische Aggression 1962 diesen „quasi-geschichtslosen" Zustand beendet, wenn die chinesischen Truppen auch alsbald überall aus den erreichten Positionen wieder zurückgezogen wurden. Im Dihang-Tal, unterhalb der eigentlichen ‚Tsangpo Gorge', halten die Chinesen Mipi (auf der tibetisch-chinesischen Seite der McMahon Line) als äussersten Vorposten nach S zu, der über den Doshong La mit einer Jeep Road von Pe, oberhalb des Eintritts des Tsangpo in die Schlucht, erreicht werden kann (mdl. Information CHEN WEILIE 1982/1983 m. Film).

V. ELWYN hat 1960 noch einmal in ‚A Philosophy for NEFA' seine Ansichten zusammengefasst, von grosser Einfühlsamkeit und menschlichem Interesse für die autochthone Bevölkerung des Assam-Himalaya bestimmt. Die politische Entwicklung ist inzwischen dahin weitergegangen, dass 1988 die gesamte Südabdachung des Assam-Himalaya, also die frühere sog. ‚North-East Frontier Agency' bzw. was davon bisher noch nicht constitutionell entsprechend organisiert war, zusammengefasst als ‚Arunachal Pradesh', unter dem Status eines Bundeslandes in die Indische Union aufgenommen wurde. Damit war von der indischen Seite her die staatsrechtliche Konsolidierung des NE abgeschlossen, nicht zuletzt als Antwort der Indischen Regierung auf die jahrelangen Schwierigkeiten in diesem diffizilen Grenzraum, dessen Probleme in der Topographie zusammen mit tropisch-feuchtem

Klima und üppiger Vegetation und einer den Einflüssen aus der Ebene – ob britisch oder indisch, jedenfalls „fremd" empfundenen – grundsätzlich ablehnend gegenüberstehenden Bevölkerung einer grossen Zahl von untereinander durchaus verschiedenen, und bis vor kurzem auch noch untereinander „verfeindeten" Gebirgsstämmen begründet liegen – ein Experiment, sicher den Versuch wert.

Die chinesische Regierung beantwortete diese Massnahme der indischen Regierung mit einem diplomatischen Protest – aber nicht mit neuerlichem Einmarsch. Das schliesst nicht aus, dass es auch in Zukunft zumindestens lokale Schwierigkeiten geben wird (vgl. z.B. Sumdurong Chu-Tal: THE TIMES 8.10.1986 – wobei die zur Verfügung stehenden Karten die genaue Feststellung der geographischen Position nicht erlauben, noch bei Rückfrage The Times zu einer präzisen Standortangabe in der Lage war).

Zwischenfälle dieser Art sind im Gelände des Assam-Himalaya allemal möglich, schon allein deshalb, weil auch die von der indischen Seite in Nachfolge der britisch postulierten McMahon Line übernommene Grenze nicht im Gelände markiert ist, die Ungenauigkeit der bisher bekannten Karten keine Hilfe zu grösserer Genauigkeit, damit zum Vermeiden solcher Zwischenfälle gibt. Die chinesische Regierung hat mit ihrem diplomatischen Protest bei der Etablierung von Arunachal Pradesh erneut gezeigt, dass sie auf ihrem bisherigen Rechtsstandpunkt beharrt – und sich „alles weitere vorbehält".

Östlich des Tsangpo-Dihang-Brahmaputra-Durchbruchs schliesst sich das Flussgebiet des Dibang an, das bis heute als der unbekannteste Teilbereich des Assam-Himalaya (bzw. der ehemaligen North-East Frontier Agency) gelten muss (vgl. SCHWEINFURTH, 1957: Vegetationskarte). Ausser einigen mehr beiläufigen Beobachtungen von BAILEY 1957 auf dem Wege nach dem tibetischen Hochland, werfen die Beobachtungen von BHATTACHARJEE (1975, 1983, 1987, 1992) aus langjähriger Erfahrung im indischen Verwaltungsdienst im Assam-Himalaya (seit 1952), insbesondere in den Talschaften westlich und östlich des Dihang-Brahmaputra-Durchbruchs und aus dem Dibang-Einzugsgebiet ein wenig Licht in das „Dunkel" dieses Gebirgsabschnittes, doch sind die Beobachtungen mangels genauer Ortsangaben und brauchbarer Karten schwer lokalisierbar.

Zayul (Zayü):

Östlich an das Dibang-Gebiet anschliessend folgt ein weiteres, in seiner Art sehr charakteristisches Teilgebiet des NE: das Lohit-Einzugsgebiet – Zayul (chin. Zayü). Während die der Assam-Ebene zugekehrte Front der Fusshügel von verschiedenen Bergstämmen bewohnt wird (Mishmis: Mishmi Hills), ist das dahinter liegende Zayul, rings von hohen Gebirgsketten ein- und abgeschlossen, tibetisches Siedlungsgebiet (vgl. Mönyul im W).

Feststeht, dass Zayul, bzw. – was die religiösen Beziehungen angeht – das Kloster Rima von Lhasa abhängig war. Die internationale Grenze (McMahon Line) wurde südlich von Rima, dem Hauptort von Zayul, im Lohit-Tal „gezogen" bzw. festgelegt. Das entsprach den Vorstellungen der Simla-Conference 1914. Tatsächlich aber scheint man sich zur britischen Zeit in Indien wenig um die Grenze in diesem Bereich gekümmert zu haben – zumal zur damaligen Zeit China hier praktisch nicht in Erscheinung trat.

Es spricht eindeutig gegen – effektive – indische Präsenz, dass gerade aus dem Lohit-Tal (Zayul) heraus die Chinesen im Oktober 1962 plötzlich mit Heeresmacht im Assam-Tal erschienen. D.h. wohl auch: die Verbindung von Zayul nach China muss erheblich ausgebaut worden sein. Wie sollten sonst 1962 militärische Verbände hierher gekommen sein mit einem derartigen Überraschungseffekt? Die indische Regierung hat wohl nur einen zahlenmässig schwachen Grenzposten an der McMahon Line südlich Rima unterhalten, der von den Chinesen überrannt wurde (BHAGARVA 1964; RAO 1968). China bezieht in allen Karten (zuletzt Vegetationskarte von Tibet 1988) das gesamte Lohit-Tal, bis in die Assam-Ebene hinaus, in die Demonstration chinesischer territorialer Forderungen ein.

Während Mitte des 19. Jahrhunderts aus Handelsinteressen heraus gelegentlich von einer Überlandverbindung NE-Indien – China durch das Lohit-Tal die Rede war (COOPER 1882), ist dieses Interesse bald wieder zurückgegangen, als den Briten der Seeweg Indien-China lukrativer und bequemer erschien. Dass aber eine solche Verbindung durchführbar ist, scheinen die Chinesen inzwischen bewiesen zu haben. Das Lohit-Einzugsgebiet wird jedenfalls heute als chinesisches Territorium angesehen (vgl. dazu auch ‚China Reconstructs‘: Beitrag über Zayü). Dass das Kloster Rima nach Lhasa tributpflichtig war, unterliegt keinem Zweifel. Doch eine gewisse Unentschlossenheit, was mit diesem Bereich der NE-Grenze zu tun, wie britisches koloniales Erbe gegenüber den Forderungen Chinas wirkungsvoll zu vertreten, ist wohl nicht zu übersehen und unterstreicht, „wie weit entfernt" diese Ecke im NE dem Bewusstsein der Zentrale in Delhi ist – oder war? Die Überraschung von 1962 war die Antwort der Chinesen (vgl. dazu jetzt CHOUDHURY 1978).

Naga Hills:

Ganz anders die Situation in dem unmittelbar südlich anschliessenden Bereich der Naga Hills, jenem Teil der Gebirgswelt im NE des Subcontinentes, der der Situation in der North-West Frontier Province i.e.S. am nächsten kommt, vielmehr: eine Parallele zur Situation im NW bietet.

Die Nagas sind, bis nach dem 2. Weltkrieg, nie prominent auf der politischen Bühne in Erscheinung getreten. Ihre heimatlichen Berge, die ‚Naga Hills‘, gelten als schwer zugänglich. In diesem schwierigen Gelände leben die Nagas in etwa 20 verschiedenen Stämmen, untergliedert nach clans, Familien; wie im NW gehörten ständige Auseinandersetzungen, Familienfehden zum Alltag. Doch jeglicher Versuch der Einflussnahme von aussen trifft schnell auf ein ausgeprägtes Zusammengehörigkeitsgefühl – eine Haltung, die vor allem gegenüber allen ‚plain's people‘ (und das sind „alle Fremden") hervorgekehrt wird, denn: mit diesen „Leuten aus der Ebene", verschieden nach Sprache, Rasse und Kultur, wollten die Nagas nichts zu tun haben. Ihr Ruf als „Kopfjäger" war in früheren Zeiten legendär und hat sicher zum „Abstand wahren" beigetragen.

Die Überlegungen der britisch-indischen Verwaltung entsprachen im Grunde dem, was wir schon vom NW gehört haben: irgendwelche Steuereinkünfte waren aus diesen ‚hills' nicht zu erwarten – Folge: „Verwaltung" wurde so klein wie nur möglich geschrieben und das bereits von der North-West Frontier Province bekannte ‚System' angewandt – ein stufenweises Vorgehen: erst mussten die der Assam-Ebene nächstwohnenden Stämme einigermassen kontrolliert werden – war das erreicht, musste man sie vor noch ungezähmten Nachbarn gebirgseinwärts schützen. In der Folge wurden 3 Zonen verschieden intensiver Einwirkung eingeführt: jene, der Assam-Ebene nächstgelegene, die als „voll verwaltet" galt: ‚Naga Hills District'; darauf folgte gebirgseinwärts eine teilverwaltete Zone, die sog. ‚contact area', sporadisch von britischen Offizieren auf Expeditionen, ‚patrols', besucht, „kontrolliert", und ‚jenseits' der nicht-verwaltete Teil der Naga Hills. Daneben hat es auch gelegentliche Strafexpeditionen gegeben. Doch das Grundprinzip britischer Einflussnahme war, sobald man sicher sein konnte, dass keine Einfälle in die Assam-Ebene herab mehr erfolgten, die Nagas „in Ruhe" zu lassen.

Jenseits, irgendwo ‚across the hills', durch den nicht verwalteten Bereich der Bergwelt, verlief die s.Zt. declarierte McMahon Line durch von Nagas bewohntes Gebirgsland. Das war zur britischen Zeit auch deshalb kaum von Bedeutung für die Verwalter, weil ‚jenseits' das britische Burma anschloss, bis 1936 von New Delhi aus im Rahmen von ‚British India and Burma' mitverwaltet. Mit der Unabhängigkeit – 1947 bzw. 1948 – wurde eine vage declarierte „interne Verwaltungsgrenze" zur internationalen Grenze.

Von 1910 ab gab es eine Reihe Deputy Commissioners, die sich als eine glückliche Wahl für die schwierigen Verhältnisse erwiesen, die mit Einfühlungsvermögen, diplomatischem Geschick und ‚firmness', mit sehr wenig Personal die einst so kriegerischen Nagas zu behandeln verstanden; dabei wurde auf das bewährte Mittel indirekter Herrschaft zurückgegriffen, indem das Rückgrat der Verwaltung durch die Naga-Häuptlinge selbst gestellt wurde, dazu die ‚Naga village councils' etc., über welcher Verwaltungsstruktur der britische Deputy Commissioner wie ein kleiner Lokalfürst thronte, als Administrator, Ratgeber und Schutzherr bereit, erst dann einzugreifen, wenn die autochthonen Institutionen nicht mehr weiter wussten. Diese Verwaltungsstruktur entsprach dem Temperament der Nagas und kann für den Erfolg des Systems verantwortlich gemacht werden (vgl. SCHWEINFURTH 1968, 1962b; GRAHAM-BOWER 1957).

Der japanische Vormarsch durch Burma liess auch das Gebirge im S der Assam-Ebene zum Kriegsgebiet werden. Da der Vormarsch der Japaner bei Imphal und Kohima (1944) zum Stehen kam und dann zurückgeschlagen wurde, brach die britische Verwaltung im Bereich der Naga Hills nicht vollständig zusammen – wodurch die Nagas auch nie wirklich der britischen Kontrolle entglitten – vielmehr konnten die Briten die Cooperation der Nagas gegen die Japaner gewinnen: ohne die Hilfe der mit dem Gelände voll vertrauten Bergstämme wäre wahrscheinlich Kohima nicht gegen die Japaner zu halten gewesen, hätte der Weg in die Assam-Ebene für die Japaner offen gestanden (ALLEN 1985; SWINSON 1966). Aber – die Nagas wurden zugleich auch Zeugen britischer Schwäche – und: sie waren in den Besitz von modernen Waffen gekommen, die sie zunächst zur Verteidigung gegen die Japaner erhielten – und sich dann nach dem japanischen Rückzug auch selbst besorgten: sie dachten gar nicht daran, sich von diesen Waffen wieder zu trennen –

und wären die Briten in Indien geblieben, hätte es wahrscheinlich zwischen ihnen und den Nagas Streit gegeben. Doch die Dinge nahmen einen anderen Lauf.

Frieden und Ruhe für die Nagas wurde während der britischen Zeit erreicht durch Isolierung – politische und kulturelle, d.h.: Isolierung von der Aussenwelt, von Indien – und das war genau das, was die Mehrheit der Nagas auch wollte.

Zwischen den beiden Weltkriegen gab es neue, fremde Impulse. Amerikanische Baptisten hatten Missionsschulen eröffnet – und die Nagas machten bereitwillig davon Gebrauch; rund 60% der Nagas sind Christen. Dieses Christentum hatte zweifellos einen starken „detribalisierenden" Effekt und wurde ein vereinheitlichender Faktor, richtete aber wieder eine neue Barriere gegenüber den plain's people der Assam-Ebene auf. Die moderne Entwicklung der Nagas auf der indischen Seite zeigte sich bald in der entschlossenen Weigerung 1947, die indische Regierung als Nachfolgerin der britischen Verwaltung zu akzeptieren. Die Sprecher der Nagas erklärten, dass sie nach Abtreten der Briten wieder zu ihrer alten praebritischen Unabhängigkeit zurückzukehren gedächten.

Als die Briten dann tatsächlich abzogen, verlangten die Naga-Stämme, die sich mit grossen Mengen von modernen Waffen versorgt hatten, sofortige Unabhängigkeit; andere erklärten sich bereit zur vorübergehenden Annahme der indischen Oberhoheit. Der entschlossenste Führer der Naga-Unabhängigkeitsbewegung Angami Zapu Phizo[9] erklärte am 14.8.1947 für seinen Heimatort Khonoma die Unabhängigkeit. 1948 gab es eine erste Übereinkunft mit der indischen Regierung – doch diese wurde nicht eingehalten: die indische Regierung wollte „gute Mitbürger der Union" aus den Nagas machen. Kurz nachdem es 1954 im nicht verwalteten Bereich der Naga Hills zu verlustreichen Zusammenstössen mit der indischen Armee gekommen war, fand sich ab 1956 die indische Armee hier voll engagiert. Während die gemässigten Naga-Führer durch Verhandlungen 1957 die Herauslösung der Verwaltung der Naga Hills aus dem Staate Assam erreichten, als ‚Naga Hill Agency' dem Präsidenten der Union direkt unterstellt, drängten die weniger kompromissbereiten Nagas weiter auf Unabhängigkeit mit dem Erfolg, dass Nagaland unter dem 18.8.1962 der Status eines Bundeslandes der Union gewährt wurde. Am 1.12.1963 wurde ‚Nagaland' als 16. und kleinster Bundesstaat der Indischen Union offiziell ins Leben gerufen. Damit war die Indische Union den Nagas soweit, wie es im Rahmen der Union überhaupt möglich war, entgegengekommen; doch von den 500.000 Nagas im Rahmen der Union waren nur 350.000 in den Grenzen des neuen Bundeslandes vereinigt – den Vorkämpfern der Unabhängigkeit genügte dieser Compromiss nicht.

Feststeht, dass Mitgliedschaft in der Indischen Union für die Nagas bedeutende materielle Vorteile versprach (vgl. dazu auch NESTEROFF 1987). Es scheint, dass die indische Regierung mit Geschick den Nagas grosszügig entgegengekommen ist, was nicht zuletzt Einsicht in die nach wie vor schwierige Situation der ehemaligen North-East Frontier Agency gegenüber den nach wie vor von der chinesischen Regierung aufrechterhaltenen territorialen Ansprüchen zeigt. Dazu ist auch an die mindestens 100.000 Nagas zu denken jenseits der Grenze, die nominell zum Staats-

---

9   The Times: Nachruf, 05.05.1990.

verband der Union von Burma gehören, obwohl in den über 40 Jahren, die diese Union besteht (seit 1948), sie noch kaum viel von der Regierung in Rangoon verspürt haben werden (LINTNER 1990).

Auch wenn mit der Verselbstständigung des östlichen Pakistan zu Bangladesh die Situation für Indien im NE weniger schwierig geworden sein mag, die ‚NE-Frontier' bleibt politisch eine höchst empfindliche Ecke für den Verband der Union – auf Grund ihrer schwierigen Topographie, zusammen mit tropischem Klima und entsprechender Vegetation, der so heterogenen Zusammensetzung der Bevölkerung und der nach wie vor allgemein geringen Kenntnis des „Gebirgswalls", der Gebirgsumrahmung von Bhutan nach E bis zum Golf von Bengalen.

Dass sich die indische Regierung seit der traumatischen Erfahrung der chinesischen Aggression 1962 mehr und mehr der besonderen Empfindlichkeit der NE-Grenze bewusst ist, beweist der folgerichtige Kurs gegenüber den anderen Bergstämmen im NE; wahrscheinlich hat das Beispiel der Nagas wegweisend gewirkt. Nachdem Mizoram am 14.8.1986 zum 23. Bundesland der Union erhoben worden war, vollendete die Einrichtung des Bundesstaates Arunachal Pradesh im Frühjahr 1988 die neue staatsrechtliche Organisation der NE-Frontier bzw. die Ablösung der alten North-East Frontier Agency durch Bundesländer.

Heute besteht der NE des Subcontinentes insgesamt aus 7 Bundesländern: Assam im Zentrum, und von Bhutan aus nach E Arunachal Pradesh, Nagaland, Manipur, Mizoram, Tripura, Meghalaya. Das ist ein grosser constitutioneller Schritt von der ‚North-East Frontier Agency' der Kolonialzeit her. Ob diese Organisation den modernen Anforderungen gewachsen sein wird, muss die Zukunft zeigen; die Organisation beweist, dass die indische Regierung die Besonderheiten ihrer NE-Frontier anerkennt und den autochthonen Wünschen weit entgegenzukommen sich bereit gefunden hat – es besteht kein Zweifel, dass die Nagas in ihrem Unabhängigkeitsbestreben die Wegbereiter gewesen sind.

Assam – der Kernraum des Nordostens

Man kann mit guten Gründen sagen, dass wir sehr viel weniger gut über die Geschichte „des NE", d.h.: des Tales von Assam und Umgebung, unterrichtet sind, als über den NW. Zwar gibt es bei näherem Zusehen mehr Quellen als auf den ersten Blick angenommen, dennoch: Assam liegt vergleichsweise fern – und selbst die zuständigen Historiker (z.B. ACHARIYYA 1987) fühlen sich zu der Feststellung gezwungen: ‚shrouded in mystery'. SPATE stellt fest: für das mittelalterliche Indien galt Assam als ‚mlechha', foreign (1964, p. 553; 1967, p. 600; auch WHITEHEAD 1992, 281f.).

Wirklich historische, systematische Aufzeichnungen beginnen erst mit dem Reich der Ahom, etabliert im Assam-Tal im frühen 13. Jahrhundert. Die Ahom, ein Shan-Stamm, kamen aus dem nördlichen Burma durch die Patkoi Hills (BARUA 1991) nach Assam, also selbst ‚a case in point': ein „von E her" durchgesickertes Bevölkerungselement. Davor gibt es sporadische Inschriften auf Kupferplatten und Fels – oder auch die bemerkenswerten Aufzeichnungen des chinesischen Pilgers HIUEN TSANG (vgl. z.B. ACHARIYYA 1987, p.8, p.35), 643 A.D. Doch die Quellenlage ändert sich grundsätzlich erst mit der Ahom-Periode – bis dann britische Autoren die Berichterstattung im Sinne westlicher, okzidentaler Aufzeichnungen aufnehmen.

Alles, was wir über die Herkunft der zahlreichen Stämme und Splittergruppen in den nordöstlichen Gebirgsrandlagen Assams wissen, deutet nach E (NE – SE) (DAS, S.T. 1978, 1986; DAS, N.K. 1989). Nie hat „der Westen" hier rassisch Einfluss ausgeübt. Jene Muslims, die sich bis in die westlichen Bereiche Assams vorwagten, wurden zurückgeschlagen – allein der damals noch üppig vorhandene Wald, den Muslims fremd, wurde als Barriere, abschreckend empfunden (KIRK 1975).

Die aus dem nördlichen Burma im frühen 13. Jahrhundert durch die Waldschranke der Patkoi Hills eingedrungenen Ahom errichteten eine Herrschaft, erfolgreich über 600 Jahre hin. Sie kamen als ‚hardy hillmen' (ACHARIYYA 1987), einten das Tal von Assam unter ihrer Herrschaft und setzten den Ausdehnungsbestrebungen des Mogul-Empire hier ein Ende: 17 mal sollen die Moguln versucht haben, in Assam einzubrechen – schliesslich waren die Moguln damals die beherrschende Macht des Subcontinentes; doch es gelang den Ahom, sich von dieser Fremdherrschaft freizuhalten.

Die bemerkenswerte, 600-jährige, ununterbrochene Herrschaft der Ahom wurde beendet durch eine burmesische Invasion – erneut also eine Beeinflussung durch das östliche Randgebirge hindurch. Doch es ist sicher angemessen, festzustellen, dass der Sieg den Burmesen nur gelang, weil – wie schon aus früheren Perioden bekannt – ein allzu langer Aufenthalt im Klima des Assam-Tales auch noch so ‚hardy hillmen', wie die Ahom, allmählicher Degeneration aussetzte – die Reste der Ahomherrschaft wurden hinweggefegt[10]. Mehr als ein militärischer Sieg war den Burmesen jedoch nicht beschieden – kein Festsetzen, keine Annektion: 1824 gab es die erste militärische Auseinandersetzung der von den Ahom zu Hilfe gerufenen Briten mit den Burmesen.

In diesem Zusammenhange ist es interessant festzustellen, dass die Methode der Ahom, mit den Bergstämmen umzugehen, später von den Briten und in Folge auch der indischen Regierung übernommen wurde – als ‚Posa system' bekannt: man zahlte den Bergstämmen, um sich von den üblichen Überfällen „loszukaufen", also für ein gewisses Wohlverhalten; „Zuwiderhandlungen" wurden mit Strafexpeditionen geahndet (PANCHANI 1989, pp.30-32: Possa).

Die Einigung des Assam-Tals unter der Herrschaft der Ahom wurde von den Briten nachvollzogen, das ganze Assam samt seiner Randgebiete verwaltungsmässig zusammengeführt. Damit kamen die internen Auseinandersetzungen der Spätzeit der Ahom zum Erliegen, es wurde die Voraussetzung geschaffen, entsprechend den Erfordernissen der Zeit, die äusseren Grenzen „abzustecken", zu festigen zur Sicherung, z.B. gegen weitere, neuerliche Einwanderer resp. „Invasionen"[11].

---

10 ‚The History of the Ahoms shows how a brave and vigorous race may decay in the sleepy hollow of the Brahmaputra valley'. (E.G. GAIT 1963, zit. n. ACHARIYYA 1987, p.210, der fortfährt: ‚The climate of Assam is very congenial for an easy going life').

11 TIWARI (1974, 70) beklagt, die britische Politik habe zugleich die umgebenden Gebirgsregionen durch Verwaltungsmassnahmen von der Assam-Ebene „getrennt", z.B. durch das Gewährenlassen christlicher Missionen, was in Folge zweifellos separate Tendenzen gefördert, zur Eigenentwicklung (vgl. Nagas) nicht unwesentlich beigetragen hat.

Die Entwicklung in Assam nach dem Abtreten der Briten zeigt zahlreiche Veränderungen auf der politischen Karte mit dem Ergebnis, dass der Staat Assam selbst inzwischen erheblich reduziert worden ist (TIWARI 1974): durch die Rückgabe des Dewangiri-Bezirkes an Bhutan (eine Geste des „guten Willens" seitens der indischen Regierung); die Abtretung des Gebietes von Sylhet an Ost-Pakistan (heute Bangladesh); am 1.12.1963 wurde der Naga Hills District, mit dem Bezirk von Tuensang aus der North-East Frontier Agency zum Bundesland Nagaland vereint, selbständig innerhalb der Union; dem folgten Garo, Khasi und Jaintia Hills 1970 vereinigt zu Meghalaya und 1972 unter diesem Namen zum Bundesland erhoben; ebenso Tripura und Manipur; 1986 wurde Mizoram (Lushai Hills) der Status eines Bundeslandes gewährt und schliesslich 1988 der Rest der North-East Frontier Agency als Arunachal Pradesh – unter schriftlichem Protest der chinesischen Regierung, die nach wie vor das Territorium der früheren North-East Frontier Agency wegen Nicht-Anerkennung des Vertrages von Simla 1914 und damit der McMahon Line beansprucht. Auf diese Weise änderte sich die politische Karte des Nordostens drastisch: wo sich einst Assam und die North-East Frontier Agency erstreckten, gibt es seit 1988 sieben Bundesländer der Indischen Union: Nagaland, Meghalaya, Tripura, Manipur, Mizoram, Arunachal Pradesh – und Assam (TIWARI 1974; vgl. auch KOLB 1992, pp. 71 ff.).

Man kann in diesen Massnahmen eine den lokalen Eigenheiten entgegenkommende Entwicklung sehen, zumal wenn man sich an die entschlossenen Versuche der Nagas erinnert, vollständige Unabhängigkeit zu erlangen. Auf der anderen Seite wäre es denkbar, dass im Laufe der Entwicklung die Tendenz zu weiterer Aufsplitterung nach lokalen, stammeseigenen Bedürfnissen und Wünschen wächst – unter der Devise „besonderer Bedingungen" und bei „Androhung" des Austrittes aus der Union, also von ‚independence'. Eine solche Tendenz kann nicht ausgeschlossen werden in diesem Bereich der topographischen und stammesmässigen Vielfalt, zumal es auch im reduzierten Assam nach wie vor politische Unruhe gibt (z.B. ‚United Liberation Front of Assam' – vgl. LINTNER 1990; THE ECONOMIST Sept.1, 1990). Zweifellos hat die Entwicklung von Nagaland anregend gewirkt – sowohl im Nacheifern eines einmal geschaffenen Präzedenzfalls (z.B. Mizoram), aber doch auch wohl, was die Einstellung der Zentralregierung in New Delhi zum Problem „Nordosten" angeht, es eben nicht wieder zur militärischen Auseinandersetzung kommen zu lassen – zumal unter dem Eindruck der nach wie vor bestehenden chinesischen territorialen Forderungen bzw. Bedrohung. Es wird sich zeigen, ob das Eingehen der indischen Regierung auf diese lokalen Tendenzen klug war. Im Falle Arunachal Pradesh darf vermutet werden, dass es sich um eine vorausschauende Massnahme handelt, diesen so besonders differenzierten und diffizilen Abschnitt, dem unmittelbar die chinesische Forderung und damit Bedrohung gilt, staatsrechtlich zu konsolidieren und zu integrieren. Assam und seine nordöstlichen Nachbar-Bundesländer, also der „Nordosten" insgesamt, halten eine wichtige strategische Position gegenüber Indien bzw. dem Subcontinent: seit Menschengedenken (!) ist die Geschichte Assams, dieses weit nach Nordosten vorgelagerten Teils der Union, gekennzeichnet durch „Invasionen" verschiedensten Charakters – langfristiges, friedliches, kaum zur Kenntnis genommenes Einsickern der verschiedensten

Grössenordnung bis hin zum erobernden Eindringen (Ahom, Burmesen) – und stets aus der nämlichen Richtung, aus Osten. BHATTACHARJEE beschreibt aus langjähriger intimer Lokalkenntnis diesen „Sickerprozess" kleiner Gruppen, einschliesslich des Versuches aus Sprache, Legenden, Anbaupflanzen, Anbaumethoden und auch Jagdpraktiken den Zusammenhängen nachzuspüren (1987, 1975, 1983).

Es muss nochmals an die bisher letzte Manifestation des Interesses am Nordosten des Subcontinents „von aussen" erinnert werden: die chinesische militärische Demonstration im Herbst 1962, deren rechtliche Grundlage die chinesische Regierung in der von ihr nie vollzogenen Anerkennung der McMahon Line (Vertrag von Simla 1914), also der internationalen Grenze zwischen Britisch-Indien (Indien) und China (Tibet) sieht. Am 20.10.1962 rückten chinesische Truppen im äussersten Westen der North-East Frontier Agency vor, wahrscheinlich mit dem Ziel: Kloster Tawang (das etwa 29 km von der Grenze entfernt liegt). Wenige Tage später wurde diese Operation ergänzt durch einen Vorstoss östlich des Se La, also östlich Tawang, der bis ins Dirang Dzong-Tal und weiter nach S vorgetragen wurde. Zugleich wurde der indische Posten in Longyu am oberen Subansiri, wo dieser das Hochland verlässt und in die Südabdachung des Assam-Himalaya „herunterfällt", von den Chinesen besetzt. Am gleichen Tag – 22.10. – wurde der vorderste indische Posten im Lohit-Tal (südlich Rima) angegriffen, der Luftlinie 89 Meilen von den Erdölfeldern von Digboi entfernt liegt (vgl. BHAGARVA 1964, RAO 1968).

An diesen drei Abschnitten ist schon bei früherer Gelegenheit von chinesischen Einheiten Druck ausgeübt worden.

Im Oktober 1962 (beginnend 20.10.) handelte es sich offensichtlich um eine koordinierte, lange vorbereitete Aktion, denn: die einzelnen Schauplätze liegen weit auseinander. Der Hauptdruck konzentrierte sich auf den westlichen Sektor bei Tawang, die beiden anderen können als Nebenschauplätze angesehen werden, wobei der Lohit-Sektor den zusätzlichen Vorteil bot, zugleich die wichtigen Erdölfelder von Digboi zu bedrohen.

Einen Monat später wurde von den Chinesen einseitig ein Waffenstillstand erklärt. Und das geschah alles, nachdem sich vorher Nehru und Tschu-Enlai im Zeichen anti-imperialistischer Überzeugungen unter Berufung auf Panchshila „verbrüdert", Nehru – einseitig! – dazu alle Privilegien aus imperial-britischer Zeit, wie Resident in Lhasa, Handelsniederlassungen etc., als imperialistisches Erbe aufgegeben hatte.

Die chinesische Regierung hat danach (!) eine lange Liste von Fragen zum Verlauf der Grenze vorgelegt und die indische Seite um Klärung einer ganzen Reihe von Positionen ersucht (25, vgl. BHAGARVA 1964), die sich auf die drei genannten Abschnitte beziehen, sowie den Grenzverlauf innerhalb des Dihang-Durchbruches und Passlagen im Dibang-Einzugsgebiet.

Seit Oktober/November 1962 hat es keine ähnliche Aggression gegeben. Kleinere Grenzverletzungen kommen immer wieder vor, doch nur selten scheinen Nachrichten davon in die internationale Presse zu gelangen (vgl. S. 273).

Für uns gehört das, was die chinesische Regierung an der Grenze des Subcontinentes im Nordosten demonstriert, in die lange Reihe von Instabilitäten, durch die dieser Raum seit Menschengedenken gekennzeichnet ist – es ist nur eine neue zeitgemässe Variante im raumgebundenen historischen Ablauf – letztlich ausgelöst durch die Schwierigkeiten, Unübersichtlichkeiten des Terrains und die allgemeine Unkenntnis des Raumes.

Zusammenfassung: das „Waldgebirge" des NE:

Entsprechend dem NW haben wir es im NE mit einem topographisch äusserst schwierigen Gebirgsgelände, junger Tektonik, grosser Reliefenergie zu tun; doch wo im NW, im grossen durchgehenden vorder- und zentralasiatischen Trockengürtel Trockenheit und Wüstenhaftigkeit herrscht und der Eindruck sich aufdrängt, „die Dinge seien hier eher durchschaubar", „durchgängig", sind wir im NE im Umkreis des Assam-Tals von randtropischer Feuchtigkeit und Vegetation umgeben, die in Kombination mit dem Relief, der Topographie ohne Zweifel jedem Zugang a priori grössere Hindernisse in den Weg stellen – als eine schwierige Topographie allein – wie im NW. Bergstämme, die ihrer Natur nach mit Argwohn, Ablehnung, Verachtung jeden Fremden als ‚plain's people' herankommen sehen, sind dem NW und dem NE gemein, doch die Mannigfaltigkeit im NE ist grösser – Rückzugsgebiet ist der grosse Gebirgswall im N des Subcontinents auf seiner ganzen gewaltigen Erstreckung, von W bis E (SCHWEINFURTH 1965, 1982, 1986): aber der NE ist notorisch dafür – weil er, wie gesagt, in Kombination von Topographie und tropischer Vegetationsfülle ein noch viel grösseres Potential an Rückzugsmöglichkeiten anbietet – was sich streng genommen im Sinne der Stammesbevölkerung bis heute „bewährt" hat: denn wie weit ist die indische Verwaltung, sind wir, noch von einer wirklichen Kenntnis des Gebirges im NE des Subcontinentes entfernt! Ein Blick auf die Vegetationskarte erinnert daran (SCHWEINFURTH 1957 und in diesem Band).

Schliesslich – Geschichte! Vielleicht ist es nur eine Reflektion unseres okzidentalen Zuganges, dass wir sagen: wir wissen über die Geschichte, Bewegungen, die durch den NW gingen, viel besser Bescheid! Es ist Tatsache, dass Alexander nicht nur bis in den Himalaya hinein nach E ausgriff, sondern darüber auch sehr genau Buch führen liess (vgl. z.B. THEOPHRAST), während der NE für uns historisch in einem orientalisch-tropischen Dämmer zu liegen scheint. Trifft das Gefühl zu oder ist es nur mangelnde Vertrautheit mit den Verhältnissen, insbesondere der Materiallage?

Wie dem auch sei – greifen wir zum Handbuch: zu SPATE (1964, 1967), einer Autorität, deren geographischer Zugang in allererster Linie von historischem Interesse bestimmt ist. Während SPATE über den NW in seinen historischen Kommentaren kenntnisreich brilliert, sind seine Bezüge zum NE eher kümmerlich.

Oder KIRK, ebenfalls ein Geograph britischer Tradition mit hervorragendem Interesse an Historie und Politik und persönlicher Kenntnis des Subcontinents, einschliesslich Burmas; seine Arbeit (1975) über die Rolle Indiens = des Subcontinentes ‚in the diffusion of early cultures' ist ein höchst anregender Beitrag zur Kenntnis des frühen Indien (= Subcontinentes) aus historisch-geographischer Sicht – und ein Zeugnis dafür, was alles durch den NW „hindurchgegangen" ist in diesen frühen Zeiten. Aber wer Erhellung für den NE erwartet, der wird enttäuscht – Kirk's Indien hört mit dem Brahmaputra-Unterlauf auf: Assam, der NE – gehört nicht dazu!

Seit dem Erscheinen von KIRK's Arbeit (1975) hat der Verfasser diese Studie im Zusammenhange mit VON WISSMANN's Beitrag über „Süd-Yünnan als Teilgebiet SE-Asiens" (1943) gesehen. Warum? Weil der eine, KIRK (1975), sich von W, der andere, VON WISSMANN (1943), sich von E jenem grossen, „undurchdringlichen" Waldgebiet näherte bzw. jeder auf seine Art sein Thema „gegen" das grosse dazwischenliegende Waldgebiet vortrug, und schon bei früherer Gelegenheit wurde pointiert gesagt: nicht „Waldgebiet" allein, sondern „Wald*gebirge*", denn: dass da überhaupt noch „Wald" heute vorhanden – das gilt für den Zugang des einen wie des anderen, die beide mit ihren Kulturbereichen die Zurückdrängung des Waldes verfolgen – dass da überhaupt noch eine Waldbarriere besteht, heute, ergibt sich einzig aus der Combination von Wald und Topographie, Gebirge – deshalb: Waldgebirge. Der NE Indiens liegt in diesem Waldgebirge – von diesem NE aus gesehen erscheint der Himalaya nur als ein „Ausläufer", der an seiner gut beregneten Südflanke in entsprechender Höhenlage Wald bis in den grossen vorder- und zentralasiatischen Trockengürtel hinein ein Fortkommen ermöglicht (SCHWEINFURTH 1957).[12]

Der NE des Subcontinentes „im Dämmer der Wälder"? Es wäre kein Wunder, wenn man sich mit dieser Sicht zufrieden gäbe. Doch sie trifft nicht zu. Der NE ist geprägt von einer SE-asiatischen Geschichte, noch dazu einer Geschichte in einem Raum, der aus seinen physisch-geographischen Bedingungen heraus weniger geeignet ist, historische Spuren zu bewahren, zu hinterlassen: im tropisch-feuchten NE werden sie vom Zahn der Zeit viel schneller vernichtet, abgetragen, vom Dschungel überwuchert; kein Wunder, aus der Natur des Landes heraus, dass sich Ruinenstädte, Mauerwerk etc. nicht anbieten, wie allentalben im NW – man denke allein daran, was auch der Brahmaputra mit seinen alljährlichen Hochwassern, Flussbettverlagerungen hinwegwäscht, vernichtet: an menschlichen Hinterlassenschaften, historischen Zeugnissen (vgl. dazu DAS, H.P. 1970).

NW- und NE-Himalaya – die neuralgischen Bereiche in der nördlichen Begrenzung des Subcontinentes

Der Norden des Subcontinentes insgesamt ist durch einen Gebirgswall abgeschlossen: junge Tektonik, grosse Reliefenergie, akzentuierte Topographie kennzeichnen die Situation; von der Landesnatur her ist dieser Gebirgswall bestimmt von der Abstufung: Wüste im W (am Arabischen Golf) bis (rand-)tropischem Regenwald bzw. üppiger Vegetation im E (Golf von Bengalen). Der Gebirgswall selbst in seiner morphologisch-topographischen Vielgestaltigkeit gibt die Bühne für die

---

12 KOLB in nachgelassener Schrift (1992, pp. 58ff.) verfolgt unter der Überschrift „Zwischen Yünnan und Hindustan" das Schicksal des „asiatischen Südwaldes" - damit jenes Zurückdrängen des Waldes, auf das hier von W und von E her, ausgehend von den Arbeiten KIRK 1975 und VON WISSMANN 1943, hingewiesen wird.

dreidimensionale Differenzierung, deren auffälligste Manifestation im Hinblick auf die Landesnatur vielleicht das Ausstreichen der Wälder in entsprechender Höhe von E her in den grossen vorderorientalisch – vorder- bzw. zentralasiatischen Trockengürtel hinein ist, also eine klimatische, vegetationsmässige und landschaftliche Differenzierung des Raumes von E nach W, von S nach N und in der Vertikalen mit einer Fülle lokaler Entwicklungen: „so bunt" zeigt sich die Gebirgswelt als Lebensraum, wenn wir die lokalen Verhältnisse verfolgen, wozu die Vegetationskarte die Möglichkeit gibt (SCHWEINFURTH 1957).

Seit Menschengedenken hat „der Nordwesten", das Gebirge vom Arabischen Meer bis Kashmir, als „Einfallstor" gedient – und von da aus haben sich die Einwanderer in den Subcontinent hinein verbreitet bis zur Südspitze – im E bis an den Unterlauf von Ganges und Brahmaputra (KIRK 1975). Die karge, wüstenhafte, nicht durch Bäume, Wälder „verstellte" Landschaft im NW suggeriert die Vorstellung von „Übersichtlichkeit".

Anders im NE, wo das Gebirge von dichten Wäldern überzogen ist, Übersichtlichkeit fehlt und viel von den Bewegungen im „Dunkel der Wälder" versteckt zu bleiben scheint, so dass die Vorstellung von „Einsickern", allenfalls „Durchsickern" sich eher anbietet, als die eines „Stroms", wie im NW, der sich dann aus dem „Nadelöhr" des Nordwestens ('Khyber Pass', aber vgl. CAROE 1964) sprichwörtlich in die Ebenen des Subcontinentes hinein ergiesst. Im NE hat dieser „Sickervorgang" nie weiter als bis zum Brahmaputra-Unterlauf geführt.

Im NW hat die topographische Zersplitterung trotz der vorwiegend pathanischen Bevölkerung zu grösster Aufsplitterung geführt – in clans und subclans etc. Im NE ist ein grosser Teil der Zugewanderten in den Gebirgswäldern steckengeblieben, „versteckt" geblieben; sie zeigen sich, der Topographie entsprechend aufgesplittert, durch die dichte Bewaldung noch stärker voneinander abgeschlossen, getrennt, untereinander verfeindet, allenfalls zu gemeinsamer Abwehr bereit gegenüber denen, die von aussen her als Fremde eindringen wollen. Gelegentlich hat es den jeweiligen Gebirgsraum insgesamt übergreifende Herrschaften gegeben, doch nie hat sich aus dem zersplitterten Raum selbst heraus eine starke territoriale Macht entwickelt.

Stets hat der „NW-Durchgang" zunächst auf das Tal von Peshawar hin gezielt, das einer Oase gleich erscheinen musste, nach der „Durststrecke" durch das Gebirge. Im E entsprechend, wenn auch aus den natürlichen Bedingungen heraus verhaltener, hat vielleicht das Tal, die breite Assam-Ebene als nächstliegendes Ziel, als ein willkommenes Paradies nach der Überwindung des Waldgebirges sich angeboten.

Aus beiden Richtungen ist, wenn auch in ganz verschiedenem Masse, in den Subcontinent hinein gewirkt worden – der Subcontinent scheint demgegenüber wenig in den Gebirgswall vorgefühlt zu haben. Erst die Briten in der Kurzzeit ihres Aufenthaltes in Indien haben, aus dem Subcontinent hinaus, in die Gebirgswelt hinein ausgegriffen und darüber hinaus, auf das Glacis hinauffühlend zu wirken versucht – ‚to protect the crown of the empire'.

Aus der historischen und räumlichen Situation der Beherrschung des Subcontinentes heraus, aus dem Bestreben, aus der Notwendigkeit, diesen Besitz zu schützen, zu wahren, haben die Briten erstmalig die politische Durchdringung, die politische „Organisation" des Gebirgswalles im N versucht und für ihre Zeit, so kurz sie war, unter den gegebenen Verhältnissen mit bemerkenswertem Erfolg gemeistert. Als Fremde kamen sie über See, von den anfänglichen Küstenstützpunkten aus wurde zunächst das Küstenhinterland organisiert. Ohne viel Kenntnis von Land und Topographie wurden territoriale Ansprüche in das Gebirge hinein ausgedehnt, zu deren Begrenzung musste die „Wasserscheide", die es irgendwo doch wohl geben musste, herhalten – eine Vorstellung, die auch andernorts die Kolonialmächte leitete und zu Grenzziehungen verleitete, die sich in der postkolonialen Zeit überall als brisante Erbschaft ausgewirkt haben.

„Oben im Gebirge", drinnen im Kontinent – im konkreten Fall „in Hochasien" – trafen vage die Einflusszonen der interessierten Mächte zusammen: Grossbritannien, Russland, China – zum ‚Great Game' (HOPKIRK 1990), wie es die Briten im gentlemen-understatement nannten. Immer wieder unternahmen einzelne „Spieler" in diesem game ihre unglaublichen ‚trips', wagten vollen Einsatz, denen wir hochinteressante Beobachtungen verdanken über Land und Leute. Von Zeit zu Zeit wurde bei einer Conferenz der Versuch einer Übereinkunft, das Abstecken von Interessensphären unternommen – so die Ausdehnung Afghanistans durch den Wakhan-Streifen nach E, um das unmittelbare Angrenzen von Britisch-Indien und Russland zu vermeiden – oder die Etablierung eines britischen Residenten in Lhasa (wie vorher schon in Kathmandu) – oder der grossangelegte Versuch der Bereinigung, Consolidierung der Verhältnisse durch die Festlegung der Durand Line im NW, der McMahon Line im NE, alles, von den Briten her gesehen, im Sinne der ‚balance', um den Subcontinent, Britisch-Indien, abzuschirmen.

Dazu gehörte auch das Abstützen Afghanistans „gegen" Russland, obwohl man sich im klaren war, sein musste, dass das zunächst nur eine äussere, von aussen herangetragene Garantie des Staates war – wie nützlich, zeigt die Entwicklung seit 1979; oder die Garantie für Nepal, Bhutan, Sikkim, als – in verschiedener Abstufung zwar, aber doch bis zu einem gewissen Grade gewahrter Unabhängigkeit – Staaten im Himalaya – oder die erfolgreiche Abstützung Tibets in Zeiten, als Peking-China schwach bzw. anderweitig engagiert war.

Seiner Natur nach war dieses ‚Great Game' ständigem Wandel unterworfen, nie durfte es als „statisch", ein für allemal etabliert angesehen werden – in dem Moment war das Spiel verloren. Die Briten haben sich im Grossen und im Kleinen als Meister in diesem „Spiel" gezeigt. Die „grosse Politik" konnte dabei stets auf eine Anzahl unternehmungslustiger Einzelgänger zurückgreifen, die auch ohne „amtlichen Auftrag" allein durch ihr Erscheinen in den entlegensten Teilen der Gebirgswelt die Repräsentanz des Empire personifizierten; beispielhaft seien nur zwei Namen genannt, die unsere Kenntnis der Gebirgswelt im Norden des Subcontinentes wesentlich bereichert haben: F.M. BAILEY (1945, 1957; SWINSON 1971)[13] und F.K. WARD (SCHWEINFURTH/SCHWEINFURTH-MARBY 1975). Aber jeder Brite, auch wenn er „nur" zur Jagd oder zum Sammeln von Schmetterlingen, Käfern oder Pflanzen

---

13 F.M. BAILEY, Prototyp des wagemutigen Einzelgängers dieser Art, gilt übrigens auch als der ‚hero' der romanhaften Darstellung: FOREPOINT SEVERN: ‚The Blind Road', Edinburgh and London 1938 (Information John WHITEHEAD).

unterwegs war, spielte nolens-volens seinen Part in diesem ‚Great Game', und sei es auch nur als „Statist": sie alle brachten Beobachtungen, Informationen zurück, die alle zusammen die Kenntnis von dieser Gebirgswelt bereicherten. Keiner der Nachfolgestaaten konnte auf ein ähnliches Potential einsatzbereiter, unternehmungslustiger, wissbegieriger Einzelgänger zurückgreifen, die vor keiner Schwierigkeit zurückschreckten – sonst wäre der Indischen Regierung auch wohl kaum entgangen, dass die Chinesen schon vor Oktober 1962 auf dem Aksai Chin-Plateau mit Strassenbau beschäftigt waren.

Bei den Briten sehen wir auch den Versuch, in verschiedenen Zonen der Einflussnahme jenes Kronjuwel des Empire zu bewahren – Verwaltungszonen, die vom Zentrum, dem Subcontinent i.e.S. aus nach aussen in die Gebirgswelt hinein, continentwärts weniger intensiv werden, ihre klarste Ausprägung aber an den beiden neuralgischen Punkten der Gebirgsumrandung finden: im NW und im NE: vollverwaltete Zone, teilverwalteter Bereich und nicht in die Verwaltung eingeschlossenes Gebiet; jenseits folgte das ‚glacis' – von W nach E: Iran, Afghanistan, Tibet, Zentralasien – wo es galt, Einfluss zu gewinnen im Hinblick auf die eigentlichen Gegenspieler in Zentralasien, Russland und China: und das alles virtuos gehandhabt, in allen nur denkbaren Formen direkter und vor allem indirekter Einflussnahme, wie z.B. auch die erwähnte „qualitative" Abfolge der Bindung der Himalaya-Staaten Nepal, Bhutan, Sikkim an Britisch-Indien zeigte. Nur an den beiden neuralgischen Punkten in diesem Sicherungssystem, im NW und NE, da behielt die Zentralregierung die Dinge in unmittelbarer Kontrolle: ‚North-West Frontier Province' und ‚North-East Frontier Agency'.

Nach dem Abtreten der Briten, 15.08.1947, ging die Verantwortung für den NW an Pakistan, für den NE an Indien über.

Der NW wurde – 1979 – „überrollt" von Ereignissen, die ausserhalb pakistanischen Einflusses lagen; der NE hatte sein ‚show down' 1962 erlebt, als das wiedererstarkte China seine territorialen Forderungen mit militärischer Macht kundtat, damit eine bemerkenswerte Aktivierung indischen Engagements in Gang setzte – bis hin zur vollen constitutionellen Gleichstellung des Nordosten durch Organisation nach Bundesländern (1988).

Beide Einwirkungen von Aussen, die russische im NW (1979), die chinesische im NE (1962) beweisen noch nachträglich die Richtigkeit der britischen Zentralasien-Politik zu ihrer Zeit, der ständigen, aufmerksamen Initiative nach Hochasien, Zentralasien hin, die ständige Sorge um die Aufrechterhaltung einer Art von balance of power auf dem Glacis in Zentralasien. Veränderte politische Konstellationen führen zu veränderten Situationen – aber es gibt auch die den jeweiligen Räumen innewohnenden Probleme, die keiner Änderung der politischen Strömungen unterliegen, die nichts mit Imperialismus oder Anti-Imperialismus zu tun haben, die wirksam sind, auch wenn „man" sie – die Realitäten – nicht wahrhaben will: sie sind vorhanden, wirken weiter, weil Menschen Menschen sind, territoriale Wesen, bestimmt vom territorialen Imperativ: im Grossen wie im Kleinen.

So offenbart heute, 1992, der Nordwesten, wie eh und je, seine sprichwörtliche Rolle als Schütterzone, „erschütterte" Zone als Folge des russischen Eingreifens in Afghanistan (Dezember 1979) – mit der Fernwirkung, dass die Verhältnisse der

Schütterzone so gründlich aus den Angeln gehoben wurden, dass auch der Abzug der Roten Armee keine Beruhigung gebracht hat, vielmehr nach wie vor zeigt, dass der Nordwesten des Subcontinentes sich der politischen Organisation immer wieder „entzieht", ‚tribal country' ist, die sogenannte „internationale" Grenze nur auf dem Papier steht, die politischen Verhältnisse sich in ihre Grundstrukturen aufgelöst haben.

Die inzwischen erfolgte Auflösung des Sowjet-Imperiums setzt diesen Prozess fort – der zuletzt noch allein übriggebliebene „Spieler" im ‚Great Game' liess sich zu einem folgenschweren Schritt verleiten – in die afghanische Falle hinein…waren die Lehren der Geschichte dieses Raumes im Kreml unbekannt geblieben? Oder hat ideologische Hybris die Entscheidungen beeinflusst? Das imperiale ‚Great Game' ist ausgespielt. Aus den Trümmern des Sowjet-Empires in Zentralasien organisieren sich die lokalen Kräfte neu, neue raumfremde Kräfte fühlen in den Raum vor, um Einfluss zu gewinnen.

Der Nordosten erscheint z.Zt. äusserlich beruhigt; im Gegensatz zu den Russen im NW sind die Chinesen schon nach kurzer Zeit wieder abgezogen, und die Indische Regierung hat die „Decke", den „Schirm" bundesstaatlicher Organisation über den Nordosten ausgebreitet. Dennoch bleibt die Frage, wie sich die Chinesische Regierung mit ihren wiederholten territorialen Ansprüchen demgegenüber abfinden, accommodieren wird. Die chinesische Demonstration von 1962 ist nicht vergessen – und je undurchschaubarer die internen Entwicklungen in China sind, desto schwieriger ist auch das Gewicht der chinesischen territorialen Forderungen einzuschätzen.

Fassen wir nochmals den Subcontinent insgesamt ins Auge, so reichen die Einwirkungen aus, durch den NW bis zur Südspitze und verlaufen sich entlang des Südfusses des Gebirgswalls nach E zu, aber nicht weiter als bis zum Ganges-Brahmaputra-Unterlauf. Es ist auch gesagt worden: das eigentliche Indien, Indien sensu stricto, findet am Indus sein Ende, was darüber hinaus nach NW-W folgt, ist „anders", ist mehr „Vorderer Orient" als „Indien" – und in dem Sinne wie eine solche Feststellung übertrieben erscheinen mag, ist sie doch anschaulich und stellt die Unterschiede heraus.

Und im NE? Das Einsickern aus dem NE ist nie weiter wirksam geworden als bis zum Brahmaputra(Ganges)-Unterlauf – und wir können aus subcontinentaler Sicht heraus vielleicht mit noch mehr Begründung sagen: dort, am Brahmaputra-Unterlauf, findet das eigentliche Indien sein Ende, jenseits nach NE, das ist bereits „Südostasien".

Es besteht keinerlei Aussicht, dass sich der sprichwörtliche Charakter der Schütterzonen im NW und im NE, der neuralgischen, sensiblen „Ecken" des Subcontinentes ändern wird: im Gegenteil, die vergangenen zehn Jahre haben „den NW" als das manifest werden lassen, was er seit Menschengedenken ist: „Durchgangsland" – und die Fragezeichen, die die Zukunft Afghanistans aufwirft, und zugleich auch das Verhalten der Stämme beweisen es täglich.

Der mit der bekannten Nonchalence des Reiches der Mitte gegenüber den „Barbaren", also allen Nicht-Chinesen, aufrechterhaltene territoriale Anspruch auf die Gebirgsumrandung des Subcontinents, zumal im NE, wird trotz aller Bemühungen der indischen Regierung die Situation im Nordosten so lange verunsichern, wie der Anspruch aufrechterhalten wird – dazu trägt auch das chinesische Vorgehen gegenüber Tibet bei, d.h. die gegenwärtige Stärke Chinas im Vergleich zu den Verhältnissen zur Zeit der britischen Herrschaft in Indien, wie auch die nach wie vor bestehende Unkenntnis über die tatsächliche geographische Situation des nordöstlichen Teiles des Gebirgswalles.

Und zum Schluss noch einmal der Blick auf diese grandiose Gebirgswelt – nur zum geringsten Teil jene majestätische, abweisende, unnahbare Hochgebirgswelt der Sechs-, Sieben-, Achttausender! Vielmehr ein Lebensraum, ein ganz besonderer, spezieller Lebensraum, mit ganz besonderen raumimmanenten Problemen. Zu Füssen der Bergriesen treiben die Menschen ihr Spiel, seit sie in diese Gebirgswelt kamen. Ein menschlicher Lebensraum von immer wieder überwältigender Vielfalt – aber Menschen wären wohl nicht Menschen = territoriale Wesen, wenn sie nicht auch in dieser grandiosen Hochgebirgswelt die Bühne für ihre Auseinandersetzungen suchten – und fänden: in der Gegenwart wie in der Vergangenheit und wahrscheinlich auch in der Zukunft: und ganz gewiss im NW und im NE, um nochmals die spezielle Fragestellung anklingen zu lassen. In den Jahren seit der Teilung des Subcontinentes, in dem Masse, wie die Welt insgesamt „kleiner" wurde, haben wir erlebt, dass die Auseinandersetzungen in dieser Gebirgswelt auch immer mehr vom grossen weltpolitischen Gegensatz geprägt, bestimmt wurden. Das mag an den Differenzen im Raum nicht viel ändern, aber vielleicht doch ihre Lösungen beeinflussen – und dazu gehört auch ganz gewiss, dass jene Gebiete, Teilbereiche der Gebirgswelt, die von diesen Spannungen am stärksten betroffen sind, NW und NE, noch zu den nach wie vor am wenigsten bekannten Bereichen des Himalaya gehören.

Schluss

Schon im Kartenbild treten ‚NW' und ‚NE' hervor durch die auffällig gerafften Girlanden des Gebirgssystems im Norden des Subcontinentes – Anzeichen junger Tektonik, schwieriger Topographie, bekannt zudem durch katastrophale Erdbeben (Quetta 1935, Assam-Zayul 1950).

Klimatisch bestimmen Extreme die beiden Bereiche: im NW Wüste, im NE randtropische, üppige Wälder – der NW erscheint vegetationslos, „offen", der NE von Wäldern bedeckt.

Im NW reicht schriftliche Dokumentation zurück bis zum Alexander-Zug – im NE setzt sie erst mit dem Einbruch der Ahom vor rund 600 Jahren ein.

Der NW ist durch die Geschichte bekannt als „Tor", „Eingangspforte" für aufeinanderfolgende Völkerbewegungen, Invasionen durch das Gebirge hindurch in den Subcontinent hinein mit einem ersten Ziel, der Oase von Peshawar; heute herrscht in Folge der Islam, erstreckt sich „Vorderer Orient" bis zum Indus – erst dort beginnt Indien i.e.S.

Der NE, der Natur des Landes nach „Waldgebirge", ist geprägt durch Einwanderung von Osten, eher wohl in Folge eines allmählichen Einsickerns; für die durch das Waldgebirge hindurch gelangten Völkerschaften bot das Tal von Assam eine begehrenswerte, offenere Landschaft. Diese Einflüsse von Osten fanden am Ganges-Brahmaputra-Unterlauf ihr Ende; bis hierher ist der NE als Teilbereich Südostasiens zu sehen – Indien i.e.S. beginnt erst westlich dieser breiten Flussbarriere.

Der NW – ständig-trocken, wüstenhaft vermittelt durch die Geschichte hindurch die Vorstellung von „ständigem Einströmen"; der NE – ständig-feucht, in dichte üppige Vegetation gehüllt, suggeriert den Eindruck von „allmählichem Einsickern".

Als Contrast dazu erscheint die Situation im Indus-Durchbruch: das Gebirge in seiner grössten horizontalen Ausdehnung (Himalaya *und* Karakorum), mit starken topographischen Akzenten bis zum über 8000 m hoch aufsteigenden Nanga Parbat und entsprechend tief eingeschnittenen Tälern und in dieser dreidimensionalen Configuration Anlass gebend zu prägnanter klimatischer und landschaftlicher Differenzierung, entsprechend jahreszeitlichen Akzenten, die – statt ständiger Bewegung wie im NW und NE – nur unterbrochenen, etappenweise fortschreitenden „Verkehr" erlaubten: die akzentuierte Umwelt bestimmte die Möglichkeiten des Menschen in dieser dramatischen Gebirgswelt. Und mag auch der Fortschritt der Technik heute manches verändert haben: ein Erdrutsch genügt, den Karakorum Highway lahmzulegen (ganz abgesehen von der Wetterabhängigkeit des Flugverkehrs im Gebirge).

Die Briten, als Fremde über See herankommend, waren die ersten, die in moderner Zeit den Subcontinent beherrschten, gegen den Gebirgswall im N vorfühlten, im Rahmen ihrer Sicherungsmassnahmen für die besonderen Gefahrenzonen die ‚North-West Frontier Province' und ‚North-East Frontier Agency' etablierten, Grenzbereiche, wie die Namen sagen, die der Zentralgewalt in Delhi direkt unterstanden.

Die beiden Nachfolgestaaten, Pakistan und Indien, erbten jeder einen dieser Grenzbereiche – doch das durch das Verschwinden der Briten entstandene Machtvakuum liess bald die Grundproblematik dieser neuralgischen Zonen wieder zutage treten: im NE waren 1962 bestimmte Abschnitte das Ziel militärischer Aktionen der Chinesen, die auch nach ihrem Abzug und erneut 1988 ihren Rechtsanspruch auf die alte ‚North-East Frontier Agency' declarierten, dem die indische Regierung entsprechend ihrer Auffassung der postcolonialen Machtübernahme mit der Entwicklung des Bereiches zu Unionsbundesländern zu begegnen versuchte. Im NW marschierte Ende 1979 die Rote Armee in Afghanistan ein, wodurch die etablierte staatliche, damit internationale Ordnung zusammenbrach – doch im Chaos bewies der NW die ihm eigene, innewohnende Stärke der Zersplitterung: und der nach fast zehnjährigem Einsatz erfolgte Rückzug der Roten Armee hinterliess die für den NW sprichwörtliche tribal anarchy.

Bis zum Tage darf man in den beiden Gebieten Problembereiche erster Ordnung sehen, zugleich „gefährdet" und „gefährlich"; was die imperiale Macht an Ordnung erreichte, ist durch die „anti-imperialistischen" Mächte – wenn man die ideologischen Begriffe anwenden will – aufgelöst worden. Was bleibt, ist, die beiden Gefahrenzonen mit grösster Aufmerksamkeit zu beobachten und, wenn irgend möglich, intensiv zu entwickeln, wozu in erster Linie auch die noch fehlende gründliche wissenschaftliche Erforschung gehört.

Summary:
'Northwest' and 'Northeast' – a contribution towards the Political Geography of the Himalayas.

Any map, showing the Himalayas, strikes even the most casual observer by the girland-like appearance of this mighty mountain system, in between the two 'hangers' in the W and in the E, NW and NE respectively – pointers to the youthful tectonics and rugged topography and reminders, also, of catastrophic earthquakes in these areas (Quetta 1935, Assam – Zayul 1950).

Climatic extremes dominate the two areas: desert in the NW, near tropical wet conditions in the E – the NW appearantly devoid of vegetation, 'open' – in the E everything seems hidden under forest cover.

For the NW, written records date back to Alexander the Great, whereas in the E, written documents can be traced as far back as to the arrival of the Ahom only, approximately 600 years ago. The NW is, all through history, commonly looked upon as ‚gate', entrance for hordes of people, 'invasions' into the subcontinent – with the Oasis of Peshawar as a first attractive goal; subsequently, Islam began to dominate the scene, so that people in the W talk about the 'Near East', as far as the banks of the Indus – and India proper consequently stretching from the east bank of the Indus to the E.

In the NE, people display features of the E, and their way of movement there seems more seepage-like, a continuous and slow extension of people from the E through the forested mountains: for these people the plains of Assam may have seemed desirable goals. But, all these influences from the E peter out towards the amphibious country representing the lower reaches of Ganga and Brahmaputra. This, in effect, means, the NE of the subcontinent has to be looked upon virtually as part of SE Asia – and India proper beginning only to the west of this broad expanse of an amphibious land.

The NW – mountainous, dry, desert-like – gives the impression all through history of serving as theatre for an unimpeded, steady stream, sometimes torrent, of invaders, finally pouring down into the subcontinent – the NE equally mountainous, but in contrast, always wet and covered under thick luxurious vegetation, suggests the idea of a steady seepage-like, quiet infiltration of people.

The situation as met with in the Indus Gorge seems to present a striking contrast: here the mountain world attains its broadest expanse, Himalayas and Karakorum together, accentuated by a topography rising to over 8000 m as in Nanga Parbat, towering above the correspondingly deeply incised valley of the Indus. This threedimensional framework results in a definite climatic differentiation, dominated by seasonal aspects and a difference in precipitation, which forbids the all year round movements through the mountains, as visualised for the NW and NE, permitting progress, resp. traffic only in stages leading to enforced seasonal sojourns of people traversing the mountain system, and imposing upon them even time for leisurely persuits like rock inscriptions, etc. in years gone by. Technical progress may have resulted in changes, but, still, one earthslip only may effectively interrupt traffic on the modern Karakorum Highway, quite apart from the dependence of air-traffic on local weather conditions amongst the mountains.

The British, being foreigners coming across the ocean and being the first in modern times to rule the subcontinent, subsequently became involved with the intricacies of the mountain world to the N; within the framework of their defence measures for particular sensitive areas, they established the 'North-West Frontier Province' and the 'North-East Frontier Agency' – frontier areas, as the names indicate, under direct control by the central authorities in New Delhi.

Both the successor states, Pakistan and India, inherited one of those frontier districts. The disappearance of British Might, the vacuum of power apparent, quickly lead to a re-appearance of the basic, innate problems of these neuralgic areas. In the NE, in 1962, certain areas experienced military action by Chinese units, who, however, after a month's long sojourn – left, but, again, in 1988, China reconfirmed its claim to the former N.E.F.A. as being an integral part of the Chinese Empire – a claim, which after the 1962 events India tried to meet with the constitutional devolution of all the frontier areas into states of the union.

In the NW, end of 1979, the Red Army invaded Afghanistan effecting the subsequent collaps of what there was in the way of political order in the country. However, the chaotic sequence of events thereafter reaffirmed the NW's particular ‚strength in chaos': the retreat of the Red Army after ten years of military intervention in Afghanistan left the proverbial 'tribal anarchy' paramount in the NW.

To the day of writing, both areas are problem areas of first order – likewise endangered and dangerous. What imperial power achieved in the way of order, has been spent, dissolved by the anti-imperialistic successors – if one chooses to use such parlance. In the NW, the state of affairs is, unquestionably, evident at present, whereas in the NE, the engagement of the Indian Government in constitutional devolution exists in a certain aura of suspense – in the light of the Chinese veto. What remains, is, to watch these two sensitive areas with utmost attention and, if at all possible, to develop them – an important precondition being the implementation of the still lacking thorough scientific exploration of the areas concerned.

Literatur (ausgewählt)

ACHARIYYA, N.N. (1987): A brief history of Assam. Guwahati.
ALDER, G.J. (1963): British India's Northern Frontier, 1865-95: a study in imperial policy. London.
ALLAN, N.J.R. (1987): Impact of Afghan Refugees on the Vegetation Resources of Pakistan's Hindukush-Himalaya. Mt. Res. and Dev., vol.7(3), pp.200-204.
– (1990): Household food supply in Hunza Valley, Pakistan. Geogr. Rev., vol. 80(4), pp.399-415.
– (1991): From Autarky to Dependency: society and habitat relations in the South Asian mountain Rimland. Mt. Res. and Dev., vol.11(1), pp.65-74.
ALLEN, L. (1985): Burma: the longest war: 1941-1945. London.
BAILEY, F.M. (1945): China-Tibet-Assam, a journey 1911. London.
– (1957): No Passport to Tibet. London.
BALOCH, I. (1980): Afghanistan – Paschtunistan – Belutschistan. Aussenpolitik, vol.31(3), pp.284-301.
– (1987): The Problem of ‚Greater Baluchistan': a study of Baluch nationalism. Beitr. S.As.Forsch., Bd.116. Stuttgart.

BARTH, F. (1956): Indus and Swat Kohistan. Oslo.
BARUA, S.N. (1991): Tribes of Indo-Burma Border. New Delhi.
BHAGARVA, G. (1964): The Battle of N.E.F.A. London.
BHATTACHARJEE, T.K. (1975): The Tangams. Shillong.
- (1983): Idus of Mathun and Dri Valley. Shillong.
- (1987): Alluring frontiers. Guwahati.
- (1992): Enticing frontiers. New Delhi.
BIDDULPH, J. (1880): Tribes of the Hindoo Koosh. Calcutta.
BISHOP, B.C. (1990): Karnali under stress. Univ. of Chicago: Geogr. Res. Pap., 228-229. Chicago.
BONN, G. (1977): Tawang. Indo-Asia, vol.19, pp.157-175.
BOR, E. (1952): Adventures of a botanist's wife. London.
BOR, N.L. (1938): A Sketch on the Vegetation of the Aka Hills, Assam: a synecological study. Ind. For. Rec., New Series, Bot., vol.1(4), pp.103-121.
CAROE, O. (1960): The Geography and Ethnics of India's Northern Frontiers. Geogr. Journ., vol.126(3), pp.298-309.
- (1964): The Pathans 550 B.C. – A.D. 1957. London.
CHOUDHURY, S. Dutta (ed.) (1978): Lohit District. Arunachal Pradesh Distr. Gazetteers. Govt. of Arunachal Pradesh, Shillong.
COBB, E.H. (1951): The Frontier States of Dir, Swat, and Chitral. Journ. Roy. Centr. As. Soc., vol.38, pp.170-176.
COOPER, T.T. (1882): Reise zur Auffindung eines Ueberlandweges von China nach Indien. Jena.
CURZON, G.N. (1896): The Pamirs and the source of the Oxus. Geogr. Journ., vol.8, pp.15-119, pp.97-119, pp.239-264.
- (1966): Persia and The Persian Question. London.
DAS, H.P. (1970): Geography of Assam. New Delhi.
DAS, N.K. (1989): Ethnic identity, ethnicity, and social stratification in North-East India. New Delhi.
DAS, S.T. (1978): The people of the Eastern Himalayas. New Delhi.
– (1986): Tribal life of north-eastern India. New Delhi.
DICHTER, D. (1967): The North-West Frontier of West Pakistan. Oxford.
DREW, F. (1857): The Jammoo and Cashmere Territories. London.
DURAND, A. (1910): The Making of a frontier. London.
DURBAR, Sir G. (1932): Frontiers. London.
ELWYN, V. (1959): India's North-East Frontier in the Nineteenth Century. Oxford.
- (1960): A Philosophy of N.E.F.A. Shillong.
- (1964): The tribal world of Verrier Elwyn. An autobiography. Oxford.
ENRIQUEZ, C.M. (1921): The Pathan Borderland. Calcutta.
FAUTZ, B. (1963): Sozialstruktur und Bodennutzung in der Kulturlandschaft des Swat (Nordwest-Himalaya). Giess. Geogr. Schr., H.3.
FLETCHER, H. (1975): A Quest of Flowers. The Plant Explorations of Frank Ludlow and George Sherriff. Edinburgh.
FÜRER-HAIMENDORF, C. von (1955): Himalayan Barbary. London.
- (1956): Glückliche Barbaren. Wiesbaden.
GAIT, E. (1963): A History of Assam. Calcutta.
GRAHAM-BOWER, U. (1953): The Hidden Land. London.
- (1957): Naga Path. London.
HARRISON, S.S. (1981): In Afghanistan's Shadow: Baluch Nationalism and Soviet temptations. Washington.
HASERODT, K. (1989): Chitral (Pakistanischer Hindukusch). Beitr. und Mat. zur Reg. Geogr., H.2, pp.43-180. Berlin.
HOPKIRK, P. (1990): The Great Game. London.
HOLDICH, T.H. (1901): The Indian Borderland, 1880 – 1990. London.
- (1904): India. London.

- (1910): The Gates of India. London.
- (1916): Political Frontier and Boundary Making. London.

HUTTENBACK, R.A. (1975): The 'Great Game' in the Pamirs and the Hindukush: The British Conquest of Hunza and Nagar. Mod. As. Studies, vol.9, pp.1-29.

JETTMAR, K. (1960): Soziale und wirtschaftliche Dynamik bei asiatischen Gebirgsbauern (Nordwest-Pakistan). Sociologus, vol.10(2), pp.120-138.
- (1977): Bolor – a contribution to the political and ethnic geography of North Pakistan. Zentralas. Stud., vol.11, pp.411-448.
- (1983): Indus Kohistan: Entwurf einer historischen Ethnographie. Anthropos, vol.78, pp.501-518.
- (1987): The 'Suspended Crossing' – where and why? Orient. Lov. Analecta, vol.25, pp.95-102.
- (1989): The main Buddhist Period as represented in the petroglyphs at Chilas and Thalpan. S. As. Archaeol. 1985. Scand. Inst. of As. Stud. Occ. Pap. 4.39, pp.407-411. London.

KEAY, J. (1977): When men and mountains meet. Explorers of the Western Himalayas, 1820 – 1875. London.
- (1979): The Gilgit Game. The Explorers of the Western Himalayas, 1865 – 1895. London.

KIRK, W. (1975): The role of India in the diffusion of early cultures. Geogr. Journ., vol.141, pp.19-34.

KNIGHT, E. (1893): Where three empires meet. London.

KOLB, A. (1992): Yünnan – Chinas unbekannter Süden. Berliner Geogr. Stud., 34. Berlin.

KREUTZMANN, H. (1987): Die Talschaft Hunza (Northern Area of Pakistan): Wandel der Austauschbeziehungen unter Einfluss des Karakorum Highway. Erde, vol.118, pp.37-53.
- (1989): Hunza – ländliche Entwicklung im Karakorum. Abh. Anthropogeogr., Bd.44. Berlin.
- (1990): Oasenbewässerung im Karakorum. Autochthone Techniken und exogene Überprägung in der Hochgebirgslandschaft Nordpakistans. Erdk., Bd.44, pp.10-23.
- (1991): The Karakorum Highway: the impact of road construction on mountain societies. Mod. As. Stud., vol.25(4), pp.711-736.

LAMB, A. (1960): Britain and Chinese Central Asia. London.
- (1964): The China-India Border. London.
- (1966a): The McMahon Line. (2 vols.) London.
- (1966b): Crisis in Kashmir: 1947 to 1966. London.
- (1968): Asian Frontiers. New York.
- (1991): Kashmir – a disputed legacy. Hertford.

LINTNER, J. (1990): Land of Jade. Bangkok.

LORIMER, E.O. (1939): Language Hunting in the Karakorum. London.

MARSHALL, J.G. (1977): Britain and Tibet 1765-1947. The background to the India-China Border Dispute. A select annotated bibliography of printed material in European languages. La Trobe Univ. Libr. Publ., no.10. Bundoora, Vic.

MÜLLER-STELLRECHT, J. (1978): Hunza and China (1761-1891). Beitr. S.As. Forsch., Bd.44. Wiesbaden.
- (1983): Der Thronantritt König Muhammad Nazim Khans von Hunza (Nordpakistan): ein Beispiel „indirekter Herrschaft" im kolonialen Indien. Beitr. S.As. Forsch., Bd.86, pp.423-437. Wiesbaden.

NANDA, N. (1982): Tawang. New Delhi.

NESTEROFF, P. (1987): Le Développement économique dans le Nord-Est de l'Inde: le cas du Nagaland. Paris.

NEVILL, H.L. (1912): Campaigns of the North-West Frontier. London.

PANCHANI, C.S. (1989): Arunachal Pradesh. New Delhi.

RAO, G.N. (1968): The India-China Border. London.

RITTENBERG, St.A. (1988): Ethnicity, Nationalism, and the Pakhtuns. Durham, N.C.

RUSTOMJI, N. (1971): Enchanted Frontiers. Bombay.
- (1981): Sikkim, Bhutan, and India's North-Eastern Borderlands: Problems of change: In: LAL, J.S.: The Himalaya: Aspects of Change. (O.U.P.) Delhi, pp.236-252.

- (1987): Sikkim: a Himalayan tragedy. New Delhi.
SCHOLZ, F. (1974): Belutschistan (Pakistan). Gött. Geogr. Abh., 63.
- (1992): Transformation bergnomadischer Gruppen in mobile Gelegenheitsarbeiter. Erdkunde, 46, pp.14-25.
SCHWEINFURTH, U. (1957): Die horizontale und vertikale Verbreitung der Vegetation im Himalaya. Bonner Geogr. Abh., H.20.
- (1961): Der Himalaya – Grenzscheide der Kräfte in Asien. Aussenpolitik, Bd.12, pp.328-339.
- (1962a): Ladakh. Aussenpolitik, Bd.13, pp.626-629.
- (1962b): Nagaland. Aussenpolitik, Bd.13, pp.853-857.
- (1965): Der Himalaya – Landschaftsscheide, Rückzugsgebiet und politisches Spannungsfeld. Geogr. Zeitschr., Bd.53(4), pp.241-260.
- (1968): The problem of Nagaland. In: FISHER, C.A. (ed.): Essays in Political Geography, pp.161-176. London.
- (1982): Der innere Himalaya – Rückzugsgebiet, Interferenzzone, Eigenentwicklung. Erdk. Wiss., Bd.59, pp.15-24.
- (1983): Mensch und Umwelt im Indus-Durchbruch am Nanga Parbat (NW-Himalaya). Beitr. S.As. Forsch., Bd.86, pp.536-559. Wiesbaden.
- (1986): Zur Landschaftsgliederung im chinesisch-tibetischen Übergangsraum. Berliner Geogr. Stud., 20, pp.237-249.
- (1992): Mapping Mountains: Vegetation in the Himalayas. GeoJournal, 27(1), pp.73-83.
SCHWEINFURTH, U. and SCHWEINFURTH-MARBY, H. (1975): Exploration in the Eastern Himalayas and the River Gorge Country of Southeastern Tibet: Francis (Frank) Kingdon WARD (1885-1958). Geoec. Res., vol.3. Wiesbaden.
SCHOMBERG, R. (1935): Between the Oxus and the Indus. London.
- (1936): Unkown Karakorum. London.
SNOY, P. (1983): Thronfolge in den Fürstentümern der grossen Scharungszone. Beitr. S.As. Forsch., Bd.86, pp.573-581.
SPATE, O.H.K. (1964): India and Pakistan. London.
SPATE, O.H.K. and LEARMONTH, A.T.A. (1967): India and Pakistan. London.
STALEY, J. (1969): Economy and Society in the High Mountains of Northern Pakistan. Mod. As. Stud., vol.3(3), pp.225-243.
STEWART, J. (1989): Envoy of the Raj. The Career of Sir Clarmont Skrine. Maidenhead.
SUKHWAL, B.L. (1985): Modern Political Geography of India. New Delhi.
SWINSON, A. (1966): Kohima. London.
- (1967): North-West Frontier. London.
- (1971): Beyond the frontiers. [F.M. BAILEY biogr.]. London.
THEOPHRASTUS: Enquiry into Plants (with an English Translation by Sir Arthur HOST). London 1948.
TIWARI, R.C. (1974): The Changing Political Map of Assam. Nat. Geogr. Allahabad, vol.9, pp.67-73.
TOYNBEE, A. (1963): Ströme und Grenzen. Stuttgart 1963.
WARD, F. Kingdon: s. SCHWEINFURTH/SCHWEINFURTH-MARBY (1975).
WHITEHEAD, J. (1992): Thangliena – The Life of T. H. LEWIN. Gartmore, Sterlingsh.: Kiscadale.
WISSMANN, H. von (1943): Süd-Yünnan als Teilraum Südostasiens. Schriften zur Geopolitik, H.22.
WOODMAN, D. (1962): The Making of Burma. London.
- (1969): Himalayan Frontiers. London.

ERDKUNDLICHES WISSEN
Schriftenreihe für Forschung und Praxis.
Herausgegeben von Gerd Kohlhepp in Verbindung mit Adolf Leidlmair und Fred Scholz

25. **Fritz Dörrenhaus: Urbanität und gentile Lebensform.** Der europäische Dualismus mediteraner und indoeuropäischer Verhaltensweisen, entwickelt aus einer Diskussion um den Tiroler Einzelhof. 1970. 64 S., 5 Ktn., kt. ISBN 3-515-00532 - 3
26. **Eckart Ehlers / Fred Scholz / Günter Schweizer: Strukturwandlungen im nomadisch-bäuerlichen Lebensraum des Orients.** Eckart Ehlers: Turkmenensteppe. Fred Scholz: Belutschistan. Günter Schweizer: Azerbaidschan. 1970. VI, 148 S. m. 4 Abb., 4 Taf., 20 Ktn., kt. 2228 - 7
27. **Ulrich Schweinfurth / Heidrun Marby / Klaus Weitzel / Klaus Hausherr / Manfred Domrös: Landschaftsökologische Forschungen auf Ceylon.** 1971. VI, 232 S. m. 46 Abb., 10 Taf. m. 20 Bildern, 1 Falttaf., kt. (vgl. Bd. 54) 0533 - 1
28. **Georges Henri Lutz: Republik Elfenbeinküste.** 1971. VI, 48 S. m. 7 Ktn. u. 2 Abb., kt. 0534 - X
29. **Harry Stein: Die Geographie an der Universität Jena (1786-1939).** Ein Beitrag zur Entwicklung der Geographie als Wissenschaft. Vorgelegt von Joachim H. Schultze. 1972. XII, 152 S., 16 Taf. m. 4 Ktn. u. 19 Abb., kt. 0535 - 8
30. **Arno Semmel: Geomorphologie der Bundesrepublik Deutschland.** Grundzüge, Forschungsstand, aktuelle Fragen - erörtert an ausgewählten Landschaften. 4., völlig überarbeitete u. erw. Aufl. 1984. 192 S. m. 57 Abb., kt. 4217-2
31. **Hermann Hambloch: Allgemeine Anthropogeographie.** Eine Einführung. 5., neubearb. Aufl. 1982. XIII, 268 S. m. 40 Abb. (davon 16 Faltktn.), 37 Tab., 12 Fig., kt. 3618 - 0
32. **Arno Semmel, Hrsg.: Neue Ergebnisse der Karstforschung in den Tropen und im Mittelmeerraum.** Vorträge des Frankfurter Karstsymposiums. Zusammengestellt von Karl-Heinz Pfeffer. 1973. XX, 156 S. m. 35 Abb. u. 63 Bildern, kt. 0538 - 2
33. **Emil Meynen, Hrsg.: Geographie heute - Einheit und Vielfalt.** Ernst Plewe zu seinem 65. Geburtstag von Freunden und Schülern gewidmet. Hrsg. unter Mitarbeit von Egon Riffel. 1973. X, 425 S. m. 39 Abb., 26 Bildern u. 14 Ktn., kt. 0539 - 0
34. **Jürgen Dahlke: Der Weizengürtel in Südwestaustralien.** Anbau und Siedlung an der Trockengrenze. 1973. XII, 275 S., 67 Abb., 4 Faltktn., kt. 0540 - 4
35. **Helmut J. Jusatz, Hrsg.: Fortschritte der geomedizinischen Forschung.** Beiträge zur Geoökologie der Infektionskrankheiten. Vorträge d. Geomedizin. Symposiums auf Schloß Reisenburg v. 8.-12. Okt. 1972. Herausgegeben im Auftrag der Heidelberger Akademie der Wissenschaften. 1974. VIII, 164 S. m. 47 Abb., 8 Bildern u. 2 Falttaf., kt. 1797 - 6
36. **Werner Rutz, Hrsg.: Ostafrika - Themen zur wirtschaftlichen Entwicklung am Beginn der Siebziger Jahre.** Festschrift Ernst Weigt. 1974. VIII, 176 S. m. 17 Ktn., 7 Bildern u. 1 Abb., kt. 1796 - 8
37. **Wolfgang Brücher: Die Industrie im Limousin.** Ihre Entwicklung und Förderung in einem Problemgebiet Zentralfrankreichs. 1974. VI, 45 S. m. 10 Abb. u. 1 Faltkte., kt. 1853 - 0
38. **Bernd Andreae: Die Farmwirtschaft an den agronomischen Trockengrenzen.** Über den Wettbewerb ökologischer Varianten in der ökonomischen Evolution. Betriebs- und standortsökonomische Studien in der Farmzone des südlichen Afrika und der westlichen USA. 1974. X, 69 S.,m. 14 Schaubildern u. 24 Übersichten, kt. 1821 - 2
39. **Hans-Wilhelm Windhorst: Studien zur Waldwirtschaftsgeographie.** Das Ertragspotential der Wälder der Erde. Wald- und Forstwirtschaft in Afrika. Ein forstgeographischer Überblick. 1974. VIII, 75 S. m. 10 Abb., 8 Ktn., 41 Tab., kt. 2044 - 6
40. **Hilgard O'Reilly Sternberg: The Amazon River of Brazil.** (vergriffen) 2075 - 6
41. **Utz Ingo Küpper / Eike W. Schamp, Hrsg.: Der Wirtschaftsraum.** Beiträge zur Methode und Anwendung eines geographischen Forschungsansatzes. Festschrift für Erich Otremba zu seinem 65. Geburtstag. 1975. VI, 294 S. m. 10 Abb., 15 Ktn., kt. 2156 - 6
42. **Wilhelm Lauer, Hrsg.: Landflucht und Verstädterung in Chile.** Exodu rura yl urbanización en Chile. Mit Beiträgen von Jürgen Bähr, Winfried Golte und Wilhelm Lauer. 1976. XVIII, 149 S., 13 Taf. m. 25. Fotos. 41 Figuren, 3 Faltktn., kt. 2159 - 0
43. **Helmut J. Jusatz, Hrsg.: Methoden und Modelle der geomedizinischen Forschung.** Vorträge des 2. Geomedizin. Symposiums auf Schloß Reisenburg vom 20.-24. Okt. 1974. Hrsg. im Auftrag der Heidelberger Akademie der Wissenschaften. 1976. X, 174 S. m. 7 Abb., 2 Diagr., 20 Tab., 24 Ktn., Summaries, 6 Taf. m. 6 Bildern, kt. 2308 - 9
44. **Fritz Dörrenhaus: Villa und Villeggiatura in der Toskana.** Eine italienische Institution und ihre gesellschaftsgeographische Bedeutung. Mit einer einleitenden Schilderung "Toskanische Landschaft" von Herbert Lehmann. 1976. X, 153 S. m. 5 Ktn., 1 Abb., 1 Schema (Beilage), 8 Taf. m. 24 Fotos, 14 Zeichnungen von Gino Canessa, Florenz, u. 2 Stichen, kt. 2400 - X
45. **Hans Karl Barth: Probleme der Wasserversorgung in Saudi-Arabien.** 1976. VI, 33 S. m. 3 Abb., 4 Tab., 4 Faltktn., 1 Kte., kt. 2401 - 8
46. **Hans Becker / Volker Höhfeld / Horst Kopp: Kaffee aus Arabien.** Der Bedeutungswandel eines Weltwirtschaftsgutes und seine siedlungsgeographische Konsequenz an der Trockengrenze der Ökumene. 1979. VIII, 78 S. m. 6 Abb., 6 Taf. m. 12 Fotos, 2 Faltktn. kt. 2881 - 1
47. **Hermann Lautensach: Madeira, Ischia und Taormina. Inselstudien.** 1977. XII, 57 S. m. 16 Abb., 5 Ktn., kt. 2564 - 2
48. **Felix Monheim: 20 Jahre Indianerkolonisation in Ostbolivien.** 1977. VI, 99 S., 14 Ktn., 17 Tab., kt. 2563 - 4
49. **Wilhelm Müller-Wille: Stadt und Umland im südlichen Sowjet-Mittelasien.** 1978. VI, 48 S. m. 20 Abb. u. 7 Tab., kt. 2762 - 9
50. **Ernst Plewe, Hrsg.: Die Carl Ritter-Bibliothek.** Nachdruck der Ausg. Leipzig, Weigel, 1861: "Verzeichnis der Bibliothek und Kartensammlung des Professors, Ritters etc. etc. Doktor Carl Ritter in Berlin." 1978. XXVI, 565 S., Frontispiz, kt. 2854 - 4

51. Helmut J. Jusatz, Hrsg.: **Geomedizin in Forschung und Lehre.** Beiträge zur Geoökologie des Menschen. Vorträge des 3. Geomed. Symposiums auf Schloß Reisensburg vom 16. - 20. Okt. 1977. Hrsg. im Auftrag der Heidelberger Akademie der Wissenschaften. 1979. XV, 122 S. m. 15 Abb. u. 14 Tab., 1 Faltkte., Summaries, kt. 2801 - 3
52. Werner Kreuer: **Ankole.** Bevölkerung - Siedlung - Wirtschaft eines Entwicklungsraumes in Uganda. 1979. XI, 106 S. m. 11 Abb., 1 Luftbild auf Falttaf., 8 Ktn., 18 Tab., kt. 3063 - 8
53. Martin Born: **Siedlungsgenese und Kulturlandschaftsentwicklung in Mitteleuropa.** Gesammelte Beiträge. Hrsg. im Auftrag des Zentralausschusses für Deutsche Landeskunde von Klaus Fehn. 1980. XL, 528 S. m. 17 Abb., 39 Ktn. kt. 3306 - 8
54. Ulrich Schweinfurth / Ernst Schmidt-Kraepelin / Hans Jürgen von Lengerke / Heidrun Schweinfurth-Marby / Thomas Gläser / Heinz Bechert: **Forschungen auf Ceylon II.** 1981. VI, 216 S. m. 72 Abb., kt. (Bd. I s. Nr. 27) 3372 - 6
55. Felix Monheim: **Die Entwicklung der peruanischen Agrarreform 1969-1979 und ihre Durchführung im Departement Puno.** 1981. V, 37 S. m. 15 Tab., kt. 3629 - 6
56. - / Gerrit Köster: **Die wirtschaftliche Erschließung des Departement Santa Cruz (Bolivien) seit der Mitte des 20. Jahrhunderts.** 1982. VIII, 152 S. m. 2 Abb. u. 12 Ktn., kt. 3635 - 0
57. Hans Georg Bohle: **Bewässerung und Gesellschaft im Cauvery-Delta (Südindien).** Eine geographische Untersuchung über historische Grundlagen und jüngere Ausprägung struktureller Unterentwicklung. 1981. XVI, 266 S. m. 33 Abb., 49 Tab., 8 Kartenbeilagen, kt. 3550 - 8
58. Emil Meynen / Ernst Plewe, Hrsg.: **Forschungsbeiträge zur Landeskunde Süd- und Südostasiens.** Festschrift für Harald Uhlig zu seinem 60. Geburtstag, Band 1. 1982. XVI, 253 S. m. 45 Abb. u. 11 Ktn., kt. 3743 - 8
59. - / -, Hrsg.: **Beiträge zur Hochgebirgsforschung und zur Allgemeinen Geographie.** Festschrift für Harald Uhlig zu seinem 60. Geburtstag, Band 2. 1982. VI, 313 S. m. 51 Abb. u. 6 Ktn., 1farb. Faltkte., kt. 3744 - 6
Beide Bde zus. kt. 3779 - 9
60. Gottfried Pfeifer: **Kulturgeographie in Methode und Lehre.** Das Verhältnis zu Raum und Zeit. Gesammelte Beiträge. 1982. XI, 471 S. m. 3 Taf., 18 Fig., 16 Ktn., 15 Tab. u. 7 Diagr., kt. 3668 - 7
61. Walter Sperling: **Formen, Typen und Genese des Platzdorfes in den böhmischen Ländern.** Beiträge zur Siedlungsgeographie Ostmitteleuropas. 1982. X, 187 S. m. 39 Abb., kt. 3654 - 7
62. Angelika Sievers: **Der Tourismus in Sri Lanka (Ceylon).** Ein sozialgeographischer Beitrag zum Tourismusphänomen in tropischen Entwicklungsländern, insbesondere in Südasien. 1983. X, 138 S. m. 25 Abb. u. 19 Tab., kt. 3889 - 2
63. Anneliese Krenzlin: **Beiträge zur Kulturlandschaftsgenese in Mitteleuropa.** Gesammelte Aufsätze aus vier Jahrzehnten, von H.-J. Nitz u. H. Quirin. 1983. XXXVIII, 366 S. m. 55 Abb., kt. 4035 - 8
64. Gerhard Engelmann: **Die Hochschulgeographie in Preußen 1810-1914.** 1983. XII, 184 S., 4 Taf., kt. 3984 - 8
65. Bruno Fautz: **Agrarlandschaften in Queensland.** 1984. 195 S. m. 33 Ktn., kt. 3890 - 6
66. Elmar Sabelberg: **Regionale Stadttypen in Italien.** Genese und heutige Struktur der toskanischen und sizilianischen Städte an den Beispielen Florenz, Siena, Catania und Agrigent. 1984. XI, 211 S. m. 26 Tab., 4 Abb., 57 Ktn. u. 5 Faltktn., 10 Bilder auf 5 Taf., kt. 4052 - 8
67. Wolfhard Symader: **Raumzeitliches Verhalten gelöster und suspendierter Schwermetalle.** Eine Untersuchung zum Stofftransport in Gewässern der Nordeifel und niederrheinischen Bucht. 1984. VIII, 174 S. m. 67 Abb., kt. 3909 - 0
68. Werner Kreisel: **Die ethnischen Gruppen der Hawaii-Inseln.** Ihre Entwicklung und Bedeutung für Wirtschaftsstruktur und Kulturlandschaft. 1984. X, 462 S. m. 177 Abb. u. 81 Tab., 8 Taf. m. 24 Fotos, kt. 3412 - 9
69. Eckart Ehlers: **Die agraren Siedlungsgrenzen der Erde.** Gedanken zur ihrer Genese und Typologie am Beispiel des kanadischen Waldlandes. 1984. X, 82 S. m. 15 Abb., 2 Faltktn., kt. 4211 - 3
70. Helmut J. Jusatz / Hella Wellmer, Hrsg.: **Theorie und Praxis der medizinischen Geographie und Geomedizin.** Vorträge der Arbeitskreissitzung Medizinische Geographie und Geomedizin auf dem 44. Deutschen Geographentag in Münster 1983. Hrsg. im Auftrage des Arbeitskreises. 1984. 85 S. m. 20 Abb., 4 Fotos u. 2 Kartenbeilagen, kt. 4092 - 7
71. Leo Waibel †: **Als Forscher und Planer in Brasilien:** Vier Beiträge aus der Forschungstätigkeit 1947-1950 in Übersetzung. Hrsg. von Gottfried Pfeiffer u. Gerd Kohlhepp. 1984. 124 S. m. 5 Abb., 1 Taf., kt. 4137 - 0
72. Heinz Ellenberg: **Bäuerliche Bauweisen in geoökologischer und genetischer Sicht.** 1984. V, 69 S. m. 18 Abb., kt. 4208 - 3
73. Herbert Louis: **Landeskunde der Türkei.** Vornehmlich aufgrund eigener Reisen. 1985. XIV, 268 S. m. 4 Farbktn. u. 1 Übersichtskärtchen des Verf., kt. 4312 - 8
74. Ernst Plewe / Ute Wardenga: **Der junge Alfred Hettner.** Studien zur Entwicklung der wissenschaftlichen Persönlichkeit als Geograph, Länderkundler und Forschungsreisender. 1985. 80 S. m. 2 Ktn. u. 1 Abb., kt. 4421 - 3
75. Ulrich Ante: **Zur Grundlegung des Gegenstandsbereiches der Politischen Geographie.** Über das "Politische" in der Geographie. 1985. 184 S., kt. 4361 - 6
76. Günter Heinritz / Elisabeth Lichtenberger, eds.: **The Take-off of Suburbia and the Crisis of the Central City.** Proceedings of the International Symposium in Munich and Vienna 1984. 1986. X, 300 S. m. 95 Abb., 49 Tab., kt. 4402 - 7
77. Klaus Frantz: **Die Großstadt Angloamerikas im Wandel des 18. und 19. Jahrhunderts.** Versuch einer sozialgeographischen Strukturanalyse anhand ausgewählter Beispiele der Nordostküste. 1987. 200 S. m. 32 Ktn. u. 12 Abb. kt. 4433 - 7
78. Claudia Erdmann: **Aachen im Jahre 1812.** Wirtschafts- und sozialräumliche Differenzierung einer frühindustriellen Stadt. 1986. VIII, 257 S. m. 6 Abb., 44 Tab., 19 Fig., 80 Ktn., kt. 4634 - 8
79. Josef Schmithüsen †: **Die natürliche Lebewelt Mitteleuropas.** Hrsg. von Emil Meynen. 1986. 71 S. m. 1 Taf., kt. 4638 - 8
80. Ulrich Helmert: **Der Jahresgang der Humidität in Hessen und den angrenzenden Gebieten.** 1986. 108 S. m. 11 Abb. u. 37 Ktn. i. Anh., kt. 4630 - 4
81. Peter Schöller: **Städtepolitik, Stadtumbau und Stadterhaltung in der DDR.** 1986. 55 S., 4 Taf. m. 8 Fotos, 12 Ktn., kt. 4703 - 4

82. Hans-Georg Bohle: Südindische Wochenmarktsysteme. Theoriegeleitete Fallstudien zur Geschichte und Struktur polarisierter Wirtschaftskreisläufe im ländlichen Raum der Dritten Welt. 1986. XIX, 291 S. m. 43 Abb., 12 Taf., kt. 4601-1
83. Herbert Lehmann: Essays zur Physiognomie der Landschaft. Mit einer Einleitung von Renate Müller, hrsg. von Anneliese Krenzlin und Renate Müller. 1986. 267 S. m. 25 s/w- und 12 Farbtaf., kt. 4689-5
84. Günther Glebe / J. O'Loughlin, eds.: Foreign Minorities in Continental European Cities. 1987. 296 S. m. zahlr. Ktn. u. Fig., kt. 4594-5
85. Ernst Plewe †: Geographie in Vergangenheit und Gegenwart. Ausgewählte Beiträge zur Geschichte und Methode des Faches. Hrsg. von Emil Meynen und Uwe Wardenga. 1986. 438 S., kt. 4791-3
86. Herbert Lehmann †: Beiträge zur Karstmorphologie. Hrsg. von F. Fuchs, A. Gerstenhauer, K.-H. Pfeffer. 1987. 251 S. m. 60 Abb., 2 Ktn., 94 Fotos, kt. 4897-9
87. Karl Eckart: Die Eisen- und Stahlindustrie in den beiden deutschen Staaten. 1988. 277 S. m. 167 Abb., 54 Tab., 7 Übers., kt. 4958-4
88. Helmut Blume / Herbert Wilhelmy, Hrsg.: Heinrich Schmitthenner Gedächtnisschrift. Zu seinem 100. Geburtstag. 1987. 173 S. m. 42 Abb., 8 Taf., kt. 5033-7
89. Benno Werlen: Gesellschaft, Handlung und Raum (vergriffen, 2., durchges. Aufl. 1988 s.S. 180) 4886-3
90. Rüdiger Mäckel / Wolf-Dieter Sick, Hrsg.: Natürliche Ressourcen und ländliche Entwicklungsprobleme der Tropen. Festschrift für Walther Manshard. 1988. 334 S. m. zahlr. Abb., kt. 5188-0
91. Gerhard Engelmann †: Ferdinand von Richthofen 1833–1905. Albrecht Penck 1858–1945. Zwei markante Geographen Berlins. Aus dem Nachlaß hrsg. von Emil Meynen. 1988. 37 S. m. 2 Abb., kt. 5132-5
92. Gerhard Hard: Selbstmord und Wetter – Selbstmord und Gesellschaft. Studien zur Problemwahrnehmung in der Wissenschaft und zur Geschichte der Geographie. 1988. 356 S., 11 Abb., 13 Tab., kt. 5046-9
93. Siegfried Gerlach: Das Warenhaus in Deutschland. Seine Entwicklung bis zum Ersten Weltkrieg in historisch-geographischer Sicht. 1988. 178 S. m. 33 Abb., kt. 5103-1
94. Walter H. Thomi: Struktur und Funktion des produzierenden Kleingewerbes in Klein- und Mittelstädten Ghanas. Ein empirischer Beitrag zur Theorie der urbanen Reproduktion in Ländern der Dritten Welt. 1989. XVI, 312 S., kt. 5090-6
95. Thomas Hanymann: Komplexität und Kontextualität des Sozialraumes. 1989. VIII, 511 S. m. 187 Abb., kt. 5315-8
96. Dietrich Denecke / Klaus Fehn, Hrsg.: Geographie in der Geschichte. (Vorträge der Sektion 13 des Deutschen Historikertags, Trier 1986.) 1989. 97 S. m. 3 Abb., kt. DM 36,– 5428-6
97. Ulrich Schweinfurth, Hrsg.: Forschungen auf Ceylon III. Mit Beiträgen von C. Preu, W. Werner, W. Erdelen, S. Dicke, H. Wellmer, M. Bührlein u. R. Wagner. 1989. 258 S. m. 76 Abb., kt. 5084-1
98. Martin Boesch: Engagierte Geographie. 1989. XII, 284 S., kt. 5514-2
99. Hans Gebhardt: Industrie im Alpenraum. Alpine Wirtschaftsentwicklung zwischen Außenorientierung und endogenem Potential. 1990. 283 S. m. 68 Abb., kt. 5397-2
100. In Vorbereitung
101. Siegfried Gerlach: Die deutsche Stadt des Absolutismus im Spiegel barocker Veduten und zeitgenössischer Pläne. Erweiterte Fassung eines Vortrags am 11. November 1986 im Reutlinger Spitalhof. 1990. 80 S. m. 32 Abb., dav. 7 farb., kt. 5600-9
102. Peter Weichhart: Raumbezogene Identität. Bausteine zu einer Theorie räumlich-sozialer Kognition und Identifikation. 1990. 118 S., kt. 5701-3
103. Manfred Schneider: Beiträge zur Wirtschaftsstruktur und Wirtschaftsentwicklung Persiens 1850-1900. Binnenwirtschaft und Exporthandel in Abhängigkeit von Verkehrserschließung, Nachrichtenverbindungen, Wirtschaftsgeist und politischen Verhältnissen anhand britischer Archivquellen. 1990. XII, 381 S. m. 86 Tab., 16 Abb., kt. 5458-8
104. Ulrike Sailer-Fliege: Der Wohnungsmarkt der Sozialmietwohnungen. Angebots- und Nutzerstrukturen dargestellt an Beispielen aus Nordrhein-Westfalen. 1991. XII, 287 S. m. 92 Abb., 30 Tab., 6 Ktn., kt. 5836-2
105. Helmut Brückner / Ulrich Radtke, Hrsg.: Von der Nordsee bis zum Indischen Ozean/From the North Sea to the Indian Ocean. Ergebnisse der 8. Jahrestagung des Arbeitskreises „Geographie der Meere und Küsten", 13.-15. Juni 1990, Düsseldorf / Results of the 8th Annual Meeting of the Working group „Marine and Coastal Geography", June 13-15, 1990, Düsseldorf. 1991. 264 S. mit 117 Abbildungen, 25 Tabellen, kt. 5898-2
106. Heinrich Pachner: Vermarktung landwirtschaftlicher Erzeugnisse in Baden-Württemberg. 1992. 238 S. m. 53 Tab., 15 Abb. u. 24 Ktn., kt. 5825-7
107. Wolfgang Aschauer: Zur Produktion und Reproduktion einer Nationalität – die Ungarndeutschen. 1992. 315 S. m. 85 Tab., 8 Ktn., 9 Abb., kt. 6082-0
108. Hans-Georg Möller: Tourismus und Regionalentwicklung im mediterranen Südfrankreich. Sektorale und regionale Entwicklungseffekte des Tourismus - ihre Möglichkeiten und Grenzen am Beispiel von Côte d'Azur, Provence und Languedoc-Roussillon. 1992. XIV, 413 S. m. 60 Abb., kt. 5632-7
109. Klaus Frantz: Die Indianerreservationen in den USA. Aspekte der territorialen Entwicklung und des sozioökonomischen Wandels. 1993. 298 S. m. 20 Taf., kt., 6217-3
110. Hans-Jürgen Nitz, ed.: The Early Modern World-System in Geographical Perspective. 1993. XII, 403 S. m. 67 Abb., kt. 6094-4
111. Eckart Ehlers/Thomas Krafft, Hrsg.: Shâhjahânâbâd/Old Delhi. Islamic Tradition and Colonial Change. 1993. 106 S. m. 14 Abb., 1 mehrfbg. Faltkt., 1 fbg. Frontispiz, kt. 6218-1
112. Ulrich Schweinfurth, Hrsg.: Neue Forschungen im Himalaya. 1993. 293 S. m. 6 Ktn., 50 Abb., 35 Photos u. 1 Diagr., kt. 6263-7

FRANZ STEINER VERLAG STUTTGART ISSN 0425-1741